PROBLÈMES

DE PHYSIQUE

ET DE CHIMIE

COURS DE SCIENCES PHYSIQUES ET NATURELLES
CONFORME AUX PROGRAMMES OFFICIELS DE 1902

PROBLÈMES
DE PHYSIQUE
ET
DE CHIMIE

Par F. G.-M.

SOLUTIONNAIRE

Des Cours de Physique et de Chimie

CLASSE DE SECONDE

TOURS

MAISON A. MAME ET FILS

IMPRIMEURS-ÉDITEURS

PARIS

Vve CH. POUSSIELGUE

LIBRAIRE, RUE CASSETTE, 15

ET CHEZ LES PRINCIPAUX LIBRAIRES

TABLE DES MATIÈRES

PREMIÈRE PARTIE : PHYSIQUE

MÉCANIQUE

PESANTEUR

HYDROSTATIQUE

CHALEUR

DEUXIÈME PARTIE : CHIMIE

PREMIÈRE PARTIE : PHYSIQUE

MÉCANIQUE

CHAPITRE I

CINÉMATIQUE

FORMULAIRE

Mouvements. — Un mouvement est *uniforme, uniformément varié*, etc., suivant que l'espace, exprimé en fonction du temps, est du premier degré, du second degré, etc.

La *vitesse* est la dérivée de l'espace.

L'*accélération* est la dérivée de la vitesse.

$$\text{MOUVEMENT UNIFORME.} \quad \begin{cases} e = a + bt, \\ v = b, \\ j = 0. \end{cases} \quad \text{ou} \quad \begin{cases} j = 0, \\ v = c^{te}, \\ e = e_0 + vt. \end{cases}$$

$$\text{MOUVEMENT UNIFORMÉMENT VARIÉ.} \quad \begin{cases} e = a + bt + ct^2, \\ v = b + 2ct. \\ j = 2c. \end{cases} \quad \text{ou} \quad \begin{cases} j = c^{te}, \\ v = v_0 + jt, \\ e = e_0 + v_0 t + \dfrac{jt^2}{2}. \end{cases}$$

LES ESPACES se mesurent en *centimètres, mètres, kilomètres*, etc.

L'unité C.G.S. de VITESSE est la vitesse d'un mobile qui parcourt, d'un mouvement uniforme, 1 *centimètre par seconde*. Les unités pratiques sont le *mètre par seconde*, le *mètre par minute*, le *kilomètre par heure*, etc.

L'unité C.G.S. d'ACCÉLÉRATION est l'accélération d'un mobile dont la vitesse augmente uniformément de 1 centimètre par seconde; cette unité se nomme le *centimètre par seconde, par seconde*.

§ I. — Mouvement uniforme.

1. — *Un bicycliste a mis 45 minutes pour parcourir 18 kilomètres. Quelle a été sa vitesse moyenne en mètres par seconde?*

La vitesse est le chemin parcouru en l'unité de temps. Elle est égale au quotient du chemin total évalué en mètres, par le temps évalué en secondes.

Sa valeur est donc :

$$x = \frac{18000}{45 \times 60} = \frac{20}{3} = 6^{m}666.$$

2. — *La terre tourne sur elle-même en 23,879 heures solaires moyennes. Quelle est, dans ce mouvement, la vitesse d'un point de l'équateur, sachant que la circonférence équatoriale a pour longueur 40076625 mètres ?*

La vitesse demandée est :
1° En kilomètres par heure,

$$\frac{40076625}{23879} = 1678^{km},320 \text{ par heure}.$$

2° En mètres par seconde,

$$\frac{1678,32}{3,6} = 466^{m},20 \text{ par seconde}.$$

3. — *Tracer la ligne figurative du mouvement représenté par chacune des équations suivantes :*

1°
$$e = 4 + 2t :$$

2°
$$e = -1 + \frac{t}{3} :$$

3°
$$e = 3 - t ;$$

4°
$$e = -5 \left(1 + \frac{t}{2} \right).$$

Chacune de ces équations du premier degré en t représente un mouvement uniforme, et elle est figurée géométriquement par une ligne droite.

Pour construire l'une quelconque de ces droites, il suffit de déterminer ses intersections avec les axes coordonnés, c'est-à-dire de calculer ses coordonnées à l'origine.

On obtient respectivement :

1° $e = 4,$ $t = -2 ;$
2° $e = -1,$ $t = 3 ;$
3° $e = 3,$ $t = 3 ;$
4° $e = -5,$ $t = -2.$

4. — *Trouver la formule d'un mouvement uniforme, sachant qu'aux instants 5 et 8, les espaces sont respectivement 7 et 16.*

Cette formule peut s'écrire :

$$e = a + bt.$$

En écrivant qu'elle est satisfaite par les couples de valeurs (5 et 7), (8 et 16), on obtient les équations :

$$a + 5b = 7,$$
$$a + 8b = 16 ;$$

d'où l'on tire : $a = -8,$ $b = 3.$

La formule des espaces devient :

$$e = 3t - 8.$$

5. — *Un mobile décrit une droite d'un mouvement uniforme. A l'origine du temps, il est à 15 mètres de l'origine des espaces; deux secondes après, il n'en est plus qu'à 12 mètres. A quelle époque sera-t-il au point pris pour origine des espaces ?*

La formule des espaces peut s'écrire :

$$e = e_0 + vt. \tag{1}$$

L'espace initial est :

$$e_0 = 15.$$

La vitesse est :

$$v = \frac{12 - 15}{2} = \frac{-3}{2}.$$

La formule (1) devient :

$$e = 15 - \frac{3}{2}\, t,$$

ou

$$2e = 30 - 3t.$$

L'hypothèse $e = 0$ donne l'équation :

$$30 - 3t = 0,$$

d'où

$$t = 10 \text{ secondes.}$$

6. — *Un mobile décrit une droite avec une vitesse constante. A l'origine du temps, il est à 6 mètres de l'origine de l'espace, où il a passé 10 secondes auparavant. A quelle époque le temps et l'espace seront-ils mesurés par un même nombre?*

La formule des espaces peut s'écrire :

$$e = a + bt. \tag{1}$$

En écrivant qu'elle est satisfaite dans les deux hypothèses :

$$t = 0, \quad e = 6 \quad \text{et} \quad t = -10, \quad e = 0,$$

on obtient les deux équations :

$$6 = a,$$
$$0 = a - 10b;$$

d'où l'on tire :

$$a = 6 \quad \text{et} \quad b = \frac{a}{10} = \frac{3}{5}.$$

La formule (1) devient :

$$e = 6 + \frac{3}{5}\, t,$$

ou

$$5e = 30 + 3t.$$

En posant

$$e = t = x,$$

on obtient l'équation finale

$$2x = 30,$$

d'où

$$x = 15 \text{ secondes.}$$

7. — *Un train met a secondes pour pénétrer dans un tunnel, et il commence à en sortir b secondes après. Quelle est sa vitesse sachant que le tunnel a une longueur l?*

Application : $a = 8^s$, $b = 40^s$, $l = 600^m$.

Soient x et y la vitesse et la longueur du train.

On a :

$$y = ax,$$

et

$$l - y = bx.$$

d'où, par addition, $l = (a + b)x,$

et enfin : $x = \dfrac{l}{a+b}.$

Numériquement : $x = 12^m5.$

8. — *Un mobile décrit une droite d'un mouvement uniforme, avec une vitesse v. Après un temps t_1, il est à une distance e_1, d'un point O pris pour origine des espaces. A quelle distance e sera-t-il de ce même point après un temps t ?*

Application : $v = 8^{cm}$, $t_1 = 25^s$, $e_1 = 20^{cm}$, $t = 60^s$.

Depuis l'instant t_1 jusqu'à l'instant t, c'est-à-dire pendant la durée $(t-t_1)$, le mobile a parcouru un espace égal à $(e-e_1)$. En écrivant que l'espace est égal au produit de la vitesse par le temps, on obtient l'équation :

$$e - e_1 = v\,(t-t_1);$$

d'où l'on tire : $e = e_1 + v\,(t-t_1).$

Numériquement : $e = 20 + 8 \times 35 = 300^{cm}.$

9. — *Une locomotive conduirait un train à destination en un temps t ; une autre, en un temps t'. Combien de temps mettront-elles ensemble, en admettant que leurs vitesses s'ajoutent ?*

Application : $t = 2^h$, $t' = 1^h45^m$.

Soient v, v', les vitesses des deux locomotives, e le chemin à parcourir et x le temps demandé.

La formule du mouvement uniforme donne les trois équations :

$$e = vt,$$
$$e = v't',$$
$$e = (v + v')x.$$

En éliminant v et v', on obtient :

$$e = \left(\frac{e}{t} + \frac{e}{t'}\right)x;$$

d'où $x = \dfrac{tt'}{t+t'}.$

Numériquement, en prenant la minute pour unité de temps :

$$x = \frac{120 \times 105}{120 + 105} = 56 \text{ minutes.}$$

10. — *Deux mobiles se meuvent dans le même sens AB sur une droite indéfinie avec des vitesses constantes v, v'. A un certain instant leur distance est AB = d. Déterminer l'époque de leur rencontre.*

Application : $v = 8^{cm}$, $v' = 12^{cm}$, $AB = 100^{cm}$.

Prenons AB pour sens positif, et adoptons pour origine des temps l'époque où les mobiles sont en A et en B. Soient x l'époque et R le lieu de la rencontre. On a toujours, en grandeur et signe :

$$AR + RB = AB.$$

Or $\qquad AR = vx, \quad BR = v'x, \quad AB = d.$

Donc $\qquad x(v - v') = d;$

d'où $\qquad x = \dfrac{d}{v - v'}.$

Numériquement : $\qquad x = \dfrac{100}{8 - 12} = -25^s.$

La rencontre s'est produite 25^s avant l'instant considéré.

11. — *Une personne dispose de a heures pour faire une promenade. Jusqu'à quelle distance pourra-t-elle se faire conduire en voiture avec une vitesse V, sachant qu'elle revient à pied avec une vitesse v ?*

Application : $a = 4^h$, $V = 12^{km}$, $v = 6^{km}$ à l'heure.

Soit x la distance demandée. La formule du mouvement uniforme

$$e = vt \quad \text{donne} \quad t = \frac{e}{v}.$$

Les durées respectives du trajet en voiture et de la promenade à pied sont donc :

$$\frac{x}{V} \quad \text{et} \quad \frac{x}{v}.$$

En écrivant que leur somme est égale à a, on obtient l'équation :

$$\frac{x}{V} + \frac{x}{v} = a;$$

d'où l'on tire : $\qquad x = \dfrac{aVv}{V + v}.$

Numériquement, cette formule donne :

$$x = \frac{4 \times 12 \times 6}{12 + 6} = 16 \text{ kilomètres.}$$

12. — *Deux mobiles marchent à la rencontre l'un de l'autre, avec des vitesses uniformes v, v'. A un même instant ils occupent des positions A, B, situées de part et d'autre d'un point C, et à des distances AC = a, CB = b. A quelle distance de ce point C se rencontreront-ils ?*

Application : $v = 2^{cm}$, $v' = 3^{cm}$, $a = 86^{cm}$, $b = 119^{cm}$.

Soient R le point de rencontre et $CR = x$ la distance demandée. En écrivant que les trajets : $\qquad a + x \quad \text{et} \quad b - x$

ont été parcourus pendant le même temps, on obtient :

$$\frac{a + x}{v} = \frac{b - x}{v'};$$

d'où $\qquad x = \dfrac{bv - av'}{v + v'}.$

Numériquement :

$$x = \frac{2 \times 119 - 3 \times 86}{5} = \frac{-20}{5} = -4^{cm}.$$

La rencontre a lieu entre A et C à 4^{cm} du point C.

13. — *Deux locomotives partent au même instant de deux gares A, B, situées sur une même ligne de chemin de fer. Chacune d'elles se déplace d'un mouvement uniforme, avec une vitesse déterminée. Si elles vont à la rencontre l'une de l'autre, elles se rencontrent à a^{km} de A. Si elles avancent toutes deux dans le sens AB, elles se rencontrent à b^{km} de la même station A. On propose de calculer la distance AB et le rapport des vitesses des deux locomotives.*

Application : $a = 4^{km}$, $b = 36^{km}$.

Soient $AB = x$ et y le rapport des vitesses. Ces vitesses sont :

Dans le premier cas : a et $x - a$.

Dans le second cas : b et $b - x$.

Or le rapport des vitesses est égal à celui de deux chemins simultanés quelconques. En égalant entre elles les diverses expressions de ce rapport, on obtient les équations :

$$y = \frac{x - a}{a} = \frac{b - x}{b} \, .$$

D'où l'on tire : $$x = \frac{2ab}{a + b} \quad \text{et} \quad y = \frac{b - a}{b + a} \, .$$

Numériquement, ces formules donnent :

$$x = 7^k,2 \quad \text{et} \quad y = \frac{4}{5} \, .$$

14. — *Le conducteur d'une locomotive devait parcourir un chemin e en un temps t ; mais, après un temps t', il est contraint de s'arrêter pendant un temps θ. De combien doit-il accroître sa vitesse pendant le reste du trajet, pour atteindre sa destination à l'heure fixée ?*

Application : $e = 300^k$, $t = 6^h$, $t' = 4^h$, $\theta = 45^m$.

A la vitesse primitive $\frac{e}{t}$, il a parcouru l'espace $\frac{et'}{t}$.

Au second départ, il lui restait donc à parcourir l'espace :

$$e - \frac{et'}{t} \quad \text{ou} \quad \frac{e(t - t')}{t} \, ,$$

en un temps : $$t - t' - \theta.$$

La seconde vitesse est donc :

$$\frac{e(t - t')}{t(t - t' - \theta)} \, ,$$

et l'accroissement de vitesse :

$$\frac{e}{t}\left(\frac{t-t'}{t-t'-0}-1\right) \quad \text{ou} \quad \frac{e\theta}{t(t-t'-\theta)}.$$

Numériquement :

La première vitesse est $\dfrac{300}{6} = 50^{\text{km}}$ à l'heure.

On a $\theta = 45^{\text{m}} = \dfrac{3}{4}$ heure.

L'accroissement de vitesse est donc :

$$\frac{300 \times \dfrac{3}{4}}{6\left(6-4-\dfrac{3}{4}\right)} = \frac{300}{2(8-3)} = 30^{\text{km}}.$$

15. — *Deux mobiles cheminent sur une droite avec des vitesses constantes. Trouver l'époque et le lieu de leur rencontre, sachant que leurs abscisses respectives sont* a *et* b *à l'origine du temps, et qu'ils passent respectivement à l'origine des espaces aux instants* b *et* a.

L'espace initial étant a pour le premier mobile, b pour le second, les formules des deux mouvements sont :

$$e = a + vt,$$
$$e = b + v't.$$

En écrivant que la première est satisfaite pour $e=0$, $t=b$, et la seconde pour $e=0$, $t=a$.

On a : $\qquad a + vb = 0, \quad \text{d'où} \quad v = -\dfrac{a}{b}\,;$

$$b + v'a = 0, \quad \text{d'où} \quad v' = -\frac{b}{a}.$$

Les formules deviennent :

$$e = a - \frac{a}{b}\,t, \quad \text{ou} \quad at + be = ab\,;$$

$$e = b - \frac{b}{a}\,t, \quad \text{ou} \quad ae + bt = ab.$$

Il suffit de résoudre ces équations par rapport à e et t.

On trouve : $\qquad e = t = \dfrac{ab}{a+b}.$

16. — *Deux mobiles partent ensemble d'un point* O, *avec des vitesses constantes* v, v'. *Ils se dirigent vers un même point* A *donné par la distance* OA = a. *A quel instant diviseront-ils harmoniquement le segment* OA ?

Soient M et M' les positions des deux mobiles à l'instant t.

On a :
$$\frac{MO}{MA} = \frac{-vt}{a-vt},$$

et
$$\frac{M'O}{M'A} = \frac{-v't}{a-v't}.$$

Il faut donc que l'on ait :
$$\frac{vt}{a-vt} = \frac{v't}{v't-a}.$$

d'où
$$2vv't = av + av'.$$

et enfin
$$t = \frac{a(v+v')}{2vv'}.$$

17. — *Deux mobiles décrivent une même droite. Les espaces, rapportés à une même origine, sont donnés par les formules*
$$e = 12 - 3t,$$
$$e = 6 - 2t.$$

Étudier les variations du rapport de ces espaces.

Ce rapport est :
$$y = \frac{3t-12}{2t-6} = \frac{3(t-4)}{2(t-3)}.$$

Il s'annule pour $t=4$ et devient infini pour $t=3$.

La variable t croissant de $-\infty$ à 0, y croît de $\frac{3}{2}$ à 2 ;

$\qquad$ t croissant de 0 à 3, y croît de 2 à $+\infty$;

$\qquad$ t croissant de 3 à 4, y croît de $-\infty$ à 0 ;

$\qquad$ t croissant de 4 à ∞, y croît de 0 à $\frac{3}{2}$.

La courbe figurative de ces variations est une hyperbole équilatère ascendante, ayant pour asymptote horizontale $y=\frac{3}{2}$ et pour asymptote verticale $t=3$.

18. — *Deux mobiles décrivent une même droite; leurs mouvements sont définis par les formules*
$$e = a + bt,$$
$$e = a' + b't.$$

Calculer la valeur commune que prennent les rapports de l'espace au temps, au moment de la rencontre des deux mobiles.

À l'instant de la rencontre, les variables t et e prennent les mêmes valeurs dans les deux équations. Il s'agit de trouver le rapport de ces valeurs considérées comme formant une solution commune des deux équations données.

Pour cela, il suffit d'établir entre les variables une relation homogène; ce qui se fait en éliminant les constantes a et a'.

En procédant par réduction, on obtient :
$$e(a'-a) = t(ba' - ab');$$

d'où
$$\frac{e}{t} = \frac{ab' - ba'}{a-a'}.$$

19. — *Deux mobiles partent ensemble d'un point O avec des vitesses constantes et se dirigent vers un même point A, qu'ils atteignent respectivement aux instants θ, θ'. A quelle époque le rapport de leurs distances au point A prendra-t-il une valeur donnée k?*

Soient v, v', les vitesses des deux mobiles.

En posant $OA = a$, on a : $a = v\theta = v'\theta'$.

Il faut que l'on ait :
$$\frac{AM}{AM'} = k.$$

Or
$$AM = -a + vt = -a + \frac{at}{\theta},$$

et
$$AM' = -a + v't = -a + \frac{at}{\theta'}.$$

L'équation du problème est donc :
$$\frac{\dfrac{t}{\theta} - 1}{\dfrac{t}{\theta'} - 1} = k.$$

On en tire :
$$t = -\frac{\theta\theta'(1 - k)}{\theta' - k\theta}.$$

20. — *Trois bicyclistes partent ensemble d'un même point, dans la même direction ; leurs tours de roues sont entre eux comme les nombres a, a', a''; mais, tandis que le premier donne n coups de pédale, le second en donne n' et le troisième n''. Quelle sera la distance mutuelle des deux derniers coureurs quand le premier aura parcouru un chemin donné l?*

Soient x la distance demandée, et l, l', l'' ($l' > l''$) les chemins parcourus par les trois coureurs.

Ces chemins simultanés sont proportionnels aux produits : an, $a'n'$, $a''n''$.

On a donc :
$$\frac{l}{an} = \frac{l'}{a'n'} = \frac{l''}{a''n''},$$

et, en retranchant les deux dernières fractions terme à terme :
$$\frac{l}{an} = \frac{x}{a'n' - a''n''},$$

d'où
$$x = l \cdot \frac{a'n' - a''n''}{an}.$$

Telle est la distance qui sépare les deux derniers coureurs quand le premier a couvert un chemin l.

§ II. — Mouvement uniformément varié.

21. — *Un mobile décrit une droite d'un mouvement uniformément varié dont l'accélération est $\gamma = 5^{cm}$. Il part sans vitesse initiale, à un instant que l'on prend pour origine des temps. Calculer la vitesse acquise et l'espace parcouru par ce mobile après un temps $t = 12^s$.*

Cette vitesse v et cet espace e sont donnés par les formules connues :

$$v = \gamma t, \qquad e = \frac{\gamma t^2}{2}.$$

Numériquement :

$$v = 5 \times 12 = 60^{cm}; \qquad e = \frac{5 \times 144}{2} = 360^{cm}.$$

22. — *Un mobile part du repos et se meut d'un mouvement uniformément accéléré. Quel espace a-t-il parcouru au bout de 12 secondes, sachant qu'à cet instant sa vitesse acquise est égale à 60^{cm} ?*

Le mobile n'ayant pas de vitesse initiale, les équations de son mouvement sont :

$$v = jt,$$
$$e = \frac{jt^2}{2}.$$

Pour $t = 12$, d'où $v = 60^{cm}$, la première donne :

$$60 = 12j, \quad \text{d'où} \quad j = 5,$$

et la seconde devient :

$$e = \frac{5 \times 144}{2} = 360^{cm}.$$

L'espace demandé est 3^m60.

23. — *Un mobile décrit une circonférence de rayon R d'un mouvement uniformément varié, dont l'accélération est γ. Il part sans vitesse initiale d'un point A. Avec quelle vitesse passera-t-il en ce même point quand il y reviendra pour la n^e fois ?*

Application : $R = 10^{cm}$, $\gamma = 981^{cm}$, $n = 12$.

Soient v cette vitesse et t le temps écoulé. Les formules du mouvement varié donnent les équations :

$$v = \gamma t, \qquad n.2\pi R = \frac{\gamma t^2}{2}.$$

En éliminant t, on obtient :

$$v = 2\sqrt{n.\pi\gamma R}.$$

Numériquement : 1210^{cm}.

24. — *Dans un mouvement uniformément accéléré sans vitesse initiale, le mobile parcourt une longueur l pendant la n⁰ seconde. Quel espace parcourra-t-il pendant la pᵉ seconde de son mouvement?*

Application : $l = 48^{cm}$, $n = 5$, $p = 14$.

L'espace parcouru au bout du temps t est donné par la formule :

$$e = \frac{\gamma t^2}{2},$$

γ désignant l'accélération inconnue.

L'espace parcouru pendant la n^e seconde est donc :

$$l = \frac{\gamma n^2}{2} - \frac{\gamma}{2}(n-1)^2,$$

ou

$$l = \frac{\gamma}{2}(2n-1).$$

De même, l'espace parcouru pendant la p^e seconde a pour expression :

$$x = \frac{\gamma}{2}(2p-1).$$

Divisant membre à membre ces deux dernières formules, on obtient :

$$\frac{x}{l} = \frac{2p-1}{2n-1}.$$

Numériquement :

$$\frac{x}{48} = \frac{27}{9} = 3,$$

d'où

$$x = 144^{cm}.$$

25. — *Tracer les lignes figuratives des espaces et des vitesses dans le mouvement qui a pour équations :*

$$e = 4t + t^2,$$
$$v = 4 + 2t.$$

La vitesse est figurée par une droite ascendante qui traverse l'axe horizontal à l'abscisse $t = -2$, et l'axe vertical à l'ordonnée $v = 4$.

L'espace est figuré par une parabole descendante, puis ascendante, qui coupe l'axe horizontal aux abscisses $t = -4$ et $t = 0$, et dont le sommet a pour coordonnées : $t = -2$, $e = -4$.

26. — *Représenter graphiquement les espaces et les vitesses dans le mouvement défini par l'équation :*

$$e = 3 + 2t - t^2$$

La formule des vitesses est :

$$v = 2 - 2t;$$

elle est figurée par une droite descendante qui traverse l'axe vertical à l'ordonnée $v = 2$ et l'axe horizontal à l'abscisse $t = 1$.

L'espace est figuré par une parabole ascendante puis descendante, qui coupe

l'axe horizontal aux abscisses $t=-1$, $t=3$, l'axe vertical à l'ordonnée $e=3$,
et dont le sommet a pour coordonnées :

$$t=1, \qquad e=4.$$

27. — *Tracer la courbe des espaces et celle des vitesses dans
le mouvement donné par la formule :*

$$e = 4 - 26t + 4t^2$$

*et déterminer les instants pour lesquels la vitesse et l'espace
prennent la même valeur numérique.*

La formule des espaces est figurée par une parabole descendante, puis ascendante, qui traverse l'axe vertical à l'ordonnée $e=4$ et l'axe horizontal aux
abscisses :

$$t = \frac{13 \pm 12,36}{4} = \begin{cases} 0,16 \\ 6,34 \end{cases}.$$

La formule des vitesses

$$v = 8t - 26$$

est figurée par une droite ascendante ayant pour coordonnées à l'origine :

$$v = -26 \quad \text{et} \quad t = 3,25.$$

Pour trouver les points communs à ces deux lignes, il suffit de résoudre le
système obtenu en posant dans les équations précédentes : $e=v=y$.

Ces points communs ont pour coordonnées :

$$\begin{cases} t = 1 \\ y = -18 \end{cases} \text{et} \quad \begin{cases} t = 7,5 \\ y = 34 \end{cases}.$$

28. — *Trouver les formules d'un mouvement uniformément
varié, sachant que l'accélération est 8, que la vitesse s'annule
pour* t = 3 *et que l'espace s'annule pour* t = 11.

Ces formules peuvent s'écrire :

$$e = a + bt + ct^2,$$
$$v = b + 2ct,$$
$$j = 2c.$$

On a donc :
$$2c = 8,$$
$$b + 6c = 0,$$

et
$$a + 11b + 121c = 0;$$

d'où
$$c = 4, \qquad b = -24, \qquad a = -220.$$

Les formules deviennent :
$$e = -220 - 24t + 4t^2;$$
$$v = -24 + 8t;$$
$$j = 8.$$

29. — *Un mobile se meut sur une droite d'un mouvement uniformément varié. Aux instants 1, 2, 3, les espaces sont 70, 90,*

100. *Calculer la vitesse initiale du mobile, son accélération et l'époque de son passage à l'origine des espaces.*

Dans un mouvement uniformément varié, l'espace est une fonction du second degré par rapport au temps. On peut l'écrire :

$$e = a + bt + ct^2.$$

$a, b, c,$ étant trois coefficients à déterminer.

En exprimant que cette relation est satisfaite par les trois systèmes de valeurs données (1 et 70), (2 et 90), (3 et 100), on obtient les équations :

$$a + b + c = 70,$$
$$a + 2b + 4c = 90,$$
$$a + 3b + 9c = 100;$$

d'où l'on tire : $\qquad a = 40, \quad b = 35, \quad c = -5.$

La formule des espaces est donc :

$$e = 40 + 35t - 5t^2.$$

On en déduit immédiatement la formule des vitesses :

$$v = 35 - 10t,$$

et l'accélération : $\qquad j = -10.$

Ainsi, la vitesse initiale du mobile est 35, et son accélération, — 10.

Quant aux époques de son passage à l'origine, ce sont les valeurs de t qui annulent l'espace, c'est-à-dire les racines de l'équation :

$$40 + 35t - 5t^2 = 0,$$

ou $\qquad t^2 - 7t - 8 = 0,$

d'où $\qquad t = -1 \quad$ et $\quad t = 8.$

Il est aisé maintenant de suivre les variations de l'espace et de la vitesse, et d'en tracer, si l'on veut, la courbe figurative.

La vitesse est décroissante : elle prend la valeur 35 à l'origine du temps et s'annule à l'instant $t = \dfrac{7}{2}$.

Le temps t croissant de $-\infty$ à -1, puis de -1 à 0, l'espace croît de $-\infty$ à 0, puis de 0 à 40; t croissant de 0 à $\dfrac{7}{2}$, puis de $\dfrac{7}{2}$ à 8, l'espace croît de 40 jusqu'à un maximum égal à 101,25, puis il décroît de ce maximum jusqu'à 0; enfin t croissant de 8 à $+\infty$, l'espace décroît de 0 à $-\infty$.

CHAPITRE II

STATIQUE ET DYNAMIQUE

FORMULAIRE

Masses. — *La masse d'un corps se mesure par le poids relatif de ce corps.* L'unité C. G. S. de masse est le GRAMME MASSE.

Forces. — On mesure les forces par leurs *effets statiques* ou par leurs *effets dynamiques.*

Une force f est égale au produit de la masse m qu'elle entraîne, par l'accélération φ qu'elle lui communique :

$$f = m\varphi.$$

L'unité C. G. S. de force est la DYNE : c'est la force qui, agissant sur une masse de 1 gramme, lui imprime une accélération de 1^{cm} par seconde par seconde.

A Paris : 1 gramme = 981 dynes ;

1 kilogramme = 0,981 mégadyne.

Une FORCE est caractérisée par son *point d'application*, sa *direction* et son *intensité.*

Elle est représentée géométriquement par un *vecteur.*

La *composition des forces* se ramène à la composition géométrique des vecteurs.

Travail. — Travail d'une force F, le long d'un chemin rectiligne e, formant avec cette force un angle α :

$$T = Fe\cos\alpha.$$

Si $\alpha = 0$, $$T = Fe.$$

L'unité C. G. S. de travail est l'ERG ou *dyne-centimètre.*

Un JOULE = 10^7 ergs.

Un KILOGRAMMÈTRE = $981\,000 \times 100 = 9,81 \times 10^7$ ergs,

$$= 9,81 \text{ joules.}$$

Force vive ou énergie cinétique. — *La force vive d'une masse m animée d'une vitesse v est le produit* $\dfrac{1}{2} mv^2$.

C'est une forme de l'énergie.

Principe des forces vives. — 1° *La force vive d'un point matériel est égale au travail dépensé pour mettre ce point en mouvement :*

$$TF = \frac{1}{2}\, mv^2.$$

2° *La somme des travaux de toutes les forces qui agissent sur un système matériel pendant un temps quelconque est égale à la variation que subit la force vive du système pendant ce même temps.*

Transmission du travail dans les machines. — *Pour qu'une machine soit en équilibre, ou animée d'un mouvement uniforme, sous l'action d'un système quelconque de forces, il faut et il suffit que le travail moteur soit égal au travail résistant.*

Levier. — *Pour qu'un levier soit en équilibre sous l'action de deux forces situées dans un même plan avec le point fixe, et tendant à faire tourner la machine en sens contraires, il faut et il suffit que ces forces soient inversement proportionnelles à leurs distances au point d'appui.*

Treuil. — *Pour qu'un treuil soit en équilibre sous l'action de deux forces qui agissent dans des plans perpendiculaires à l'axe et tendent à faire tourner la machine en sens contraires, il faut et il suffit que ces forces soient inversement proportionnelles à leurs distances à l'axe.*

Plan incliné. — *Pour qu'un corps soit en équilibre sur un plan incliné, sous l'action de deux forces parallèles à un plan perpendiculaire aux horizontales du plan incliné, il faut et il suffit que les projections des deux forces sur le plan incliné soient égales et directement opposées.*

§ I. — Composition des forces.

30. — *Trois forces appliquées en un même point se font équilibre. Deux d'entre elles sont rectangulaires, et ont pour valeur commune 10^{kg}; calculer l'intensité de la troisième force.*

Cette troisième force étant égale et directement opposée à la résultante des deux autres, elle est représentée en valeur absolue par l'hypoténuse d'un triangle rectangle isocèle, dont les côtés égaux mesurent 10 unités.

Sa valeur numérique est donc :

$$\sqrt{100 + 100} = 14^{kg},11.$$

31. — *Deux forces parallèles et de même sens sont appliquées en des points A et B, dont la distance est $AB = 60^{cm}$. Leurs intensités respectives sont $F = 5^{kg}$, $F' = 7^{kg}$. Déterminer sur la droite AB le point d'application de leur résultante.*

Ce point d'application C divise le segment AB en parties inversement proportionnelles aux intensités des deux forces. On a donc :

$$\frac{AC}{7} = \frac{CB}{5} = \frac{AB}{12} = \frac{60}{12} = 5;$$

d'où
$$AC = 5 \times 7 = 35^{cm},$$
$$CB = 5 \times 5 = 25^{cm}.$$

32. — *Composer deux forces parallèles de sens contraires, d'intensité AF = 8^{kg}, BF' = 11^{kg}, appliquées en deux points dont la distance est AB = 30^{cm}.*

La résultante R est égale à la différence :
$$R = 11 - 8 = 3^{kg}.$$

Son point d'application est sur le prolongement de AB, en un point C tel que :
$$\frac{CA}{11} = \frac{CB}{8} = \frac{AB}{3} = \frac{30}{3} = 10.$$

Donc
$$CA = 10 \times 11 = 110^{cm};$$
$$CB = 10 \times 8 = 80^{cm}.$$

33. — *Trois forces parallèles se font équilibre. Leurs points d'application A, B, C, sont en ligne droite. Les points A et C sont de part et d'autre du point B, à des distances BA = 40^{cm}, BC = 30^{cm}. La force appliquée en B étant égale à BF' = 14^{kg}, calculer les deux autres forces AF et CF''.*

La force F' n'est autre qu'une force égale et directement opposée à la résultante des deux autres.

On a donc :
$$\frac{F}{BC} = \frac{F''}{AB} = \frac{F'}{AC},$$

c'est-à-dire :
$$\frac{F}{30} = \frac{F''}{40} = \frac{14}{70} = \frac{1}{5};$$

d'où
$$F = \frac{30}{5} = 6^{kg},$$

et
$$F'' = \frac{40}{5} = 8^{kg}.$$

§ II. — Mouvement produit par une force constante.

34. — *Une force constante F est appliquée à une masse M qui part du repos et peut se mouvoir librement sous l'action de cette force. Quels sont, au bout d'un temps t, la vitesse acquise et l'espace parcouru par cette masse?*

Application : F = 840 dyn., M = 35^{gr}, t = 5^{s}.

Sous l'action de la force F, la masse M prend une mouvement uniformément accéléré, dont l'accélération γ est donnée par la formule :
$$F = M\gamma, \quad \text{d'où} \quad \gamma = \frac{F}{M}.$$

Au bout du temps t, la vitesse acquise est :

$$v = \gamma t,$$

et l'espace parcouru :

$$e = \frac{\gamma t^2}{2}.$$

Numériquement :

$$\gamma = \frac{840}{35} = 24^{cm};$$

$$v = 24 \times 5 = 120^{cm};$$

$$e = \frac{24 \times 25}{2} = 300^{cm}.$$

35. — *Quelle force faut-il appliquer à un corps de masse* m, *pendant un temps* t, *pour lui communiquer une vitesse* v ?

Soient f la force demandée et φ l'accélération qu'elle imprime à la masse.
On a :

$$f = m\varphi.$$

Au bout du temps t, la vitesse acquise est :

$$v = \varphi t.$$

Divisant membre à membre pour éliminer φ, on obtient :

$$\frac{f}{v} = \frac{m}{t} :$$

d'où

$$f = \frac{mv}{t}.$$

36. — *Quelle force faut-il appliquer à un corps de masse* m, *pour lui faire parcourir un espace* e *en un temps* t?

Soient f cette force et φ l'accélération qu'elle communique à la masse m.
On a :

$$f = m\varphi.$$

Au bout du temps t, l'espace parcouru d'un mouvement uniformément accéléré est :

$$e = \frac{\varphi t^2}{2}.$$

Éliminant φ, on obtient :

$$\frac{f}{e} = \frac{2m}{t^2} :$$

d'où

$$f = \frac{2me}{t^2}.$$

37. — *Un mobile est assujetti à décrire une trajectoire rectiligne de longueur* l = 22ᵐ40. *Il est mis en mouvement par une force qui agit sur lui pendant* θ = 4ˢ *et qui lui communique une accélération* γ = 40ᶜᵐ, *après quoi le mobile continue à se mouvoir avec la vitesse acquise. On demande le temps employé par ce mobile à décrire sa trajectoire.*

À l'instant θ, le mobile possède une vitesse $\gamma\theta$, et il a parcouru un espace $\frac{\gamma\theta^2}{2}$. Le reste de la trajectoire,

$$l - \frac{\gamma\theta^2}{2},$$

est parcouru d'un mouvement uniforme avec la vitesse acquise; ce qui exige

un temps : $\qquad \dfrac{l - \dfrac{\gamma\theta^2}{2}}{\gamma\theta}$ ou $\dfrac{l}{\gamma\theta} - \dfrac{\theta}{2}$.

La durée totale du trajet est donc :

$$t = \theta + \frac{l}{\gamma\theta} - \frac{\theta}{2} = \frac{\theta}{2} + \frac{l}{\gamma\theta} .$$

Numériquement : $\qquad t = 2 + \dfrac{2250}{4 \times 10} = 16^s .$

38. — *Un obus de* $P = 100^{kg}$ *est lancé par un canon. Il parcourt un trajet de* $l = 2^m50$ *à l'intérieur de la pièce et s'en échappe avec une vitesse* $v = 600^m$ *par seconde. Calculer la valeur moyenne* F *de la force propulsive développée par l'explosion de la poudre.*

Raisonnons dans le système C. G. S. La masse entraînée est $\quad m = \dfrac{P}{g} .$

La force F, supposée constante, lui imprime une accélération j, telle que :

$$F = mj = \frac{Pj}{g} .$$

Soit t la durée du trajet à l'intérieur de la pièce. Au bout de ce temps t, l'espace parcouru est : $\qquad l = \dfrac{jt^2}{2} ,$

la vitesse acquise : $\qquad v = jt.$

En éliminant t entre ces deux dernières équations, on obtient :

$$j = \frac{v^2}{2l} ,$$

et la précédente devient : $\qquad F = \dfrac{Pv^2}{2lg} .$

Numériquement, dans le système métrique :

$$F = 733944^{kg} \qquad \text{ou} \qquad 733,9 \text{ tonnes.}$$

§ III. — Travail et force vive.

39. — *Évaluer en kilogrammètres le travail effectué par une force constante* $F = 32^{kg}$ *qui déplace son point d'application de* $e = 125^{cm}$ *dans sa propre direction.*

L'espace étant exprimé en mètres, le travail demandé est :

$$T = Fe = 32 \times 1,25 = 40^{kgm}.$$

40. — *Convertir en kilogrammètres un travail de* 11 822 *joules.*

Un kilogrammètre vaut 9,81 joules.

Le nombre demandé est donc :

$$\frac{11\,822}{9,81} = 1\,205, 1^{kgm}.$$

41. — *Une force constante* $F = 25^{kg}$ *fait parcourir à son point d'application un chemin rectiligne* $c = 16^m$ *dans une direction formant un angle* $\alpha = 60°$ *avec la direction de la force. Quel est le travail effectué par cette force?*

Le travail demandé a pour expression :

$$T = Fc\cos\alpha.$$

Numériquement :

Avec les unités adoptées dans l'énoncé :

$$T = 25 \times 16 \times \frac{1}{2} = 200 \text{ (kilogrammètres)}.$$

Dans le système C. G. S. :

$$T = 981\,000\,F \times 100c \times \frac{1}{2},$$

$$T = 98\,100\,000 \times 200 = 1962 \times 10^7 \text{ (ergs)};$$

ou

$$T = 1962 \text{ (joules)}.$$

42. — *Un boulet de canon de poids* P *est lancé avec une vitesse* V. *Quelle est sa force vive?*

Application : $P = 60^k$, $V = 500^m$.

Soit M la masse du corps et x sa force vive.

On a :

$$M = \frac{P}{g},$$

et

$$x = \frac{MV^2}{2} = \frac{PV^2}{2g}.$$

Numériquement : Cette force vive peut être exprimée en kilogrammètres, en ergs ou en joules.

1° Pour l'obtenir en kilogrammètres, il suffit d'évaluer le poids P en kilogrammes, la vitesse V et g en mètres.

Il vient :

$$x = \frac{60 \times 250\,000}{2 \times 9,81} = 764525^{kgm}.$$

2° Pour l'obtenir en ergs, il faut exprimer P en dynes, V et g en centimètres.

On a :

$$P = 60000\,g, \quad V = 50000;$$

d'où

$$x = \frac{60000\,g \times 2\,500\,000\,000}{2g},$$

$$= 7,5 \times 10^{13} \text{ ergs} = 7,5 \times 10^7 \text{ megergs}.$$

3° Enfin, puisqu'un joule égale 10 megergs,

on a :

$$x = 7,5 \times 10^6 \text{ joules}.$$

43. — *Une force constante F agit pendant un temps t sur une masse M qui part du repos et se meut dans la direction de la force. On demande le travail produit par la force, et la force vive acquise par la masse.*

Application : F = 10^k, t = 6^s, M = 12^k.

La masse M, sous l'action de la force F, prend une accélération :

$$\gamma = \frac{F}{M} \cdot$$

Au bout du temps *t*, la vitesse acquise est :

$$v = \gamma t,$$

et l'espace parcouru :

$$e = \frac{\gamma t^2}{2} \cdot$$

Le travail de la force est donc :

$$T = Fe = \frac{F\gamma t^2}{2} = \frac{F^2 t^2}{2M} ;$$

et la force vive acquise par la masse :

$$\frac{Mv^2}{2} = \frac{M\gamma^2 t^2}{2} = \frac{F^2 t^2}{2M} \cdot$$

Numériquement :

$$T = \frac{Mv^2}{2} = \frac{3600}{24} = 150 \text{ kilogrammètres.}$$

Dans le système C. G. S ;

$$T = \frac{Mv^2}{2} = 14.715 \times 10^6 \text{ (ergs) ou } 1471,5 \text{ (joules)}.$$

§ IV. — Machines simples.

44. — *Un levier horizontal a 2^m de longueur. Son point fixe est à 25^cm de l'une des extrémités qui supporte un poids de 350^kg. Quelle est la force x appliquée à l'autre extrémité pour maintenir l'équilibre?*

En écrivant que les deux forces sont inversement proportionnelles à leurs bras de levier, on obtient la proportion :

$$\frac{x}{350} = \frac{25}{200 - 25} = \frac{1}{7} ;$$

d'où l'on tire :

$$x = 50^{kg}.$$

45. — *Un levier de 1^m50 de longueur est mobile autour de l'une de ses extrémités. Il s'appuie contre un obstacle situé à 12^cm du point fixe et qui maintient la barre dans une position horizon-*

tale. Quelle sera la pression exercée sur cet obstacle par un poids de 40ᵏᵍ suspendu à l'autre extrémité?

Soit x cette pression. La condition d'équilibre du levier est exprimée par la proportion :
$$\frac{x}{40} = \frac{150}{12} ;$$

d'où l'on tire :
$$x = 500^{kg}.$$

46. — *Pour faire équilibre à 1ᵏ placé sur l'un des plateaux d'une balance faussée, il faut placer 1 007ᵍʳ sur l'autre plateau. A quelle distance le point de suspension est-il du milieu du fléau, sachant que celui-ci a une longueur de 54ᶜᵐ?*

Soit x cette distance.

Les bras de levier sont : $27 + x$ et $27 - x$.

En écrivant que les poids en équilibre ont des moments égaux, on obtient l'équation :
$$1000\,(27 + x) = 1007\,(27 - x),$$
ou
$$2007\,x = 27 \times 7;$$
d'où
$$x = \frac{27 \times 7}{2007} = 0^{cm},0941.$$

47. — *Une barre rigide mobile autour d'un point fixe est maintenue en équilibre par deux forces verticales de sens contraires, appliquées à 48ᶜᵐ l'une de l'autre. Déterminer la position du point fixe, sachant que l'intensité de la force descendante est de 9ᵏᵍ, et celle de la force ascendante, de 25ᵏᵍ.*

Soient x et y les distances du point fixe aux deux forces.
D'après la condition d'équilibre du levier,

On a :
$$\frac{x}{25} = \frac{y}{9} = \frac{x - y}{25 - 9} = \frac{48}{16} = 3;$$
d'où
$$x = 3 \times 25 = 75^{cm},$$
et
$$y = 3 \times 9 = 27^{cm}.$$

48. — *Le rayon d'un treuil est* r = 12ᶜᵐ *et celui de la manivelle,* R = 45ᶜᵐ. *On déploie une force motrice* f = 30ᵏᵍ *pour élever un fardeau d'une hauteur* h = 8ᵐ. *Quel est le travail effectué?*

Le poids soulevé x est donné par la condition d'équilibre du treuil :
$$\frac{x}{R} = \frac{f}{r}, \quad \text{d'où } x = \frac{Rf}{r}.$$

En élevant ce poids à la hauteur h on effectue un travail :
$$T = xh = \frac{Rfh}{r}.$$

Numériquement :
$$T = 900^{kgm}.$$

10. — *A l'aide d'un treuil dont la manivelle a 50^{cm} de longueur, un ouvrier doit élever d'une hauteur de 6^m un fardeau
qui pèse 200^{kg}. Combien de tours devra-t-il effectuer, sachant
qu'il exerce un effort de 10^{kg}?*

Représentons ces données numériques respectivement par :

$$R, h, P, f.$$

Soit n le nombre demandé.

En écrivant que le travail moteur est égal au travail résistant, on obtient
l'équation :
$$2\pi R n f = h P;$$

d'où l'on tire :
$$n = \frac{hP}{2\pi R f} \cdot$$

Numériquement :
$$n = \frac{30}{3,1416} = 9,549 = 9 \text{ tours et demi.}$$

PESANTEUR

CHAPITRE I

POIDS DES CORPS

FORMULAIRE

Accélération de la pesanteur. — En un lieu donné, le poids d'un corps est une force constante, qui produit un mouvement uniformément accéléré.

En un même lieu, l'ACCÉLÉRATION g DE LA CHUTE DES CORPS *est la même pour tous les corps.*

Mais cette accélération *varie d'un lieu à un autre.* Elle devient :

$$
\begin{array}{ll}
\text{Au pôle.} \quad . \quad . \quad . & 983^{cm},1\,; \\
\text{A Paris.} \quad . \quad . \quad . & 980^{cm},9\,; \\
\text{A } 45^{\circ} \text{ de latitude.} & 980^{cm},6\,; \\
\text{A l'équateur.} \quad . \quad . & 978^{cm},1.
\end{array}
$$

Intensité de la pesanteur. — Le poids d'un corps, en un lieu donné, est égal au produit
$$p = mg$$
de la masse m de ce corps par l'accélération g de la pesanteur en ce lieu.

L'unité de MASSE *est le gramme-masse.*

L'unité de FORCE *est la dyne.*

L'INTENSITÉ DE LA PESANTEUR en un lieu est le poids du gramme en ce lieu, c'est-à-dire
$$p = g \text{ (dynes)}.$$

Ainsi *le poids du gramme exprimé en dynes est numériquement égal à l'accélération de la pesanteur évaluée en centimètres.*

§ I. — Accélération de la pesanteur.

50. — *Le poids d'un corps en un lieu déterminé étant une force constante en grandeur et en direction, tout corps abandonné librement à lui-même prend un mouvement rectiligne uniformément accéléré, sans vitesse initiale, à partir d'un point et d'un*

instant que l'on prend pour origines des espaces et des temps.
L'accélération g $= 980^{cm}$ est la même pour tous les corps. La
vitesse et l'espace à l'instant t sont donnés par les formules :

$$v = gt, \qquad e = \frac{gt^2}{2},$$

ou $\qquad v = 980t, \qquad e = 490t^2.$

On propose de représenter graphiquement ces deux équations.
La longueur choisie pour représenter une seconde sur l'axe des
temps représentera 1 000^{cm} sur l'axe des espaces. L'accélération g
étant dirigée suivant la verticale descendante, on lui conservera
cette même direction.

1° La vitesse est figurée par une demi-droite descendante issue de l'origine
des axes.

2° L'espace est représenté par une branche de parabole descendante, dont
l'axe est vertical et dont le sommet est à l'origine des axes coordonnés.

3° Les deux lignes se coupent au point qui a pour coordonnées :

$$t = 2, \qquad e = v = 2y = 1960.$$

51. — Un corps tombe en chute libre, en un lieu où l'accélération de la pesanteur est g $= 980^{cm}$; quelle est sa vitesse acquise et
quel est l'espace parcouru après t $= 1^s5$ de chute?

Le corps tombe d'un mouvement uniformément accéléré à partir d'un point et
d'un instant que nous prendrons pour origines des espaces et des temps.

Les formules du mouvement sont :

$$v = gt,$$
$$e = \frac{gt^2}{2}.$$

Numériquement, on a : $t = 1^s,5$ et $t^2 = 2,25$;

d'où $\qquad v = 980 \times 1,5 = 1470^{cm};$

$\qquad e = 490 \times 2,25 = 1102^{cm},5.$

52. — Combien de temps faut-il à un corps pour tomber de
250^m en chute libre (g $= 980$)?

La formule $\qquad\qquad e = \frac{gt^2}{2}$

donne : $\qquad\qquad t = \sqrt{\frac{2e}{g}} = \sqrt{\frac{50000}{980}}$

$$= \sqrt{\frac{2500}{49}} = \frac{50}{7} = 7^s,\frac{1}{7}.$$

53. — Quelle est la vitesse acquise par un corps tombant librement d'une hauteur e $= 19^m62$?

Soient v cette vitesse et t la durée de la chute.

Les formules du mouvement donnent les deux équations :

$$v = gt,$$

$$e = \frac{gt^2}{2} \; ;$$

d'où

$$t^2 = \frac{2e}{g} = \frac{v^2}{g^2} \; ;$$

d'où

$$v^2 = 2ge \; ;$$

et enfin :

$$v = \sqrt{2ge} \; .$$

Numériquement :

$$e = 2g.$$

Donc :

$$v = \sqrt{4g^2} = 2g = 19^m,62.$$

54. — *On laisse tomber un corps librement du haut de la tour Eiffel, dont la hauteur est de 300ᵐ. Avec quelle vitesse parviendra-t-il au sol ($g = 981$)?*

En éliminant t entre les deux équations :

$$v = gt,$$

$$e = \frac{gt^2}{2},$$

il vient :

$$t^2 = \frac{2e}{g} = \frac{v^2}{g^2} \; ;$$

d'où

$$v = \sqrt{2ge} \; .$$

Numériquement :

$$v = \sqrt{981 \times 60000} = 76^m,72.$$

55. — *De quelle hauteur un corps devrait-il tomber en chute libre pour acquérir une vitesse de 70ᵐ à la seconde ($g = 980$)?*

En éliminant t entre les deux formules :

$$v = gt,$$

$$e = \frac{gt^2}{2},$$

on obtient :

$$t^2 = \frac{2e}{g} = \frac{v^2}{g^2} \; ;$$

d'où

$$e = \frac{v^2}{2g} \; .$$

Numériquement :

$$e = \frac{4900000}{2.10.2.49} = 2500^{m},$$

ou

$$e = 250^m.$$

56. — *Pendant combien de temps un corps est-il tombé en chute libre, s'il a parcouru 19ᵐ,6 pendant la dernière seconde de sa chute ($g = 980$)?*

Soit t ce temps.

On a :

$$e = 490t^2,$$

$$e - 1960 = 490 (t - 1)^2 \; ;$$

d'où, par différence :

$$1000 = 490 \ (2t - 1),$$
$$2t - 1 = 4,$$
$$t = \frac{5}{2} = 2^{s},5.$$

57. — *Un corps tombe en chute libre. Trouver le rapport des temps qu'il emploie à parcourir la première et la seconde moitié de sa course.*

Soient t' et t'' les temps considérés.

L'espace parcouru pendant le premier est :

$$\frac{gt'^{2}}{2}.$$

L'espace total est :

$$\frac{g}{2} \ (t' + t'')^{2}.$$

En écrivant que le premier espace est la moitié du second, on obtient l'équation :

$$\frac{g}{2} \ t'^{2} = \frac{1}{2} \cdot \frac{g}{2} \ (t' + t'')^{2},$$

ou

$$2t'^{2} = (t' + t'')^{2};$$

d'où

$$t' + t'' = \pm t' \sqrt{2},$$

et enfin :

$$\frac{t'}{t''} = \frac{1}{\sqrt{2} - 1} = \sqrt{2} + 1.$$

§ II. — Intensité de la pesanteur.

58. — *L'intensité de la pesanteur est* $g = 981$ *à Paris et* $g' = 978$ *à l'équateur. Quel est le poids à Paris d'un corps qui pèse* $p' = 1^{k},630$ *à l'équateur?*

Soient m la masse du corps et p son poids à Paris.

On a :

$$p = mg,$$
$$p' = mg';$$

d'où

$$\frac{p}{p'} = \frac{g}{g'},$$

et enfin :

$$p = p' \cdot \frac{g}{g'}.$$

Numériquement :

$$p = 1630 \times \frac{981}{978} = 1635^{gr}.$$

59. — *Un dynamomètre a été gradué à Paris* $(g = 980,94)$. *Quelle est la différence des masses qui lui feraient subir, l'une à l'équateur* $(g' = 978,1)$, *l'autre au pôle* $(g'' = 983,11)$, *la flexion repérée* 1^{kg}?

Soient m, m', m'' les masses qui déterminent la même flexion à Paris, à l'équateur et au pôle.

On demande la différence $x = m' - m''$.

Or l'identité des flexions marque l'égalité des poids; c'est-à-dire que l'on a :

$$m'g' = m''g'' = mg;$$

d'où $\quad m' = m\dfrac{g}{g'} \quad$ et $\quad m'' = m\dfrac{g}{g''}.$

En tenant compte de ces valeurs, la formule précédente devient :

$$x = mg\left(\frac{1}{g'} - \frac{1}{g''}\right),$$

ou

$$x = \frac{mg\,(g'' - g')}{g'g''}.$$

Numériquement : $\quad x = \dfrac{980,94 \times 5,01}{9781 \times 98311} = 5^{gr},1108.$

60. — *On sait que l'intensité de la pesanteur en un point est inversement proportionnelle au carré de la distance de ce point au centre de la terre. Sa valeur au niveau de la mer étant g, calculer sa valeur à une altitude h sur la même verticale, en prenant pour rayon terrestre R.*

Application : $\mathrm{g} = 980$, $\mathrm{h} = 300^m$, $\mathrm{R} = 6366^{km}$.

On a : $\qquad\qquad \dfrac{x}{g} = \dfrac{R^2}{(R + h)^2},$

ou approximativement : $\qquad \dfrac{x}{g} = 1 - \dfrac{2h}{R};$

d'où $\qquad\qquad\qquad x = \dfrac{g\,(R - 2h)}{R}.$

Numériquement : $\qquad x = 979,907$ dynes.

§ III. — Travail de la pesanteur.

61. — *Évaluer en ergs et en joules le travail de la pesanteur sur un corps de poids* P $= 12^{kg}$*, qui tombe d'une hauteur* h $= 5^m$*.*

On sait que 1^{kgm} vaut 9,81 joules, et que 1 joule vaut 10 mégergs. Le travail demandé représente donc :

$$Ph = 60 \text{ kilogrammètres};$$
$$60 \times 9,81 = 588,6 \text{ joules}$$
$$\text{et } 5886 \text{ mégergs.}$$

62. — *Exprimer en joules le travail nécessaire pour soulever une masse de* 510^{gr} *à* 2^m *de hauteur.*

On sait que 1^{kgm} vaut 9,81 joules.

Le travail demandé est donc :

$$0,51 \times 2 = 1,02 \text{ kilogrammètre},$$

ou

$$1,02 \times 9,81 = 10 \text{ joules (par défaut).}$$

63. — *Une masse* $m = 4^{kg}$ *tombe d'une hauteur* $h = 27^m$ *à un niveau* $h' = 12^m$. *Évaluer en kilogrammètres et en joules la variation de son énergie potentielle.*

Cette variation d'énergie n'est autre que le travail de la pesanteur, c'est-à-dire :

$$m\,(h - h') = 4 \times 15 = 60 \text{ kilogrammètres},$$

ou

$$60 \times 9,81 = 588,6 \text{ joules.}$$

64. — *Un corps pesant, du poids de* $P = 12^k$, *est mobile autour d'un point fixe situé à une distance* $d = 1^m,50$ *de son centre de gravité. Quelle énergie dépense-t-il en passant de sa position d'équilibre instable à sa position d'équilibre stable?*

Quand le corps tourne dans tous les sens autour de son point fixe O, son centre de gravité G décrit une sphère de centre O et de rayon d. Ses positions d'équilibre sont le point le plus haut et le point le plus bas de cette sphère; elles sont situées sur la verticale du point O, l'une au-dessus, l'autre au-dessous.

Si le corps passe de sa position d'équilibre instable à sa position d'équilibre stable, son centre de gravité descend d'une hauteur égale à $2d$. Il dépense une quantité d'énergie mesurée par le travail effectué par son poids P sur une hauteur $2d$.

Ce travail est donc : $P \times 2d = 12 \times 3 = 36^{kgm}$.

Ainsi, en tombant de sa position d'équilibre instable à sa position d'équilibre stable, le corps dépense une énergie de 36 kilogrammètres.

CHAPITRE II

MESURE DES MASSES ET DES POIDS

FORMULAIRE

Poids usuel. — *Le* poids usuel *d'un corps n'est autre que sa masse.*
On l'évalue en *grammes, kilogrammes, tonnes,* etc.
On mesure les *masses* ou les *poids usuels* au moyen de la BALANCE, en s'appuyant sur ce fait que *deux corps qui ont le même poids dans un même lieu ont aussi la même masse.*

Ainsi, pour comparer les masses de deux corps, il suffit de comparer leurs poids *dans un même lieu.*

Balance.

65. — *On a des balles de plomb de trois diamètres différents. Calculer leurs masses respectives, sachant que* a $= 25$ *des premières placées sur l'un des plateaux d'une balance font équilibre à* b $= 21$ *des secondes placées sur l'autre plateau; que* c $= 9$ *de celles-ci font équilibre à* d $= 7$ *des troisièmes; et enfin que* m $= 8$ *des secondes avec* n $= 16$ *des troisièmes font équilibre à un poids* P $= 500^{gr}$.

Soient x, y, z les poids demandés.
On a :

$$ax = by;$$
$$cy = dz;$$
$$my + nz = P.$$

En éliminant y entre les deux dernières équations, on obtient :

$$z = \frac{Pc}{md + nc}.$$

Connaissant z, on en déduira successivement y et x à l'aide des formules :

$$y = \frac{d}{c} z, \qquad x = \frac{b}{a} y.$$

Numériquement : $x = 14,7; \quad y = 17,5; \quad z = 22,5.$

66. — *Un corps est équilibré par un poids* p = 10^k *quand on le place dans l'un des plateaux d'une balance, et par* p' = 10^k,201 *lorsqu'on le met sur l'autre plateau. On demande : 1° le poids* x *de ce corps; 2° le rapport des longueurs* l, l' *des deux bras du fléau.*

On a :
$$pl = l'x;$$
$$xl = l'p'.$$

Divisant et multipliant ces équations membre à membre, il vient :

$$\frac{p}{x} = \frac{x}{p'} , \text{ d'où } x = \sqrt{pp'} ,$$

et
$$pl^2 = p'l'^2, \text{ d'où } \frac{l}{l'} = \sqrt{\frac{p'}{p}} .$$

Numériquement :

$$x = \sqrt{10000 \times 10201} = 100 \times 101 = 10100^{gr};$$

$$\frac{l}{l'} = \frac{101}{100} .$$

67. — *Pour faire équilibre à un corps placé successivement sur les deux plateaux d'une balance, il a fallu respectivement* p = 3^k,267 *et* p' = 3^k,675. *Quelle erreur commettrait-on en prenant pour le poids du corps l'un ou l'autre de ces résultats ou leur demi-somme?*

Cette moyenne arithmétique est :

$$\frac{p+p'}{2} = 3471^{gr}.$$

En réalité le poids du corps est la moyenne géométrique des deux tares, c'est-à-dire :
$$\sqrt{pp'} = 3465^{gr}.$$

Les trois erreurs demandées sont donc :

$$210^{gr} \text{ par excès}, \qquad 198^{gr} \text{ par défaut},$$

et
$$6^{gr} \text{ par excès}.$$

68. — *Pour faire équilibre à un corps placé sur l'un des plateaux d'une balance, il faut mettre* P^{gr} *sur l'autre plateau. Si l'on change de plateaux le corps et les poids marqués, l'équilibre est rompu, et, pour le rétablir, il faut ajouter* p^{gr} *à côté du corps. Quel est, d'après cela, le rapport des longueurs des deux bras du fléau?*

Application : P = 2450^{gr}, p = 99^{gr}.

Soit x ce rapport. Si le premier bras est l, le second sera lx. Soit y le poids du corps.

Les équations d'équilibre sont :

$$yl = lxP \quad \text{ou} \quad y = Px;$$

$$Pl = (y + p)lx \quad \text{ou} \quad P = (y + p)x.$$

Éliminant y, il vient : $\quad Px^2 + px - P = 0.$

La racine positive répond seule à la question :

$$x = \frac{-p + \sqrt{p^2 + 4P^2}}{2P}.$$

Numériquement : $\qquad x = \frac{2401}{2450} = \frac{49}{50}.$

CHAPITRE III

DENSITÉS ET POIDS SPÉCIFIQUES

FORMULAIRE

Masse spécifique. — *On appelle* masse spécifique *ou* masse volumique *d'un corps, sa masse par unité de volume;* c'est-à-dire le quotient de sa masse par son volume :

$$m = \frac{M}{V}.$$

On l'exprime en *grammes par centimètre* cube ou en *kilogrammes par décimètre* cube.

La masse spécifique de l'eau à 4° est égale à l'unité.

Il s'ensuit qu'une masse d'eau est numériquement égale à son volume et que le volume d'un corps quelconque est numériquement égal à la masse du même volume d'eau.

Poids spécifique. — *On appelle* poids spécifique *ou* poids volumique *d'un corps, son poids par unité de volume;* c'est-à-dire le quotient de son poids par son volume :

$$p = \frac{P}{V}.$$

On l'exprime en *dynes par centimètre cube.*

L'égalité

$$P = Mg$$

entraîne

$$p = mg;$$

c'est-à-dire que *le poids spécifique d'un corps est égal à sa masse spécifique multipliée par l'intensité de la pesanteur.*

Le poids spécifique de l'eau est égal à l'intensité g de la pesanteur.

Densité relative à l'eau. — *On appelle* densité *d'un corps solide ou liquide, le rapport du poids ou de la masse de ce corps, au poids ou à la masse du même volume d'eau :*

$$d = \frac{P}{P'} = \frac{M}{M'}.$$

Ces deux derniers rapports se nomment le *poids spécifique relatif à l'eau* et la *masse spécifique relative à l'eau.*

Si le volume considéré est égal à 1ᶜᶜ, ces égalités deviennent :

$$d = \frac{p}{g} = \frac{m}{1}.$$

Ainsi, la *densité relative* est numériquement égale à la *masse spécifique.*

Cette dernière prend encore le nom de *densité absolue*. Il convient de remarquer qu'elle est une grandeur, tandis que la *densité relative* est un rapport, c'est-à-dire un simple *nombre*.

§ I. — Densités.

69. — *Quelle est la masse d'une poutre en fer de longueur* $l = 8^m,50$ *et de section* $s = 142^{cm2}$, *sachant que la densité du fer est* $d = 7,2$?

La masse M est égale au produit du volume sl par la densité d :

$$M = sld.$$

Numériquement, en prenant d'abord pour unité le centimètre :

$$M = 869040^{gr};$$
$$= 869^{kg}.$$

70. — *Une cloche pèse* $P = 546^{kg}$. *La densité du bronze étant* $d = 8,4$, *quel est le volume du métal?*

Soit V ce volume.
On a :
$$P = Vd;$$
d'où
$$V = \frac{P}{d} = \frac{546}{8,4} = 65^{dc}.$$

71. — *Une pièce de bois pèse* $p = 1250^{gr}$; *on y creuse une cavité pour loger une plaque de fer qui la remplit exactement. Alors le système pèse* $P = 1745^{gr}$. *La densité du bois étant* $d = 0,6$ *et celle du fer* $D = 7,2$, *quel est le volume de la cavité?*

Soient v le volume du fer et V le volume primitif du bois.

On a :
$$p = Vd,$$
$$P = (V - v)d + vD;$$
d'où, par soustraction :
$$P - p = v(D - d),$$
et enfin :
$$v = \frac{P - p}{D - d}\ .$$

Numériquement :
$$v = 75^{cc}.$$

72. — *Une bonbonne contenait* $P = 77^{kg},7$ *d'acide sulfurique. Quelle masse de pétrole faudra-t-il pour la remplir, sachant que l'acide et le pétrole ont pour densités respectives :* $D = 1,85$ *et* $d = 0,78$?

Soient V le volume de la bonbonne et x le poids de pétrole demandé.

On a :
$$x = Vd,$$
et
$$P = VD;$$

d'où, par division :
$$\frac{x}{P} = \frac{d}{D},$$

et enfin :
$$x = \frac{Pd}{D}.$$

Numériquement :
$$x = 32^{kg},76.$$

73. — *Un flacon de volume* $V = 345^{cc}$ *est rempli d'éther, dont la densité est* $d = 0,73$. *Calculer la masse de ce liquide et son poids en dynes à Paris.*

La masse du liquide est :
$$m = Vd = 251^{gr},85,$$

et son poids à Paris :
$$p = mg = 247064 \text{ dynes}.$$

74. — *Un vase conique contient des poids égaux de mercure et d'eau. Quel est le rapport de l'épaisseur de l'eau à la hauteur du mercure?*

Densité du mercure : $D = 13,6$.

Soient v le volume du mercure, et V le volume total des liquides; h la hauteur du mercure, et H la hauteur totale.

Le volume de l'eau sera $V - v$, et son épaisseur : $e = H - h$.

Soit d la densité de l'eau.
On a :
$$vD = (V - v)d.$$

La similitude donne :
$$\frac{v}{V} = \frac{h^3}{H^3};$$

d'où
$$\frac{v}{V - v} = \frac{h^3}{H^3 - h^3} = \frac{d}{D}.$$

On peut donc écrire :
$$\frac{h^3}{H^3} = \frac{d}{D + d};$$

d'où
$$\frac{h}{H} = \frac{\sqrt[3]{d}}{\sqrt[3]{D + d}};$$

d'où
$$\frac{H - h}{h} = \frac{\sqrt[3]{D + d} - \sqrt[3]{d}}{\sqrt[3]{d}}.$$

Numériquement :
$$\frac{e}{h} = \sqrt[3]{11,6} - 1 = 1,111.$$

§ II. — Méthode du flacon.

75. — *Quelle est la densité d'un corps solide sachant que, si l'on introduit P^{gr} de ce corps dans un flacon complètement rempli d'un liquide de densité d, le poids de ce flacon augmente de p?*

Application : $P = 42^{gr},9$; $d = 13,6$; $p = 15^{gr},7$.

Soit x la densité du solide. Son volume sera $\dfrac{P}{x}$.

L'augmentation de poids du flacon est égale au poids du solide moins le poids du même volume de liquide.

On a donc :
$$p = P - \frac{P}{x}\,d;$$

d'où
$$x = \frac{Pd}{P - p}\,.$$

Numériquement :
$$x = \frac{42,9 \times 13,6}{42,9 - 15,7} = \frac{429 \times 13,6}{272} = 21^{gr},45.$$

76. — *Un ballon plein de mercure de densité D pèse un poids P; on le vide et l'on y introduit un poids p de poudre; puis on achève de le remplir avec du mercure; dans cet état il pèse P'; on demande la densité de la poudre.*

Soient V le volume intérieur du ballon, ϖ le poids de son enveloppe, x la densité de la poudre et D celle du mercure.

Écrivons que, dans chaque expérience, le poids total est égal à la somme de ses parties.

Le ballon étant plein de mercure, on a :
$$P = \varpi + VD.$$

Lorsque le ballon contient, avec du mercure, un volume $\dfrac{p}{x}$ de poudre, on a :
$$P' = \varpi + \left(V - \frac{p}{x}\right)D + p.$$

En retranchant membre à membre la seconde équation de la première, on obtient :
$$P - P' = \frac{pD}{x} - p;$$

d'où
$$x = \frac{pD}{P - P' + p}\,.$$

Telle est l'expression de la densité demandée.

77. — *Dans un vase entièrement rempli d'eau et taré, on introduit un corps solide insoluble; l'augmentation de poids est $20^{gr},75$.*

Si le vase avait été rempli d'huile, de densité 0,9, l'augmentation de poids aurait été de 21ᵍʳ,58. Dire :

1° *Quel est le poids du corps;*
2° *Quelle est sa densité;*
3° *Quel est son volume.*

Soient p, v, d, le poids, le volume et la densité du corps en question. L'énoncé se traduit immédiatement par le système :

$$p = vd,$$
$$p - v = 20,75,$$
$$p - \frac{9v}{10} = 21,58;$$

d'où l'on tire : $v = 8,3;$ $p = 29,05;$ $d = 3,5.$

78. — *Un flacon rempli successivement d'eau, d'alcool et d'éther pèse respectivement pᵍʳ, p'ᵍʳ, p''ᵍʳ. La densité de l'alcool étant d, quelle est celle de l'éther?*

Soient Pᵍʳ le poids du flacon, Vᶜᶜ son volume intérieur et x la densité demandée.
On a :

$$P + V = p,$$
$$P + Vd = p',$$
$$P + Vx = p''.$$

Les deux premières équations donnent :

$$P = \frac{pd - p'}{d - 1}; \qquad V = \frac{p' - p}{d - 1},$$

et la troisième :

$$x = \frac{p'' - P}{V} = \frac{(p - p'')d - (p' - p'')}{p - p'}.$$

79. — *Si l'on introduit dans un flacon a = 2ᶜᵐ³ de mercure et b = 11ᶜᵐ³ d'alcool, son poids augmente de c = 180ᵍʳ. Si les volumes introduits étaient a' = 5ᶜᵐ³ et b' = 18ᶜᵐ³, l'augmentation de poids serait c' = 412ᵍʳ.*

Quelle est la densité du mercure par rapport à l'alcool?

Soient x et y les poids respectifs du centimètre cube de mercure et d'alcool.

La densité du premier liquide par rapport au second est $\frac{x}{y}$.

Les expériences indiquées fournissent respectivement les équations :

$$ax + by = c$$
$$a'x + b'y = c';$$

d'où l'on tire, par la règle de Cramer :

$$x = \frac{cb' - bc'}{ab' - ba'} = \frac{\mid cb \mid}{\mid ab \mid},$$
$$y = \frac{ac' - ca'}{ab' - ba'} = \frac{\mid ac \mid}{\mid ab \mid};$$

donc :
$$\frac{x}{y} = \frac{|cb|}{|ac|}.$$

Numériquement :
$$|cb| = 1292 \quad \text{et} \quad |ac| = 76;$$

d'où
$$\frac{x}{y} = 17.$$

Telle serait la densité relative demandée.

REMARQUE. — On peut, sans résoudre les équations, trouver directement le rapport des inconnues. Il suffit de combiner les deux équations, de manière à en déduire une troisième qui soit homogène par rapport à x et y. Pour cela, retranchons-les membre à membre, après avoir multiplié chacune par le terme constant de l'autre.

Il vient :
$$(ac' - ca')x + (bc' - cb')y = 0;$$

d'où
$$\frac{x}{y} = -\frac{cb' - bc'}{ac' - ca'},$$

comme précédemment.

80. — *Le plateau d'une balance supporte d'abord un flacon vide; puis, à côté de celui-ci, un morceau de plomb; ensuite le flacon est rempli d'eau; enfin, après avoir retiré les deux objets, on introduit le métal dans le flacon d'où sort un égal volume d'eau, puis on remet le flacon sur la balance. Dans les quatre circonstances indiquées, la surcharge du plateau devient successivement* p, P, P', P". *D'après cela, quelle est la densité du plomb?*

Soient V le volume intérieur du flacon, v le volume du morceau de plomb et d la densité demandée.

L'énoncé se traduit par les trois équations :
$$p + vd = P,$$
$$p + vd + V = P',$$
$$p + vd + (V - v) = P''.$$

En retranchant la troisième de la seconde, on trouve :
$$v = P' - P''.$$

La première devient :
$$p + (P' - P'')d = P;$$

d'où
$$d = \frac{P - p}{P' - P''}.$$

81. — *Sur l'un des plateaux d'une balance on met un flacon plein d'eau et un corps poreux (fragment de carbonate de magnésie) recouvert d'un vernis insoluble, de poids négligeable; puis on fait la tare sur l'autre plateau. On retire le corps et on le remplace par des poids marqués* P $= 7^{gr},025$. *On enlève ces poids, on introduit le corps dans le flacon et il faut alors* P' $= 1^{gr},593$ *pour rétablir l'équilibre. Enfin on retire le corps, on le dépouille de son vernis, on l'imbibe d'eau complètement et on le remet dans le*

*flacon sur le plateau de la balance. Alors il faut ajouter $P'' =$
$4^{gr},658$ pour faire équilibre à la même tare. On demande la densité apparente du corps poreux, sa densité réelle et la fraction K
de son volume total qui est occupée par ses pores.*

La densité apparente est :

$$d = \frac{P}{P - P''} = 1,293.$$

La densité réelle : $$D = \frac{P}{P - P''} = 2,967.$$

Le poids du corps peut s'écrire :

$$Vd = V(1 - K)D, \quad \text{d'où} \quad 1 - K = \frac{d}{D},$$

$$K = 1 - \frac{d}{D} = \frac{D - d}{D} = 0,564.$$

32. — *Pour déterminer le poids spécifique d'un corps soluble
dans l'eau, mais insoluble dans l'éther, on emploie la méthode
du flacon.*

Les données expérimentales sont les suivantes :

Poids du flacon vide.	$16^{gr},349.$
Poids du flacon contenant la substance. . .	$20^{gr},624.$
Poids du flacon contenant la substance et rempli d'éther jusqu'au trait.	$63^{gr},604.$
Poids du flacon plein d'éther.	$61^{gr},299.$
Poids du flacon plein d'eau.	$77^{gr},092.$

*La température étant égale à $4°$ centigrades, on demande d'établir, d'après les données précédentes, le poids spécifique de la
substance.*

La densité du solide par rapport à l'eau est égale à la densité de ce corps par
rapport à l'éther multipliée par la densité de l'éther par rapport à l'eau.

Or la première, la quatrième et la cinquième donnée permettent de calculer
la densité de l'éther; après quoi l'on obtient aisément la densité du corps solide
par rapport à l'éther et enfin sa densité par rapport à l'eau.

Mais il est encore plus simple de calculer directement cette dernière au moyen
du système des équations qui traduisent algébriquement les données.

Désignons respectivement les cinq nombres, dans l'ordre même de l'énoncé,
par les lettres f, a, b, c, d.

Soient f le poids du flacon vide, V son volume intérieur, x et v la densité et
le volume du solide, et d la densité de l'éther.

On a immédiatement les cinq équations :

$$f = f,$$
$$f + vx = a,$$
$$f + vx + Vd - vd = b,$$
$$f + Vd = c,$$
$$f + V = d.$$

On en tire, par des opérations suffisamment indiquées par la forme des seconds membres :

$$vx = a - f,$$
$$vd = a - b + c - f,$$
$$Vd = c - f,$$
$$V = d - f.$$

Multipliant membre à membre la première et la troisième et divisant par le produit des autres, il vient :

$$x = \frac{(a-f)\,(c-f)}{(a-b+c-f)\,(d-f)}.$$

Numériquement :
$$x = \frac{4,275 \times 11,950}{1,970 \times 60,743} = 1,6658.$$

Telle est la densité demandée.

HYDROSTATIQUE

CHAPITRES I ET II

ÉQUILIBRE DES LIQUIDES

FORMULAIRE

Pression. — *La pression est le quotient d'une force par une surface.*

L'unité C. G. S. de pression est la *dyne par centimètre carré*. La *barye*, ou *atmosphère C. G. S.*, est la *mégadyne par centimètre carré;* elle équivaut à la pression de 75^{cm} de mercure.

Les unités pratiques sont le *kilogramme par centimètre carré*, et l'*atmosphère normale* qui équivaut à 76^{cm} de mercure ou 1033^{cm} d'eau.

Principe de Pascal. — *Dans un liquide non pesant, en équilibre, les surfaces planes sont uniformément pressées.*

La poussée exercée sur une surface plane est proportionnelle à l'étendue de la surface pressée, $$P = Sp.$$

Différence de pressions en deux points d'un liquide pesant. — *Dans un liquide en équilibre, la différence des pressions p, p' en deux points quelconques est égale au produit du poids spécifique du liquide ϖ par la distance verticale h qui sépare ces deux points.*

On a : $$p' - p = \varpi h;$$
d'où $$p' = p + \varpi h.$$

Il s'ensuit qu'un point est également pressé dans tous les sens, et que toute surface horizontale est uniformément pressée.

Poussées propres d'un liquide en équilibre. — On appelle ainsi les poussées dues à la pesanteur du liquide, abstraction faite de la pression extérieure.

1° *La poussée d'un liquide sur un* FOND HORIZONTAL *est égale au poids* P *d'une colonne de liquide (poids spécifique ϖ) qui aurait pour base la surface pressée* S *et pour hauteur sa distance h à la surface libre.*

2° *La poussée d'un liquide sur une* SURFACE PLANE *quelconque est égale au poids* P *d'un cylindre de liquide ayant pour base la surface pressée et pour hauteur la distance h du centre de gravité de cette surface au niveau du liquide.*

Dans les deux cas, la poussée est donnée par la formule : $$P = Sh\varpi.$$

Équilibre dans un seul vase.

1° Un seul liquide. — *La surface libre est horizontale.*

2° Liquides superposés. — *Les liquides sont disposés par ordre de densité décroissante à partir du fond.*

La surface libre et toutes les surfaces de séparation sont horizontales.

Principe des vases communicants.

1° A un seul liquide. — *Toutes les surfaces libres sont dans un même plan horizontal.*

2° A deux liquides. — *Les hauteurs* h, h' *des deux liquides, au-dessus de leur plan de séparation, sont inversement proportionnelles aux densités* d, d' *de ces liquides.*

On a :
$$\frac{h}{h'} = \frac{d'}{d} \quad \text{ou} \quad hd = h'd'.$$

§ I. — Pressions des liquides.

83. — *Quelle hauteur de mercure, de densité* D = 13,6, *faut-il verser dans un vase, pour que le fond horizontal, ayant une surface* s = 1^{dq},25, *supporte une pression* P = 17^{kg}?

Soit *h* cette hauteur.

On a :
$$P = shD;$$

d'où
$$h = \frac{P}{sD} = \frac{17}{13,6 \times 1,25} = 1^{dm},$$

ou
$$h = 10^{cm}.$$

84. — *Un flacon cylindrique a* 2r = 8^{cm} *de diamètre extérieur. Quel effort faudrait-il développer pour enfoncer verticalement ce flacon sur une hauteur de* h = 7^{cm},6 *dans un bain de mercure dont la densité est* D = 13,6?

L'effort demandé est égal au poids du mercure déplacé par le flacon, c'est-à-dire :
$$P = \pi r^2 hD.$$

Numériquement :
$$P = 5195^{gr},152.$$

85. — *Une vanne carrée verticale, de côté* a = 60^{cm}, *descend jusqu'au fond d'un réservoir. Quelle est la pression totale qu'elle supporte quand la profondeur de l'eau est* h = 1^{m}80?

Le centre de gravité du carré est en son centre, c'est-à-dire à une profondeur :
$$H = h - \frac{a}{2} = 150^{cm}.$$

La poussée sur la surface a² est donc :
$$a^2 H = 3600 \times 150 \text{ gr},$$

ou
$$540^{kg}.$$

86. — *On verse un liquide dans une cuve prismatique dont la base est un rectangle de dimensions a et b. Quelle doit être la hauteur de ce liquide pour que la pression totale sur le fond de la cuve soit égale à la somme des pressions sur les parois latérales?*

Soient x la hauteur du liquide et d sa densité.
La pression sur le fond est $abxd$.
La somme des pressions sur les quatre faces latérales :

$$(2ax + 2bx)\,\frac{x}{2}\,d.$$

Il faut donc que l'on ait : $\qquad (a + b)\,x = ab;$

d'où $\qquad\qquad\qquad x = \frac{ab}{a+b}\,.$

87. — *Une fiole cylindrique de section S contient trois liquides de même masse m et de densités respectives d, d', d" (d > d' > d"), surmontés d'une couche d'air à la pression H. Calculer la pression sur chacune des surfaces de séparation et sur le fond du vase.*

Admettons que la pression H soit réduite en colonne d'eau, et soient h, h', h'' les hauteurs respectives des trois liquides.
Leur masse commune peut s'écrire :

$$m = Shd = Sh'd' = Sh''d''.$$

Donc : $\qquad h'' = \dfrac{m}{Sd''}, \; h' = \dfrac{m}{Sd'}, \; h = \dfrac{m}{Sd}\,.$

Les pressions demandées valent respectivement :

$$x = H + \frac{m}{Sd''}\,,$$

$$y = H + \frac{m}{Sd''} + \frac{m}{Sd'}\,,$$

et $\qquad z = H + \dfrac{m}{Sd''} + \dfrac{m}{Sd'} + \dfrac{m}{Sd}\,.$

88. — *Un vase rempli d'un liquide de densité d présente un fond horizontal. Il est surmonté de deux corps de pompe verticaux cylindriques, fermés par des pistons de sections respectives s, s', de poids p, p', situés à des hauteurs h, h' au-dessus du fond horizontal. La surcharge du premier étant P, on demande quelle est la surcharge du second.*

Admettons que les diverses grandeurs sont exprimées en unités correspondantes : centimètre, centimètre carré, gramme-poids.
Soit P' le poids demandé.
Pour que le liquide soit en équilibre, il faut et il suffit que, sur une surface de niveau quelconque, par exemple sur le fond horizontal, la pression par centimètre carré soit constante.

Or cette pression est, sous le premier piston :

$$\frac{P + p + shd}{s},$$

et sous le deuxième piston :

$$\frac{P' + p' + s'h'd}{s'}.$$

L'équation du problème est donc :

$$\frac{P' + p'}{s'} + h'd = \frac{P + p}{s} + hd.$$

On en tire :

$$P' = \frac{s'}{s}(P + p) + s'(h - h')d - p'.$$

Telle est l'expression de la surcharge du second piston.

89. — *Quelle est la pression supportée par une surface plane carrée ABCD, de côté a, plongée dans un liquide de densité d? Le carré est incliné à 45° sur l'horizon; l'une de ses diagonales, BD, est horizontale et située à une profondeur h au-dessous de la surface libre du liquide.*

Cette pression, normale au plan ABCD, est complètement déterminée lorsqu'on connaît son intensité P et sa trace u sur le plan ABC.

L'intensité est donnée immédiatement par un théorème de cours. Le centre de gravité d'un carré étant situé au point de concours O des diagonales, on a :

$$P = a^2hd \text{ (grammes)} \quad \text{ou} \quad a^2hdg \text{ (dynes)}.$$

Soient a, b, c, d, o les intersections du plan de la surface libre avec les verticales menées par les sommets et le centre du carré. Par ces mêmes points, élevons au plan du carré les perpendiculaires :

$$AA' = Aa, \quad BB' = Bb, \quad CC' = Cc, \quad DD' = Dd \text{ et } OO' = h.$$

La pression sur ABCD est assimilable à la pression qu'exercerait sur sa base le tronc de prisme ABCDA'B'C'D', en admettant que cette base soit horizontale et que le prisme soit un solide de densité d.

Tout revient donc à déterminer le poids et le centre de gravité G de ce solide. La projection de G sur le plan ABCD déterminera le *centre de pression* u.

La question est très simple dans le cas particulier qui nous occupe. Il suffit de remarquer que le tronc de prisme se transforme en un prisme droit à bases parallèles quand on mène par B'D' une section droite $A_1B'C_1E'$, et que l'on fait tourner de 180° autour de B'D' le tétraèdre $B'D'C_1C'$ détaché par cette section.

Le volume de ce tétraèdre est :

$$\frac{1}{3} \cdot \frac{a^2}{2} \cdot \frac{d}{2},$$

et le volume total : a^2h.

Tous les centres de gravité sont dans le plan médian A'ACC'. Soit $O\omega = x$.

En prenant les moments par rapport au point O, on a :

$$a^2hd.x = 2 \cdot \frac{a^3d}{12} \cdot \frac{a\sqrt{2}}{4};$$

d'où

$$x = \frac{a^2\sqrt{2}}{24h}.$$

D'une manière générale, l'intensité P est indépendante de l'orientation du plan de la surface pressée; elle reste invariable quand le plan tourne autour du centre de gravité de cette surface. La distance $O\omega$, au contraire, dépend à la fois de la profondeur $Oo = h$, de l'orientation du plan du carré et de l'orientation de ce carré dans son plan.

§ II. — Vases communicants.

90. — *Deux vases communicants contiennent du sulfure de carbone (densité 1,27). On verse dans l'une des branches une colonne d'eau qui s'élève à 28^{cm} au-dessus de la surface de séparation. A quelle hauteur le sulfure de carbone s'élève-t-il dans l'autre branche au-dessus de la même surface?*

Soit x cette hauteur.

En écriv   que les hauteurs des deux liquides au-dessus de leur plan de séparation   ont inversement proportionnelles à leurs densités, on obtient la condition d'équilibre :

$$\frac{x}{28} = \frac{1}{1,27} ;$$

d'où
$$x = \frac{28}{1,27} = 22^{cm} \text{ (par défaut)}.$$

91. — *Un tube en U est à moitié rempli d'eau. On verse dans l'une des branches de l'essence de térébenthine, dont on demande la densité, sachant qu'au moment où ce liquide forme une colonne de 25^{cm}, l'eau s'élève dans l'autre branche de 216^{mm} au-dessus de la surface de séparation.*

La densité demandée x satisfait à la proportion :

$$\frac{x}{1} = \frac{216}{250} ;$$

d'où
$$x = 0,864.$$

92. — *Un tube de verre ABCDEF est formé de deux cylindres AB, EF de section S et de hauteur h, réunis par un tube BCDE, de section s. Il contient du mercure jusqu'au niveau BE. On verse de l'eau dans le vase AB jusqu'au moment où il est complètement rempli. Connaissant le rapport des sections $\frac{s}{S} = \sigma$ et le rapport des densités $\frac{D}{d} = \delta$, on demande d'évaluer la dépression du mercure dans le tube BC.*

Soient x la hauteur de la colonne d'eau qui pénètre dans le tube BC et y celle de la couche de mercure qui pénètre dans le vase EF. L'égalité de ces deux volumes de liquides fournit l'équation :

$$sx = Sy.$$

Au-dessus du plan de séparation de l'eau et du mercure, ces deux liquides s'élèvent, le premier à une hauteur $x + h$, l'autre à une hauteur $x + y$. Les pressions exercées sur l'unité de surface par ces colonnes liquides, de densités d et D, sont représentées par les deux membres de l'équation :

$$(x + h)\, d = (x + y)\, D.$$

Éliminant y et résolvant l'équation finale, on obtient :

$$x = \frac{Shd}{SD + sD - Sd},$$

ou, en divisant haut et bas par Sd,

$$x = \frac{h}{\frac{d}{D} + \frac{sd}{SD} - 1}.$$

93. — *Un tube en U contient un liquide de densité $D = 1,24$, surmonté dans l'une des branches d'une colonne liquide de hauteur $h = 12^{cm}$ et de densité $d = 0,7$. Quelle hauteur h' d'un liquide de densité $d' = 1$ faut-il verser dans l'autre branche pour que les deux surfaces libres soient dans un même plan horizontal?*

L'hypothèse $d' > d$ entraîne $h' > h$.

La colonne liquide de hauteur h' fera donc équilibre à la colonne de hauteur h et de densité d, augmentée d'une colonne de hauteur $(h' - h)$ du liquide de densité D.

En égalant entre elles les pressions correspondantes exprimées en grammes par centimètre carré, on obtient l'équation :

$$h'd' = hd + (h' - h)\,D;$$

d'où l'on tire :

$$h' = h \cdot \frac{D - d}{D - d'}.$$

Numériquement :

$$h' = 12 \cdot \frac{54}{24} = 27^{cm}.$$

94. — *Deux vases communicants contiennent du mercure (densité D). Dans l'une des branches qui est cylindrique, verticale, de section S, le mercure est surmonté d'une hauteur h d'un liquide de densité d. Sur la surface de ce liquide, on place un piston qui peut glisser sans frottement dans le tube cylindrique. Quel poids donner à ce piston pour que les niveaux des liquides soient à la même hauteur dans les deux branches?*

Soit P ce poids inconnu.

Égalons entre elles les pressions par centimètre carré dans le plan de séparation des liquides. Dans l'une des branches c'est la pression exercée par une colonne h de densité d plus le poids P sur une surface S; c'est-à-dire :

$$hd + \frac{P}{S}.$$

Dans l'autre vase c'est la pression de h centimètres de mercure; c'est-à-dire hD.

On a donc :
$$hd + \frac{P}{S} = hD;$$

d'où
$$P = Sh(D - d).$$

95. — *Deux vases communicants cylindriques contiennent un liquide de densité D. On verse dans le premier une hauteur h d'un liquide de densité d (d < D) et dans l'autre une hauteur h' d'un liquide de densité d' (d' < D). Ces deux nouveaux liquides ne se mélangeant pas avec le premier, on demande quelle sera la différence de niveau des deux surfaces de séparation.*

La surface de séparation la moins élevée est celle qui supporte la plus forte pression. Or les pressions par centimètre carré sont :
$$dh \quad \text{et} \quad d'h'.$$

Soit $dh > d'h'$. Alors la base de la colonne h est le niveau inférieur. Soit x sa distance au-dessous de l'autre surface de séparation. En égalant entre elles les pressions par centimètre carré dans l'un et l'autre vase, au niveau de la surface de séparation la moins élevée, on a :
$$dh = Dx + d'h';$$

d'où
$$x = \frac{dh - d'h'}{D}.$$

96. — *Deux corps de pompe verticaux communicants contiennent du mercure de densité D. Les surfaces libres sont surchargées de pistons qui peuvent glisser sans frottement : l'un de section S et de poids P, l'autre de section s et de poids p. On demande quelle est la différence de hauteur des deux niveaux du mercure.*

Application : $D = 13,6$; $S = 100^{cq}$, $P = 3500^{gr}$; $s = 50^{cq}$, $p = 390^{gr}$.

Les pressions par centimètre carré, exercées par les deux pistons, sont :
$$\frac{P}{S} \quad \text{et} \quad \frac{p}{s}.$$

Si ces deux nombres étaient égaux, les deux niveaux du mercure seraient à la même hauteur.

Au contraire, si l'on a, par exemple :
$$\frac{P}{S} > \frac{p}{s},$$

le piston P descendra plus que le piston p, de manière que l'équilibre soit rétabli par une colonne de mercure, dont il s'agit d'évaluer la hauteur x.

La pression par centimètre carré exercée par cette colonne de mercure est égale à xD.

On a donc :
$$Dx = \frac{P}{S} - \frac{p}{s};$$

d'où
$$x = \frac{1}{D}\left(\frac{P}{S} - \frac{p}{s}\right).$$

Numériquement :
$$x = \frac{1}{13,6}\left(35 - \frac{39}{5}\right) = 2^{cm}.$$

97. — *Un corps de pompe vertical, de rayon* R $= 12^{cm}$, *contient de l'eau sur laquelle repose un piston de même diamètre et de poids* P $= 22^{k}$,58, *traversé par un tube cylindrique vertical, ouvert aux deux bouts et de diamètre* 2r $= 1^{cm}$. *A quelle hauteur l'eau s'élève-t-elle dans ce tube au-dessus de la base inférieure du piston ?*

Égalons entre elles les pressions par centimètre carré, sur la base inférieure du piston, à l'intérieur et à l'extérieur du tube.

On a :
$$x = \frac{P}{\pi(R^2 - r^2)}.$$

Numériquement :
$$x = \frac{22580}{3,1416 \times 143,75} = 50^{cm}.$$

98. — *Deux vases cylindriques communicants ont des sections inégales* s $<$ S. *Dans la branche étroite on verse du mercure de densité* D *jusqu'à un point de repère* A *situé à une distance* h *au-dessous de l'extrémité du tube ; puis on achève de remplir complètement ce tube en y versant un liquide de densité* d (d $<$ D). *Quelle sera la dépression du mercure au-dessous du point* A *?*

Application : S $= 10$s, D $= 13,6$, d $= 0,96$, h $= 28^{cm}$.

Si le mercure descend de x^{cm} au-dessous de A, il s'élève dans l'autre branche d'une hauteur y telle que : $Sy = sx$.

Les hauteurs des deux liquides au-dessus de la surface de séparation sont alors : $x + h$ et $x + y$.

La condition d'équilibre donne :
$$(x + h)\,d = (x + y)\,D,$$
ou, en éliminant y :
$$(x + h)\,d = \frac{S + s}{S}\,Dx;$$

d'où
$$x = \frac{Shd}{(S + s)\,D - Sd} = \frac{hd}{\left(1 + \frac{s}{S}\right)D - d}.$$

Numériquement :
$$x = \frac{28 \times 0,96}{\frac{11}{10}\,13,6 - 0,96} = 2 \times 0,96 = 1^{cm},92.$$

99. — *Deux vases cylindriques, de section* S, s, *reposent sur une même table horizontale, et communiquent par leur partie inférieure à l'aide d'un tube de volume négligeable. On introduit* dans ces vases un volume V d'un liquide de densité D, puis on verse dans le vase de section s, un volume v d'un liquide de densité d (d < D). Ces liquides ne se mélangent pas entre eux. Déterminer les positions respectives de leurs surfaces libres, et de leur surface de séparation.

Soient x, y les hauteurs finales du premier liquide dans les vases S, s, et z la hauteur occupée par le second liquide. Cette dernière s'obtient immédiatement au moyen de l'équation du volume :

$$v = sz;$$

d'où
$$z = \frac{v}{s} . \tag{1}$$

Les deux autres hauteurs satisfont à l'équation des volumes :
$$S x + s y = V, \tag{2}$$

et à l'équation d'équilibre :
$$\frac{x - y}{z} = \frac{d}{D} .$$

En tenant compte de (1), cette dernière peut s'écrire :
$$x - y = \frac{dv}{Ds} . \tag{3}$$

Le système (2, 3) donne :
$$x = \frac{VD + vd}{(S + s) D} \quad \text{et} \quad y = \frac{VDs - vdS}{(S + s) Ds} .$$

Tels sont les nombres x, y, z qui déterminent les positions des trois surfaces considérées.

100. — *Un tube recourbé ABCDE se termine par deux branches cylindriques verticales AB et DE dont les diamètres sont respectivement 6ᶜᵐ et 1ᶜᵐ. On verse du mercure dans ce tube jusqu'à ce que le niveau M dans la branche DE soit à 30ᶜᵐ de l'extrémité E, puis on achève de remplir ce tube avec de l'eau. On demande de déterminer quelle sera alors la position de la surface de séparation de l'eau et du mercure dans le tube ED.*

On place ensuite dans le tube AB un cylindre du poids de 4ᵏᵍ reposant sur la surface du mercure et faisant fonction de piston. On demande de déterminer la nouvelle position de la surface de séparation de l'eau et du mercure dans le tube DE.

1° Soit M' la surface de séparation de l'eau et du mercure.
Soit $x = $ MM' le déplacement du mercure dans le tube ED.

Dans le tube AB il se déplace de $MN' = \frac{x}{36}$ puisque les surfaces M et N sont dans le rapport de 1 à 36.
La loi de l'équilibre des liquides dans les vases communicants donne :

$$\frac{x + \frac{x}{36}}{30 + x} = \frac{1}{13,6} ;$$

d'où
$$x = 2^{cm},3.$$

La surface de séparation du mercure et de l'eau est donc à

$$30 + 2,3 = 32^{cm},3$$

du bord supérieur.

2° La position de la nouvelle surface de séparation est tout à fait indépendante de la première expérience.

Admettons que pour la deuxième expérience on ait procédé comme suit :

L'appareil ne contenant pas d'eau, on place le poids en A, on verse de l'eau en E et l'équilibre s'établit.

Soit N_1 la nouvelle position du mercure en A et $NN_1, = y$ la dépression produite.

Dans la branche DE le mercure s'élève de MM_1.

Or
$$MM_1 = 36y.$$

Soit x la colonne d'eau restante.

Écrivons qu'en tous les points du plan NN_1 la pression par unité de surface est la même.

On a :
$$\frac{400}{\pi R^2} = (36y + y)\,13,6 + x.$$

De plus :
$$x + 36y = 30^{cm}.$$

En résolvant ces deux équations il vient :
$$x = 21^{cm}.4.$$

La nouvelle surface de séparation est donc à $21^{cm},4$ du bord supérieur.

CHAPITRE III

ÉQUILIBRE DES GAZ

FORMULAIRE

Pression atmosphérique. — Au moyen des baromètres à liquides, on mesure la pression de l'atmosphère par la hauteur d'un liquide qui lui fait équilibre.

La *pression atmosphérique* NORMALE équivaut à 76^{cm} de mercure ou 1033^{cm} d'eau. C'est une pression de 1033^{gr} par centimètre carré.

RÉDUCTION EN MERCURE NORMAL. — La pression barométrique étant mesurée par h^{cm} de mercure de densité d, en un lieu où l'intensité de la pesanteur est g, soit x la hauteur équivalente de mercure normal : à 0° (densité d_0) à 45° de latitude et au niveau de la mer (gravité g_0).

On a :
$$x = h \cdot \frac{d}{d_0} \cdot \frac{g}{g_0} \cdot$$

MESURE DES HAUTEURS. — Soient H, H' (H' < H) les hauteurs barométriques en deux points dont la distance verticale est Z^m.

On a :
$$Z = 18336 \log. \frac{H}{H'} \cdot$$

abstraction faite des corrections de températures et de latitude.

Compressibilité des gaz : LOI DE MARIOTTE. — *A une même température, le volume V d'une masse gazeuse et sa pression H sont inversement proportionnels; c'est-à-dire que leur produit est constant :*
$$VH = V'H' = C^{te}.$$

Mélange des gaz : LOI DE DALTON. — *La constante VH, relative à un mélange gazeux, est égale à la somme des constantes vh, v'h', v''h''... relatives aux gaz mélangés :*
$$VH = vh + v'h' + v''h'' + ...$$

Dissolution des gaz : LOI DE HENRY. — *A une même température, il y a un rapport constant entre le volume v d'un gaz dissous, mesuré à la pression extérieure h, et le volume V du liquide dissolvant.*

Ce rapport constant :
$$\frac{v}{V} = k.$$

est le *coefficient de solubilité* du gaz dans le liquide.

On a :
$$\frac{vh}{Vh} = k, \quad \text{d'où} \quad vh = kVh.$$

Donc la masse gazeuse dissoute conserve la même constante caractéristique, pourvu qu'on lui attribue la pression h du gaz non dissous, et que l'on multiplie par k le volume qu'elle occupe dans le dissolvant.

Soient V le volume du liquide, v celui de l'atmosphère gazeuse qui le surmonte, h la pression du gaz non dissous quand l'équilibre est atteint, et k le coefficient de solubilité du gaz dans le liquide. D'après la loi de Henry, la loi de Mariotte reste applicable à la masse gazeuse totale; c'est-à-dire que l'on a :

$$(v + kV)\,h = C^{te}.$$

Loi de Dalton. — *Quand un liquide est en présence d'un mélange de gaz, chacun de ces gaz se dissout comme s'il était seul;* c'est-à-dire d'après son coefficient de solubilité propre et suivant sa pression individuelle dans le mélange gazeux.

§ 1. — Pression atmosphérique.

100. — *La pression atmosphérique étant équivalente à la pression de 76ᶜᵐ de mercure à 0° (densité D = 13,596), quelle serait la hauteur de l'atmosphère supposée homogène et de densité* a = 0,001 293 ?

Soit x cette épaisseur.
On a :
$$x \times 0,001293 = 76 \times 13,596;$$
d'où
$$x = \frac{76 \times 13,596}{0,001293} = 7\,991\,400^{\text{cm}}$$
$$x = 79911^{\text{m}}.$$

101. — *Quand la hauteur barométrique est de 76ᶜᵐ à 0° à Paris, quelle est la pression atmosphérique en dynes par centimètre carré, et quelle est en kilogrammes la pression totale sur un décimètre carré. La densité du mercure est 13,596, et l'intensité de la pesanteur 981 dynes.*

La pression par centimètre carré est :
$$HDg = 76 \times 13,596 \times 981 = 1013600 \text{ dynes}$$
$$= 1,0136 \text{ mégadyne,}$$
et la poussée par décimètre carré :
$$HD = 76 \times 13,596 \times 100 = 103320^{\text{gr}}$$
$$= 103^{\text{kg}},32.$$

102. — *La hauteur barométrique étant égale à 76ᶜᵐ, quelle est la pression totale exercée par l'atmosphère sur une surface plane équivalente à la surface du corps humain, évaluée à* 1ᵐ�q,5?

Cette pression totale est :
$$SHD = 76 \times 13,6 \times 15000 = 15500000^{\text{gr}}.$$
$$= 15500^{\text{kg}}.$$

103. — *Un baromètre marque la pression normale 76^{cm}. Quelle sera la variation de cette hauteur barométrique si la pression atmosphérique augmente de 10^{gr} par centimètre carré?*

Soit h l'accroissement de hauteur.

En écrivant que la pression de h^{cm} de mercure équivaut à 10^{gr}, on obtient :

$$h \times 13,6 = 10;$$

d'où
$$h = \frac{10}{13,6} = 0^{cm},735.$$

104. — *Dans un corps de pompe de diamètre intérieur 2R, fermé à l'une de ses extrémités, un piston hermétique peut se mouvoir sans frottement. Quelle est la force nécessaire pour maintenir ce piston dans une position fixe, sachant que sa face extérieure supporte la pression atmosphérique H, et que sa face intérieure ne supporte qu'une pression équivalente à h^{cm} de mercure?*

La résultante des pressions qui sollicitent le piston est de :

$$(H - h)^{gr} \text{ de mercure par centimètre carré.}$$

La force demandée est égale à la poussée totale :

$$\pi R^2 (H - h) D,$$

D étant la densité du mercure.

105. — *Deux hémisphères de Magdebourg ont un rayon R. La pression intérieure est h, la pression atmosphérique, H. Quelle est la pression exercée par ces hémisphères l'un contre l'autre?*

Application : R = 10^{cm}, h = 1^{cm}, H = 76^{cm}.

La pression exercée sur chaque hémisphère perpendiculairement à la base commune est égale au poids d'une colonne de mercure qui aurait pour base le grand cercle de la sphère, et pour hauteur la différence des pressions extérieure et intérieure.

La pression demandée est donc :

$$P = \pi R^2 (H - h) \text{ (grammes)},$$
$$\text{ou } F = Pg = \pi R^2 (H - h) g \text{ (dynes)}.$$

Numériquement ;
$$P = 314,16 \times 75 = 23562^{gr};$$
$$F = 23562 \times 981 = 23113072 \text{ (dynes)}.$$

Soit
$$23113 \text{ (mégadynes)}.$$

106. — *Une soupape de poids P ferme un orifice de surface S. De quel poids faut-il la surcharger si l'on veut qu'elle ne soit soulevée que par une pression intérieure de n atmosphères?*

Application : P = 12^{kg}, S = 20^{cc}, n = 6.

Soient X la surcharge demandée, H = 76 la pression atmosphérique, D = 13,6 la densité du mercure.

Il faut que la pression par centimètre carré, exercée par la soupape soit égale à $(n-1)$ atmosphères.

C'est-à-dire que l'on ait :

$$\frac{P+X}{S} = (n-1)\,HD;$$

d'où
$$X = (n-1)\,SHD - P.$$

Numériquement : En unités C. G. S.,

$$X = 5 \times 20 \times 76 \times 13,6 - 12000,$$
$$= 103360 - 12000,$$
$$= 91,360^{gr} = 91^{kg},360.$$

107. — *On construit un baromètre avec de l'acide sulfurique, dont la densité est* $d = 1,85$. *Quelle hauteur marquera-t-il quand un baromètre à mercure (densité* $D = 13,6$) *indiquera* $H = 76^{cm}$?

Soit h la hauteur demandée.

En écrivant que la pression de h^{cm} d'acide sulfurique équivaut à celle de H^{cm} de mercure.

On a :
$$hd = HD;$$

d'où
$$h = \frac{HD}{d} = \frac{76 \times 13,6}{1,85} = 558^{cm},7,$$
$$= 5^{m},587.$$

108. — *La densité de l'alcool étant* 0,794, *quelle serait la hauteur d'une colonne de ce liquide qui ferait équilibre à la pression atmosphérique normale?*

Soit x cette hauteur.

En écrivant que la pression de x^{cm} d'alcool équivaut à celle de 76^{cm} de mercure.

On a :
$$0,794 \times x = 76 \times 13,6:$$

d'où
$$x = \frac{76 \times 13,6}{0,794} = 1301^{cm},78,$$

ou
$$13^{m},01.$$

109. — *Quand la hauteur barométrique est de* 76^{cm} *au niveau du sol, quelle est la pression atmosphérique à une altitude de* 100^{m}, *en supposant qu'en tous les points de cette verticale de* 100^{m}, *le poids spécifique de l'air reste constant et égal à* $a = 1,293$?

Soit x la pression demandée.

La pression sur le sol est égale à cette pression x plus la pression exercée par une colonne d'air homogène de 100^{m} de hauteur.

On a donc, en grammes par centimètre carré :

$$76 \times 13,6 = x \times 13,6 + 1000 \times 0,001293;$$

d'où
$$x = 76 - \frac{1293}{136} = 7^{m},0193.$$

Soit
$$x = 75^{m},05.$$

110. — *Un baromètre marque* $H = 76^{cm},12$ *au bas d'une tour et* $h = 75^{cm},88$ *au sommet. Quelle est la hauteur de cette tour?*

Soit Z cette hauteur.

Posons $H - h = z$, et désignons par D et d la densité du mercure et celle de l'air que nous supposerons constante sur toute la hauteur de l'édifice.

En écrivant que la pression de Z^{cm} d'air est égale à celle de z^{cm} de mercure.

On obtient :
$$Zd = zD;$$

d'où
$$Z = z \cdot \frac{D}{d} = z \cdot \frac{13,6}{0,0013} = 10500\, z.$$

Numériquement :
$$Z = 10500 \times 0,24 = 2520^{cm},$$
$$= 25^m,2.$$

111. — *Calculer la pression barométrique* H *en un lieu donné, sachant qu'elle diminue de* $h = 0^{mm},93$ *lorsqu'on s'élève d'une hauteur* $l = 10^m$ *dans l'atmosphère.*

Application :
$$h = 0^{cm},093, \quad l = 1000^{cm}, \quad D = 13,6, \quad a = 0^{gr},001\,293.$$

La pression de h^{cm} de mercure (densité D) est égale au poids d'une colonne d'air de hauteur l (densité moyenne a') :
$$hD = la'.$$

La densité de l'air varie avec l'altitude, mais si la hauteur l n'est pas trop considérable, on peut admettre que la densité moyenne a' ne diffère pas sensiblement de la densité de l'air sous la pression H.

Les densités de l'air a', a, sous les pressions H et 76 sont proportionnelles à ces pressions :
$$\frac{a'}{a} = \frac{H}{76}.$$

Multipliant ces équations membre à membre, il vient :
$$\frac{hDa'}{a} = \frac{Hla'}{76};$$

d'où
$$H = \frac{76hD}{al}.$$

Numériquement, cette formule donne :
$$H = 74^{cm},28.$$

112. — *Calculer l'altitude du Mont-Blanc, sachant que la pression atmosphérique est de* $H' = 42^{cm}$ *au sommet de cette montagne, alors que le baromètre marque* $H = 73^{cm}$ *à l'observatoire de Genève, situé à* 408^m *au-dessus du niveau de la mer.*

Soit Z la différence d'altitude des deux stations.

L'altitude demandée sera : $\quad x = Z + 408.$

Pour calculer Z, appliquons la formule connue :
$$Z = 18336 \log \cdot \frac{H}{H'};$$

on obtient : $\qquad Z = 4400^m.$

Donc $\qquad x = 4808^m.$

§ II. — Compressibilité des gaz : Loi de Mariotte.

1. — Gaz comprimé par un piston solide.

113. — *La section droite d'un briquet à air est s. Le piston emprisonne une colonne d'air qui occupe une longueur l sous la pression atmosphérique. Que deviendra cette longueur si l'on exerce sur le piston une pression de* P^{gr}?

Soit II la même pression évaluée en colonne de mercure de densité D.

On aura : $\qquad P = sIID ; \quad$ d'où $\quad II = \dfrac{P}{sD}$.

Soit x la longueur occupée dans le tube cylindrique sous la pression II + 76 par la masse d'air qui occupe une longueur l sous la pression 76.

On aura : $\qquad sx(II + 76) = sl76 ;$

d'où $\qquad x = \dfrac{76l}{76 + \dfrac{P}{sD}} = \dfrac{76slD}{76sD + P}$.

114. — *Le diamètre intérieur d'un briquet à air est 2R. On enfonce le piston, de manière que la colonne d'air emprisonnée, qui avait une longueur l à la pression atmosphérique II, soit réduite à une longueur l'. Quelle est la force nécessaire pour maintenir le piston ainsi enfoncé?*

Application : R = 1^{cm}, l = 30^{cm}, II = 76^{cm}, l' = 5^{cm}.

Densité du mercure : D = 13,6; *intensité de la pesanteur :* g = 980.

La force demandée x est égale au poids d'une colonne de mercure de base πR^2 et dont la hauteur II' mesure la pression de l'air comprimé. Cette hauteur est donnée par la loi de Mariotte :

$$\pi R^2 lII = \pi R^2 l'II', \quad \text{d'où} \quad II' = II . \frac{l}{l'} .$$

On a donc : $\qquad x = \pi R^2 II'D = \dfrac{\pi R^2 lIID}{l'}$.

Numériquement :

$\qquad$ En grammes : $x = 3,1416 \times 76 \times 6 \times 13,6 = 19480$gr.

$\qquad$ En dynes : $x = 19480 \times 981,$ ou 19,11 mégadynes.

115. — *Un corps de pompe vertical de section S contient* p^{gr} *d'air sec à 0° sous un piston de poids P.*

Quelle surcharge faut-il ajouter sur ce piston pour que la masse gazeuse occupe une longueur l *quand la pression atmosphérique est* H.

Application :

$$S = 1^{dmq}, \quad p = 12^{gr},93, \quad P = 5^k, \quad l = 50^{cm}, \quad H = 76^{cm}.$$

Soient x cette surcharge, y la pression finale évaluée en hauteur de mercure, D et a les densités absolues du mercure et de l'air normal.

Le poids de l'air peut s'écrire :

$$p = \frac{Slya}{76}.$$

La pression est donc :

$$y = \frac{76p}{Sla}.$$

En évaluant cette même pression en grammes par centimètre carré, on obtient l'équation :

$$yD = HD + \frac{P + x}{S} ;$$

d'où l'on tire :

$$x = (y - H) SD - P,$$

et en remplaçant y par sa valeur :

$$x = \left(\frac{76p}{la} - SH\right) D - P.$$

Numériquement :

$$x = 98^{gr},36.$$

116. — *Un corps de pompe horizontal, de section* S, *fermé à l'une de ses extrémités, contient de l'air séparé de l'atmosphère par un piston et qui occupe une longueur* l *à la pression atmosphérique. On fait mouvoir le piston dans un sens et dans l'autre.*

Étudier les variations de la force nécessaire pour effectuer ces déplacements.

Soit x le déplacement du piston produit par un accroissement de pression y mesuré en hauteur de mercure; c'est-à-dire par une force :

$$F = SyD,$$

D représentant la densité du mercure.

La loi de Mariotte donne :

$$Sl.76 = S (l - x) (76 + y).$$

Équation qui subsiste lorsque x et y changent simultanément de signe.

On en tire :

$$y = \frac{76x}{l - x} ;$$

d'où

$$F = \frac{76SDx}{l - x}.$$

Théoriquement, la variable x peut croître de $-\infty$ à l.

Pour $x = -\infty$, lim. $F = -76SD$, valeur égale et de signe contraire à la pression atmosphérique; x croissant de $-\infty$ à 0, la force F reste négative et croît jusqu'à zéro.

x croissant de 0 à l, la force F est positive et croît de 0 à $+\infty$.

Ces variations de F sont représentées graphiquement par une branche d'hyperbole équilatère ayant pour asymptote horizontale :

$$y = -76\,SD,$$

et pour asymptote verticale : $\qquad x = l.$

Pratiquement, le champ de la variable x sera limité dans un sens et dans l'autre par les conditions physiques de l'expérience.

117. — *Un cylindre disposé verticalement dans l'air est fermé à la partie inférieure par une paroi rigide et fixe, et à la partie supérieure par un piston* P, *parfaitement mobile, qui pèse sur le gaz contenu dans ce cylindre et le comprime. Le gaz occupe dans le cylindre une hauteur de 60 centimètres.*

On retourne l'appareil de manière à placer le haut en bas. Le piston descend de 5 centimètres, la température étant restée constante.

On demande quel est le poids de ce piston.

La pression atmosphérique est mesurée par une colonne de mercure de 75 centimètres à 0°.

Densité du mercure : 13,6.

La section du cylindre est de 75 centimètres carrés.

Soient x le poids du piston évalué en grammes, et y la hauteur d'une colonne de mercure qui aurait la même base et le même poids.

On a : $\qquad x = 75y \times 13,6.$

D'après la loi de Mariotte, les pressions successives de la masse d'air emprisonnée : $(75 - y)$ et $(75 + y)$ sont inversement proportionnelles aux volumes correspondants, et par suite, à leurs hauteurs 65 et 60. On peut donc écrire :

$$\frac{75 - y}{60} = \frac{75 + y}{65}.$$

En retranchant, puis en ajoutant ces fractions terme à terme, il vient :

$$\frac{y}{5} = \frac{75}{125};$$

d'où $\qquad y = 3.$

Le poids demandé est donc :

$$x = 75 \times 3 \times 13,6 = 3060^{gr},$$

ou mieux, dans le système C. G. S. :

$$3060 \times 981 = 3001860 \text{ dynes.}$$

118. — *Dans un cylindre vertical* AB, *de section* s *et de longueur* $2l + e$, *glisse sans frottement un piston hermétique* C, *d'épaisseur* e *et de poids* P. *Le fond supérieur* A *et l'inférieur* B *sont munis d'ajutages à robinets* a *et* b. *On fait les expériences suivantes : 1° C étant maintenu à égale distance des bases, on* *ouvre a et b dans l'air atmosphérique, où règne la pression* Π*, puis on les ferme et on laisse descendre* C.

2° *Ensuite on ouvre* b.

Calculer les deux déplacements successifs du piston.

Le poids du piston équivaut à celui d'une colonne de mercure de hauteur h :

$$\text{P} = shD. \tag{1}$$

1° Le robinet b restant fermé, si le piston descend d'une hauteur x, les masses gazeuses contenues dans la chambre supérieure et dans la chambre inférieure, acquièrent des tensions respectives f, f', satisfaisant aux équations de Mariotte :

$$s\Pi = s\,(l+x)\,f,$$
$$s\Pi = s\,(l-x)\,f'.$$

Ces tensions diffèrent de h :

$$f - f' = h.$$

En éliminant f, f' et h entre ces quatre équations, on obtient la résultante :

$$\Pi\left(\frac{1}{l-x} - \frac{1}{l+x}\right) = \frac{\text{P}}{sD} \, ;$$

ou

$$\text{P}x^2 + 2\Pi l s Dx - \text{P}l^2 = 0,$$

dont la racine positive, inférieure à l, répond à la première question.

2° Quand on ouvre le robinet b, le piston descend d'une hauteur y au-dessous de sa position initiale.

Il supporte alors, de bas en haut, la pression atmosphérique Π; et par suite, de haut en bas, la pression $\Pi - h$.

Cette nouvelle tension de l'air enfermé dans la chambre supérieure satisfait à l'équation de Mariotte :

$$l\Pi = (l+y)\,(\Pi -$$

D'où l'on tire, en tenant compte de (1) :

$$y = \frac{\text{P}l}{s\Pi D - \text{P}} \, .$$

Cette valeur n'est acceptable que si elle est *positive* et *inférieure*, ou au plus égale à $2l$; ce qui exige :

$$\text{P} < \frac{2}{3}\, s\Pi D\,;$$

faute de quoi, le piston viendrait reposer sur la base inférieure du cylindre AB.

Si P est inférieur à la limite assignée, le second déplacement du piston est égal à la différence :

$$y - x = l\left(\frac{\text{P}}{s\Pi D - \text{P}} - \frac{s\Pi D + \sqrt{s^2\Pi^2 D^2 + \text{P}^2}}{\text{P}}\right).$$

2. — Gaz comprimé par un liquide.

110. — *Une cloche à plongeur cylindrique, ayant une hauteur de 3 mètres et une section de 6 mètres carrés, est descendue dans l'eau jusqu'à ce que son sommet se trouve à* $10^m,6$ *au-dessous de la surface. Quel volume* V *d'air faudrait-il introduire à la pres-*

sion extérieure, qui est de 76 centimètres, pour empêcher l'eau de s'élever dans la cloche? La densité du mercure est 13,6.

Lorsque la cloche se trouve à la profondeur indiquée, sa base est à 13m,6 au-dessous de la surface du liquide; l'air qu'elle renferme supporte une pression qui, évaluée en colonne de mercure, est de :

$$76 + \frac{1360}{13,6} = 176^{cm}.$$

Soit V le volume d'air, pris à la pression extérieure, qu'il a fallu introduire; cet air s'est ajouté à celui que la cloche contenait déjà. En appliquant la loi de Mariotte, il vient :
$$(V + 18)\,76 = 18 \times 176;$$

d'où :
$$V = 23^{mc},690.$$

120. — *Une éprouvette cylindrique de longueur* $l = 20^{cm}$ *remplie d'air à la pression atmosphérique* $H = 76^{cm}$ *est refoulée dans le mercure d'une cuvette profonde, de manière que l'ouverture, maintenue en bas, descende à une profondeur* $h = 100^{cm}$ *au-dessous de la surface libre. Que devient la pression du gaz intérieur?*

Soient x cette pression, y la hauteur du mercure qui pénètre dans l'éprouvette, et s la section intérieure.

On a :
$$x = H + h - y,$$
et, d'après la loi de Mariotte :

$$sHl = s\,(l - y)\,(H + h - y).$$

En éliminant y, on obtient l'équation :

$$x^2 - (H + h - l)\,x - lH = 0.$$

Pour qu'une racine convienne, il faut et il suffit qu'elle soit réelle et comprise entre :
$$H \quad \text{et} \quad H + h.$$

Or, en désignant par $f(x)$ le premier membre de l'équation, on trouve :
$$f(H).\,f(H + h) < 0.$$

On en peut conclure deux choses : que les racines sont réelles, et que l'une d'elles seulement est comprise entre H et $H + h$.

D'ailleurs, le produit des racines étant négatif, ces racines sont de signes contraires. Donc c'est la racine positive qui convient, et elle répond seule à la question.

Numériquement, on a :
$$x^2 - 156\,x - 1520 = 0;$$

d'où
$$x = 78 + \sqrt{7604} = 165^{cm},2.$$

Telle est la pression du gaz intérieur, exprimée en hauteur de mercure.

121. — *Un tube cylindrique de longueur* l *et de section intérieure* s *est fermé à sa partie supérieure et muni à son extrémité inférieure d'une soupape s'ouvrant de dehors en dedans. Ce tube étant complètement rempli d'un gaz insoluble dans l'eau et à la* pression atmosphérique, on l'enfonce dans la mer jusqu'à une certaine profondeur. Après l'avoir retiré, on constate qu'il y est entré un poids p d'eau de mer. On demande à quelle profondeur, comptée à partir de la soupape, l'éprouvette est descendue. La température est 0° et la densité de l'eau de mer $= d$.

Soient H' la pression atmosphérique évaluée en colonne d'eau de mer et x la profondeur demandée.

L'eau de mer entrée dans l'éprouvette y occupe un volume $\frac{p}{d}$ et s'élève au-dessus de la soupape à une hauteur l' telle que :

$$l' = \frac{p}{ds} . \tag{1}$$

L'air contenu dans l'éprouvette avait un volume sl sous la pression H'; après l'immersion de l'éprouvette, son volume est devenu $s(l - l')$ sous la pression $H' + x - l'$.

La loi de Mariotte donne :

$$sl\,H = s(l - l')(H' + x - l');$$

d'où

$$x = l' . \frac{H' + l - l'}{l - l'} , \tag{2}$$

ou en tenant compte de (1) :

$$x = \frac{p}{ds} \times \frac{(H' + l)\,ds - p}{sld - p} .$$

Si l'on l'on appelle H la pression atmosphérique évaluée en colonne de mercure, on a (D étant la densité du mercure) :

$$H' = \frac{HD}{d} ;$$

d'où

$$x = \frac{p}{ds} \, \frac{(HD) + lds - p}{sld - p} .$$

122. — *Une éprouvette cylindrique retournée sur la cuve à mercure contient de l'air qui occupe une longueur l quand le mercure est soulevé à l'intérieur d'une hauteur h au-dessus du niveau extérieur. De quelle longueur faudrait-il l'enfoncer pour faire coïncider les deux niveaux du mercure?*

Soient x cette longueur, s la section de l'éprouvette et H la pression atmosphérique.

L'air confiné occupe d'abord un volume sl sous la pression $(H - h)$.

Il prend ensuite un volume $s(l + h - x)$ sous la pression H.

D'après la loi de Mariotte, on a :

$$s(l + h - x)\,H = sl(H - h);$$

d'où

$$x = \frac{h \cdot H + l}{H} .$$

123. — *Un ballon de verre de volume V est rempli de mercure, tandis que son col, cylindre de longueur l et de section s, reste*

*plein d'air atmosphérique. Fermant ce tube avec la main, on le
retourne sur la cuve à mercure, où on le maintient verticalement,
enfoncé d'une longueur l'. Le mercure reste soulevé dans le tube
d'une hauteur h. On demande de calculer la pression atmosphérique.*

Soit Π cette pression. Appliquons la loi de Mariotte. La masse gazeuse, qui
occupait un volume sl sous la pression Π,

prend un volume $\qquad\qquad V + s(l - l' - h)$

sous la pression $\qquad\qquad \Pi - h.$

On a donc l'équation :

$$sl\Pi = \big\{ V + s(l - l' - h) \big\} (\Pi - h);$$

d'où l'on tire : $\qquad\qquad \Pi = h \left\{ 1 + \dfrac{sl}{V - s(h + l')} \right\}.$

124. — *Une éprouvette remplie de mercure est retournée sur
la cuve à mercure. La colonne mercurielle soulevée forme un
cylindre de section s et de hauteur h. A quoi se réduira cette hauteur si l'on introduit dans l'éprouvette une masse gazeuse qui
occupe un volume v à la pression Π ?*

Application :

$$s = 16^{c\mathrm{q}}, \qquad h = 25^{cm}, \qquad v = 270^{cc}, \qquad \Pi = 76^{cm}.$$

Soit x la hauteur finale du mercure. La masse gazeuse introduite prend un
volume $s(h - x)$ sous la pression $(\Pi - x)$. La loi de Mariotte donne l'équation :

$$v\Pi = s(h - x)(\Pi - x),$$

ou $\qquad\qquad sx^2 - s(\Pi + h)x + \Pi(sh - v) = 0.$

L'énoncé suppose $v < sh$, et il exige :

$$0 < x < h.$$

Or, en désignant le premier membre de l'équation par $f(x)$, on a :

$$f(0) = \Pi(sh - v) > 0,$$
$$f(h) = - \Pi v < 0.$$

Il s'ensuit que les racines sont réelles, de même signe et séparées par le
nombre h.

Donc elles sont positives, et la plus petite seule répond à la question.

Numériquement : on trouve $x = 6^{cm}.$

125. — *Un tube de verre cylindrique, de longueur l, fermé à
son extrémité supérieure, ouvert à la partie inférieure, est plongé
verticalement d'une longueur h dans un bain de mercure. Calculer la longueur x de la colonne de mercure qui entrera dans le
tube.*

Appliquons la loi de Mariotte à la masse gazeuse emprisonnée dans le tube.

62 PROBLÉMES DE PHYSIQUE ET DE CHIMIE

Désignons par S la section droite du cylindre et appliquons la loi de Mariotte à l'air comprimé.

On a :
$$SbH = S(b - x)(H + a - x),$$

ou
$$x^2 - (a + b + H)x + ab = 0.$$

Pour qu'une racine convienne, il faut que l'on ait :
$$x < a \quad \text{et} \quad x < b.$$

Or, en désignant le premier membre de l'équation par f, on a :
$$f(a) = -aH; \quad f(b) = -bH.$$

Donc les racines sont réelles, et la plus petite seule convient.

128. — *Un vase cylindrique contient de l'eau qui s'élève jusqu'à une distance* h *du bord. On y plonge verticalement une éprouvette de section* n *fois moindre, de longueur* l *et pleine d'air atmosphérique. De quelle longueur cette éprouvette pénétrera-t-elle dans le liquide, quand celui-ci atteindra le bord du vase?*

Soit y la quantité dont la colonne d'air s'enfonce à l'intérieur de l'éprouvette, au-dessous du niveau primitif.

Désignons par s la section droite de l'éprouvette et négligeons l'épaisseur de la partie solide.

Égalons le volume abandonné par le liquide, à celui qu'il envahit en dehors de l'éprouvette :
$$sy = (ns - s)h \quad \text{d'où} \quad y = (n - 1)h.$$

La masse gazeuse emprisonnée occupait d'abord un volume sl, à la pression atmosphérique H (évaluée en colonne d'eau); elle prend ensuite un volume :
$$s(l - x + h + y) \quad \text{ou} \quad s(l - x + nh),$$

sous une pression : $H + h + y$ ou $H + nh.$

En vertu de la loi de Mariotte :
$$lH = (l - x + nh)(H + nh);$$

d'où
$$x = nh\left(1 + \frac{l}{H + nh}\right).$$

Il faut que l'on ait : $x < l,$

c'est-à-dire :
$$l > \frac{nh(H + nh)}{H},$$

sans quoi, l'immersion complète de la cloche ne soulèverait pas le liquide jusqu'au bord du vase.

129. — *Un ballon d'un litre de capacité est terminé par un col cylindrique de* 50^{cm} *de long et* 1^{cc} *de section. Il est plein d'air à la température* 0° *et à la pression* 76^{cm}. *On le plonge verticalement, jusqu'à la naissance du col, dans une cuve à mercure dont la température est également* 0°. *On demande jusqu'à quelle hauteur le mercure pénétrera dans le tube.*

Soient V le volume du ballon seul, s, l les dimensions du tube, H la pression atmosphérique.

La masse gazeuse, confinée d'abord sous un volume $V + sl$, à la pression H, passe aux conditions : $V + s(l - x)$, $H + l - x$.

La loi de Mariotte donne l'équation :

$$(V + sl) H = [V + s(l - x)] (H + l - x),$$

ou, en prenant $l - x$ pour inconnue auxiliaire :

$$s(l - x)^2 + (l - x)(V + sH) - slH = 0. \qquad (1)$$

Pour qu'une valeur d'x soit acceptable, il faut et il suffit que cette valeur, et, par suite, $l - x$, soit comprise entre 0 et l.

Or, f désignant le premier membre de l'équation en $l - x$, on trouve :

$$f(0) = - slH \quad \text{et} \quad f(l) = l(V + sl),$$

résultats de signes contraires.

Donc les racines de l'équation (1) sont *réelles*, de *signes contraires* et *séparées* par les nombres 0 et l.

La positive seule donne une valeur d'x répondant à la question.

En posant :

$$V = 100^{cc}, \quad s = 1^{cc}, \quad l = 50^{cm}, \quad H = 76^{cm},$$

l'équation (1) devient :

$$(50 - x)^2 + 1076 (50 - x) - 3800 = 0;$$

d'où

$$50 - x = 541,52 - 538 = 3,52,$$

et enfin

$$x = 46^{cm},48.$$

3. -- Tube de Torricelli.

130. — *Un baromètre marque la pression 75^{cm} et sa chambre vide occupe une longueur de 10^{cm}. On soupçonne que cette chambre contient un peu d'air. Pour s'en assurer, on verse du mercure dans la cuvette, de manière que son niveau s'élève de 10^{cm}. On constate alors que le sommet de la colonne intérieure ne s'est élevé que de 9^{cm}. D'après cela, quelle est la valeur de la pression atmosphérique?*

Soient H cette pression et x la pression primitive de l'air emprisonné. Quand le volume de la chambre devient 10 fois plus petit, la pression de l'air devient $10 x$.

On a donc les deux équations :

$$H = 75 + x,$$
$$H = 74 + 10x;$$

d'où par addition :

$$9H = 750 - 74,$$

et enfin

$$H = \frac{676}{9} = 75^{cm},11.$$

131. — *Un tube barométrique cylindrique ayant 1^{cc} de section plonge à sa partie inférieure dans un bassin de mercure de très grande surface. Dans la chambre barométrique absolument pur-*

gée de gaz, on introduit une masse d'air ayant un volume de 4^{cc} sous la pression ambiante. On demande de calculer l'abaissement du ménisque mercuriel qui limite la chambre barométrique.

La pression ambiante est égale à 77^{cm} de mercure; elle reste constante pendant l'expérience, ainsi que la température.

La chambre barométrique purgée de gaz a 4^{cm} de longueur.

Soit x le déplacement du ménisque mercuriel lorsque l'air est introduit.
Cette masse d'air prend alors un volume de :

$$(4 + x) \text{ cent. cubes,}$$

sous la pression x.

Son volume primitif était de 4^{cc} sous la pression de 77.
En appliquant la loi de Mariotte, il vient :

$$(4 + x)\,x = 4 \times 77;$$

d'où
$$x = 15^{cm},66.$$

132. — *Un baromètre est entouré d'un manchon rempli d'eau reposant sur la même cuve à mercure. On propose de calculer la pression atmosphérique, sachant que la colonne d'eau déprime de a^{cm} le mercure de la cuve et s'élève de b^{cm} plus haut que la colonne barométrique.*

Application : $a = 7^{cm},5, \quad b = 18^{cm},5.$

Densité du mercure : $D = 13,6.$

Soient x la pression demandée et y la hauteur totale de la colonne d'eau.
Au niveau inférieur de la colonne d'eau, la pression prend les valeurs égales :

$$x + a = x + \frac{y}{D} = y - b.$$

Éliminant y, il vient :
$$y = x + a + b = aD;$$

d'où
$$x = aD - a - b.$$

Numériquement : $x = 70^{cm}.$

133. — *Un volume v d'air sec, à la pression atmosphérique, introduit dans la chambre d'un baromètre, fait baisser le niveau du mercure d'une hauteur h; un volume v' le ferait baisser de h'. Calculer la longueur primitive de la chambre vide, supposée cylindrique.*

Soient x la longueur demandée, y la section intérieure du tube et H la pression atmosphérique, d'ailleurs inconnue.
Une masse d'air introduite aux conditions v et H passe aux conditions $y\,(x + h)$ et h donc, en appliquant la loi de Mariotte :

$$vH = y\,(x + h)\,h;$$

de même :
$$v'H = y\,(x + h')\,h',$$

Divisant membre à membre pour éliminer H et y,

$$\frac{v}{v'} = \frac{(x+h)\,h}{(x+h)\,h'} \; ;$$

d'où

$$x = \frac{v'h^2 - vh'^2}{vh' - hv'} \cdot$$

134. — *Un baromètre contient de l'air qui occupe une longueur* $l = 20^{cm}$, *tandis que la hauteur du mercure est* $H = 47^{cm}$. *Si l'on introduit dans le tube une nouvelle masse d'air égale à la première, le niveau du mercure baisse de* $h = 10^{cm}$. *Quelle est la pression barométrique au moment de l'expérience?*

Soit x la pression demandée. Appliquons la loi de Dalton. Deux masses égales occupant un volume sl sous la pression $(x - H)$, donnent un mélange qui occupe un volume $s(l + h)$ sous la pression $(x - H + h)$.

On a donc l'équation :

$$2sl\,(x - H) = s\,(l + h)\,(x - H + h);$$

d'où l'on tire :

$$x = H + h \cdot \frac{l + h}{l - h} \cdot$$

Numériquement :

$$x = 47 + 10 \cdot \frac{30}{10} = 77^{cm}.$$

135. — *Si l'on introduit une certaine masse d'air dans un baromètre, la chambre occupe une longueur* l *et le mercure une hauteur* h. *Si l'on introduit une seconde masse d'air égale à la première, le niveau du mercure s'abaisse de* m. *Quelle est la pression atmosphérique au moment de l'expérience?*

Soit v le volume qu'occuperait chaque masse d'air à la pression demandée H. Représentons par s la section intérieure du tube.

La masse d'air qui aurait un volume v sous la pression H prend un volume sl sous la pression $H - h$.

La masse d'air qui aurait un volume $2v$ sous la pression H acquiert un volume $s(l + m)$ sous la pression $H - (h - m)$.

En appliquant la loi de Mariotte, on obtient les deux équations :

$$vH = sl\,(H - h),$$
$$2vH = s\,(l + m)\,(H - h + m)$$

On en tire :

$$(m + l)\,H + m - h = 2l\,(H - h);$$

d'où

$$H = \frac{(m + l)\,m - h + 2lh}{l - m} \cdot$$

135 bis. — *Dans un tube de Torricelli tronqué, la pression atmosphérique soulève une colonne mercurielle de hauteur* H, *qui le remplit entièrement.*

Si l'on introduit successivement à l'intérieur deux masses d'air égales, la hauteur du mercure se réduit d'abord à H', *puis à* H". *Déterminer la hauteur barométrique d'après ces données. Expri-*

mer cette hauteur en fonction de H' et de H" dans le cas particulier où elle est égale à H. Enfin, calculer sa valeur numérique dans cette même hypothèse, connaissant :

$$H' = 36 \sqrt{2} \quad \text{et} \quad H'' = 18 (3 \sqrt{2} - 2).$$

Soient x la pression atmosphérique, s la section intérieure du tube, et v, h les conditions initiales de deux masses introduites.

La loi de Mariotte donne :

$$vh = s (H - H') (x - H'),$$
$$2vh = s (H - H'') (x - H'').$$

On en déduit l'équation :

$$2 (H - H') (x - H') = (H - H'') (x - H''); \tag{1}$$

d'où l'on tire :

$$x = \frac{2 H' (H - H') - H'' (H - H'')}{H - 2H' + H''}.$$

2° Dans l'hypothèse $x = H$, l'équation (1) devient :

$$x^2 - 2 (2H' - H'') x + 2H'^2 - H''^2 = 0. \tag{2}$$

Pour qu'une racine soit acceptable, il faut que l'on ait :

$$H'' < H' < x.$$

Or, en désignant par $f(x)$ le premier membre de (2), on trouve :

$$f(H') = - (H' - H'')^2,$$

et

$$f(H'') = 2 (H' - H'')^2.$$

Donc les racines sont réelles, H' les sépare, H" est inférieure à la plus petite. La plus grande racine seule répond donc à la question. Elle a pour valeur :

$$x = 2H' - H'' + (H' - H'') \sqrt{2},$$
$$= (2 + \sqrt{2}) H' - (1 + \sqrt{2}) H''.$$

Il est d'ailleurs facile de l'obtenir d'une manière plus simple; car, dans l'hypothèse $x = H$, l'équation (1) peut s'écrire :

$$(x - H'')^2 = 2 (x - H')^2;$$

d'où

$$x - H'' = (x - H') \sqrt{2},$$

et enfin :

$$x = \frac{H' \sqrt{2} - H''}{\sqrt{2} + 1} = (H' \sqrt{2} - H'') (\sqrt{2} + 1).$$

3° En remplaçant dans cette dernière formule H' et H" par leurs valeurs numériques, on obtient :

$$x = 54 (2 - \sqrt{2}) (1 - \sqrt{2}),$$
$$= 54 \sqrt{2},$$
$$= 76^{cm},367.$$

Telle est la pression atmosphérique demandée.

136. — *Dans un tube A cylindrique, vertical, fermé à l'une de ses extrémités et long de 1ᵐ, on verse du mercure jusqu'à une hauteur de 80ᶜᵐ. On bouche ce tube avec le doigt et on le renverse sur une large cuve à mercure en le maintenant vertical. Quand* *il est enfoncé de 5^{cm}, on le débouche. Calculer à quelle hauteur s'arrêtera le mercure.*

La pression atmosphérique est 76^{cm}, l'air est supposé sec, et il n'y a pas de variation de température.

Soient x la hauteur demandée et s la section du tube cylindrique. La longueur de la colonne d'air emprisonnée est d'abord $100 - 80 = 20$; puis elle devient $100 - 5 - x = 95 - x$.

La masse d'air, de température invariable, occupe donc successivement :

Un volume $20s$, sous la pression 76^{cm};

Un volume $(95x)s$, sous la pression $76 - x$.

En lui appliquant la loi de Mariotte, on obtient l'équation :

$$(95 - x)(76 - x) - 20 \times 76 = 0, \tag{1}$$

ou

$$x^2 - 171x + 76 \times 75 = 0.$$

Pour qu'une racine convienne, il suffit qu'elle soit réelle et que l'on ait :

$$x < 76 < 95.$$

Or, en désignant par $f(x)$ le premier membre de (1), on obtient :

$$f(76) = f(95) = -20 \times 76.$$

D'autre part, le produit et la somme des racines sont tous deux positifs.

Ainsi, les racines sont réelles et positives. Les nombres 76 et 95 sont intérieurs à ces racines et symétriques par rapport à leur demi-somme.

Donc la petite racine seule répond à la question. On trouve :

$$x = \frac{171 - \sqrt{6111}}{2} = 15^{cm},37.$$

Telle est la hauteur de la colonne mercurielle soulevée dans le tube.

137. — *Un baromètre à large cuvette et dont la chambre contient de l'air, marque h, h', h'' au lieu de H, H', H''. Quelle relation existe-t-il entre ces données?*

Soient s la section intérieure du tube, x sa longueur au-dessus du niveau de la cuvette supposé invariable et sy le produit constant du volume de la masse gazeuse par sa force élastique.

On connaît trois expressions de cette constante en fonction des données :

$$s(x - h)(H - h), \quad s(x - h')(H' - h'), \quad s(x - h'')(H'' - h''),$$

ce qui conduit aux équations :

$$x(H - h) - y = h(H - h),$$
$$x(H' - h') - y = h'(H' - h'),$$
$$x(H'' - h'') - y = h''(H'' - h'');$$

d'où, par soustraction :

$$x(H - h - H' + h') = h(H - h) - h'(H' - h'),$$
$$x(H - h - H'' + h'') = h(H - h) - h''(H'' - h'').$$

En divisant membre à membre, nous obtenons la relation demandée.

Chassons les dénominateurs, faisons tout passer dans un seul membre, groupons les termes qui renferment les mêmes parenthèses et divisons par le produit :

$$(H - h)(H' - h')(H'' - h'').$$

Cette relation prendra la forme :

$$\frac{h-h'}{\mathrm{H}''-h''} + \frac{h'-h''}{\mathrm{H}-h} + \frac{h''-h}{\mathrm{H}'-h'} = 0.$$

Autrement. — Puisqu'il existe des nombres x, y satisfaisant aux trois équations, le résultant est nul :

$$\left| \begin{array}{ccc} \mathrm{H}-h & 1 & h\,(\mathrm{H}-h) \\ \mathrm{H}'-h' & 1 & h'\,(\mathrm{H}'-h') \\ \mathrm{H}''-h'' & 1 & h''\,(\mathrm{H}''-h'') \end{array} \right| = 0.$$

Divisons chaque ligne par son premier élément et ordonnons par rapport à la première colonne ; nous parviendrons immédiatement au résultat ci-dessus.

137 bis. — *Un ballon de verre est soudé à la partie supérieure d'un tube vertical, de section intérieure* $s = 1^{cq}$, *qui plonge dans une cuvette contenant du pétrole de densité* $d = 0,85$. *Il contient une masse d'air qui occuperait un volume* $V = 3480^{cc}$ *à la pression atmosphérique, si cette pression devenait égale à* $\mathrm{H} = 70^{cm}$. *A quelle hauteur le pétrole s'élèverait-il dans le tube si la pression devenait égale à* $\mathrm{H}' = 80^{cm}$? *Densité du mercure* $\mathrm{D} = 13,6$.

Soit x cette hauteur. En appliquant la loi de Mariotte à la masse gazeuse confinée, on obtient l'équation :

$$\mathrm{V}\mathrm{H} = (\mathrm{V} - sx)\left(\mathrm{H}' - \frac{dx}{\mathrm{D}}\right),$$

ou

$$\frac{sd}{\mathrm{D}}x^2 - \left(\frac{\mathrm{V}d}{\mathrm{D}} + s\mathrm{H}'\right)x + \mathrm{V}(\mathrm{H}' - \mathrm{H}) = 0.$$

D'après les données, x est de même signe que $(\mathrm{H}' - \mathrm{H})$ et inférieur à $\dfrac{\mathrm{D}\mathrm{H}'}{d}$. Dans l'hypothèse $\mathrm{H}' > \mathrm{H}$, il faut donc que l'on ait :

$$0 < x < \frac{\mathrm{D}\mathrm{H}'}{d}.$$

Or, le premier membre de l'équation étant représenté par $f(x)$, on obtient :

$$f(0) = \mathrm{V}(\mathrm{H}' - \mathrm{H}) > 0,$$

et

$$f\left(\frac{\mathrm{D}\mathrm{H}'}{d}\right) = -\mathrm{V}\mathrm{H} < 0.$$

Il s'ensuit que les racines sont *réelles, positives* et *séparées* par la limite supérieure $\dfrac{\mathrm{D}\mathrm{H}'}{d}$.

Donc la plus petite seule répond à la question.

Numériquement, l'équation devient :

$$\frac{0,85}{13,6}\,x^2 - \left(80 + \frac{3480}{16}\right)x + 3480 = 0,$$

ou, en multipliant tout par 16 :

$$x^2 - 4760x + 3480 \times 16 = 0.$$

On en tire :

$$x = 2380 - 2260 = 120^{cm}.$$

Ainsi, une variation de 10^{cm}, dans la hauteur barométrique, se traduirait par un accroissement douze fois plus considérable de la hauteur du pétrole. L'appareil constituerait donc un baromètre fort sensible; mais il aurait l'inconvénient d'être très impressionnable aux variations de température.

4. — Cuvette profonde.

138. — *La chambre d'un baromètre contient de l'air sec. Dans une première expérience on lit la hauteur 751 millimètres. On enfonce le tube dans la cuvette jusqu'à ce que le volume de la chambre soit réduit au $1/_5$ de sa valeur; la hauteur lue alors est 740 millimètres. On demande quelle est la hauteur barométrique actuelle.*

Soit H la hauteur barométrique cherchée, et V le volume de la chambre barométrique.

Dans la première expérience la masse d'air enfermée occupe le volume V sous la pression :
$$H - 751.$$

Lors de la deuxième lecture le volume de la même masse est $\dfrac{V}{5}$ sous la pression :
$$H - 740.$$

La loi de Mariotte fournit l'équation :
$$V(H - 751) = \frac{V}{5}(H - 740);$$

d'où
$$H = 753^{mm},75.$$

139. — *Un tube de Torricelli contenant de l'air plonge dans une cuvette profonde. Quand la chambre barométrique occupe une longueur l, la colonne mercurielle s'élève à une hauteur h. Si la chambre prend une longueur l', la hauteur barométrique devient h'. Quelle est, d'après cela, la pression atmosphérique H au moment de l'expérience?*

Soit s la section du tube. L'air confiné prend un volume sl sous la pression $H - h$ et un volume sl', sous la pression $H - h'$.

On a donc, d'après la loi de Mariotte :
$$l(H - h) = l'(H - h');$$

d'où
$$H = \frac{lh - l'h'}{l - l'}.$$

140. — *Un tube de Torricelli, retourné sur la cuvette profonde, contient de l'air qui occupe une longueur l à la pression atmosphérique H. On l'enfonce jusqu'au sommet dans le mercure. Quelle sera la dépression du liquide à l'intérieur du tube?*

Application : $l = 57^{cm}$, $H = 76$.

Soient x cette dépression et s la section droite du tube. La masse d'air qui occupait un volume sl à la pression H, prend un volume sx à la pression $H + x$.

On a donc, d'après la loi de Mariotte :

$$lH = x(H + x),$$

ou

$$x^2 + Hx - lH = 0;$$

d'où

$$x = \frac{-H \pm \sqrt{H^2 + 4lH}}{2},$$

Numériquement :
$$x = 38^{cm}.$$

141. — *Un tube de Torricelli contient de l'air qui occupe une longueur l lorsque le mercure de la cuvette profonde est soulevé d'une hauteur h. Que deviendra cette longueur si l'on enfonce le tube de a^{cm} de plus, la pression atmosphérique restant égale à H ?*
Application :

$$l = 12^{cm}, \quad h = 64^{cm}, \quad a = 10^{cm}, \quad H = 76^{cm}.$$

Si les longueurs l et h deviennent respectivement x et y,
on a :
$$x + y = l + h - a.$$

La loi de Mariotte appliquée à l'air confiné donne :
$$l(H - h) = x(H - y).$$

En éliminant y, on obtient :
$$x^2 + (H - h - l + a)x - l(H - h) = 0.$$

Numériquement :
$$x^2 + 10x - 144 = 0;$$
d'où
$$x = -5 + \sqrt{25 + 144} = -5 + 13 = 8^{cm}.$$

142. — *Un tube de Torricelli de longueur l est plein d'air à la pression atmosphérique H. On le dispose verticalement l'orifice en bas, et on l'enfonce d'une longueur h dans le mercure d'une cuvette profonde. Que devient la pression de l'air intérieur ?*

L'air comprimé à l'intérieur du tube refoule le mercure à une profondeur inconnue y au-dessous de la surface extérieure. Alors sa pression devient :
$$x = H + y.$$
et la longueur qu'il occupe dans le tube se réduit à $(l - h + y)$.

Appliquons la loi de Mariotte en représentant par s la section intérieure du tube.
On obtient l'équation :
$$slH = s(l - h + y)(H + y),$$
ou, en éliminant y :
$$lH = (l - h + x - H)x,$$
ou enfin
$$x^2 + (l - h - H)x - lH = 0.$$

Il faut que l'on ait :
$$x > H.$$

Or, en désignant par f le premier membre de l'équation, on trouve :
$$f(H) = -Hh.$$

Donc la racine positive convient à la question.

143. — *Un tube barométrique en cristal flotte dans le mercure de la cuvette profonde. Sa longueur est* $l = 100^{cm}$, *ses sections intérieures et extérieures sont* $s = 1^{ct}$, $S = 2^{ct}$. *La densité du cristal est* $d = 3,264$, *celle du mercure* $D = 13,6$.

Ce tube contient de l'air qui occupe une longueur $l = 10^{cm}$ *à la pression atmosphérique* $H = 76^{cm}$. *Calculer la hauteur de la partie émergée.*

Cette hauteur x comprend la hauteur y occupée par l'air et la hauteur z du mercure soulevé :
$$x = y + z.$$
La loi de Mariotte donne :
$$lH = y (H - z).$$

En égalant le poids du tube et du mercure soulevé au poids du mercure déplacé, on obtient :
$$(S - s)\, ld + szD = (S - s)\,(l - y - z)\, D\,;$$
équation qui peut s'écrire :
$$(S - s)\, Dy + SDz = (S - s)\, l\,(D - d).$$

Numériquement. On est conduit à résoudre le système :
$$x = y + z,$$
$$76y - yz = 760,$$
$$y - 2z = 76.$$

En éliminant y et z, on obtient :
$$x^2 - 38x - 380 = 0\,;$$
d'où
$$x = 46^{cm},29.$$

144. — *La longueur d'un tube de Torricelli est* l *et ses sections intérieure et extérieure,* s, S. *On le remplit de mercure, on le retourne sur la cuvette profonde et on le maintient verticalement de manière qu'il émerge d'une hauteur* h *au-dessus de la surface libre. Connaissant les densités* D *et* d *du mercure et du verre, et la pression atmosphérique* H, *calculer son poids apparent dans cette position.*

Ce poids apparent x est égal au poids du verre plus le poids du mercure soulevé, moins le poids du mercure déplacé par le verre.

Mais il y a deux cas à distinguer suivant que h est inférieur ou supérieur à H.

1° Si $h < H$, la hauteur du mercure soulevé est h.

On a :
$$x = (S - s)\, ld + shD - (S - s)\,(l - h)\, D,$$
ou
$$x = SDh - (S - s)\,(D - d)\, l.$$

2° Si $h > H$, la hauteur du mercure soulevé est H.

On a :
$$x = (S - s)\, ld + sHD - (S - s)\,(l - h)\, D,$$
ou
$$x = SDh - sD\,(h - H) - (S - s)\,(D - d)\, l.$$

Dans tous les cas, le poids apparent augmente avec h.

Mais les deux formules ne rentrent l'une dans l'autre que dans la seule hypothèse $h = H$. •

5. — Tube de Mariotte. — Baromètre à siphon.

145. — *Un tube en U à branches cylindriques est fermé à l'une de ses extrémités. La branche fermée contient de l'air occupant une longueur* l, *isolé par du mercure qui s'élève dans cette branche à une hauteur* h *au-dessus du niveau dans la branche ouverte. Quelle est la longueur de la colonne de mercure qu'il faut verser dans le tube pour ramener l'air à la pression atmosphérique* H?

Si le mercure s'élève d'une hauteur y dans la branche fermée, il s'élèvera de $h + y$ dans la branche ouverte, et la longueur demandée sera :

$$x = h + 2y.$$

Pour obtenir y, appliquons la loi de Mariotte à l'air confiné. Cette masse gazeuse qui occupait le volume sl sous la pression $(H - h)$ prend le volume $s(l - y)$ sous la pression H.

On a donc :
$$(l - y)H = l(H - h);$$

d'où
$$y = \frac{lh}{H},$$

et
$$x = h\left(1 + \frac{2l}{H}\right).$$

146. — *Les deux branches d'un tube en U sont verticales, de même section* s. *La plus courte est fermée. Elle contient une colonne d'air isolée par du mercure et qui occupe une longueur* l *à la pression atmosphérique* H. *Quel volume de mercure faut-il verser dans l'autre branche pour réduire la colonne d'air à une longueur* l'?

Pour que le niveau dans la petite branche monte d'une hauteur $l - l'$, il faut que le mercure ajouté forme une colonne de longueur :

$$x = 2(l - l') + y,$$

y désignant l'augmentation que doit subir la pression de l'air comprimé.

Cet accroissement de pression est déterminé par la loi de Mariotte :

$$slH = sl'(H + y); \quad \text{d'où} \quad y = \frac{H(l - l')}{l'}.$$

On a donc :
$$x = (l - l')\left(2 + \frac{H}{l'}\right),$$

et le volume demandé est :

$$sx = s\frac{(l - l')(2l' - H)}{l'}.$$

147. — *Les deux branches d'un tube en U sont verticales et de même longueur. L'une d'elles contient de l'air isolé par du mer-*

cure et qui occupe une longueur l à la pression extérieure H. A
quoi se réduira cette longueur si l'on achève de remplir complétement l'autre branche avec du mercure?

Soit x la longueur finale de la colonne d'air. Sa pression totale est alors
$H + x$.

D'après la loi de Mariotte, on a, en désignant par s la section droite de la
colonne d'air :
$$sHl = sx(H + x),$$
ou
$$x^2 + Hx - Hl = 0.$$

Il faut que l'on ait :
$$0 < x < l.$$

Or, en représentant par f le premier membre de l'équation, on trouve :
$$f(0) = -Hl \quad \text{et} \quad f(l) = +l^2.$$

Donc les racines sont réelles, de signes contraires, et la positive répond à la
question.

148. — *On verse du mercure dans un tube de Mariotte. L'air
comprimé forme une colonne cylindrique qui occupe une longueur a quand la différence des niveaux du mercure est égale à
l. De quelle hauteur s'élèvera le mercure dans la petite branche
s'il s'élève de h^cm dans la grande branche?*

Application : a $= 32^{cm}$,   l $= 48^{cm}$,   h $= 44^{cm}$.

Pression atmosphérique : H $= 76^{cm}$.

Soient x la hauteur demandée et s la section intérieure du tube. L'air comprimé occupe d'abord un volume sa sous la pression $(H + l)$, puis un volume
$s(a - x)$ sous la pression $(H + h + l - x)$.

La loi de Mariotte donne l'équation :
$$(a - x)(H + h + l - x) = a(H + l),$$
ou
$$f(x) = x^2 - (H + h + l + a)x + ah = 0.$$

Il faut avoir :
$$0 < x < a.$$

Or
$$f(0) = ah, \quad f(a) = -a(H + l).$$

Donc les racines sont réelles, positives, et la plus petite seule répond à la
question.

Numériquement, l'équation devient :
$$x^2 - 200x + 1408 = 0,$$
et donne :
$$x = 7^{cm},31.$$

149. — *Un tube barométrique à siphon a 1^cm de section. A un
instant donné, la chambre barométrique BC contient de l'air et a
une longueur de 20^cm; la différence de niveau AB dans les deux
branches est alors de 61^cm.*

*On verse par la branche ouverte 15^cc de mercure, et la diffé-
rence de niveau devient égale à 56^cm.*

Calculer :

1° *Les élévations de niveau* x *et* y *du mercure dans les deux branches* A *et* B ;

2° *La valeur de la pression atmosphérique* z.

1° La section droite étant de 1ᶜ, les 15ᶜᶜ de mercure ajoutés occuperont une longueur :
$$x + y = 15. \tag{1}$$

Les niveaux A, B s'étant élevés de $AA' = x$ et $BB' = y$, on obtient, en égalant deux expressions de la longueur AB' :
$$AB + BB' = AA' + A'B',$$
ou
$$61 + y = x + 56;$$
d'où
$$x - y = 5. \tag{2}$$

Du système (1, 2) l'on tire :
$$x = 10^{cm} \quad \text{et} \quad y = 5^{cm}.$$

2° Appliquons la loi de Mariotte à l'air confiné dans la chambre barométrique. s représentant la section droite du tube intérieur, les conditions de cette masse gazeuse ont été :
$$20s \quad \text{et} \quad z - 61,$$
puis
$$(20 - y)s \text{ ou } 15s \quad \text{et} \quad z - 56.$$

On a donc l'équation :
$$20(z - 61) = 15(z - 56),$$
d'où l'on tire la pression atmosphérique demandée :
$$z = 76^{cm}.$$

150. — *Un tube cylindrique recourbé* ABC *contient de l'air en* AM, *du mercure dans* MBM', *le plan horizontal contenant la surface* M *renfermant aussi la surface* M'. *On verse de l'eau dans la portion* CM'. *Calculer la position du mercure dans la branche* AMB.

Données : AM = MB = l; *hauteur de l'eau,* h; *densités du mercure et de l'eau,* D *et* d; *pression atmosphérique,* H.

Soit s la section droite intérieure. Après l'introduction de l'eau, la masse gazeuse comprimée en AM n'occupe plus qu'une longueur x, sous une pression y. Ces deux inconnues satisfont à l'équation de Mariotte :
$$slH = s.xy.$$

Le mercure s'est élevé en M, et abaissé en M', d'une longueur $l - x$. Les pressions qui s'exercent dans le plan de séparation des deux liquides sont exprimées, en colonne de mercure, par les deux membres de l'égalité :
$$2(l - x) + y = H + \frac{h}{D}.$$

L'élimination de y entre les deux équations conduit à la résultante :
$$2Dx^2 + (h + HD - 2lD)x - HlD = 0,$$
dont les racines sont *réelles et de signes contraires.*

Pour être acceptable, la racine positive doit être inférieure à l. Or, dans l'hypothèse $x = l$, le premier membre de l'équation finale se réduit à :
$$f(l) = hl.$$

nombre positif, comme le premier coefficient; donc la limite l surpasse la racine positive, et celle-ci résout le problème, en déterminant la position de la colonne mercurielle dans la branche fermée.

151. — *La branche fermée d'un tube de Mariotte contient une colonne d'air de longueur a, isolée par du mercure au même niveau dans les deux branches. On remplit d'eau complètement la branche ouverte, qui s'élève à une hauteur* h *au-dessus du sommet de la petite branche. Que devient la longueur de la colonne d'air? Densité du mercure,* D; *pression atmosphérique,* H.

Soient x et y la longueur et la pression finale de la colonne d'air.
La loi de Mariotte donne :

$$xy = aH.$$

Le mercure s'étant élevé de $(a - x)$ dans la petite branche, et abaissé de la même hauteur dans la grande, la hauteur de la colonne d'eau est :

$$(h + 2a - x).$$

Au niveau de la surface de séparation des liquides, la pression par centimètre carré est la même dans les deux branches.

On a donc : $[y + 2(a - x)]\,D = HD + (h + 2a - x).$

Éliminant y, et ordonnant la résultante par rapport à x, on obtient :

$$(2D - 1)\,x^2 + (h + 2a + HD - 2aD)\,x - aHD = 0.$$

Pour qu'une racine convienne, il faut que l'on ait :

$$0 < x < a,$$

Or, en désignant par f le premier membre de l'équation, on trouve :

$$f(0) = - aHD \quad \text{et} \quad f(a) = a(a + h).$$

Résultats de signes contraires. Donc les racines sont *réelles*, de *signes contraires* et *inférieures* à *a*.
La racine positive convient, et répond seule à la question.

152. — *Les deux branches d'un baromètre à siphon ont même diamètre intérieur. La petite branche est fermée et contient de l'air qui occupe une longueur* l *quand la différence des niveaux du mercure est* h, *en un lieu où l'intensité de la pesanteur est* g. *Exprimer l'intensité de la pesanteur* g′ *dans un autre lieu, sachant qu'à la même température la différence des niveaux du mercure y serait égale à* h′.

Soient s la section intérieure du tube et D la densité du mercure. Si h' est supérieur à h, le mercure de la petite branche baisse de $\dfrac{h' - h}{2}$.

La masse gazeuse confinée dans cette branche passe des conditions :

$$sl \quad \text{et} \quad hDg$$

aux conditions : $s\left(l + \dfrac{h' - h}{2}\right) \quad \text{et} \quad h'Dg'.$

En lui appliquant la loi de Mariotte, on obtient l'équation :

$$lhg = \left(l + \frac{h'' - h}{2} \right) h'g';$$

d'où l'on tire :

$$g' = g\, \frac{h}{h'}\, \frac{2l}{2l + h' - h}\, .$$

Telle est l'expression demandée.

153. — *Un système de vases communicants est formé de deux vases cylindriques A et B dont le diamètre intérieur est de $2R = 8^{cm}$. Ils sont reliés l'un à l'autre par un tube deux fois recourbé dont le diamètre intérieur est de $2r = 1^{cm}$.*

Ces deux vases contiennent, en A, de l'eau (densité $a = 1$), et en B de la benzine ($b = 0,899$). La surface de séparation de ces deux liquides est en M.

Le vase A est ouvert dans l'atmosphère, B est en relation avec une capacité close où règne d'abord la pression atmosphérique $H = 76^{cm}$. Calculer le déplacement que subit le niveau M lorsque la pression dans cet espace clos augmente de un millième d'atmosphère, $h = 0^{cm},076$.

Si le plan de séparation des deux liquides s'abaisse de $MM' = x$, la surface libre de la benzine s'abaisse de $x\,\frac{r^2}{R^2}$, et la surface libre de l'eau s'élève de la même quantité $x\,\frac{r^2}{R^2}$.

Les hauteurs de la benzine et de l'eau au-dessus du plan de séparation passent de leurs valeurs initiales k et l, aux valeurs finales :

$$k + x + \frac{xr^2}{R^2} \quad \text{et} \quad l + x - \frac{xr^2}{R^2}\,.$$

Égalons entre elles les pressions qui se font équilibre dans les deux branches, sur le plan de séparation MN ou M'N'. Si l'on désigne par D la densité du mercure et que l'on supprime le facteur πr^2, commun à tous les termes, on a, dans la première expérience : $\quad ka + HD = lb + HD,$

et dans la seconde :

$$\left(k + x + \frac{xr^2}{R^2} \right) a + HD = \left(l + x - \frac{xr^2}{R^2} \right) b + (H + h)\, D.$$

En retranchant ces égalités membre à membre, on obtient l'équation :

$$ax \left(1 - \frac{r^2}{R^2} \right) = bx \left(1 - \frac{r^2}{R^2} \right) + hD,$$

ou

$$x \left[(a - b) + (a + b)\, \frac{r^2}{R^2} \right] = hD;$$

d'où l'on tire :

$$x = \frac{hD}{a - b + (a + b)\, \frac{r^2}{R^2}}\,,$$

et, en substituant aux lettres les valeurs numériques données :

$$x = \frac{0,076 \times 13,6}{0,101 + \frac{1,899}{64}} = \frac{330752}{11815} = 79^{mm}.$$

6. — Manomètres.

154. — *Un tube en U contient du mercure qui s'élève à la même hauteur dans les deux branches. L'une des branches est fermée à une hauteur l au-dessus du niveau du mercure. L'autre branche peut être mise en communication avec un récipient à gaz. Quelle est la pression qui règne dans ce récipient quand elle détermine entre les deux niveaux du mercure une différence égale à 2h ?*

Soient x la pression demandée, s la section du tube et H la pression atmosphérique.

La masse gazeuse emprisonnée passe des conditions :

$$sl, \quad H,$$

aux conditions :

$$s(l - h), \quad x - 2h.$$

On a donc, d'après la loi de Mariotte :

$$slH = s(l - h)(x - 2h);$$

d'où

$$x = \frac{lH}{l - h} + 2h.$$

155. — *Le tube bien calibré d'un manomètre à air comprimé est divisé en 110 parties d'égale capacité. Quand la pression extérieure est de 76^{cm}, le mercure dans l'intérieur du tube et dans la cuvette se tient au zéro de l'échelle. On porte le manomètre sous le récipient d'une machine de compression, et l'on voit le mercure s'élever jusqu'à la 80e division. On mesure alors la hauteur du mercure dans le tube et on la trouve égale à 45^{cm}. On demande la pression dans la machine.*

Soient x la pression demandée et v le volume de chaque division du tube. La masse d'air emprisonnée dans ce tube occupe d'abord un volume $110v$, sous la pression 76^{cm}; puis un volume $(110 - 80)v$ sous la pression $x - 45$. En lui appliquant la loi de Mariotte, on obtient l'équation :

$$30(x - 45) = 110 \times 76;$$

d'où l'on tire :

$$x = 45 + \frac{836}{3} = 323^{cm},66.$$

Telle est la pression dans le récipient.

Pour l'évaluer en atmosphères, ou pour l'exprimer en grammes ou en dynes par centimètre carré, il suffit de diviser le nombre de centimètres par 76; ou bien, de le multiplier successivement par la densité du mercure 13,6 et par l'intensité de la pesanteur 981.

On obtient :

$$x = 4,258 \text{ atmosphères};$$

$$x = 4404^{gr},8,$$

$$x = 4,317 \text{ mégadynes.}$$

156. — *Un cylindre AB d'une section égale à 40cm et muni d'un piston P mobile sans frottement, communique par sa partie inférieure avec un tube CD dont la section est de 5cq. Ce tube porte un robinet R actuellement ouvert; la partie inférieure du cylindre ainsi que celle du tube renferme du mercure dont le niveau dans le tube CD s'arrête en un point M situé à une distance MD = 50cm. On ferme le robinet R et on demande quel poids on doit mettre sur la tête T du piston pour réduire à moitié le volume de l'air emprisonné en CD. On supposera t = 0° et la pression atmosphérique H = 730mm de mercure.*

1° Lorsque le volume de l'air est réduit de moitié, le niveau du mercure en CD s'est élevé de 25cm et le piston P s'est abaissé d'une longueur x telle que :

$$40 \times x = 25 \times 5;$$

d'où
$$x = 3^{cm},125.$$

2° A la fin de l'expérience, la masse d'air est à la pression 2H, car au début elle était à la pression atmosphérique H; la variation de pression qu'elle a subie est donc H.

Cette variation a été produite d'une part par le poids P′ placé sur la tête du piston et d'autre part par l'augmentation de la colonne mercurielle soulevée; cette augmentation, qui est égale à 25cm + 3cm,125, produit un effet inverse de celui du poids P′.

On a donc, les pressions étant exprimées en kilogrammes par centimètre

carré :
$$\frac{P'}{40} - 28,125 \times 13,6 = 73 \times 13,6;$$

d'où
$$P' = 55^{kg},012.$$

1° Le piston s'est déplacé de 3cm,125.

2° On a dû le charger d'un poids de 55kg,012.

157. — *Deux corps de pompe verticaux communiquant par leur partie inférieure contiennent un liquide de densité d qui supporte la pression atmosphérique H sur ses deux surfaces libres. On introduit dans l'un des cylindres un piston hermétique, qui emprisonne une colonne d'air de hauteur l à la pression atmosphérique. Que deviendra la différence des niveaux si l'on enfonce le piston de manière que la hauteur de la colonne d'air soit réduite à l'?*

L'air comprimé acquiert une pression H′ donnée par la loi de Mariotte :

$$S l H = S l' H', \quad \text{d'où} \quad H' = H . \frac{l}{l'}.$$

Soit x la différence des niveaux. Égalons entre elles les pressions par centimètre carré, dans l'une et l'autre branche, au niveau de la surface déprimée.

On a, en représentant par D la densité du mercure :

$$H'D = xd + HD.$$

En éliminant H', on obtient :

$$dx = D(H' - H) = DH\left(\frac{l}{l'} - 1\right);$$

d'où

$$x = \frac{DH(l - l')}{dl'}.$$

158. — *Un vase cylindrique de section S, fermé à sa partie supérieure, communique inférieurement avec un tube vertical de section s ouvert par le haut. Il est plein de mercure qui s'élève à la même hauteur dans l'autre branche. On y introduit à l'aide d'une pompe un volume V d'air mesuré à la pression atmosphérique H. De quelle hauteur le mercure s'élèvera-t-il dans le tube?*

Soient x cette hauteur et y la dépression du mercure dans le vase.

On a :
$$sx = Sy.$$

En appliquant la loi de Mariotte à l'air comprimé, on a :
$$VH = Sy(H + x + y).$$

Éliminant y, il vient :
$$VH = sx\left(H + x + \frac{sx}{S}\right),$$

ou
$$s(S + s)x^2 + SsHx - SVH = 0.$$

La racine positive convient seule à la question :

$$x = \frac{-SsH + \sqrt{S^2 s^2 H^2 + 4Ss(S + s)VH}}{2s(S + s)}.$$

159. — *Deux vases cylindriques verticaux, d'égale section S, reposent sur une table horizontale; l'un A, de longueur l, complètement fermé, est plein d'air à la pression atmosphérique H: l'autre B, ouvert à sa partie supérieure, contient une colonne de mercure de hauteur h. On demande de combien s'abaissera le niveau de ce mercure si l'on met les deux vases en communication par leur partie inférieure, au moyen d'un tube de volume négligeable.*

Si le mercure s'abaisse d'une longueur x dans la branche B, il s'élève d'autant dans la branche A, de sorte que la différence des niveaux devient égale à $h - 2x$.

Considérons la masse d'air confinée en A. Dans la première expérience, elle occupe un volume Sl, sous la pression H; et, dans la seconde, un volume $S(l - x)$, sous une pression $H + h - 2x$.

La loi de Mariotte donne :
$$Hl = (l - x)(H + h - 2x),$$

ou
$$2x^2 - (H + h + 2l)x + lh = 0.$$

Pour qu'une racine de cette équation soit une solution du problème, il faut qu'elle soit *réelle* et *inférieure* à chacune des quantités l et $\frac{h}{2}$.

Or, en substituant $x = l$ et $x = \dfrac{h}{2}$ dans le premier membre de l'équation, on trouve :

$$f(l) = -\mathrm{H}l \quad \text{et} \quad f = \left(\dfrac{h}{2}\right) = -\dfrac{\mathrm{H}h}{2},$$

résultats de signes contraires au coefficient d'x^2. Donc les racines, dont le produit est positif, sont *réelles, positives* et *séparées* par chacune des quantités l et $\dfrac{h}{2}$. La plus petite seule convient; le problème est toujours possible et n'admet qu'une solution.

160. — *Un ballon de verre soudé à l'une des extrémités d'un tube en U, cylindrique, de section s, contient un volume V d'air sec, isolé par du mercure qui s'élève à la même hauteur dans les deux branches quand la pression atmosphérique est H. Celle-ci éprouve une diminution que l'on propose d'évaluer sachant qu'à la même température il s'établit entre les deux niveaux du liquide une différence h.*

Application :

$$s = 1^{\text{cq}}, \quad V = 389^{\text{cc}}, \quad H = 78^{\text{cm}}, \quad h = 2^{\text{cm}}.$$

Soit x la diminution demandée.

Appliquons la loi de Mariotte à la masse d'air confinée, en remarquant que, dans la seconde expérience, elle refoule le mercure sur une longueur $\dfrac{h}{2}$.

Elle passe donc des conditions V et H, aux conditions $V + \dfrac{sh}{2}$ et $(H - x + h)$.

On a donc l'équation :

$$VH = \left(V + \dfrac{sh}{2}\right)(H - x + h);$$

d'où l'on tire :

$$x = h\left(1 + \dfrac{sH}{2V + sh}\right).$$

Numériquement :

$$x = 2^{\text{cm}},2.$$

161. — *Les deux branches d'un manomètre à air comprimé ont même diamètre. La petite branche contient de l'air qui occupe une longueur* $l = 15^{\text{cm}}$ *quand les niveaux du mercure sont à la même hauteur. De combien s'élèvera le niveau dans la petite branche si l'on met l'autre branche en communication avec une chaudière où la pression est* $H = 6^{\text{atm}}$?

Soit x la hauteur demandée. La différence de niveaux sera $2x$. Soit s la section droite des tubes.

La masse d'air qui occupait un volume sl sous la pression 76 est réduite à un volume $s(l - x)$ sous la pression $(H - 2x)$.

On a, d'après la loi de Mariotte :

$$76sl = s(l - x)(H - 2x),$$

ou

$$2x^2 - (2l + H)x + l(H - 76) = 0.$$

Pour qu'une racine soit acceptable, il faut qu'elle soit positive et inférieure à l. Or, en désignant par f le premier membre de l'équation, on trouve :

$$f(0) = l(\text{H} - 76) > 0, \quad f(l) = -76l.$$

Donc les racines sont réelles et séparées par l ; la plus petite convient si elle est positive.

Numériquement, on trouve :

$$x = 12^{cm},36.$$

162. — *La branche fermée du manomètre qui sert à vérifier la loi du mélange des gaz et des vapeurs contient de l'air sec qui occupe une longueur l, à la pression atmosphérique H. On fait écouler du mercure, de manière que le niveau s'abaisse de h dans la branche ouverte. Quelle est alors la longueur de la colonne d'air?*

Soit s la section droite de la branche fermée.
Les conditions de la masse gazeuse, sl et H, deviennent :

$$sx \quad \text{et} \quad \text{H} - h - l + x.$$

Cette pression finale se lit aisément sur une figure. Appliquons la loi de Mariotte :

$$l\text{H} = x(\text{H} - h - l + x);$$

d'où

$$x^2 + (\text{H} - h - l)x - l\text{H} = 0.$$

Les racines de cette équation sont *réelles* et de *signes contraires*. Pour être acceptable, la plus grande doit être *supérieur* à l.

Or

$$f(l) = -hl.$$

Donc la racine positive répond à la question.

163. — *Un vase à deux branches verticales, A fermée, de section S, B ouverte, de section s, contient du mercure; B peut être mis en communication avec un réservoir à gaz R. Lorsque le mercure est au même niveau en A et B, il est à une distance l de la base supérieure du vase A, et l'air qui le surmonte est à une pression H. Quand on fait communiquer B avec R, le mercure monte de a dans B. Exprimer en hauteur de mercure la pression finale en R.*

Application numérique :

$$\text{S} = 10^{cq}; \quad s = 2^{cq}, \quad a = 10^{cm}; \quad l = 20^{cm}; \quad \text{H} = 77^{cm}.$$

Quand le mercure s'élève de a dans B, il s'abaisse dans A de $a\dfrac{s}{\text{S}}$, et la dénivellation est égale à la somme :

$$\frac{a(\text{S} + s)}{\text{S}}.$$

Soit x la pression finale en R.

Appliquons la loi de Mariotte à la masse d'air confinée en A. Cette masse d'air occupe :

Un volume Sl sous la pression H

» $lS + as$ »   » $x + \dfrac{a\,S + s}{S}$.

On a donc l'équation :

$$\left[x + \frac{a\,S + s}{S} \right] (lS + as) = SlH ;$$

d'où l'on tire :

$$x = \frac{SlH}{lS + as} - \frac{a\,S + s}{S} .$$

Numériquement : $x = \dfrac{200 \times 77}{200 + 20} - \dfrac{10 \times 12}{10} = 58^{\text{cm}}.$

§ III. — Mélange des gaz : Loi de Dalton.

164. — *Un récipient à gaz comprimé contient un volume* $V = 12^l$ *d'air à la pression* $H = 3^m$. *On en fait sortir* $v = 30^l$ *à la pression atmosphérique* $h = 76^{cm}$. *Que devient la pression dans le récipient?*

Soit x cette pression du gaz qui reste dans le volume V.
D'après la loi de Dalton, on a :

$$VH = vh + Vx :$$

d'où

$$x = \frac{VH - vh}{V} .$$

Numériquement : $x = 110^{\text{km}}.$

165. — *Dans un récipient de volume* $V = 10^l$, *contenant de l'oxygène, on introduit un volume* $v = 15^l$ *d'hydrogène mesuré à la pression atmosphérique* $h = 76^{cm}$. *La pression du mélange est* $H = 171^{cm}$. *Quelle est sa composition centésimale en volume?*

Soient x le volume normal de l'oxygène et y sa pression dans le volume V.
On a, d'après la loi de Mariotte :

$$x.76 = Vy,$$

et d'après la loi de Dalton :

$$Vy + vh = VH ;$$

d'où

$$x = \frac{VH - vh}{76} .$$

Numériquement : $x = 7^l,5.$

Donc le mélange gazeux contient 1 volume d'oxygène pour 2 volumes d'hydrogène; c'est-à-dire 0,33 du premier et 0,66 du second.

166. — *On fait passer sous une cloche graduée, reposant sur la cuve à mercure, trois masses gazeuses qui occupaient respecti-*

vement des volumes v, v', v" sous des pressions h, h' h". Quel sera
le volume du mélange mesuré sous la pression atmosphérique H?

Soit V le volume demandé.
La loi de Dalton donne immédiatement :

$$VH = vh + v'h' + v''h'';$$

d'où
$$V = \frac{vh + v'h' + v''h''}{H}.$$

167. — D'un récipient de volume V on retire v¹ d'air mesurés
sous la pression h, et on les remplace par v¹ mesurés à la pression h'. On constate que la pression du mélange obtenu est H'.
Quelle était la pression initiale dans le récipient?

Soit H la pression demandée.
D'après la loi de Dalton, on a :

$$VH - vh + v'h' = VH';$$

d'où
$$H = H' + \frac{vh - v'h'}{V}.$$

168. — Un réservoir à gaz, de volume V, contient de l'air à la
pression H. On en retire une partie qui occupe un volume v à la
pression h et on la remplace par une masse gazeuse qui occupe
un volume v' à la pression h'. Quelle est la pression finale du
réservoir?

Soient x la pression finale et y la pression intermédiaire.
En appliquant la loi de Dalton au mélange primitif et au mélange final, on
obtient les équations :
$$VH = Vy + vh,$$
$$Vx = Vy + v'h';$$

d'où l'on tire par soustraction membre à membre :
$$Vx - VH = v'h' - vh;$$

d'où enfin :
$$x = \frac{VH - vh + v'h'}{V}.$$

169. — Un tube barométrique de 1^{cm} de rayon repose sur la
cuve à mercure. La hauteur du tube au-dessus du niveau du mercure de la cuvette est de 1^m; la pression atmosphérique est 76^{cm}.
On fait passer dans le tube : 1° 40^{cc} d'azote à la pression de 72^{cm};
2° 60^{cc} d'oxygène à la pression de 78^{cm}. Déterminer la nouvelle
position du niveau du mercure dans le tube.

Soit x la hauteur de la colonne mercurielle après l'introduction des deux gaz.
La section du tube est π.
Le volume et la pression de cette masse gazeuse sont :

$$(100 - x)\,\pi \quad \text{et} \quad (76 - x).$$

En appliquant la loi de Dalton :

$$VP = vp + v'p',$$

Il vient : $(100 - x)\,\pi\,(76 - x) = 40 \times 72 + 60 \times 78;$

d'où $x = 371^{\text{mm}}.$

170. — *On mélange des volumes* v, v' *de deux gaz, pris respectivement aux pressions* h *et* h', *puis on soumet la masse totale à une pression* H. *Que devient alors la pression individuelle de chaque gaz?*

Soient x, y les pressions individuelles des deux gaz, et Z le volume final du mélange.

En appliquant la loi de Mariotte à chaque gaz séparément, et la loi de Dalton au mélange de ces gaz,

on obtient les trois équations :

$$Zx = vh,$$
$$Zy = v'h',$$
$$ZH = vh + v'h'.$$

D'où l'on tire par division membre à membre :

$$\frac{x}{H} = \frac{vh}{vh + v'h'}\ ; \quad \text{d'où}\quad x = \frac{vhH}{vh + v'h'},$$

et

$$\frac{y}{H} = \frac{v'h'}{vh + v'h'}\ ; \quad \text{d'où}\quad y = \frac{v'h'H}{vh + v'h'}.$$

171. — *Si l'on mélangeait deux à deux trois masses gazeuses, les pressions de ces mélanges partiels seraient* h, h', h" *sous des volumes* v, v', v" *respectivement. Quelle sera la pression du mélange total sous un volume* V ?

Soient a, b; a', b'; a'', b''; les conditions individuelles des trois masses gazeuses considérées.

Traduisons chaque expérience d'après la formule de Dalton :

$$ab + a'b' = v''h'',$$
$$a'b' + a''b'' = vh,$$
$$a''b'' + ab = v'h'.$$
$$ab + a'b' + a''b'' = Vx.$$

Pour éliminer les inconnues auxiliaires et dégager la pression finale x, additionnons ces équations membre à membre après avoir multiplié la dernière par -2.

Il vient : $vh + v'h' + v''h'' - 2Vx = 0;$

d'où $x = \dfrac{vh + v'h' + v''h''}{2V}.$

172. — *Un tube cylindrique* AB, *fermé, très étroit, vertical* (A *au sommet*), *contient une colonne de mercure* A'B' = h, *séparant deux colonnes d'air* AA' = a, BB' = b. *Si l'on retourne ce tube*

(B au sommet), l'index se déplace à l'intérieur d'une longueur d. Quelle serait la pression de l'air confiné si le tube était horizontal ?

Prenons la section intérieure pour unité d'aire. Désignons par y, z les pressions des masses gazeuses AA′, BB′, lorsque chacune à son tour vient occuper le sommet du tube.

Leurs conditions respectives sont d'abord :

$$a, y \quad\text{et}\quad b, y+h,$$

puis

$$a-d, z+h \quad\text{et}\quad b+d, z.$$

En appliquant la loi de Mariotte à chacune d'elles, on obtient les équations :

$$ay-(a-d)z=(a-d)h,$$
$$by-(b+d)z=-bh;$$

d'où

$$y=\frac{h(a-d)(2b+d)}{d(a+b)},$$

$$z=\frac{bh(2a-d)}{d(a+b)}.$$

Si le tube était horizontal, les deux masses prendraient une pression commune x, la même que si elles étaient mélangées sous un volume $a+b$. Cette pression nous sera fournie par la loi de Dalton :

$$VH=\sum vh;$$

d'où

$$(a+b)x=ay+(b+d)z.$$

En remplaçant y et z par leurs valeurs, on trouve :

$$x=h\cdot\frac{[2ab+d(a-b)-d^2]}{d(a+b)}.$$

173. — *Les deux branches d'un manomètre à air libre ont même section intérieure* $s=2^{cq}$. *Quand elle communique avec l'atmosphère dont la pression est* $H=76^{cm}$, *la petite branche renferme une colonne d'air de longueur* $l=30^{cm}$. *De quelle hauteur le mercure baissera-t-il dans cette branche, si on la met en communication avec un ballon de volume* $V=200^{cc}$, *contenant une masse gazeuse à la pression* $H'=152^{cm}$.

Soit x cette hauteur. La différence des niveaux du mercure sera $2x$. Appliquons la loi de Dalton. Un volume sl à la pression H, mélangé à un volume V sous la pression H', donne une masse gazeuse qui occupe un volume :

$$V+s(l+x)$$

sous la pression $(H+2x)$.

On a donc l'équation :

$$slH+VH'=[V+s(l+x)](H+2x),$$

ou

$$2sx^2+(2V+2sl+sH)x-V(H'-H)=0.$$

Pour qu'une racine convienne, il faut qu'elle soit réelle et du signe de $(H'-H)$.

Dans le cas actuel $(H'-H)$ est positif. Le produit des racines est négatif. Donc les racines sont réelles, de signes contraires, et la racine positive convient seule à la question.

Numériquement, on a :

$$x^2 + 188x - 380 = 0,$$

d'où

$$x = 18^{cm},11.$$

§ IV. — Dissolution des gaz : Loi de Henry.

174. — *Dans une éprouvette graduée reposant sur la cuve à mercure, on introduit* $V = 500^{cc}$ *d'anhydride sulfureux à la pression* $H = 76^{cm}$ *et* $v = 5^{cc}$ *d'eau. Quand le niveau du mercure est devenu stationnaire, on constate qu'il reste* $V' = 402^{cc}$ *de gaz à la pression* $H' = 62^{cm}$. *Quel est le coefficient de solubilité du gaz dans l'eau à la température de l'expérience ?*

Soit x ce coefficient. Le volume du gaz dissous, mesuré à la pression finale H' est vx.

En appliquant la loi de Dalton à la masse gazeuse totale, on obtient l'équation :

$$vxH' + V'H' = VH;$$

d'où

$$x = \frac{VH - V'H'}{vH'}.$$

Numériquement :

$$x = 12,18.$$

175. — *Un récipient contient un volume* $V = 300^l$ *d'un gaz à la pression* $H = 76^{cm}$ *et un volume* $v = 5^l$ *d'eau saturée de ce gaz, dont le coefficient de solubilité est* $k = 12$ *à la température de l'expérience. A quelle pression faut-il soumettre ce mélange pour que le gaz soit entièrement dissous ?*

Soit x cette pression. D'après la loi de Henry, ou la définition du coefficient de solubilité d'un gaz dans un liquide, la masse gazeuse considérée occuperait un volume $V + kv$ à la pression H, et un volume kv sous la pression x.

On a donc, d'après la loi de Mariotte :

$$(V + kv)H = kvx;$$

d'où

$$x = \left(1 + \frac{V}{kv}\right)H.$$

Numériquement :

$$x = \left(1 + \frac{300}{60}\right)76,$$

ou

$$= 6 \times 76 = 456.$$

La pression demandée est 6 atmosphères, ou 456^{cm}.

176. — *Dans un tube de Torricelli de section intérieure* $s = 1^{cq}$, *et de hauteur* $l = 93^{cm},6$ *au-dessus du mercure de la cuvette, on* *introduit un volume $v = 13^{cc},6$ d'eau saturée d'anhydride carbonique à la pression atmosphérique $H = 76^{cm}$. Cette eau émet des vapeurs de poids négligeable, dont la tension est $f = 1^{cm}$; et une partie du gaz carbonique s'en échappe. Le coefficient de solubilité de ce gaz étant $c = 1,8$, calculer la hauteur où descendra le niveau du mercure dans le tube.*

Soit x cette hauteur. D'après les données, la colonne d'eau occupe une longueur de $13^{cm},6$ et, par conséquent, exerce la même pression que 1^{cm} de mercure.

Le gaz carbonique libéré prend donc le volume :

$$93,6 - 13,6 - x, \quad \text{ou} \quad 80 - x,$$

sous la pression : $76 - 1 - 1 - x,$ ou $74 - x.$

Or, d'après la loi de Henry, ce gaz occuperait un volume :

$$cv = 13,6 \times 1,8 = 25,18,$$

sous la pression (diminution de pression du gaz carbonique sur le liquide) :

$$76 - (74 - x) \quad \text{ou} \quad x + 2.$$

La loi de Mariotte donne l'équation :

$$(80 - x)(74 - x) = 24,18(x + 2),$$

ou $$x^2 - 178,48x + 5871 = 0.$$

Pour qu'une racine convienne, il faut qu'elle soit inférieure à 76. On trouve :

$$x = 43^{cm},50.$$

177. — *L'air atmosphérique étant un mélange de 21 volumes d'oxygène pour 79 volumes d'azote, et ces deux gaz ayant pour coefficients de solubilité dans l'eau 0,041 et 0,020, respectivement, déterminer la composition centésimale en volume de l'air dissous dans l'eau à 0°.*

Soit H la pression atmosphérique.

D'après les lois de Henry et de Dalton, un centimètre cube d'eau saturée d'air contient en dissolution :

$$0^{cc},041 \text{ d'oxygène à la pression } 0,21H,$$

et $$0^{cc},020 \text{ d'azote à la pression } 0,79H.$$

Soient v, v' les volumes normaux de ces deux gaz.

D'après la loi de Mariotte, on a :

$$76v = 0,041 \times 0,21H,$$

$$76v' = 0,020 \times 0,79H;$$

d'où par division : $$\frac{v}{v'} = \frac{41 \times 21}{20 \times 79} = \frac{861}{1580},$$

ou encore : $$\frac{v}{v + v'} = \frac{861}{2441} = 0,35.$$

Ainsi, l'oxygène représente les 0,35 du volume total, et l'azote les 0,65.

178. — ***Dans une éprouvette graduée retournée sur la cuve à mercure, on introduit un volume v d'eau pure et un volume V, mesuré à la pression H, d'un mélange de deux gaz, dont on connait les coefficients de solubilité respectifs c, c'. Quelle est la composition volumétrique de ce mélange, sachant qu'après un temps suffisant, la masse gazeuse non dissoute occupe un volume V' sous la pression H'.***

Soient x, x', et y, y' les pressions individuelles des deux gaz dans le mélange initial et dans le mélange final.

On a :

$$x + x' = \mathrm{H}, \qquad (1)$$

$$y + y' = \mathrm{H}'.$$

Le premier gaz occupe d'abord un volume V sous la pression x. Il se partage ensuite en deux parties : la première qui occupe un volume V' sous la pression y, la seconde qui est dissoute, et qui, d'après la loi de Henry, prendrait un volume cv sous la pression y.

On a donc, d'après la loi de Dalton :

$$(\mathrm{V}' + cv)\, y = \mathrm{V}x.$$

Pour le deuxième gaz, on aurait de même :

$$(\mathrm{V}' + c'v)\, y' = \mathrm{V}x'.$$

En éliminant y et y' entre les trois dernières équations, on obtient :

$$\frac{\mathrm{V}x}{\mathrm{V}' + cv} + \frac{\mathrm{V}x'}{\mathrm{V}' + c'v} = \mathrm{H}'. \qquad (2)$$

A l'aide des équations (1) et (2), il s'agit de calculer le rapport de x à x'. Pour cela, éliminons les constantes, en multipliant la première équation par H', la seconde par H, et retranchant membre à membre.

On obtient l'équation homogène :

$$\left(\frac{\mathrm{VH}}{\mathrm{V}' + cv} - \mathrm{H}'\right) x + \left(\frac{\mathrm{VH}}{\mathrm{V}' + c'v} - \mathrm{H}'\right) x' = 0.$$

D'où l'on tire :

$$\frac{x}{x'} = - \frac{\dfrac{\mathrm{VH}}{\mathrm{V}' + c'v} - \mathrm{H}'}{\dfrac{\mathrm{VH}}{\mathrm{V}' + cv} - \mathrm{H}'},$$

et enfin :

$$\frac{x}{x'} = - \frac{(\mathrm{V}' + cv)\,[\mathrm{VH} - (\mathrm{V}' + c'v)\,\mathrm{H}']}{(\mathrm{V}' + c'v)\,[\mathrm{VH} - (\mathrm{V}' + cv)\,\mathrm{H}']}.$$

CHAPITRE IV

PRESSIONS DES FLUIDES
SUR LES CORPS IMMERGÉS

FORMULAIRE

Principe d'Archimède. — *Tout corps plongé dans un fluide subit, de la part de ce fluide, une poussée verticale ascendante, égale au poids du fluide déplacé.*

RÉCIPROQUEMENT. *Le fluide subit, de la part du corps immergé, une poussée verticale descendante, égale au poids du fluide déplacé.*

Soit V le volume d'un corps de densité D entièrement immergé dans un fluide de densité d.

Le POIDS RÉEL du corps est :

$$P = VD \text{ (grammes)}, \text{ ou } P = VDg \text{ (dynes)}.$$

La POUSSÉE du fluide est :

$$P' = Vd \text{ (grammes)}, \text{ ou } P' = Vdg \text{ (dynes)}.$$

Le POIDS APPARENT du corps immergé est :

$$P - P' = V(D - d) \text{ (grammes)}, \text{ ou } P - P' = Vg(D - d) \text{ (dynes)}.$$

Équilibre d'un corps flottant. — *Pour qu'un corps flotte en équilibre à l'intérieur ou à la surface d'un fluide, il faut que le poids de ce corps soit égal au poids du fluide déplacé.*

Soient V le volume du corps de densité D et v le volume de la partie immergée dans un fluide de densité d. L'équilibre exige :

$$VD = vd.$$

Mesure des densités relatives à l'eau. — Pour obtenir la densité relative d'un corps solide ou liquide, on détermine, par la *méthode de la balance* ou par la *méthode de l'aréomètre,* la masse M d'un volume quelconque du corps et la masse M' du même volume d'eau, puis on fait le quotient :

$$D = \frac{M}{M'} .$$

Si un corps solide est *altérable dans l'eau,* on détermine d'abord sa *densité relative par rapport à un liquide auxiliaire*, puis on la multiplie par la densité de ce liquide par rapport à l'eau.

On a :
$$\frac{M}{M''} \cdot \frac{M''}{M'} = \frac{M}{M'}.$$

Aréomètres à poids constant (de Baumé).

1° *Pour les liquides* PLUS DENSES *que l'eau*. Le PÈSE-ACIDES marque 0° dans l'eau pure, $n° = 15°$ dans une solution saline de densité $d = 1,11$ et $n°$ dans un liquide de densité d'.

Les divisions de la tige ayant même volume v et le réservoir mesurant Nv, la masse de l'instrument a pour expressions :

$$Nv = (N - n)\,vd = (N - n')\,vd'.$$

Ces équation donnent :
$$N = \frac{nd}{d - 1} = \frac{n'd'}{d' - 1};$$

d'où
$$d' = \frac{nd}{nd - n'(d - 1)}.$$

2° *Pour les liquides* MOINS DENSES *que l'eau*. Le PÈSE-ESPRITS marque 10° dans l'eau pure et 0° (au bas de la tige) dans une solution au dixième de sel marin.

Mélanges et alliages.

— Si v^{cc} d'un corps de densité d avec v'^{cc} d'un corps de densité d' donnent V^{cc} d'un mélange de densité D :

1° *La masse M du mélange est toujours égale à la somme des masses mélangées* m, m'.

On a :
$$M = m + m',$$
ou
$$VD = vd + v'd'.$$

2° *Si le mélange s'opère* SANS CONTRACTION, *le volume du mélange est égal à la somme des volumes mélangés.*

On a :
$$V = v + v',$$
ou
$$\frac{M}{D} = \frac{m}{v} + \frac{m'}{v'}.$$

3° S'il y a contraction, on a :
$$V < v + v'.$$

Alors on appelle COEFFICIENT DE CONTRACTION *la contraction de l'unité de volume*, c'est-à-dire le rapport :

$$\frac{v + v' - V}{v + v'} = k.$$

Chaque unité de volume se réduisant à $(1 - k)$, on a :
$$V = (v + v')(1 - k).$$

Pesées faites dans l'air.

— Si une masse M de densité D fait équilibre à une masse M' de densité D', dans l'air dont la densité absolue est a, les poids apparents sont égaux.

On a :
$$M - \frac{M}{D}\,a = M' - \frac{M'}{D'}\,a;$$

d'où
$$M = M' \cdot \frac{1 - \dfrac{a}{D'}}{1 - \dfrac{a}{D}}.$$

Force ascensionnelle d'un ballon. — Soit M le poids mort d'un ballon qui déplace V' d'air de densité absolue a et contient V' d'un gaz de densité absolue ad.

Le poids total de ce ballon est :

$$Vad + M.$$

Il subit une poussée Va.

Sa force ascensionnelle est donc :

$$Va - Vad - M, \quad \text{ou} \quad Va(1 - d) - M.$$

§ I. — Poussée des liquides.

1. — Poids apparents. — Balance hydrostatique.

179. — *Un corps pèse* P^{kg} *dans le vide et* P'^{kg} *dans l'eau. Déterminer son poids spécifique et sa densité.*

La masse du corps est $M = 1000$ P (grammes).

Son poids : $p = mg = 1000$ Pg (dynes).

Soit v le volume de ce corps en centimètres cubes.

Son poids apparent dans l'eau est égal à son poids dans le vide diminué du poids d'un égal volume d'eau.

Ainsi l'on a : $\qquad 1000 \text{P}'g = 1000 \text{P}g - vg$;

d'où $\qquad\qquad v = 1000 (\text{P} - \text{P}')$.

La densité du corps est la masse de l'unité de volume, c'est-à-dire :

$$\frac{m}{v} = \frac{1000 \text{P}}{1000 (\text{P} - \text{P}')} = \frac{\text{P}}{\text{P} - \text{P}'} \text{ (grammes)}.$$

Le poids spécifique est le poids de l'unité de volume, c'est-à-dire :

$$\frac{p}{v} = \frac{1000 \text{P}g}{1000 (\text{P} - \text{P}')} = \frac{\text{P}g}{\text{P} - \text{P}'} \text{ (dynes)}.$$

180. — *Un morceau de liége pèse* p^{gr} *dans l'air. Pour l'enfoncer dans l'eau, et l'immerger complétement, il faut une surcharge de* P^{gr}. *Quelle est la densité du liége?*

Application : p = 42^{gr}, P = 133^{gr}.

Le volume du liége, égal au poids de l'eau déplacée, est :

$$\text{P} + p.$$

Sa densité est donc :

$$d = \frac{p}{\text{P} + p} = \frac{42}{42 + 133} = \frac{6}{6 + 19},$$

ou $\qquad\qquad d = 0,24.$

181. — *Quelle est la densité d'un corps qui pèse* P^{gr} *dans le vide et* P'^{gr} *dans un liquide de densité* d?

Soient V et x le volume et la densité du corps.

On a :
$$V x = P,$$
$$V x - V d = P';$$

d'où par division :
$$\frac{x}{x - d} = \frac{P}{P'},$$

et enfin :
$$x = \frac{dP}{P - P'}.$$

182. — *Quel est le poids d'un corps qui pèse P^{gr} dans un fluide de densité d et P' dans un fluide de densité d'?*

Soient x le poids et y le volume de ce corps.
D'après le principe d'Archimède, on a :
$$x - yd = P,$$
$$x - yd' = P';$$

d'où
$$x = \frac{dP' - d'P}{d - d'}, \qquad y = \frac{P' - P}{d - d'}.$$

183. — *Déterminer le volume V et la densité D d'un solide qui pèse p^{gr} dans un liquide de densité d et p'^{gr} dans un liquide de densité d'.*

Chaque poids apparent est égal au poids réel diminué de la poussée.
On a donc :
$$VD - Vd = p,$$
$$VD - Vd' = p'.$$

Équations d'où l'on tire :
$$V = \frac{p - p'}{d' - d}, \qquad D = \frac{pd' - dp'}{p - p'}.$$

184. — *Un corps pèse P = 7^{gr},55 dans le vide, P' = 7^{gr},17 dans l'eau et P'' = 6^{gr},35 dans un liquide dont on demande la densité, ainsi que celle du corps solide.*

Soient D la densité du solide, V son volume et d la densité du liquide.
On a :
$$P = VD,$$
$$P' = V(D - 1),$$
$$P'' = V(D - d);$$

d'où par soustraction :
$$P - P' = V,$$
$$P - P'' = Vd,$$

et par division :
$$D = \frac{P}{P - P'} = \frac{755}{38} = 19,86,$$
$$d = \frac{P - P''}{P - P'} = \frac{120}{38} = 3,157.$$

185. — *Un objet métallique pèse P = 1542^{gr} dans le vide et p = 1382^{gr} dans un liquide de densité d = 1,113. Quelle est sa* *densité et celle d'un second liquide dans lequel ce même corps pèse* $p' = 1397^{gr}$?

Soient D la densité du solide, V son volume et d' la densité du second liquide.

On a :
$$P = VD,$$
$$p = V(D - d),$$
$$p' = V(D - d');$$

d'où par soustraction :
$$P - p = Vd.$$
$$P - p' = Vd',$$

et par division :

1°
$$\frac{D}{d} = \frac{P}{P - p};$$

d'où
$$D = \frac{Pd}{P - p} = \frac{1542 \times 1,113}{160} = 10,72.$$

2°
$$\frac{d'}{d} = \frac{P - p'}{P - p};$$

d'où
$$d' = \frac{(P - p')d}{P - p} = \frac{145 \times 1,113}{160} = 1,008.$$

186. — *Un corps dont le poids dans le vide est* 850^{gr} *a pour poids apparent dans l'eau* 450^{gr}.

On demande : 1° quel est son volume; 2° quel sera son poids apparent dans un liquide de densité 1,8.

D'après le principe d'Archimède, la poussée est égale au poids du liquide déplacé par ce corps.

Le corps considéré perd :
$$850 - 450 = 400 \text{ gr.}$$
dans l'eau.

Ce qui veut dire qu'il déplace 400 gr., et par suite, 400^{cc} d'eau.

Son volume est donc 400^{cc}.

Dans un liquide de densité 1,8 il subira une poussée dont la valeur est :
$$400 \times 1,8 = 720^{gr}.$$

Son poids apparent dans ce liquide sera :
$$850 - 720 = 130^{gr}.$$

187. — *Un même corps pèse respectivement* p, p', p'' *dans des liquides de densités* d, d', d''. *Quelle relation existe-t-il entre les six nombres donnés?*

Soient P le poids réel de ce corps et V son volume.

On a les trois équations :
$$P - Vd = p,$$
$$P - Vd' = p',$$
$$P - Vd'' = p''.$$

En éliminant P et V entre ces trois équations on obtient la relation :
$$d(p' - p'') + d''(p'' - p) + d'(p - p') = 0,$$

ou
$$p(d'' - d') + p'(d'' - d) + p''(d - d') = 0.$$

Que l'on pourrait écrire sous la forme :

$$\begin{vmatrix} p & d & 1 \\ p' & d' & 1 \\ p'' & d'' & 1 \end{vmatrix} = 0.$$

188. — *Une ancre en fer, de poids* $P = 5600^{kg}$ *et de densité* $D = 7,5$, *est à une profondeur* $h = 18^m$ *dans l'eau de la mer, dont la densité est* $d = 1,03$. *Quel travail devra-t-on dépenser pour la ramener à la surface?*

La force nécessaire est égale au poids apparent de l'objet, c'est-à-dire :

$$F = P - \frac{P}{D} d.$$

Le travail requis est donc :

$$Fh = \frac{Ph(D-d)}{D}.$$

Numériquement : $\qquad\qquad T = 86956^{kgm}.$

189. — *Une éprouvette à base circulaire de* $0^m,05$ *de diamètre et de* $0^m,25$ *de hauteur, pleine de mercure, plonge de* $0^m,04$ *dans un bain du même liquide. Quel est, en kilogrammes, l'effort nécessaire pour la soutenir dans cette position? Le poids spécifique du mercure est* $13,6$. *On néglige le poids de l'éprouvette. Montrer pourquoi la valeur de la pression atmosphérique n'intervient pas dans le résultat.*

L'éprouvette pleine de mercure se comporte comme un corps solide de même forme, dont la densité serait égale à celle du mercure et qui serait en partie plongé dans ce liquide.

La pression atmosphérique ne peut intervenir dans le résultat puisqu'elle s'exerce en haut de l'éprouvette directement, et en bas, par l'intermédiaire de la surface libre.

Quant à la partie plongée dans le mercure, il ne faut pas en tenir compte, puisque le poids de cette partie est compensé par la poussée de bas en haut produite par le mercure.

L'effort à exercer se réduit au poids du mercure soulevé hors du vase ; sa valeur est de :

$$\frac{\pi}{4} \times 5^2 \times 21 \times 13^{gr},6 = 5607^{gr}.$$

190. — *Que devient le poids d'une sphère creuse de rayon extérieur* R, *de rayon intérieur* R', *en métal de densité* D, *quand on la plonge dans un liquide de densité* d?

Le poids apparent demandé est égal au poids de la partie métallique, diminué de la poussée, c'est-à-dire du poids d'un volume de liquide égal au volume extérieur de la sphère :

$$\frac{4}{3}\pi(R^3 - R'^3)D - \frac{4}{3}\pi R^3 d,$$

ou

$$\frac{4}{3}\pi\left\{ R^3(D-d) - R'^3 D \right\}.$$

Ce poids apparent sera positif, nul ou négatif suivant que l'on aura :

$$R'^3 D \lesseqgtr R^3 (D - d),$$

ou

$$\frac{R'}{R} \lesseqgtr \sqrt[3]{\frac{D - d}{D}}.$$

191. — *Une sphère creuse, en métal de densité* D, *pèse* P^{gr} *dans l'air et* p^{gr} *dans un liquide de densité* d. *Quels sont ses rayons intérieur et extérieur?*

La poussée $(P - p)$ est le poids d'un volume de liquide égal au volume extérieur de la sphère.

On a :

$$P - p = \frac{4}{3} \pi R^3 d ;$$

d'où

$$R = \sqrt[3]{\frac{3 (P - p)}{4 \pi d}}.$$

Le poids P est celui du métal.

On a :

$$\frac{4}{3} \pi (R^3 - r^3) D = P ;$$

d'où l'on tire, en tenant compte de l'équation précédente :

$$r^3 = \frac{3 (P - p)}{4 \pi d} - \frac{3 P}{4 \pi D},$$

$$= \frac{3 \{ (P - p) D - P d \}}{4 \pi D d}.$$

192. — *Un corps poreux pèse* P^{gr}. *Recouvert d'un vernis insoluble, de poids négligeable, il pèse* P′ *dans un liquide de densité* δ. *Dépouillé du vernis, et plongé dans le même liquide, qui l'imbibe alors complètement, il pèse* P″. *On demande la densité apparente d de ce corps poreux, sa densité réelle* D, *et la fraction* k *de son volume total qui est occupée par ses pores.*

Application : Pour la craie et l'alcool, on a :

$$P = 40,816, \quad P' = 19,541, \quad P'' = 27,472, \quad \delta = 0,834.$$

Soit V le volume total du corps poreux.
On a les quatre équations :

$$P = Vd = V(1 - k) D,$$
$$P' = P - V\delta,$$
$$P'' = P - V(1 - k) \delta ;$$

ou, en éliminant V par comparaison :

$$\frac{P}{d} = \frac{P}{(1 - k) D} = \frac{P - P'}{\delta} = \frac{P - P''}{1 - k . \delta} ;$$

d'où l'on tire :

$$d = \frac{P\delta}{P - P'}, \quad D = \frac{P\delta}{P - P''} \quad \text{et} \quad k = \frac{P'' - P'}{P - P'}.$$

Numériquement :

$$d = 1,6, \quad D = 2,551 \quad \text{et} \quad k = 0,3727.$$

193. — *On attache un morceau de bois de p^{gr} à un morceau de plomb dont la densité est D. Le système pèse P^{gr} dans l'air et P'^{gr} dans l'eau. Quelle est la densité du bois?*

Application : $p = 16^{gr}$, $D = 11,25$; $P = 61^{gr}$, $P' = 17^{gr}$.

Soit x la densité demandée.
Le poids du plomb est $(P - p)$.
Le poids apparent du système dans l'eau est donc :

$$P' = P - \frac{p}{x} - \frac{P - p}{D}.$$

Cette équation donne :

$$x = \frac{pD}{(P - P') D - (P - p)}.$$

Numériquement :

$$x = \frac{16 \times 11,25}{44 \times 11,25 - 45} = \frac{2}{5} = 0,4.$$

194. — *Un thermomètre pèse P^{gr} dans l'air et p^{gr} dans l'eau. Quel est le poids du mercure intérieur sachant que ce liquide remplit entièrement l'enveloppe à une température où sa densité est égale à D? La densité du verre est d.*

Application : $P = 34,09$, $p = 25$; $D = 13,2$, $d = 2,4$.

Soient v le volume du verre et v' le volume intérieur de l'enveloppe.
On a :

$$P = vd + v'D,$$
$$p = P - (v + v');$$

équations d'où l'on tire :

$$v' = \frac{P - d(P - p)}{D - d}.$$

Le poids du mercure est donc :

$$v'D = \frac{P - d(P - p)}{D - d} . D.$$

Numériquement : $x = 15^{gr}.$

195. — *Un ballon de cristal, scellé à la lampe et complétement rempli de mercure, contient 68^{gr} de ce liquide. Le poids total du vase et du contenu est de 81^{gr},2 quand on le pèse dans l'air, et de 72^{gr},2 quand on le pèse dans l'eau. On demande quelle est la densité du cristal.*

On prendra pour densité du mercure 13,6 et on négligera les effets de la poussée de l'air.

Soit y le volume de la substance qui constitue l'enveloppe du ballon.
Le poids total du système est, dans l'air :

$$xy + p = P;$$

dans l'eau : $$xy + p - \left(y + \frac{p}{D}\right) = P'.$$

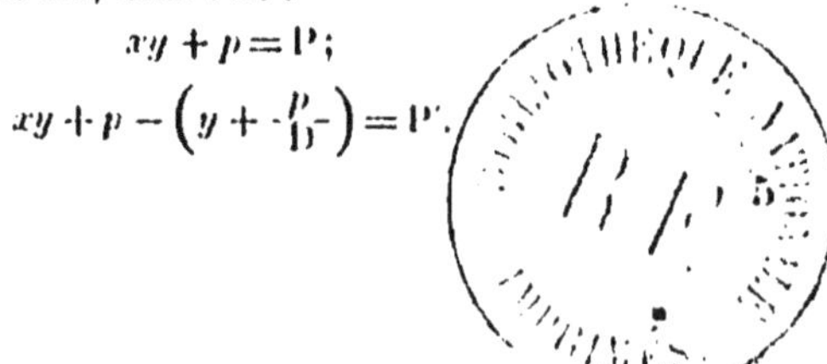

En retranchant ces deux équations membre à membre, on trouve :

$$y + \frac{p}{D} = P - P';$$

d'où

$$y = P - P' - \frac{p}{D}.$$

La première équation résolue par rapport à x devient :

$$x = \frac{P - p}{P - P' - \dfrac{p}{D}}.$$

Pour l'application numérique, substituons dans ces deux formules :

$$P = 81^{gr},2; \quad P' = 72^{gr},2; \quad p = 68^{gr}; \quad D = 13,6.$$

Le volume du cristal est : $y = 4^{cc}$,

et sa densité : $x = 3,3.$

196. — *Dans un creuset de platine de poids* p=4^{gr},29 *et de densité* D=21,45, *on introduit quelques fragments d'une pierre précieuse. Alors le creuset pèse* P = 7^{gr},307 *dans l'air et* P'=5^{gr},923 *dans l'eau. Quelle est la densité du minéral soumis à l'expérience?*

La poussée de l'air est évidemment négligeable. Soient d la densité du minéral et v le volume total des fragments.

Les deux pesées se traduisent respectivement par les équations :

$$P = p + vd,$$

$$P' = \left(p - \frac{p}{D}\right) + (vd - v).$$

En retranchant ces équations membre à membre, on obtient l'équation :

$$P - P' = \frac{p}{D} + v,$$

qui donne le volume : $v = P - P' - \dfrac{p}{D}.$

En tenant compte de cette valeur, la première équation donne la densité demandée :

$$d = \frac{P - p}{P - P' - \dfrac{p}{D}}.$$

Numériquement : $d = \dfrac{3,017}{1,384 - \dfrac{429}{2145}} = 2,548.$

197. — *Une statuette en argent, de densité* D = 10,45, *pèse* P = 961^{gr},4 *dans l'air et* P'=836^{gr} *dans l'eau. Existe-t-il un vide à l'intérieur, et quel en est le volume?*

Soit x le volume du vide intérieur.

Le volume total est numériquement égal à la poussée :

$$V = P - P' = 125^{cc},4.$$

Le volume de l'argent seul est :

$$V' = \frac{P}{D} = 92^{cc}.$$

On a donc :

$$x = V - V' = 33^{cc},4.$$

198. — *Un échantillon de quartz aurifère pèse* $P = 239^{gr},2$ *dans l'air et* $p = 164^{gr},7$ *dans l'eau. Quel poids d'or contient-il, sachant que la densité de l'or est* $D = 19,36$ *et celle du quartz* $d = 2,65$?

Soit x le poids de l'or. Celui du quartz sera $P - x$, et le volume total :

$$\frac{x}{D} + \frac{P - x}{d}.$$

En écrivant que ce volume est numériquement égal à la poussée de l'eau, on obtient l'équation :

$$\frac{x}{D} + \frac{P - x}{d} = P - p;$$

d'où l'on tire :

$$x = \frac{D\{P - (P - p)d\}}{D - d}.$$

Numériquement :

$$x = \frac{19,36 \times 41,78}{16,71} = 48^{gr},4.$$

199. — *Quel est le rapport des masses* P, P′ *de deux corps de densités* D, D′ *qui se font équilibre sur les plateaux d'une balance plongée dans un fluide de densité* d?

Les volumes de ces corps sont :

$$\frac{P}{D} \quad \text{et} \quad \frac{P'}{D'}.$$

En égalant entre eux leurs poids apparents, on obtient l'équation :

$$P - \frac{P}{D}d = P' - \frac{P'}{D'}d,$$

ou

$$P\left(1 - \frac{d}{D}\right) = P'\left(1 - \frac{d}{D'}\right);$$

d'où l'on tire :

$$\frac{P}{P'} = \frac{D}{D'} \cdot \frac{D' - d}{D - d}.$$

200. — *Deux corps de même masse* P, *mais de densités différentes* $d < D$, *sont placés sur les plateaux d'une balance dans un fluide de densité* δ. *Quelle masse d'un corps de densité* Δ *faudra-t-il ajouter sur l'un des plateaux pour établir l'équilibre?*
Application :

$$P = 199,68, \quad d = 2,56, \quad D = 7,8, \quad \delta = 08, \quad \Delta = 1,3.$$

Soit x la masse demandée, qu'il faut ajouter à celle de densité d, puisqu'une masse de plus grand volume subit une plus grande poussée.

Écrivons que sa valeur apparente dans le fluide de densité δ, c'est-à-dire :

$$x - \frac{x}{\Delta}\,\delta,$$

est égale à la différence des masses apparentes des corps placés antérieurement sur les deux plateaux.

On a :

$$x\left(1 - \frac{\delta}{\Delta}\right) = P\left(1 - \frac{\delta}{D}\right) - P\left(1 - \frac{\delta}{d}\right);$$

d'où

$$x = \frac{P\delta\left(\frac{1}{d} - \frac{1}{D}\right)}{1 - \frac{\delta}{D}},$$

et enfin :

$$x = P.\frac{(D - d)\,\delta\Delta}{(\Delta - \delta)\,Dd}.$$

Numériquement :

$$x = 100^{gr}.$$

201. — *Un vase vide pèse 100ᵍʳ; plein de mercure (densité 13,5), il pèse 7ᵏᵍ. Quelle est sa capacité intérieure?*

On le plonge plein de mercure dans un liquide de densité 0,8, il pèse 6570ᵍʳ. Déterminer le volume des parois du vase et la densité de la matière qui les forme.

On veut que le vase supposé fermé ait la même densité moyenne que l'eau de façon à s'y maintenir immergé en équilibre sans aller ni au fond, ni à la surface. Quel volume de grenaille de plomb faut-il y introduire (densité du plomb 14,3)?

On suppose que l'air n'intervient pas dans les pesées.

1° Soient v le volume des parois du vase, d la densité de la matière qui les forme et V le volume intérieur du vase.

On a, pour le volume intérieur :

$$V = \frac{7000 - 100}{13,5} = 511^{cc},111.$$

Quand il est plongé plein de mercure dans le liquide de densité 0,8, les conditions d'équilibre donnent :

$$6570 = 7000 - (V + v)\,0,8;$$

d'où

$$v = 26^{cc},389.$$

Pour la densité d il vient :

$$d = \frac{100}{26,389} = 3,789.$$

2° Soit v' le volume de grenaille à introduire.

Le volume extérieur du vase $V + v$ égale 537ᶜᶜ,5.

Par suite, la poussée produite par l'eau étant égale au poids du corps, on peut écrire :

$$537,5 = 100 + 11,3v';$$

d'où

$$v' = 38^{cc},716.$$

202. — *Un corps A suspendu sous l'un des plateaux d'une balance est équilibré par un corps B de poids p et de densité d, suspendu sous l'autre plateau.*

L'équilibre subsiste quand le corps A est entièrement immergé dans l'eau et qu'une fraction f du volume de B plonge dans un liquide de densité δ. Quelle est la densité du corps A?

Soit x la densité de ce corps. Son poids étant p, son volume sera $\dfrac{p}{x}$.

En écrivant que le poids apparent de A dans l'eau est égal à celui de B plongé en partie dans le liquide de densité δ, on obtient l'équation :

$$p - \frac{p}{x} = p - f \frac{p}{d} \delta;$$

d'où l'on tire :

$$x = \frac{d}{f\delta} .$$

203. — *Deux corps de densités d, d' se font équilibre sous les plateaux d'une balance. L'équilibre subsiste quand on immerge complètement ces corps, le premier dans un liquide de densité δ, le second dans un liquide dont on propose de calculer la densité x.*

Puisque les corps se font équilibre, ils ont un même poids P, d'ailleurs inconnu.
Si l'équilibre subsiste après la double immersion, c'est que les poussées sont égales.

On a donc l'équation :

$$\frac{P}{d} \delta = \frac{P}{d'} x;$$

d'où

$$x = \delta \frac{d'}{d} .$$

On voit que les densités des liquides sont proportionnelles à celles des corps immergés.

204. — *Un cylindre de volume V et de densité D est suspendu sous l'un des plateaux de la balance. Il plonge dans un liquide dont on propose de calculer la densité d, sachant que, si l'on ajoute p^{gr} sur l'autre plateau, le cylindre émerge d'une fraction f de sa hauteur.*

Le volume immergé est $(1 - f) V$.

On a donc l'équation : $\qquad VD - (1 - f) Vd = p;$

d'où l'on tire :

$$d = \frac{VD - p}{(1 - f) V} .$$

205. — *On suspend au-dessous de l'un des plateaux d'une balance une sphère de platine de 3^{cm} de rayon, et au-dessous de l'autre un cylindre de même rayon.*

On fait plonger la sphère dans le mercure et le cylindre dans l'eau. Quelle doit être la hauteur du cylindre pour que l'équilibre ait lieu?

Densité du mercure = 13,6; densité du platine = 22; densité du cuivre = 8,8.

Pour que l'équilibre ait lieu, il faut que le poids apparent de la sphère dans le mercure soit égal au poids apparent du cylindre dans l'eau.

Le poids apparent de chaque corps est égal à son poids dans le vide diminué de la poussée qu'il subit.

Soit x la hauteur cherchée du cylindre.

Le poids apparent de la sphère dans le mercure est :

$$\frac{4}{3}\pi r^3 (22 - 13,6).$$

Celui du cylindre dans l'eau :

$$\pi r^2 (8,8 - 1) x ;$$

d'où

$$\frac{4}{3}\pi r^3 (22 - 13,6) = \pi r^2 (8,8 - 1) x.$$

Ce qui donne après calculs : $x = 4^{\text{cm}},3$.

206. — *Deux corps de volumes V, V' et de densités d, d', sont fixés aux extrémités d'une tige cylindrique mobile autour d'un point qui la divise en deux parties de longueurs l, l'. On propose d'exprimer la section droite x et la densité y de la tige, sachant que le système est en équilibre dans le vide et dans l'eau.*

Pour qu'il y ait équilibre dans le vide, il faut et il suffit que toutes les forces appliquées au système aient une résultante passant par le point d'appui, c'est-à-dire que, par rapport à ce point, la somme des moments de toutes ces forces soit nulle.

Évaluons toutes ces forces en grammes.

Ce sont les poids des deux corps et de la tige, savoir :

$$Vd, \quad V'd' \quad \text{et} \quad x(l + l') y.$$

Leurs bras de levier sont les segments dirigés :

$$l, \quad -l' \quad \text{et} \quad \frac{l - l'}{2},$$

qui donneront leurs signes aux moments.

La condition d'équilibre est donc :

$$Vdl - V'd'l' + \frac{xy(l^2 - l'^2)}{2} = 0. \tag{1}$$

Pour que l'équilibre ne soit pas troublé quand on plonge l'appareil dans l'eau, il faut et il suffit que les poussées exercées par ce liquide se fassent équilibre d'elles-mêmes.

Ce sont les forces : $V, \quad V' \quad \text{et} \quad x(l + l'),$

dont les bras de levier sont les segments dirigés :

$$l, \quad -l' \quad \text{et} \quad \frac{l - l'}{2},$$

L'équation des moments est donc :

$$Vl - V'l' + \frac{x(l^2 - l'^2)}{2} = 0. \tag{2}$$

Les équations (1) et (2) donnent immédiatement :

$$x = \frac{2(V''l' - V'l)}{l^2 - l'^2} \quad \text{et} \quad y = \frac{V'l' - V''l'd'}{V'l - V''l'}.$$

Telles sont les expressions demandées.

2. — Équilibre des corps flottants.

207. — *Un bloc de glace prismatique flotte sur la mer polaire, en émergeant d'une hauteur* h. *Quelle est son épaisseur totale, sachant que la densité de la glace est* d = 0,924 *et celle de l'eau de mer* δ = 1,026?

Soient x la hauteur du bloc et S l'aire de sa base.
En écrivant que son poids est égal à la poussée, on a :

$$S.x d = S (x - h) \delta;$$

d'où

$$x = \frac{\delta}{\delta - d} \cdot h.$$

Numériquement :

$$x = \frac{1,026}{0,102} h = h \times 10,05.$$

208. — *Déterminer le volume minimum que doit avoir un glaçon pour soutenir hors de l'eau un homme du poids de* 60^{kg}. *Densité de la glace : 0,93.*

Ce volume minimum V est déterminé par la condition qu'un bloc de glace de volume V complètement immergé dans l'eau subisse une poussée égale à son propre poids augmenté de 60^{kg}.

On a donc l'équation :

$$V = V \times 0,93 + 60;$$

d'où

$$V = \frac{60}{1 - 0,93} = \frac{60}{0,07},$$

$$V = \frac{6000}{7} = 857^{dc};$$

209. — *Une sphère creuse, en aluminium, pesant* 4^{kg},165, *ayant pour rayon extérieur* 1^{dm} *et pour rayon intérieur* 85^{mm}, *flotte sur l'eau quand elle est vide d'air. On demande à quelle pression il faut comprimer de l'air dans cette sphère pour que, plongée dans l'eau, elle s'y enfonce complètement et y reste suspendue à une hauteur quelconque, sachant d'ailleurs que, à la température de l'expérience, un litre d'eau pèse* 998^{gr} *et un litre d'air* 1^{gr},2 *à la pression* 760^{mm} *de mercure.*

Soit x la pression de l'air intérieur. En écrivant que le poids total de la sphère est égal au poids d'un volume d'eau égal au sien, on obtient l'équation :

$$4165 + \frac{4}{3} \pi 8,6^3 \times 0,0012 \times \frac{x}{76} = \frac{4}{3} \pi 10^3 \times 0,998,$$

d'où l'on tire :

$$x = \frac{155 \times 1900}{4 \times 3,1416 \times 8,6^3} = 368^{cm}.$$

210. — *Un vase cylindrique flotte sur l'eau. Sa section extérieure est S, sa hauteur h, et il s'enfonce dans le liquide d'une hauteur h'. Quel volume de mercure (densité D) faut-il verser à l'intérieur pour qu'il s'enfonce d'une hauteur h''?*

Soient x ce volume et P le poids du vase.
On a deux équations d'équilibre :

$$P = Sh',$$
$$P + xD = Sh''.$$

On en tire par soustraction membre à membre :

$$Dx = S(h'' - h') :$$

d'où
$$x = \frac{S(h'' - h')}{D} .$$

211. — *Une éprouvette cylindrique ouverte par le haut flotte à la surface d'un liquide. Elle s'enfonce d'une longueur l, l' ou l'', suivant qu'elle contient un volume v, v' ou v'' d'un autre liquide. Quelle relation existe-t-il entre ces données?*

Soient P le poids de l'éprouvette, s sa section, D la densité du liquide intérieur, d la densité du liquide extérieur.
En écrivant que le poids total de l'éprouvette est égal à la poussée, on obtient :

$$P + vD = sld,$$
$$P + v'D = sl'd,$$
$$P + v''D = sl''d.$$

En éliminant P, D et sd, on obtient :

$$l(v'' - v') + l' \cdot v - v'' + l''(v' - v) = 0.$$

212. — *Deux corps de densités d, d' sont attachés l'un à l'autre. Quel doit être le rapport de leurs poids pour que le système flotte au sein d'un liquide de densité δ?*

Application : d = 7,8,   d' = 21, δ = 13,6.

Soient p, p' les poids respectifs des deux solides. Écrivons que la somme de ces poids est égale à la somme des poussées.

Il vient :
$$p + p' = \frac{p}{d}\delta + \frac{p'}{d'}\delta,$$

ou
$$p\left(1 - \frac{\delta}{d}\right) = p'\left(\frac{\delta}{d'} - 1\right);$$

d'où
$$\frac{p}{p'} = \frac{d}{d'} \cdot \frac{\delta - d'}{d - \delta} .$$

Numériquement :
$$\frac{p}{p'} = 0,1738.$$

213. — *Deux cylindres de même rayon, l'un de platine (densité $D = 21,6$), l'autre de fer (densité $d = 7,6$), sont fixés bout à bout. Quel est le rapport de leurs longueurs, sachant que le système maintenu verticalement flotte dans le mercure (densité $\delta = 13,6$) quand la base commune des deux cylindres est dans le plan de la surface libre du liquide?*

Le platine étant plus dense que le mercure, c'est le cylindre de fer qui doit être immergé.

Soient s la section commune, l la longueur du platine, f celle du fer.

Écrivons que le poids total des cylindres est égal au poids d'un volume de mercure égal au volume du fer.

On a :
$$slD + sfd = sf\delta;$$

d'où
$$\frac{l}{f} = \frac{\delta - d}{D}.$$

Numériquement :
$$\frac{l}{f} = \frac{13,6 - 7,6}{21,6} = \frac{5}{18}.$$

214. — *Quelle longueur faut-il donner à un cylindre de platine (densité D) qui doit lester un cylindre de fer (densité d) de même diamètre et de longueur l, de manière que le système flotte verticalement dans le mercure (densité Δ) et en émerge d'une longueur h?*

Application :

$$D = 21,4; \quad d = 7,7; \quad \Delta = 13,6; \quad l = 12^{cm}; \quad h = 2^{cm}.$$

Soient x la longueur demandée et s la section commune.

L'équation d'équilibre est :
$$s(ld + xD) = s(l + x - h)\Delta.$$

On en tire :
$$x = \frac{(l - h)\Delta - ld}{D - \Delta}.$$

Numériquement :
$$x = \frac{136 - 92,4}{7,8} = \frac{436}{78} = 5^{cm},5.$$

215. — *Une sphère métallique de rayon r est noyée dans un morceau de verre exactement moulé à sa surface; le solide entier pèse p et, lorsqu'on le fait flotter à la surface d'un bain de mercure, le $\frac{1}{n^e}$ de son volume se trouve immergé. Quelle est la densité du métal intérieur?*

Soient x cette densité et y le volume du verre seul.

Écrivons que le poids p est égal, d'une part, à la somme de ses deux parties; d'autre part, au poids du mercure déplacé.

On a :
$$p = \frac{1}{3}\,\pi r^3 x + yd = \frac{1}{n}\left(\frac{1}{3}\,\pi r^3 + y\right)D\,;$$

d'où
$$4\pi r^3 x + 3dy = 3p,$$
$$4\pi r^3 D + 3Dy = 3np.$$

Éliminant y entre ces deux équations, il vient :
$$x = d + \frac{3p\,(D - nd)}{4\pi r^3 D}\,.$$

216. — *Un cône de densité d flotte sur un liquide de densité D. Le sommet est à la partie supérieure, et la hauteur émerge d'une fraction que l'on propose de déterminer.*

Soient V le volume total, v celui du cône émergent et H, h les hauteurs correspondantes.
Le volume immergé est : $\quad V - v.$
L'équation d'équilibre est donc :
$$Vd = (V - v)\,D.$$

Cette équation étant homogène par rapport aux volumes et ceux-ci étant proportionnels aux cubes des hauteurs, on peut écrire :
$$H^3 d = (H^3 - h^3)\,D\,;$$

d'où
$$\frac{h}{H} = \sqrt[3]{\frac{D - d}{D}}\,.$$

217. — *Une enveloppe conique ouverte à la base est faite d'une feuille de métal de densité D et d'épaisseur e. Sa génératrice est l. Quel est l'angle au sommet du cône sachant que l'appareil flotte sur un liquide de densité d, la pointe en bas, et qu'il s'y enfonce d'une fraction K de sa hauteur ?*

Soit α l'angle du cône ; son rayon sera $R = l\sin\alpha$, et sa hauteur : $h = l\cos\alpha$.
La surface métallique pèse $\pi R l e D = \pi l^2 \sin\alpha\, e D$.
Le volume immergé est la fraction K^3 du volume total du cône ; c'est-à-dire :
$$K^3.\frac{1}{3}\,\pi l^3 \sin^2\alpha \cos\alpha.$$

En écrivant que le poids de l'enveloppe est égal au poids du liquide déplacé, on obtient l'équation :
$$\pi l^2 \sin\alpha\, e D = \frac{\pi K^3}{3}\,l^3 \sin^2\alpha \cos\alpha\, d\,;$$

d'où
$$\sin 2\alpha = \frac{6eD}{K^3 l d}\,.$$

Il y a donc deux angles supplémentaires répondant à la question.

218. — *Une coupelle hémisphérique, en porcelaine de densité d, de rayon extérieur R, et remplie de mercure, flotte sur un bain* *de mercure dans lequel* $\dfrac{1}{n}$ *de sa hauteur se trouve immergé. On propose de calculer son rayon intérieur.*

Le poids du flotteur est égal au poids du mercure déplacé; c'est-à-dire :

$$\frac{1}{3}\,\pi\,\frac{R^2}{n^2}\left(3R - \frac{R}{n}\right)D.$$

Écrivons que ce poids est égal à la somme de ses deux parties.
On obtient l'équation :

$$\frac{1}{3}\,\pi\,\frac{R^3(3n-1)}{n^3}\,D = \frac{2}{3}\,\pi\,(R^3 - r^3)d + \frac{2}{3}\,\pi r^3 D);$$

d'où l'on tire :

$$r = \frac{R}{n}\,\sqrt[3]{\frac{(3n-1)D - 2n^3 d}{2(D-d)}}\,.$$

219. — *Une sphère creuse de poids p, en métal de densité D, flotte au sein d'un liquide de densité d. Quelle est l'épaisseur de l'enveloppe métallique?*

Soient x l'épaisseur de l'enveloppe solide et y son rayon extérieur.
Égalons le poids de la sphère à celui du liquide déplacé et au produit du volume de l'enveloppe par la densité du métal :

$$p = \frac{4}{3}\,\pi y^3 d = \frac{4}{3}\,\pi\,[y^3 - (y-x)^3]\,D.$$

La première équation donne :

$$y^3 = \frac{3p}{4\pi d}\,.$$

La seconde devient successivement :

$$(y-x)^3 D = y^3 (D-d)$$

$$(y-x)^3 = \frac{3p(D-d)}{4\pi D d}\,;$$

d'où

$$x = y - \sqrt[3]{\frac{3p(D-d)}{4\pi D d}}\,,$$

et enfin

$$x = \sqrt[3]{\frac{3p}{4\pi d}}\left(1 - \sqrt[3]{1 - \frac{d}{D}}\right).$$

Telle est l'expression de l'épaisseur du métal.

220. — *Une coupe hémisphérique en bois de densité d et de rayons R et r, flotte à la surface de l'eau ; elle contient de l'eau qui s'élève au même niveau que le liquide extérieur. Quelle est la hauteur du segment immergé?*

Soit x la hauteur demandée. Écrivons que le poids de l'eau déplacée est égal au poids total de la coupe.
Le volume de l'eau déplacée est :

$$\frac{1}{3}\,\pi x^2 (3R - x)\,;$$

le bois pèse : $\frac{2}{3}\pi(R^3-r^3)d,$

et l'eau intérieure : $\frac{1}{3}\pi(x-R+r)^2(2r-x+R).$

On obtient donc l'équation :

$$x^2(3R-x)=2(R^3-r^3)d+(x-R+r)^2(2r+R-x)$$

ou, après simplification :

$$3(R^2-r^2)x=2(R^3-r^3)d+(R-r)^2(R+2r);$$

d'où
$$x=\frac{(R^2+Rr+r^2)(2d+1)-3r^2}{3(R+r)}.$$

Cette quantité doit être inférieure à R : condition qui se réduit à $d<1$.

221. — *Deux corps de densité* D, D′ *suspendus aux extrémités du fil de la machine d'Atwood, se font équilibre dans un liquide de densité* d. *On fait descendre le vase qui contient ce liquide, jusqu'à ce que l'un des corps émerge complètement dans l'air. On demande quelle fraction* f *du volume de l'autre corps restera plongée dans le liquide.*

Soient V, V′ les volumes des deux corps.

La première expérience se traduit par l'égalité des poids apparents (exprimés en grammes) :
$$VD-Vd=V'D'-V'd. \qquad (1)$$

En tenant compte de cette égalité, la seconde expérience peut se traduire par l'égalité des volumes qui émergent dans l'air. Soit $V<V'$. C'est donc V qui émerge entièrement, et l'on a :
$$V=(1-f)V'. \qquad (2)$$

Ces équations donnent :
$$\frac{V}{V'}=1-f=\frac{D'-d}{D-d};$$

d'où
$$f=\frac{D-D'}{D-d}.$$

Résultat indépendant de la densité de l'air.

La première expérience suppose :
$$d\leq D'\leq D,$$

ce qui entraîne : $0\leq f\leq 1.$

Nous avons traduit la seconde expérience par une condition *implicite* évidente. Mais on exprimerait aussi bien la condition d'équilibre, en écrivant que les poids apparents sont encore égaux.

En désignant par a la masse du litre d'air, on aurait :
$$VD-Va=V'D'-fV'd-(1-f)V'a. \qquad (3)$$

En retranchant (1) de (3), membre à membre, il vient :
$$Vd-Va=V'd(1-f)-(1-f)V'a,$$

ou
$$V(d-a)=V'(1-f)(d-a),$$

ou, en supprimant le facteur $(d - a)$:

$$V = V' (1 - f).$$

La condition implicite (2) est donc bien équivalente à la condition explicite (3).

222. — *Un cylindre en bois de longueur l et de densité d est lesté par un cylindre métallique de même diamètre, de longueur l' et de densité d'. L'ensemble de ces cylindres réunis par une base commune flotte verticalement à la surface d'un liquide de densité δ. Déterminer les positions relatives du centre de gravité du système et du centre de gravité de la partie immergée.*

Pour écarter les hypothèses sans intérêt, posons :

$$d < \delta < d' \qquad (1)$$

et proposons-nous de déterminer entre quelles limites doit varier δ pour que le système soit *en équilibre*, et qu'il se maintienne de lui-même *en équilibre stable*.

Calculons d'abord la hauteur h de la partie immergée. Si l'on désigne par s la section droite des cylindres, l'équation d'équilibre :

$$s(dl + d'l') = sh\delta,$$

donne :

$$h = \frac{dl + d'l'}{\delta},$$

elle exige :

$$h < l + l';$$

d'où

$$\delta > \frac{dl + d'l'}{l + l'} . \qquad (2)$$

C'est-à-dire que la densité du liquide doit être supérieure à la *densité moyenne du flotteur*.

Pour que le cylindre métallique soit entièrement immergé, il faut que l'on ait :

$$h > l' \quad \text{ou} \quad \frac{dl + d'l'}{\delta} > l';$$

d'où

$$\delta < d' + \frac{ld}{l'} , \qquad (3)$$

condition toujours remplie dans les hypothèses (1).

Soient P le centre de poussée, G le centre de gravité du système, et g le centre de gravité de la partie immergée. Nous déterminerons ces trois points par leurs distances x, y, z au centre O de la base inférieure du cylindre métallique.

1° Le centre de poussée est le centre de gravité du liquide déplacé, c'est-à-dire d'un cylindre homogène de hauteur h.

On a donc :

$$OP = x = \frac{h}{2} = \frac{dl + d'l'}{2\delta} .$$

2° Le centre de gravité G est le point d'application de la résultante des poids sld, $sl'd'$ des deux parties du flotteur. Chacune de ces parties est un cylindre homogène dont le poids est appliqué au milieu de l'axe.

En prenant les moments par rapport au point O, on a l'équation :

$$s(dl + d'l') y = sl'd' . \frac{l'}{2} + sld \left(l' + \frac{l}{2} \right);$$

d'où
$$y = \frac{dl^2 + d'l'^2 + 2dll'}{2(dl + d'l')} \cdot$$

Pour que le système soit en équilibre stable, il faut que son centre de gravité soit plus bas que le centre de poussée, c'est-à-dire que l'on ait :

$$y < x.$$

ou
$$\frac{dl^2 + d'l'^2 + 2dll'}{2(dl + d'l')} < \frac{dl + d'l'}{2\delta} ;$$

d'où
$$\delta < \frac{(dl + d'l')^2}{dl^2 + d'l'^2 + 2dll'} \cdot \tag{4}$$

En rapprochant les hypothèses (1) et les conditions (2) et (4), on a :

$$d < \frac{dl + d'l'}{l + l'} < \delta < \frac{(dl + d'l')^2}{dl^2 + d'l'^2 + 2dll'} < d'.$$

3° Le centre de gravité de la partie immergée est le point d'application de la résultante du poids sld' du cylindre métallique et du poids $s(h-l')d$ du bois immergé.

En prenant encore les moments par rapport au point O, on a :

$$s[l'd' + h - l'\,d]\,z = sl'd'.\frac{l'}{2} + s(h - l')d.\frac{h + l'}{2} ;$$

d'où
$$z = \frac{d'l'^2 + d(h^2 - l'^2)}{2[d'l' + d(h - l')]} \cdot$$

et en remplaçant h par sa valeur :

$$z = \frac{d(dl + d'l')^2 + (d' - d)\delta l'^2}{2\delta[d(dl + d'l') + (d' - d)\delta l]} \cdot$$

Cette distance z est nécessairement inférieure à y. Mais, quand la condition (4) n'est pas remplie, on peut se demander si, du moins, le centre de la poussée est situé au-dessus du point y.

Pour qu'il en soit ainsi, il faut que l'on ait :

$$z < x,$$

c'est-à-dire, toute simplification faite :

$$\delta < d' + \frac{dl}{l'} \cdot$$

On retrouve ainsi la condition (3), qui est impliquée dans les hypothèses (1).

223. — *Un tube en fer de 2^m de longueur, 1^{cm} de diamètre intérieur, 1^{mm} d'épaisseur, est rempli complètement de mercure et retourné sur une cuve à mercure. Il est libre de se mouvoir verticalement, sans frottement, entre des guides. On demande de quelle quantité il s'enfoncera dans le mercure dans sa position d'équilibre. Densité du fer : 7,8.*

Soient l, R, r, la longueur et les rayons du tube ; D, d, les densités du mercure et du fer ; x la longueur demandée. Enfin désignons par H la pression atmosphérique en colonne de mercure.

On obtient l'équation du problème en écrivant que le poids du fer, plus le poids du mercure soulevé à l'intérieur du tube, égale le poids du mercure déplacé. (Nous négligerons l'épaisseur et le poids de la base supérieure du tube.)

Or la hauteur du mercure soulevé est H, ou $l-x$, selon que, dans sa position d'équilibre, le tube émerge d'une longueur plus grande que H ou plus petite que H; c'est-à-dire selon qu'on a :

$$l-x \gtreqless H; \quad \text{d'où} \quad x \lesseqgtr l-H.$$

Donc, il y a deux cas à distinguer :

1° *Il se forme un vide barométrique.* L'équation d'équilibre,

$$\pi(R^2-r^2) ld + \pi r^2 HD = \pi(R^2-r^2) xD, \tag{1}$$

donne :

$$x = \frac{dl}{D} + \frac{R^2 H}{R^2-r^2}.$$

Cette réponse est acceptable si l'on a :

$$l-x > H,$$

c'est-à-dire :

$$l < \frac{R^2 DH}{(R^2-r^2)(D-d)}.$$

Dans le cas contraire, l'équation (1) ne convient plus; on se trouve dans la seconde hypothèse.

2° *Le mercure intérieur s'élève jusqu'au sommet du tube.* L'équation d'équilibre devient :

$$\pi(R^2-r^2) ld + \pi r^2(l-x) D = \pi(R^2-r^2) xD, \tag{2}$$

et donne :

$$x = \frac{(R^2-r^2) d + r^2 D}{R^2 D} \cdot l.$$

Cette réponse est acceptable si l'on a :

$$l-x < H,$$

c'est-à-dire :

$$l < \frac{R^2 DH}{(R^2-r^2)(D-d)} = \lambda.$$

En résumé, le problème admet toujours une solution; mais la réponse est fournie par l'équation (1) ou par l'équation (2) selon qu'on a :

$$l \gtreqless \lambda.$$

Application numérique. Dans le cas actuel :

$$l = 200^{\text{mm}}; \quad R = 6^{\text{mm}}; \quad r = 5^{\text{mm}}; \quad D = 13,6; \quad d = 7,8; \quad H = 760^{\text{mm}}.$$

On a :

$$\lambda = \frac{R^2 DH}{(R^2-r^2)(D-d)} = 5831 > l.$$

Donc il faut recourir à la formule (2).

On obtient :

$$x = 1739^{\text{mm}}, \quad \text{soit} \quad 1^{\text{m}},74.$$

224. — *Un flotteur F est constitué par un vase cylindrique en verre de 20^{cm} de longueur et de 15^{cm²} de section, muni d'une tige de 1^{mm²} de section dont la capacité intérieure est négligeable; il est lesté par du mercure qui forme au fond une couche de 1^{cm} de hauteur; la tige est graduée à partir d'un zéro situé en son milieu, et la distance entre deux traits consécutifs est 0^{mm},39.*

L'appareil est en relation par un conduit souple C de poids négligeable avec un réservoir contenant de l'air. Lorsque la pression de ce réservoir est de 760ᵐᵐ, la tige affleure au zéro dans l'eau du vase V. La pression devenant 765ᵐᵐ, on demande à quelle division au-dessus ou au-dessous du zéro aura lieu l'affleurement.

Poids d'un centimètre de cube d'air à 760 : 0ᵍʳ,0013.

L'appareil est soumis aux lois de l'équilibre des corps flottants. Une augmentation de la pression de l'air enfermé produit un accroissement de poids, et l'appareil s'enfonce.

Soient P le poids de l'appareil (air non compris); V son volume extérieur jusqu'au zéro de la tige, exprimé en centimètres cubes; x la division à laquelle se produit l'affleurement.

En écrivant que le poids du flotteur égale celui du liquide déplacé, on a :

$$P + 19 \times 15 \times 0{,}0013 = V,$$

et pour le deuxième cas :

$$P + 19 \times 15 \frac{0{,}0013 \times 765}{760} = V + 0{,}01 \times 0{,}039 \times x;$$

d'où

$$x = \frac{19 \times 15 \times 0{,}0013 \times \frac{5}{760}}{0{,}01 \times 0{,}039} = 6{,}25.$$

L'appareil s'enfoncera de 6,25 divisions.

3. — Corps flottants dans des liquides superposés.

225. — *Un corps solide de densité d flotte à la surface de séparation de deux liquides, de densités D, D'. Quel est le rapport des volumes immergés respectivement dans ces deux liquides?*

Soient V, V' les volumes dont il s'agit.

L'équation d'équilibre exprime que la somme des poussées est égale au poids total du solide :

$$VD + V'D' = (V + V')d.$$

On en tire :

$$\frac{V}{V'} = \frac{d - D'}{D - d}.$$

Condition de possibilité : $D < d < D'$.

226. — *Quelle est la densité d'un corps solide qui flotte à la surface de séparation de deux liquides de densités D, d; sachant que cette surface divise le volume du corps flottant dans un rapport égal à $\frac{m}{n}$?*

Soient x la densité du corps, et V, v les parties de son volume qui sont émergées respectivement dans les liquides inférieur et supérieur.

En égalant deux expressions du poids du solide, on obtient :

$$(V + v)x = VD + vd;$$

d'où, en remplaçant les volumes par les nombres m, n, qui leur sont proportionnels :

$$x = \frac{mD + nd}{m + n}.$$

227. — *Un corps cylindrique vertical, lesté à sa partie inférieure, se tient en équilibre sur un bain de mercure (densité D)
surmonté d'une couche d'eau (densité d) et il émerge dans l'air
d'une certaine longueur. De combien diminuera cette longueur si
l'épaisseur de la couche d'eau augmente de h?*

Soit x la longueur demandée. Si les longueurs plongées respectivement dans
l'air, dans l'eau et dans le mercure étaient respectivement :

$$a, \quad b, \quad c,$$

elles deviendront : $\qquad a - x, \quad b + h, \quad c + x - h.$

Les poussées totales, égales au poids du corps flottant, sont égales entre elles.
On a donc, en désignant par s la section du cylindre :

$$sbd + scD = s(b + h)d + s(c + x - h)D;$$

d'où

$$x = h.\frac{D - d}{D}.$$

228. — *Un cylindre flotte verticalement sur le mercure et s'enfonce du quart de sa hauteur* $h = 40^{cm}$. *On verse sur le mercure
une couche d'eau suffisante pour amener l'immersion complète du
cylindre. On demande de déterminer quelle sera dans ces conditions la hauteur de la partie plongée dans le liquide inférieur.*

Soient x la hauteur demandée, s la section droite du cylindre, D et d les
densités du mercure et de l'eau.

Le poids du corps flottant est égal à l'une et l'autre poussées; donc celles-ci
sont égales entre elles.

En écrivant que le poids du mercure déplacé dans la première expérience
égale la somme des poids de liquides déplacés dans la seconde, on obtient
l'équation :

$$s\frac{h}{4}D = sxD + sh - xd;$$

d'où l'on tire :

$$x = \frac{h}{4}\frac{D - 4d}{D - d}.$$

Dans les hypothèses numériques :

$$h = 40^{cm}, \quad D = 13,6, \quad d = 1,$$

cette formule donne : $\qquad x = 10 \times \frac{9,6}{12,6} = \frac{100}{21} = 7^{cm},6.$

229. — *Un vase contient du mercure, de l'eau et de l'huile,
dans lesquels flotte un disque de fonte dont les bases sont horizontales et équidistantes des deux surfaces de l'eau. Connaissant*

l'épaisseur du disque et les densités des diverses substances, on demande de calculer l'épaisseur de la couche d'eau.

Soient x l'épaisseur demandée, h la hauteur du disque de fonte et S sa section droite. Désignons par D, d et f, les densités respectives du mercure, de l'huile et de la fonte.

Écrivons que le poids du disque égale la somme des poids des cylindres de liquides déplacés.

Les hauteurs de ces derniers sont :

$$\frac{h-x}{2}, \quad x \quad \text{et} \quad \frac{h-x}{2},$$

donc :

$$Shf = S\,\frac{h-x}{2}\,D + Sx + S\,\frac{h-x}{2}\,d;$$

d'où

$$x = h\,\frac{D+d-2f}{D+d-2}.$$

Pour que cette expression soit positive, il faut que l'on ait :

$$D + d > 2f.$$

230. — *Un tube cylindrique de longueur l, en fer de densité d, flotte verticalement dans une cuvette profonde, sur du mercure de densité D. On verse à l'intérieur de ce tube un liquide de densité δ, de manière à le remplir jusqu'au sommet. Calculer la hauteur de la colonne liquide introduite.*

On pourrait égaler le poids total du fer et du liquide à celui du mercure déplacé; mais le *principe des surfaces de niveau* conduit plus rapidement au même résultat.

Dans le plan de la base inférieure du tube, considérons deux surfaces égales, d'aire s, l'une sous la partie solide, l'autre intérieure au canal. La première supporte un cylindre de fer de longueur l; la seconde, une colonne de liquide de hauteur x et une colonne de mercure de hauteur $l - x$.

Or, dans un liquide en équilibre, la pression est la même en tous les points d'une surface de niveau, c'est-à-dire d'un plan horizontal.

Donc :

$$sld = sxd + s(l-x)D;$$

d'où

$$x = l.\frac{D-d}{D-\delta}.$$

Remarques. La position du tube relativement à la surface extérieure du mercure n'est pas modifiée par l'introduction du liquide. La portion immergée conserve à tout instant la même longueur :

$$y = \frac{l(D-d)}{D}.$$

Le liquide ajouté remplace dans le canal un poids de mercure égal au sien. À la fin de l'expérience la dépression du mercure intérieur devient :

$$x - y = l.\frac{\delta}{D}.\frac{D-d}{D-\delta}.$$

231. — *Une éprouvette cylindrique, divisée en parties d'égale capacité, contient deux liquides superposés, non miscibles : A, de* *poids spécifique* D; B, *de poids spécifique* d. *On y laisse glisser un corps solide, qui vient flotter à la surface de séparation des deux liquides. Le niveau de* A *s'est alors élevé de* a *divisions, et le niveau de* B, *de* b *divisions. Calculer le poids spécifique* x *du solide. Conditions de possibilité.*

Exemple numérique :

Liquide A : *poids spécifique* 13,6 ;   a = 80^d,1.

Liquide B : *poids spécifique*   1 ;   b = 150^d.

La superposition des liquides exige $d < D$. L'expérience suppose que le corps solide est insoluble et imperméable relativement à ces liquides. Puisqu'il tombe au fond du premier et surnage sur le second, sa densité x est comprise entre d et D.

Soit e le volume d'une division de l'éprouvette.

Le volume du solide est be. La partie de ce volume immergée dans le liquide supérieur est $b - a\,e$.

En égalant le poids du solide au poids total des liquides qu'il déplace, on obtient l'équation :

$$bex = aeD + (b - a)\,ed ;$$

d'où l'on tire :

$$x = d + \frac{a}{b}(D - d). \tag{1}$$

Pour que cette réponse soit acceptable, il faut et il suffit que l'on ait :

$$d < \frac{bd + a(D - d)}{b} < D ;$$

d'où, en multipliant tout par le nombre positif b, et en retranchant bd à chaque membre :

$$0 < a(D - d) < b(D - d).$$

Ce qui exige : $d < D$ et $a < b$.

Conditions évidentes *a priori*.

Dans l'exemple numérique proposé, la formule (1) donne :

$$x = 1 + \frac{801}{1500} \times 12,6 = 7,7281.$$

C'est à peu près la densité du fer.

4. — Accroissement de pressions dû aux flotteurs.

232. — *Un vase cylindrique de rayon* R *contient un liquide de densité* D. *De combien s'élèvera le niveau de ce liquide si l'on fait flotter à sa surface une sphère de rayon* r *et de densité* d ?

Le poids du liquide déplacé égale celui de la sphère, c'est-à-dire :

$$\frac{4}{3}\pi r^3 d.$$

Son volume est :
$$\frac{4\pi r^3 d}{3D}.$$

Tout se passe comme si l'on ajoutait ce même volume de liquide.
Donc le niveau s'élève de :

$$x = \frac{4\pi r^3 d}{3D.\pi R^2} = \frac{4r^3 d}{3R^2 D} \cdot$$

233. — *Un vase contenant un liquide possède un fond plan et horizontal ayant 7^{dq}; la partie supérieure de ce vase, où s'arrête le niveau du liquide, est cylindrique et possède une section de 3^{dq}. On pose sur la surface libre du liquide un corps pesant $1\,500^{gr}$ et de forme quelconque qui y flotte en équilibre.*

De combien est augmentée la pression totale sur le fond du vase?

Désignons par S, s, d et p la surface du fond, l'étendue de la surface libre, la densité du liquide et le poids du flotteur considéré.

Quand celui-ci est en équilibre, il déplace un volume de liquide dont le poids est égal au sien. La surface libre s'élève donc de la même hauteur h que si l'on avait ajouté p^{gr} de liquide.

Ainsi l'on a :
$$p = shd.$$

D'autre part, la pression sur le fond du vase augmente du poids x d'une colonne de liquide de base S et de hauteur h :
$$x = Shd.$$

En divisant ces deux équations membre à membre, on obtient :
$$\frac{x}{p} = \frac{S}{s} \cdot$$

Numériquement : $\quad x = \frac{S}{s} p = \frac{7}{3} \cdot 1500 = 3500^{gr}.$

234. — *Un vase présentant un fond horizontal de surface S est terminé à sa partie supérieure par un cylindre vertical de section s. Il contient un liquide de densité δ qui pénètre dans le cylindre. Quel sera l'accroissement de la pression sur la surface S, si l'on fait flotter à la surface libre un corps moins dense que le liquide, et de poids p?*

Le flotteur déplace un volume de liquide dont le poids est égal à p.

Tout se passe comme si l'on ajoutait ce volume de liquide : $\dfrac{p}{\delta}$.

La hauteur du liquide s'élève d'une hauteur y telle que :
$$sy = \frac{p}{\delta}; \quad \text{d'où} \quad y = \frac{p}{s\delta} \cdot$$

L'accroissement demandé x est donc le poids d'une colonne de liquide de base S et de hauteur y.

On a :
$$x = \frac{Sp}{s\delta} \cdot$$

235. — *Un vase cylindrique vertical a pour base un cercle horizontal de rayon R. Il est en partie rempli d'eau. Étudier la* *variation de pression sur le fond du vase lorsqu'on laisse tomber au fond du liquide une sphère de rayon r et de densité d.*

Quand la sphère repose en équilibre sur le fond horizontal, celui-ci supporte une poussée égale au poids total de la sphère :

$$P = \frac{4}{3}\,\pi r^3 d.$$

Mais cette poussée se décompose en deux forces distinctes :

$$P = p + p'.$$

L'une, égale au poids apparent de la sphère immergée :

$$p = \frac{4}{3}\,\pi r^3\,(d - 1),$$

est appliquée exclusivement à la petite surface de contact qui existe entre le fond horizontal et la sphère.

L'autre, égale à la poussée du liquide :

$$p' = \frac{4}{3}\,\pi r^3,$$

se répartit uniformément sur la base du cylindre, où elle détermine un accroissement de pression égal à :

$$\frac{p'}{4\pi R^2}, \quad \text{ou} \quad \frac{r^3}{3R^2},$$

sur chaque centimètre carré.

236. — *On fait pénétrer à l'intérieur d'un baromètre un cylindre de poids p et de densité d, qui envahit une partie de la chambre barométrique, sans en atteindre le sommet. De combien varie le volume de l'espace vide ?*

Application : p = 187ᵍʳ,   d = 8,8.
Densité du mercure : D = 13,6.

Le poids du corps flottant remplace simplement le poids du mercure déplacé par la partie immergée. Donc le niveau du mercure ne varie pas, et la chambre diminue d'un volume égal à celui de la partie émergée.

Ce volume x est donné par l'équation d'équilibre du corps flottant :

$$\left(\frac{p}{d} - x\right) D = p;$$

d'où

$$x = p\left(\frac{1}{d} - \frac{1}{D}\right).$$

Numériquement :

$$x = 187\left(\frac{1}{8,8} - \frac{1}{13,6}\right),$$

$$= \frac{1870\,(17 - 11)}{8 \times 11 \times 17} = \frac{60}{8} = 7^{cc},5.$$

237. — *Dans un vase qui a la forme d'un parallélipipède droit et dont la base est un carré de côté a, on introduit un volume V de mercure ; on fait flotter sur ce mercure un disque de fer de* volume v. *Quel est l'accroissement de pression qu'éprouvent le fond du vase et chacune des faces latérales?*

On donne les densités D, d, *du mercure et du fer par rapport à l'eau, à la température de l'expérience.*

1° *Accroissement de pression sur le fond du vase.* — Les **parois** étant verticales, la pression sur le fond est augmentée d'un poids de liquide **égal** au poids du disque rd.

2° *Accroissement de pression sur les faces latérales.* — Cet accroissement égale la pression finale moins la pression initiale.

Pression initiale. — Avant l'introduction du disque, la hauteur du mercure est :

$$h = \frac{v}{a^2}.$$

La pression sur une face est :

$$p = (ah).\frac{h}{2}.D = \frac{a}{2}.D.h^2,$$

et en remplaçant h par sa valeur :

$$p = \frac{v^2 D}{2a^3}.\tag{1}$$

Pression finale. — Le poids du disque, VD, équivaut à celui d'un volume de mercure égal à $\frac{rd}{D}$.

Après l'introduction du disque la hauteur du mercure devient :

$$h' = \frac{v + \frac{rd}{D}}{a^2},$$

et la pression sur une face :

$$p' = (ah')\frac{h'}{2}.D,$$

ou, en remplaçant h' par sa valeur :

$$p' = \left(v + \frac{rd}{D}\right)^2.\frac{D}{2a^3}.\tag{2}$$

L'accroissement demandé s'obtient en retranchant membre à membre les égalités (1) et (2) :

$$p = p' - p = \frac{D}{2a^3}\left\{\left(v + \frac{rd}{D}\right)^2 - v^2\right\},$$

ou après simplification : $$p = \frac{rd}{2a^3 D}(2vD + rd).$$

5. — Flotteurs dans des vases communicants.

238. — *Deux vases communicants cylindriques de section* S, s *contiennent un liquide de densité* D. *De combien s'élèveront les surfaces libres si l'on fait flotter sur l'une d'elles un corps de poids* p *et de densité moindre que celle du liquide?*

Le poids du liquide déplacé est égal à p. Son volume est donc $\frac{p}{D}$.

Les deux niveaux s'élèvent d'une même quantité h. Tout se passe comme si l'on ajoutait un volume de liquide égal à $\frac{p}{D}$ dans un vase unique de section $(S+s)$.

On a donc :
$$(S+s)\,h = \frac{p}{D};$$

d'où
$$h = \frac{p}{(S+s)\,D}.$$

239. — *Deux vases cylindriques communicants, de sections s, S, contiennent du mercure. Dans la première branche on verse de l'eau. De quelle hauteur le niveau de l'eau sera-t-il relevé si l'on fait flotter à la surface du mercure dans l'autre branche, un corps de poids p ?*

Tout se passe comme si l'on versait dans la seconde branche un poids p de mercure, c'est-à-dire un volume $\frac{p}{D}$, en représentant par D le poids spécifique du mercure.

Les deux niveaux du mercure s'élèvent d'une même quantité x, donnée par l'équation :
$$(S+s)\,x = \frac{p}{D}.$$

Le niveau de l'eau s'élève de cette même quantité :
$$x = \frac{p}{D\,(S+s)}.$$

240. — *Un vase ayant deux branches verticales contient du mercure de densité D, sur lequel flotte verticalement dans l'une des branches un cylindre en fer, de densité d et de longueur l.*

On verse dans l'autre branche un liquide de densité δ jusqu'à ce que sa surface libre soit dans le plan de la base supérieure du cylindre. On demande la hauteur alors occupée par ce liquide.

Soient x la hauteur demandée, y la différence des niveaux du mercure, et z la hauteur du cylindre de fer qui émerge au-dessus du mercure.

On a évidemment :
$$x = y + z.$$

Or l'équilibre des liquides exige :
$$\frac{y}{x} = \frac{\delta}{D}; \quad \text{d'où} \quad y = \frac{\delta x}{D},$$

et l'équilibre du cylindre :
$$ld = (l - z)\,D; \quad \text{d'où} \quad z = \frac{l\,(D - d)}{D}.$$

Substituant ces valeurs dans la première équation, on obtient :
$$x = \frac{\delta x}{D} + \frac{l\,(D - d)}{D};$$

d'où
$$x = l\,\frac{D - d}{D - \delta}.$$

Telle est la hauteur du liquide surmontant le mercure.

241. — *Deux vases communicants contiennent du mercure, de densité D. Dans l'une des branches, qui est cylindrique, verticale, de section s, on verse une hauteur h d'un liquide de densité d; puis on fait flotter sur ce liquide un corps de poids p. Calculer la différence de niveau que présentent alors les deux surfaces libres.*

L'introduction du corps flottant produit le même accroissement de pression que si l'on ajoutait un poids p du liquide de densité d.

Or, dans le tube de section s, ce liquide, de volume $\dfrac{p}{d}$, occuperait une hauteur $\dfrac{p}{ds}$.

Tout se passe donc comme si le liquide de densité d avait une hauteur :

$$h' = h + \frac{p}{ds} .$$

Soient H la différence des deux niveaux du mercure et x la différence demandée :

$$x = h' - H,$$

La condition d'équilibre donne :

$$\frac{h'}{D} = \frac{H}{d} = \frac{x}{D - d} ;$$

d'où

$$x = \frac{D - d}{D} h' = \frac{D - d}{D}\left(h + \frac{p}{ds}\right).$$

242. — *Deux vases communicants contiennent du mercure de densité D. Dans l'une des branches, qui est cylindrique verticale et de section s, on verse un liquide de densité d, jusqu'à ce que sa surface libre s'élève à une hauteur a au-dessus de la surface libre du mercure dans l'autre branche. Quel accroissement subira cette différence de niveau si on laisse tomber dans le liquide supérieur un corps de poids p dont la densité Δ est comprise entre D et d?*

Soient h et H les hauteurs des liquides de densités d, D, au-dessus de la surface de séparation.

On a :

$$h - H = a,$$

$$\frac{h}{D} = \frac{H}{d} = \frac{a}{D - d} ;$$

d'où

$$a = h\,\frac{D - d}{D} .$$

Si a et h subissent des accroissements simultanés x et y, on aura donc :

$$x = y\,\frac{D - d}{D} . \tag{1}$$

Or, quand le solide introduit flotte à la surface de séparation des liquides, une partie v de son volume plonge dans le liquide supérieur, le reste $\left(\dfrac{p}{\Delta} - v\right)$ plonge dans le mercure, et la condition d'équilibre :

$$vd + \left(\frac{p}{\Delta} - v\right)D = p,$$

donne :

$$x = \frac{p\,(\mathrm{D}-\Delta)}{\Delta\,(\mathrm{D}-d)}.$$

La section du vase étant s, l'accroissement y est donc :

$$y = \frac{v}{s} = \frac{p\,(\mathrm{D}-\Delta)}{\Delta s\,(\mathrm{D}-d)}.$$

La formule (1 devient :

$$x = \frac{p}{s}\,\frac{\mathrm{D}-\Delta}{\mathrm{D}\Delta} = \frac{p}{s}\left(\frac{1}{\Delta} - \frac{1}{\mathrm{D}}\right).$$

Ce résultat, indépendant de la hauteur a et de la densité d, pouvait être prévu *a priori*.

En effet, relativement à la position d'équilibre des deux surfaces libres, il est indifférent de supposer que le corps introduit est solide ou liquide.

Plaçons-nous dans la seconde hypothèse.

Sur la surface déprimée du mercure, la pression par centimètre carré augmente de $\frac{p}{s}$.

Or cet accroissement de pression est représenté d'un côté par une colonne de mercure de hauteur $\frac{p}{s\mathrm{D}}$; et de l'autre côté par une colonne de liquide de densité Δ et de hauteur $\frac{p}{s\Delta}$.

La différence de niveau des surfaces libres s'accroît donc de :

$$\frac{p}{s\mathrm{D}} - \frac{p}{s\Delta}.$$

6. — Aréomètres à volume constant.

243. — *Sachant qu'il faut mettre* $\mathrm{P}=50^{gr}$ *sur le plateau supérieur d'un aréomètre de Nicholson pour obtenir son affleurement dans l'eau, on place successivement un même fragment d'un corps dans les plateaux supérieur et inférieur. On constate qu'il faut ajouter sur le plateau supérieur* $p = 15^{gr}$ *dans le premier cas et* $p' = 19^{gr}$ *dans le second cas, pour obtenir l'affleurement. Quelle est la densité du corps soumis à l'expérience ?*

Le poids du fragment est : $\mathrm{P} - p = 50 - 15 = 35^{gr}$.

Le poids du même volume d'eau est : $p' - p = 4^{gr}$.

La densité est donc : $d = \dfrac{\mathrm{P}-p}{p'-p} = \dfrac{35}{4} = 8,75$.

244. — *Un aréomètre à volume constant est plongé successivement dans deux liquides de densités différentes* $d = 1,80$, $d' = 0,80$. *Pour obtenir l'affleurement, il a fallu le surcharger de* $p = 376^{gr}$ *dans le premier cas, et de* $p' = 56^{gr}$ *dans le second. Quel est le volume de la partie immergée ?*

Soient V le volume et P le poids de l'aréomètre.

D'après le principe d'Archimède, on a :

$$V d = P + p,$$
$$V d' = P + p';$$

d'où

$$V (d - d') = p - p'.$$

et

$$V = \frac{p - p'}{d - d'}.$$

Numériquement :

$$V = \frac{376 - 56}{1,8 - 0,8} = \frac{320}{1} = 320^{cc}.$$

245. — *Un aréomètre à volume constant, de poids* P, *affleure dans un liquide de densité* d *moyennant une surcharge* p. *Quelle est la densité du liquide dans lequel il affleure avec une surcharge* p'?

Soient $x = d'$ la densité demandée et V le volume de l'appareil au-dessous du point d'affleurement.

Les équations d'équilibre sont :

$$P + p = V d,$$
$$P + p' = V d'.$$

Divisant membre à membre, il vient :

$$\frac{P + p}{P + p'} = \frac{d}{d'};$$

d'où

$$x = d' = d \, \frac{P + p'}{P + p}.$$

246. — *Un aréomètre à volume constant, de poids* P, *affleure dans un liquide de densité* δ *lorsqu'on place sur son plateau inférieur* p^{gr} *d'un corps de densité* d. *Quel est le volume de l'appareil au-dessous de son point d'affleurement?*

Soit V ce volume.

L'équation d'équilibre :

$$P + p = \left(V + \frac{p}{d} \right) \delta,$$

donne :

$$V = \frac{P + p}{d \delta} \frac{d - p \delta}{}.$$

247. — *Pour faire affleurer un aréomètre de Nicholson dans un liquide de densité* δ, *il faut ajouter une surcharge* p *sur le plateau supérieur, ou bien il faut mettre dans le plateau inférieur* p'^{gr} *d'un corps dont on propose de calculer la densité.*

Soit x la densité demandée.

En écrivant que la surcharge p est égale au poids apparent du corps de poids p', on obtient l'équation :

$$p = p' - \frac{p'}{x} \delta;$$

d'où l'on tire :

$$x = \frac{p' \delta}{p' - p}.$$

248. — *Un aréomètre à volume constant de poids P affleure dans un liquide de densité δ quand on ajoute sur le plateau inférieur p d'un corps de densité d. Quel poids x d'un corps de densité d' faut-il mettre sur le même plateau pour que l'appareil affleure dans un liquide de densité δ'?*

Soit V le volume de l'aréomètre jusqu'au point d'affleurement.
Les équations d'équilibre sont :

$$P + p = \left(V + \frac{p}{d}\right)\delta,$$

$$P + x = \left(V + \frac{x}{d'}\right)\delta'.$$

En éliminant V, on obtient :

$$V = \frac{Pd + p(d - \delta)}{d\delta} = \frac{Pd' + x(d' - \delta')}{d'\delta'} ;$$

d'où
$$x = \frac{d'\delta'}{d' - \delta'}\left\{P\left(\frac{1}{\delta} - \frac{1}{\delta'}\right) + p\frac{d - \delta}{d\delta}\right\}.$$

249. — *Calculer le poids d'un aréomètre de Fahrenheit, et son volume au-dessous du point de repère, sachant que pour faire affleurer l'appareil dans des liquides de densités d et d', il faut mettre sur le plateau les surcharges respectives p et p'.*

Soient P et V le poids et le volume demandés.

On a :
$$P + p = Vd,$$
$$P + p' = Vd',$$

ou
$$dV - P = p,$$
$$d'V - P = p';$$

d'où
$$V = \frac{p' - p}{d' - d}, \qquad P = \frac{dp' - pd'}{d' - d}.$$

250. — *Un aréomètre de Fahrenheit affleure dans un liquide de densité d moyennant une surcharge p; et dans un liquide de densité d' avec une surcharge p'. Quelle est la densité d'un liquide dans lequel l'instrument affleure sans surcharge?*

Soient x la densité cherchée, P le poids de l'aréomètre, V son volume au-dessous du point d'affleurement.
Les équations d'équilibre sont :

$$P + p = Vd,$$
$$P + p' = Vd',$$
$$P = Vx.$$

Retranchons membre à membre les deux premières, respectivement multipliées par p' et p.
Il vient :
$$P(p' - p) = V(dp' - pd');$$

d'où
$$x = \frac{P}{V} = \frac{dp' - pd'}{p' - p}.$$

7. — Aréomètres à poids constants.

251. — *On veut construire un aréomètre à poids constant avec une tige cylindrique ayant pour longueur $AB = l$ et pour section s, qui affleure en A et en B quand on le plonge dans des liquides de densités respectives d_0 et d. Calculer :*

1° le volume qu'il faut donner à la carène AC ;

2° la masse de l'instrument ;

3° la densité d'un liquide où l'affleurement aura lieu en D.

Le point A est au bas de la tige. Soient V le volume de la carène AC ; P la masse de l'instrument, c'est-à-dire son poids en grammes ; x la densité du liquide pour lequel le point d'affleurement est au milieu de la distance AB. En égalant séparément le poids P aux trois poussées qui lui font équilibre successivement dans les liquides de densités d_0, d et x, on obtient les trois équations :

$$P = Vd_0,$$
$$P = (V + sl)d,$$
$$P = \left(V + \frac{sl}{2}\right)x ;$$

d'où l'on tire immédiatement les trois inconnues :

$$V = \frac{sld}{d_0 - d}, \quad P = \frac{sldd_0}{d_0 - d}, \quad x = \frac{2dd_0}{d + d_0}.$$

Cette dernière formule peut s'écrire :

$$\frac{1}{x} = \frac{1}{2}\left(\frac{1}{d_0} + \frac{1}{d}\right).$$

Ainsi la densité qui correspond au milieu de la tige est la moyenne harmonique de celles qui correspondent aux deux extrémités.

252. — *Un pèse-acide marque a dans un liquide de densité d. Combien marquerait-il dans ce même liquide, si le volume de l'instrument restant semblable à lui-même diminuait de son n^e ?*

Application : $a = 66^\circ$, $d = 1,85$, $n = 25$.

Soient V la masse de l'instrument, qui représente aussi son volume au-dessous du zéro, v le volume de chaque division de la tige, x le nombre demandé.

Le volume déplacé est :

dans la première expérience : $V - av$;

dans la seconde : $(V - xv)\dfrac{n-1}{n}$.

Les équations d'équilibre sont donc :

$$V = (V - av)d,$$
$$V = (V - xv)\frac{n-1}{n}d.$$

Éliminant le rapport $\dfrac{V}{v}$, il vient :

$$x = \frac{a\,[n\,(d-1)-d]}{(n-1)\,(d-1)}\,.$$

Numériquement : $x = 62°,76.$

253. — *La tige d'un aréomètre est graduée en parties d'égal volume. L'instrument pèse P^{gr}; il marque $0°$ dans l'eau pure et $n°$ dans un liquide de densité d. Quel est le volume occupé par chaque division de la tige?*

Soient v ce volume et V celui de l'appareil au-dessous du zéro, que nous supposerons au bas de la tige.

On a :
$$P = V = (v + nv)\,d,$$
ou
$$P = (P + nv)\,d;$$
d'où
$$v = \frac{P\,(1-d)}{nd}\,.$$

254. — *Un pèse-acide marque $0°$ dans l'eau pure et $66°$ dans l'acide sulfurique de densité 1,84. Quel rapport existe-t-il entre le volume de l'aréomètre au-dessous du zéro et le volume de chaque division de la tige?*

Soient V et v les volumes considérés. En égalant entre elles les poussées que subit l'appareil dans l'eau et dans l'acide sulfurique, on a :
$$V = (V - 66v)\,1,84;$$
d'où
$$\frac{V}{v} = \frac{66 \times 1,84}{0,84} = 144,6.$$

255. — *Le volume d'un pèse-acide au-dessous du $0°$ est égal à 144 fois le volume de chaque division de la tige. Quelle est la densité d du liquide dans lequel l'aréomètre marque $n°$?*

Application : $n° = 15.$

Soit v le volume d'une division de la tige.
En égalant entre eux les poids d'eau et de liquide déplacés par l'instrument,
on obtient :
$$144v = (144 - n)\,vd;$$
d'où
$$d = \frac{144}{144 - n}\,.$$

Numériquement : $d = \dfrac{144}{144 - 15} = \dfrac{144}{129} = 1,116.$

256. — *Un pèse-acide de poids $P = 117^{gr}$ marque $0°$ dans l'eau pure et $66°$ dans l'acide sulfurique. Son volume au-dessous du zéro vaut 144 fois le volume de chaque division de la tige. Si l'on assujettit au sommet de la tige un petit anneau métallique, l'ins-*

trument ne marque plus que n = 62° dans l'acide sulfurique. Quel est le poids de cet anneau ?

Soient p le poids demandé, d la densité de l'acide sulfurique et v le volume d'une division de la tige.

Les trois équations d'équilibre sont :

$$P = 144 v,$$
$$P = (144 - 66) vd,$$
$$P + p = (144 - n) vd.$$

En éliminant vd entre les deux dernières, on obtient :

$$p = P \cdot \frac{66 - n}{78} \, .$$

Numériquement :
$$p = 117 \cdot \frac{4}{78} = 6^{gr}.$$

257. — La tige d'un aréomètre est graduée à partir de sa base en parties de même volume v. Le volume de l'appareil au-dessous du zéro est V. Cet aréomètre marque n dans un liquide de densité d. Combien marquera-t-il dans un liquide de densité d'?

Soient $x = n'$ le nombre demandé et P le poids de l'appareil.

On a :
$$P = (V + nv) d = (V + n'v) d';$$

d'où
$$x = n' = \frac{(d - d')V + ndv}{vd'} \, .$$

258. — Un pèse-acide marque 0° dans l'eau pure et n° dans un acide de densité d. Que marquera-t-il dans un liquide de densité d'?

Soient $x = n'$ le nombre demandé, P le poids de l'aréomètre, V le volume de l'appareil au-dessous du 0°, v le volume de chaque division de la tige.

Le zéro est en haut de la tige. Les équations d'équilibre sont :

$$P = V = (V - nv) d = (V - n'v) d'.$$

On a donc :
$$nvd = V (d - 1),$$
$$n'vd' = V (d' - 1);$$

d'où, par division membre à membre :
$$\frac{nd}{n'd'} = \frac{d - 1}{d' - 1} \, ,$$

et enfin :
$$n' = \frac{nd (d' - 1)}{d' (d - 1)} \, .$$

259. — Quelle est la densité d'un liquide qui marque n° au pèse-esprits, sachant que l'instrument marque 10° dans l'eau pure et n'° dans un liquide de densité d'?

Soient d la densité demandée, P le poids de l'instrument, V son volume au-dessous du zéro et v le volume d'une division de la tige.

Le zéro étant au bas de la tige, les équations d'équilibre sont :

$$P = V + 10v = (V + nv)\,d = (V + n'v)\,d'.$$

On peut donc écrire :

$$V(1 - d) = v(nd - 10),$$

$$V(1 - d') = v(n'd' - 10) ;$$

d'où par division :

$$\frac{1 - d}{1 - d'} = \frac{nd - 10}{n'd' - 10},$$

et enfin :

$$d = \frac{(n' - 10)\,d'}{n - 10 - (n - n')\,d'}.$$

260. — *Un aréomètre à tige cylindrique, plongé successivement dans des liquides de densités : d, d' (d' > d), affleure en des points de repère A, A' dont la distance est AA' = h. Quelle est la densité du liquide dans lequel cet instrument affleure au point X tel que AX = kh, k étant un nombre donné?*

Soient x la densité demandée, v le volume de la tige par centimètre de longueur, et Hv le volume de l'instrument au-dessous du point A.

Quand l'aréomètre flotte sur un liquide, la poussée de ce dernier est égale au poids du flotteur.

Les divers poids de liquides déplacés par l'instrument sont donc égaux entre eux.

On a :

$$Hvd = (H - h)\,vd' = (H - kh)\,vx ;$$

d'où

$$\frac{H}{h} = \frac{d'}{d' - d} = \frac{kx}{x - d},$$

et enfin :

$$x = \frac{dd'}{d' - k\,(d' - d)}.$$

261. — *Un pèse-acide marque n° dans de l'eau salée. Quelle proportion d'eau faut-il ajouter au mélange pour que l'aréomètre marque n' (n' < n)? On sait que le volume de l'instrument au-dessous du zéro est égal à N divisions de la tige.*

Application : n = 24, n' = 16, N = 144.

Soit x le nombre de centimètres cubes à ajouter à 100ᶜᶜ du mélange pour amener sa densité d à la valeur voulue d'.

Le poids du mélange peut s'écrire :

$$100d + x = (100 + x)\,d';$$

d'où

$$x = 100\,\frac{d - d'}{d' - 1}.$$

Soit v le volume d'une division de la tige. En égalant entre eux les poids de liquide déplacés par l'instrument dans l'eau et dans les dissolutions salines, on a :

$$Nv = (N - n)\,vd = (N - n')\,vd';$$

d'où

$$d = \frac{N}{N - n}, \qquad d' = \frac{N}{N - n'}.$$

En tenant compte de ces valeurs, la formule précédente devient :

$$x = \frac{100N}{N-n} \cdot \frac{n-n'}{n'} \cdot$$

Numériquement :
$$x = \frac{100 \times 144}{10 \times 12} \cdot \frac{8}{16} = 60^{kc}.$$

262. — *Un pèse-liqueur marque* 10° *dans l'eau pure et* n° *dans un liquide de densité* d. *En fixant au sommet de la tige une surcharge convenable, il marque* n° *dans l'eau pure. Combien marquera-t-il alors dans le liquide de densité* d?

Soient x le nombre demandé et v le volume de chaque division de la tige.

La surcharge est égale à l'accroissement de poussée dans l'eau et dans le liquide de densité d.

En égalant entre eux ces deux accroissements, on obtient l'équation :

$$(n - 10)\, v = (x - n)\, vd ;$$

d'où l'on tire :
$$x = n + \frac{n - 10}{d}.$$

263. — *Un aréomètre à poids constant marque* 43° *dans l'acide azotique. On demande la densité de cet acide azotique, sachant que le même aréomètre marque* 0° *dans l'eau et* 66° *dans l'acide sulfurique dont la densité est* 1,84.

Posons $43° = n'$, $66° = n$ et $1,84 = d$.

Soient x la densité cherchée, V le volume de l'aréomètre jusqu'au zéro de la graduation et v le volume de chaque division de la tige.

Dans chaque expérience, le poids de l'instrument est égal au poids du liquide déplacé. En égalant entre elles trois expressions de ce poids, on obtient les deux équations :

$$V = (V - nv)\, d = (V - n'v)\, x.$$

Ces équations étant homogènes par rapport à V et v, on peut éliminer le rapport $\frac{v}{V}$.

On a :
$$\frac{v}{V} = \frac{d-1}{nd},$$

et
$$x = \frac{V}{V - n'v} = \frac{1}{1 - n'\dfrac{v}{V}} ;$$

d'où
$$x = \frac{nd}{nd - n'(d-1)} \cdot$$

En remplaçant les lettres par les nombres donnés, on obtient :

$$x = \frac{121,44}{85,32} = 1,42.$$

Telle est la densité demandée.

264. — *Un aréomètre à poids constant est gradué en parties d'égale longueur, de part et d'autre d'un zéro marqué vers le milieu de la tige et qui est le point d'affleurement dans l'eau de densité 1. Il affleure à la division 73 dans l'éther de densité 0,73.*

On demande les indications de l'appareil :

1° Dans l'éther acétique de densité 0,890 ;

2° Dans le sulfure de carbone de densité 1,203.

Soient V le volume de l'aréomètre jusqu'au zéro de la graduation et v celui d'une division. Soient d, d', d'' les densités des liquides dans lesquels il est plongé ; n, x et y les nombres de divisions comprises entre le zéro et le point d'affleurement.

P, le poids de l'aréomètre.

Pour l'eau on a comme condition d'équilibre :

$$P = V.$$

Pour le deuxième et le troisième liquide :

$$P = (V + nv)\,d,$$
$$P = (V + xv)\,d'.$$

Pour le quatrième liquide le point d'affleurement sera au-dessous du zéro, d'où :

$$P = (V - yv)\,d''.$$

Ces équations résolues donnent :

$$x = \frac{nd\,(1 - d')}{d'\,(1 - d)}\,,$$

$$y = \frac{nd\,(d'' - 1)}{d'\,(1 - d)}\,.$$

Numériquement :

$$x = 24°,3 \text{ pour l'éther acétique},$$
$$y = 33°,3 \text{ pour le sulfure de carbone}.$$

265. — *La tige d'un aréomètre à poids constant est graduée en parties d'égal volume de part et d'autre du zéro. Celui-ci est le point d'affleurement de l'appareil dans l'eau pure ; il est situé vers le milieu de la tige, et les degrés sont comptés positivement au-dessus et négativement au-dessous.*

Sachant que l'aréomètre marque (—n) dans un liquide de densité D, calculer la densité x = d du liquide dans lequel il marquera (+ n).

Soient P le poids de l'appareil, V son volume au-dessous du zéro et v le volume de chaque division de la tige.

On a :
$$P = V = (V - nv)\,D = (V + nv)\,d ;$$

d'où
$$nvD = V\,(D - 1),$$

et
$$nvd = V\,(1 - d).$$

Divisant membre à membre :

$$\frac{D}{d} = \frac{D-1}{1-d} ;$$

d'où

$$d = \frac{D}{2D-1} \cdot$$

266. — *Un aréomètre à poids constant, dont la tige est divisée en parties d'égal volume, marque* n, n', n", *dans des liquides de densités* d, d', d".

Trouver la relation qui existe entre les six nombres donnés.

Soient v le volume d'une division et N le nombre des volumes égaux à v contenus dans la partie de l'instrument inférieure au zéro de la graduation.

Égalons entre eux les poids des liquides déplacés.

Selon que le zéro est au-dessus ou au-dessous du degré 1, on a :

$$(N + n)\, d = (N + n')\, d' = (N + n'')\, d'',$$

ou bien :

$$(N - n)\, d = (N - n')\, d' = (N - n'')\, d''.$$

Éliminons N. Dans le premier cas :

$$N = \frac{n'd' - nd}{d - d'} = \frac{n''d'' - nd}{d - d''},$$

et dans le second :

$$N = \frac{nd - n'd'}{d - d'} = \frac{nd - n''d''}{d - d''} ;$$

c'est-à-dire dans les deux cas :

$$dd'\,(n - n') + d'd''\,(n' - n'') + d''d\,(n'' - n) = 0,$$

ou

$$\frac{n - n'}{d''} + \frac{n' - n''}{d} + \frac{n'' - n}{d'} = 0.$$

Telle est la résultante des équations posées.

267. — *Un aréomètre à tige cylindrique graduée, dont le poids est de 27 grammes, affleure dans l'huile à la division 50 et dans l'eau à la division 35. A quelle division affleurera-t-il si au-dessus de l'eau se trouve une couche d'huile d'une épaisseur équivalente à 15 divisions ? Densité de l'huile = 0,9.*

Soit V le volume de l'aréomètre jusqu'au zéro de la graduation, laquelle commence à la naissance de la tige.

Soit P le poids de l'aréomètre :

  » d la densité de l'huile ;

  » x la division cherchée.

Les formules connues des aréomètres donnent :

pour l'eau, $V + 35v = P,$

pour l'huile, $(V + 50v)\,d = P,$

et pour l'eau surmontée d'une couche d'huile,

$$V + (x - 15)\,v + 15vd = P.$$

En comparant successivement les deux dernières équations à la première, ou mieux la première et la dernière, on obtient :

$$35 = x + 15(d - 1) ;$$

d'où

$$x = 36,5.$$

268. — *On mélange à volumes égaux de l'eau pure et de l'alcool absolu dont la densité est 0,79. Il se produit une contraction égale au* $^1/_{20}$ *du volume total. Combien ce mélange marquera-t-il à l'alcoomètre centésimal ?*

Soit V le volume commun de l'alcool et de l'eau mélangés.

Le volume total sera : $2V\left(1 - \dfrac{1}{20}\right) = \dfrac{19V}{10}$.

La richesse en alcool est donc :

$$V : \frac{19V}{10} = \frac{10}{19} .$$

Or l'alcoomètre indique précisément cette richesse en centièmes. L'instrument marquera donc un nombre x tel que l'on ait :

$$\frac{x}{100} = \frac{10}{19} ;$$

d'où

$$x = \frac{1000}{19} = 52°,6.$$

§ II. — Mélanges et alliages.

1. — Mélanges sans contraction.

269. — *Un fragment d'un alliage d'argent et d'or, du poids de 150gr, ne pèse plus que 141gr, lorsqu'on le fait plonger dans la benzine.*

Quelle est sa composition sachant que les densités sont : or 19,5 ; argent 10,5 ; benzine 0,9.

On admettra que les deux métaux s'allient sans variation de volume.

Soient x, y les poids respectifs de l'or et de l'argent.

Leurs volumes seront : $\dfrac{x}{19,5}$ et $\dfrac{y}{10,5}$.

La poussée dans la benzine, 9gr, fait connaître le poids du liquide déplacé, et son volume $\dfrac{9}{0,9} = 10^c$.

En exprimant le poids total et le volume total de l'alliage, on obtient les deux équations :

$$x + y = 150,$$

$$\frac{x}{19,5} + \frac{y}{10,5} = 10;$$

d'où l'on tire la composition en poids :

$$x = 975^{gr},5, \quad y = 525^{gr},5,$$

et la composition en volume :

$$\frac{x}{19,5} = \frac{975}{195} = 5^{cc}, \quad \frac{y}{10,5} = \frac{525}{105} = 5^{cc}.$$

270. — *Quelle est la composition en poids d'un alliage de deux métaux ayant pour densités respectives* D, D', *sachant qu'il pèse* P^{gr} *dans l'air et* P'^{gr} *dans un liquide de densité* d? *On admettra que l'alliage s'est produit sans changement de volume.*

Soient x, y les poids respectifs des deux métaux.

Leurs volumes seront : $\dfrac{x}{D}$ et $\dfrac{y}{D'}$.

Le poids dans l'air est : $x + y = P$;
le poids dans le liquide est :

$$P - \left(\frac{x}{D} + \frac{y}{D'}\right) d = P'.$$

Ce système d'équations donne :

$$x = \frac{D\{Pd - D'(P - P')\}}{d(D - D')},$$

$$y = \frac{D'\{D(P - P') - Pd\}}{d(D - D')}.$$

271. — *Un sel se dissout dans l'eau sans changement de volume. La dissolution au* $\dfrac{n}{100^e}$ *a pour densité* d. *Quelle doit être la proportion de sel pour que la densité soit* d'?

Soit $\dfrac{x}{100}$ la proportion demandée.

Représentons par D la densité du sel.
Écrivons que le volume de chaque mélange est égal à la somme de ses deux parties.
On obtient les deux équations :

$$\frac{n}{D} + (100 - n) = \frac{100}{d},$$

$$\frac{x}{D} + (100 - x) = \frac{100}{d'} ;$$

ou

$$n\left(\frac{1}{D} - 1\right) = 100\left(\frac{1}{d} - 1\right),$$

$$x\left(\frac{1}{D} - 1\right) = 100\left(\frac{1}{d'} - 1\right) ;$$

d'où par division membre à membre :

$$\frac{x}{n} = \frac{d(1 - d')}{d'(1 - d)}.$$

272. — *Une solution saline de densité* d=1,32 *marque* n=35°
à un aréomètre de Baumé. Quel poids d'eau faut-il ajouter à
P=400gr *de cette dissolution pour qu'elle marque* n'=25°, *en*
supposant nulle la contraction du mélange?

Soient x le poids d'eau à ajouter et d' la densité du mélange obtenu.

En écrivant que le volume de ce mélange est égal à la somme de ses parties,

on obtient l'équation :
$$\frac{P+x}{d'} = \frac{P}{d} + x ;$$

d'où
$$x = \frac{P(d-d')}{d(d'-1)} .$$

Si l'on représente par V le volume du réservoir de l'aréomètre et par v le volume de chaque division de la tige, l'équilibre de l'aréomètre dans les deux liquides donne les équations :
$$(V + nv)d = (V + n'v)d' = V ;$$

d'où
$$\frac{V}{v} = \frac{nd}{1-d} = \frac{n'd'}{1-d'} ;$$

d'où
$$d' = \frac{nd}{nd - n'(d-1)} .$$

En tenant compte de cette valeur la formule précédente devient :
$$x = P. \frac{n - n'}{n'} .$$

Numériquement :
$$x = 100^{gr}.$$

273. — *Un aréomètre à tige cylindrique dont le zéro (point*
d'affleurement dans l'eau) est à la partie supérieure, marque 15
dans un liquide dont la densité est 1,15 *et* 35 *dans un second*
liquide. Quelle est la densité de ce dernier? A quelle division se
fera l'affleurement dans un mélange formé avec ces deux liquides
dans la proportion de 7 *volumes du premier pour* 3 *volumes du*
second?

Soient V le volume de l'aréomètre au-dessous du zéro et v le volume extérieur de chaque division de la tige.

Dans l'eau, l'instrument marque 0 et déplace un volume V. Dans un liquide de densité d, il marque n et déplace un volume $(V - nv)$.

En égalant entre elles les deux expressions du poids relatif de l'appareil, données par le principe d'Archimède, on obtient l'équation :
$$V = (V - nv) d ;$$

d'où l'on tire :
$$\frac{V}{v} = \frac{nd}{d-1} .$$

Ainsi, pour un même pèse-esprit, on a :
$$\frac{nd}{d-1} = C^{te}. \qquad (1)$$

Cette relation, facile à retrouver, permet de résoudre la plupart des problèmes concernant l'aréomètre, sans faire intervenir davantage les inconnues auxiliaires

V et v. Pour obtenir chacune des équations nécessaires, il suffit d'égaler entre elles deux expressions de la constante (1) qui caractérise l'instrument.

Appliquons cette méthode aux deux questions proposées :

1° Sachant que l'on a $d = 1,15$ pour $n = 15$, calculer la densité $d' = x$ qui correspond à la division $n' = 35$.

D'après la relation (1), on a :

$$\frac{35x}{x-1} = \frac{15 \times 1,15}{0,15} = 115,$$

ou

$$\frac{x}{x-1} = \frac{23}{7};$$

d'où

$$x = \frac{23}{16} = 1,4375.$$

2° Si l'on mélange 7 volumes de densité d avec 3 volumes de densité d', on obtient 10 volumes dont la densité d'' vérifie l'équation des poids :

$$10d'' = 7d + 3d';$$

d'où

$$d'' = \frac{7 \times 1,15 + 3 \times 1,4375}{10} = 1,23625.$$

On demande à quelle division $n'' = y$, correspond cette densité d''.

La relation (1) donne encore :

$$\frac{y \times 1,23625}{0,23625} = 115;$$

d'où

$$y = \frac{115 \times 0,23625}{1,23625} = 21,97.$$

Dans le mélange indiqué, le pèse-esprit marquera sensiblement 22°.

274. — *Un aréomètre de Baumé marque 5° quand il est plongé dans du lait pur de densité 1,036, et 3° quand il est plongé dans du lait étendu d'eau. On demande : 1° la densité du lait fraudé ; 2° quelle quantité d'eau a été ajoutée par litre de lait ?*

1° Connaissant la densité d du liquide dans lequel l'aréomètre marque $n°$, proposons-nous de calculer la densité d' du liquide dans lequel il marquera $n'°$.

Le zéro du pèse-lait est en haut de la tige. Soit V le volume de la partie de l'instrument qui est située au-dessous de ce point; c'est-à-dire le volume d'eau qu'il déplace, et, par suite, son poids en grammes. Désignons par v le volume extérieur d'une division de la tige. Les conditions d'affleurement dans les liquides de densité d, d' se traduisent par les équations :

$$V = (V - nv)\,d, \quad \text{ou} \quad ndv = (d-1)\,V,$$

$$V = (V - n'v)\,d', \quad \text{ou} \quad n'd'v = (d'-1)\,V.$$

En divisant ces équations membre à membre, on obtient :

$$\frac{n'd'}{nd} = \frac{d'-1}{d-1};$$

d'où

$$d' = \frac{nd}{(n-n')d + n'}. \tag{1}$$

2° Soit x le volume d'eau qu'il faut ajouter à un litre de lait de densité d pour obtenir un mélange de densité d'.

En égalant entre elles deux expressions du poids total, on obtient l'équation :

$$x + d = (1 + x)\,d';$$

d'où l'on tire :
$$x = \frac{d - d'}{d' - 1}.$$

En remplaçant d' par sa valeur (1), on obtient :

$$x = \frac{(n - n')\,d}{n'}. \qquad (2)$$

Appliquons ces formules (1) et (2) à l'exemple numérique proposé :

$$n = 5, \quad n' = 3, \quad d = 1,036.$$

La première donne :

$$d' = \frac{5 \times 1,036}{2 \times 1,036 + 3} = \frac{5180}{5072} = 1,0212.$$

Et la seconde :

$$x = \frac{2 \times 1,036}{3} = 0,690.$$

Donc, à chaque litre de lait, on a mélangé 690ᶜᶜ d'eau, et la densité du liquide obtenu est 1,0212.

275. — *Un aréomètre de Baumé marque 0° dans l'eau pure et le volume de l'instrument au-dessous du zéro est égal à 144 fois le volume d'une division de la tige. Si cet aréomètre marque n° dans du lait pur, combien marquera-t-il dans un mélange contenant Kᶜᶜ d'eau par litre de mélange?*

Application : $\mathrm{n} = 5;$ $\mathrm{K} = 400.$

Soient d, d' les densités du lait pur et du mélange.

On a :
$$K + (1000 - K)\,d = 1000\,d'.$$

Soient x le nombre demandé et v le volume d'une division de la tige. Le poids de l'instrument et son volume jusqu'au zéro seront mesurés par $144v$.

On a donc :
$$144v = (144 - n)\,vd,$$
$$144v = (144 - x)\,vd';$$

d'où
$$d = \frac{144}{144 - x}, \qquad d' = \frac{144}{144 - n}.$$

Portant ces valeurs dans la première équation, on obtient :

$$K + \frac{1000 - K}{144 - n} \cdot 144 = \frac{144000}{144 - x};$$

d'où
$$x = \frac{144n\,(1000 - K)}{144000 - Kn}.$$

Numériquement :

$$x = \frac{144 \times 5 \times 600}{144000 - 20000} = \frac{72 \times 3}{62} = 3 + \frac{15}{31}.$$

276. — *Trois liquides mélangés successivement deux à deux, à poids égaux, donneraient des mélanges de densités respectives a, b, c. Quelle serait la densité du mélange de ces trois liquides,* *à poids égaux? On admet que tous ces mélanges se font sans contraction.*

Soient x, y, z les densités respectives de ces liquides et X la densité de leur mélange.

Admettons que pour former chaque mélange, on prenne un gramme de chacune des substances à mélanger. En écrivant qu'il n'y a pas contraction, c'est-à-dire que, dans tous les cas, le volume du mélange est égal à la somme des volumes mélangés, on obtient les quatre équations :

$$\frac{2}{a} = \frac{1}{x} + \frac{1}{y},$$

$$\frac{2}{b} = \frac{1}{y} + \frac{1}{z},$$

$$\frac{2}{c} = \frac{1}{z} + \frac{1}{x},$$

$$\frac{3}{X} = \frac{1}{x} + \frac{1}{y} + \frac{1}{z}.$$

Divisons chacune des trois premières par (-2), puis additionnons les quatre équations membre à membre.

Il vient :

$$\frac{3}{X} - \frac{1}{a} - \frac{1}{b} - \frac{1}{c} = 0;$$

d'où

$$X = \frac{3abc}{ab + bc + ca}.$$

On peut trouver ce même résultat sans aucun calcul.

Les mélanges partiels, formés comme il a été dit, pèsent chacun deux grammes, et ils ont pour volumes respectifs :

$$\frac{2}{a}, \quad \frac{2}{b}, \quad \frac{2}{c}.$$

En les réunissant dans un mélange unique, on aura deux grammes de chacun des liquides primitifs, sous un volume total représenté par la somme des trois fractions précédentes.

La densité de ce mélange final est donc :

$$\frac{P}{V} = \frac{6}{\dfrac{2}{a} + \dfrac{2}{b} + \dfrac{2}{c}} = \frac{3abc}{ab + bc + ca}.$$

277. — *Trois masses liquides de densités respectives* a, b, c *peuvent se mélanger deux à deux sans changement de volume. La densité du mélange serait* A *avec* b *et* c, B *avec* a *et* c, C *avec* a *et* b. *Quelle relation existe-t-il entre ces données?*

Soient x, y, z les volumes respectifs des trois liquides.
En égalant le poids de chaque mélange à la somme de ses parties, on a :

$$ax + by = C(x + y),$$

$$by + cz = A(y + z),$$

$$cz + ax = B(z + x).$$

Tout revient à éliminer x, y, z entre ces trois équations. Pour cela on peut mettre ces équations sous la forme :

$$\frac{x}{y} = -\frac{b-C}{a-C}\,,$$

$$\frac{y}{z} = -\frac{c-A}{b-A}\,,$$

$$\frac{z}{x} = -\frac{a-B}{c-B}\,.$$

Multipliant membre à membre, il vient :

$$\frac{(a-B)(b-C)(c-A)}{(A-b)(B-c)(C-a)} = 1.$$

2. — Mélanges avec contraction.

278. — *Le bronze d'aluminium, composé de un dixième d'aluminium et des 9 dixièmes de cuivre en poids, a pour densité 7,7. Les densités du cuivre et de l'aluminium étant 8,9 et 2,61, quelle est la contraction de l'alliage?*

Soit K la contraction de l'unité de volume.

Le volume d'un gramme d'aluminium et celui de 9 grammes de cuivre sont :

$$\frac{1}{2,61} \quad \text{et} \quad \frac{9}{8,9}\,.$$

En écrivant que le poids du mélange est égal à la somme de ses parties, on obtient l'équation :

$$\left(\frac{1}{2,61} + \frac{9}{8,9}\right)(1 - K)\,7,7 = 10;$$

d'où

$$K = \frac{17,113}{249,105} = 0,06863.$$

279. — *Quel poids d'eau a-t-on ajouté à 50cc d'alcool (densité $d = 0,795$), sachant que l'on a obtenu 100cc d'un mélange de densité $D = 0,93$? Quel est le coefficient de contraction de ce mélange?*

Soit x le poids d'eau.

En égalant le poids total à la somme de ses parties, on obtient :

$$x + 50d = 100D;$$

d'où

$$x = 100D - 50d.$$

Numériquement :
$$x = 93 - 39,75 = 53,25.$$

Soit K le coefficient de contraction. Écrivons que 50cc d'eau et 53cc,25 d'alcool donnent 100cc de mélange.

On a :
$$(103,25)(1 - K) = 100,$$
$$103,25\,K = 3,25;$$

d'où
$$K = \frac{325}{10325} = 0,0315.$$

280. — *Deux liquides, de densités d, d', forment un volume de densité d", dont le coefficient de contraction est k. Quelle est la composition de P^{gr} de ce mélange?*

Soient x et y les poids des liquides mélangés. Leurs volumes respectifs sont :

$$\frac{x}{d} \quad \text{et} \quad \frac{y}{d'} .$$

Le poids du mélange est donc :

$$x + y = P,$$

et son volume :

$$\left(\frac{x}{d} + \frac{y}{d'} \right) (1 - k) = \frac{P}{d''} .$$

En résolvant ce système d'équations, on obtient :

$$x = \frac{Pd \left[(1 - k) d'' - d' \right]}{(1 - k)(d - d') d''} ,$$

$$y = -\frac{Pd' \left[d - (1 - k) d'' \right]}{(1 - k)(d - d') d''} .$$

281. — *Deux liquides, de densités d, d', mélangés dans la proportion de v^{cc} du premier pour v'^{cc} du second, subissent une contraction de K par unité de volume. Quelle est la densité d'un corps solide qui flotte à la surface de ce mélange, de telle sorte que la partie immergée représente une fraction f de son volume total?*

Soit δ la densité du mélange.
En égalant deux expressions de son poids, on a :

$$vd + v'd' = (v + v') (1 - K) \delta ;$$

d'où

$$\delta = \frac{vd + v'd'}{(v + v')(1 - K)} .$$

Soit V le volume du corps flottant.
En écrivant que son poids est égal à la poussée, on obtient :

$$Vx = fV\delta ;$$

d'où, en tenant compte de la formule précédente :

$$x = f \frac{vd + v'd'}{(v + v')(1 - K)} .$$

282. — *On mélange deux liquides dans la proportion de v^{cc} de l'un pour v'^{cc} de l'autre. Quel est le coefficient de contraction du mélange sachant qu'un même corps solide immergé successivement dans les deux liquides et dans le mélange éprouve des poussées respectives p, p', p"?*

Ces poussées représentent les poids d'un même volume des divers liquides ; elles sont donc proportionnelles à leurs densités d, d', d'' : c'est-à-dire que l'on a :

$$\frac{p}{d} = \frac{p'}{d'} = \frac{p''}{d''} . \tag{1}$$

Soit K le *coefficient de contraction*, c'est-à-dire la contraction par unité de volume.

Le volume du mélange se réduit donc à $v + v'$ $(1 - K)$.

En égalant son poids total à la somme de ses parties, on a :

$$vd + v'd' = (v + v')(1 - K)d''.$$

Cette équation étant homogène par rapport aux nombres d, d', d'', on peut remplacer ceux-ci par les nombres proportionnels (1); ce qui donne :

$$vp + v'p' = (v + v')(1 - K)p'';$$

d'où
$$K = 1 - \frac{vp + v'p'}{(v + v')p''}.$$

Tel est le coefficient demandé. Il est nul quand on a :

$$vp + v'p' = (v + v')p'',$$

ce qui est facile à expliquer.

283. — *On mélange n volumes d'un liquide de densité d avec n' volumes d'un liquide de densité d'. Le coefficient de contraction est K. Quelle est la densité d'un cylindre de longueur l, qui plonge dans ce mélange et émerge d'une hauteur h?*

Application :

$$n = 2, \quad d = 1,1, \quad n' = 5, \quad d' = 1,2, \quad K = \frac{1}{136}, \quad l = 20^{cm}, \quad h = 1^{cm}.$$

Soient x la densité cherchée, D_1 et D_2, les densités du mélange avant et après la contraction.

Le poids du mélange égale la somme de ses parties :

$$(n + n')D_1 = nd + n'd';$$

d'où
$$D_1 = \frac{nd + n'd'}{n + n'}. \tag{1}$$

Appelons V_1 le volume d'un certain poids P du mélange avant la contraction; après la contraction ce même poids P prend un volume V_2, et l'on a par définition :

$$K = \frac{V_1 - V_2}{V_1} = \frac{D_2 - D_1}{D_2};$$

d'où
$$D_2 = \frac{D_1}{1 - K},$$

et en tenant compte de (1) :

$$D_2 = \frac{nd + n'd'}{(n + n')(1 - K)}.$$

L'équilibre du cylindre donne :

$$slx = s(l - h)D_2;$$

d'où
$$x = \frac{l - h}{l} \cdot D_2,$$

et en remplaçant D_2 par sa valeur :

$$x = \frac{l - h}{l} \cdot \frac{nd + n'd'}{(n + n')(1 - K)}.$$

Numériquement : $x = 1,121.$

284. — *On mélange 3 parties d'eau et 5 d'acide sulfurique. Le mélange étant refroidi, on y plonge un corps solide qui subit une poussée équivalente à une perte de poids de 15gr,73. Dans l'eau à + 4°, le même corps perd 10gr; dans l'acide sulfurique concentré, 18gr,4. Y a-t-il eu contraction au moment du mélange, et, si cela est, quelle est la valeur de cette contraction?*

En d'autres termes, un solide perd de son poids : p^{gr} dans l'eau, p'^{gr} dans un acide et p''^{gr} dans le mélange de m volumes d'eau avec n volumes de cet acide. Y a-t-il eu contraction au moment du mélange?

Soient les inconnues auxiliaires : V, volume du solide; ε, densité de l'acide; d', densité réelle du mélange; d, densité du mélange supposé non contracté.

1° La contraction est nulle ou non, selon que d est égal ou inférieur à d'.

Pour chacune des expériences indiquées, écrivons que la perte de poids du solide est égale au poids du liquide déplacé.

On a :
$$V = p, \quad V\varepsilon = p', \quad Vd' = p'';$$

d'où
$$\varepsilon = \frac{p'}{p}, \quad \text{et} \quad d' = \frac{p''}{p}. \tag{1}$$

Égalons le poids du mélange à la somme de ses parties :
$$(m + n)d = m + n\varepsilon = m + \frac{np'}{p};$$

d'où
$$d = \frac{mp + np'}{(m + n)p}. \tag{2}$$

Dans les hypothèses actuelles :
$$p = 10^{gr}; \quad p' = 18^{gr},4; \quad p'' = 15^{gr},73; \quad m = 3; \quad n = 5;$$

on trouve :
$$d' = \frac{15,73}{10} = 1,573 \quad \text{et} \quad d = \frac{30 + 92}{80} = 1,525.$$

Donc il y a eu contraction.

2° La valeur de la contraction s'exprime par le *coefficient de contraction*, c'est-à-dire par le *nombre qui mesure la diminution éprouvée par l'unité de volume*.

Soient v, v' les volumes du mélange avant et après contraction.

On a :
$$\frac{v}{v'} = \frac{d'}{d}.$$

Le coefficient de contraction est :
$$x = \frac{v - v'}{v} = \frac{d' - d}{d'}. \tag{3}$$

Dans le cas actuel :
$$x = \frac{0,048}{1,573} = 0,03.$$

En général, si l'on transforme (3) par les formules (1) et (2), on obtient :
$$x = \frac{(m + n)p'' - (mp + np')}{(m + n)p''}.$$

Tel est le coefficient de contraction, exprimé en valeur des données. Théoriquement, il peut être positif, nul ou négatif, et indiquer par là que le volume du mélange est inférieur, égal ou supérieur à la somme des volumes mélangés.

285. — *Une solution d'acide sulfurique qui marque 10° Baumé contient 10,8 % d'acide. On demande quelle quantité d'acide contient une solution qui marque 22° B? La densité de la solution saline qui a servi à déterminer le 15e degré est 1,116.*

La densité de l'acide sulfurique est 1,842, et on admet que la contraction du mélange d'eau et d'acide est proportionnelle à la quantité d'acide.

Appelons d la densité de la solution saline à 15° B, δ la densité de la solution acide à 10° B, δ' la densité de la solution acide à 22° B.

La formule des aréomètres donne :

$$(V - 15c)\,d = V,$$
$$(V - 10c)\,\delta = V,$$
$$(V - 22c)\,\delta' = V.$$

Soit c la *contraction*, c'est-à-dire la diminution en centimètres cubes que subissent 100gr du mélange formé de 89gr,2 d'eau et de 10gr,8 d'acide.

On a, le poids du mélange étant 100gr :

$$\left(89,2 + \frac{10,8}{1,842} - c\right)\delta = 100.$$

Soit x la quantité d'acide contenue dans 100gr de solution à 22° B.

La contraction sera, d'après l'approximation indiquée :

$$\frac{c \times x}{10,8}.$$

On peut donc écrire :

$$\left[(100 - x) + \frac{x}{1,842} - \frac{cx}{10,8}\right]\delta' = 100,$$

$(100 - x)$ étant le volume de l'eau,

$\dfrac{x}{1,842}$ celui de l'acide.

D'où, après calculs : $\qquad x = 24.$

286. — *On connait la densité de l'alcool d = 0,795 et celle du mélange dans lequel l'alcoomètre centésimal doit marquer 50°, d' = 0,935.*

1° Quelle est la composition volumétrique de ce mélange?

2° Dans quel rapport le volume de la tige graduée est-il partagé par la division 50?

1° 100cc du mélange contiennent 50cm3 d'alcool et $x$cm3 d'eau. Égalons deux expressions de leur poids :

$$93,5 = 50 \times 0,795 + x;$$

d'où $\qquad x = 53,75.$

Donc, à 50 volumes d'alcool, pour obtenir 100 volumes du mélange, il faut ajouter 53,75 volumes d'eau.

2° Soient y, z les volumes des portions de la tige comprises de 0° à 50° et de 0° à 100°. Désignons par V le volume de toute la partie de l'aréomètre inférieure au zéro.

Le poids de l'instrument est toujours égal à celui du liquide déplacé :

$$V = V + y \; d' = (V + z) \; d;$$

éliminons V :

$$\frac{y}{z} = \frac{d(1 - d')}{d'(1 - d)}.$$

Numériquement :

$$\frac{y}{z} = \frac{795 \times 65}{935 \times 205} = \frac{2067}{7667} = 0,269.$$

Ainsi, le volume des 50 premières divisions est inférieur au tiers du volume total de l'échelle.

§ III. — Poussée dans les gaz.

287. — *Un ballon sphérique en verre a pour rayon* R = 14^{cm}. *Quelle poussée éprouve-t-il dans l'air normal, dont la densité est* a = 0,001 293?

Cette poussée x est égale au poids de l'air déplacé.

On a :

$$x = \frac{4}{3} \pi R^3 \times a = 14^{gr},4.$$

288. — *Quel est le volume du gaz contenu dans un ballon de taffetas, sachant que ce ballon déplace une masse d'air de* P = 100^{kg} *dans les conditions normales où le litre d'air pèse* a = 1^{gr},293?

Le volume demandé x est sensiblement égal à celui de 100^{kg} d'air normal.

On a donc :

$$x = \frac{100000}{1,293} = 77340^l.$$

289. — *Quel est le poids apparent, dans l'air normal de densité* a = 0,001 293, *d'un kilogramme de liège dont la densité est* d = 0,24?

Ce liège a pour volume :

$$\frac{1000}{d}.$$

Il éprouve dans l'air une poussée de :

$$\frac{1000a}{d}.$$

Son poids apparent est la différence :

$$1000\left(1 - \frac{a}{d}\right),$$

ou

$$1000\left(\frac{d - a}{d}\right) = \frac{238,707}{0,24} = 994^{gr},5$$

290. *Un petit ballon de baudruche a une enveloppe de poids* $p = 5^{gr}$ *et de volume* $V = 7^l$. *Quelle est sa force ascensionnelle quand il est rempli :* 1° *d'hydrogène;* 2° *de gaz d'éclairage?*

Poids du litre d'air : $a = 1^{gr},293.$

»   d'hydrogène : $a' = a \times 0,069.$

»   de gaz d'éclairage : $a'' = a \times 0,63.$

La force ascensionnelle est égale au poids de l'air déplacé, moins le poids total du ballon gonflé de gaz; c'est-à-dire, en représentant par d la densité du gaz intérieur :
$$Va - Vad - p,$$
ou
$$Va(1 - d) - p.$$

1° Avec de l'hydrogène, cette expression devient :
$$x = 3^{gr},126.$$

2° Avec du gaz d'éclairage :
$$y = -1,652.$$

Dans ce dernier cas, le ballon reste plus lourd que l'air.

291. — *Un gâteau de cire pesé dans l'air est équilibré par* $P = 3355^{gr}$ *de laiton. Quel est son poids dans le vide? Poids spécifique de la cire :* $d = 0,96$; *du laiton :* $D = 8,4$; *de l'air :* $a = 0,0013.$

Soit x le poids demandé.

En égalant entre eux les poids apparents dans l'air, on obtient l'équation :
$$x - \frac{x}{d}\, a = P - \frac{P}{D}\, a;$$

d'où l'on tire :
$$x = P\, \frac{d}{D}\, \frac{D - a}{d - a}.$$

Numériquement :
$$x = 3355 \cdot \frac{96}{840}\, \frac{8,3987}{0,9587},$$
$$= 3359^{gr}.$$

292. — *Une sphère métallique est placée dans un récipient à air comprimé. Quel est son volume, sachant que son poids apparent varie de* $p = 38^{gr},79$ *quand la pression de l'air croît de* $H = 148^{cm}$ *à* $H' = 3^m$ *de mercure? Poids du litre d'air :* $1^{gr},293.$

Soient V le volume de la sphère et P, P' les poussées qu'elle éprouve dans la première et la seconde expérience.

On a :
$$P' - P = p.$$

Or
$$P = \frac{VHa}{76}, \quad \text{et} \quad P' = \frac{VH'a}{76}.$$

L'équation précédente devient :
$$\frac{Va}{76}(H' - H) = p;$$

d'où
$$V = \frac{76p}{a(H' - H)}.$$

Numériquement :
$$V = 15^l.$$

293. — *Deux corps de densités d, d' se font équilibre dans l'air, dont la densité absolue est a. Quel est le rapport de leurs volumes ?*

Soient V, V' ces volumes. Les poids de ces corps seront Vd et $V'd'$. En écrivant que leurs poids apparents sont égaux, on obtient l'équation :

$$Vd - Va = V'd' - V'a ;$$

d'où l'on tire :

$$\frac{V}{V'} = \frac{d' - a}{d - a} .$$

294. — *Deux vases cylindriques identiques placés sur les plateaux d'une balance se font équilibre dans l'air, à 0° et à la pression normale. On verse dans l'un de ces vases une hauteur h d'un liquide de densité d. Quelle hauteur d'un liquide de densité d' faut-il verser dans l'autre, pour rétablir exactement l'équilibre dans l'air ?*

Soient h' la hauteur demandée, S la section droite des vases et a le poids du litre d'air.

Égalons entre eux les poids apparents de ces deux liquides. Leurs volumes respectifs étant Sh et Sh', on a :

$$Sh(d - a) = Sh'(d' - a) ;$$

d'où

$$h' = h . \frac{d - a}{d' - a} .$$

295. — *Un corps de densité d = 5,1 pèse P = 60gr dans l'air, de densité a = 0,001293, et P' = 50gr dans un liquide dont on demande la densité x.*

Soit V le volume du corps. Écrivons que chaque poids apparent est égal au poids réel diminué de la poussée du fluide ambiant.

On a :

$$P = Vd - Va,$$
$$P' = Vd - Vx ;$$

d'où par division :

$$\frac{d - x}{d - a} = \frac{P'}{P} .$$

Cette équation donne :

$$x = \frac{(P - P')d + P'a}{P} .$$

Numériquement :

$$x = \frac{51,06465}{(1)} = 0,851.$$

296. — *Les boules d'un baroscope, suspendues aux plateaux d'une balance, se font équilibre dans l'air sec à 0°. Quelle est la pression de cet air, sachant que les poids des boules diffèrent de p^{gr} et leurs volumes de v^{cc} ?*

Soient P, P' les poids des boules, V, V' leurs volumes et a' la masse du centimètre cube d'air à la pression demandée H.

En égalant entre eux les poids apparents des deux boules, on a :

$$P - Va' = P' - V'a',$$

ou

$$P - P' = (V - V')a';$$

d'où

$$a' = \frac{P - P'}{V - V'} = \frac{p}{v}.$$

Mais, à une même température, la masse du centimètre cube d'air est proportionnelle à sa pression.

On a :

$$\frac{a'}{a} = \frac{H}{76}.$$

Éliminant a' entre ces équations, il vient :

$$\frac{aH}{76} = \frac{p}{v};$$

d'où

$$H = \frac{76p}{av}.$$

297. — *Une balance est introduite dans un récipient plein d'air, dont on peut faire varier la pression. Ses plateaux contiennent respectivement* p^{gr} *d'un corps de densité* d *et* p'^{gr} *d'un corps de densité* d'. *A quelle pression y aura-t-il équilibre?*

Application :

$$p = 215,30, \quad p' = 215,17, \quad d = 2, \quad d' = 5, \quad a = 0,0013.$$

Soit x cette pression. Le poids spécifique de l'air devient :

$$a' = a . \frac{x}{76}.$$

En égalant entre eux les poids apparents des deux corps, on obtient l'équation :

$$p - \frac{p}{d}\ \frac{ax}{76} = p' - \frac{p'}{d'}\ \frac{ax}{76};$$

d'où l'on tire :

$$x = \frac{76dd'(p - p')}{a(pd' - dp')}.$$

Numériquement :

$$x = \frac{76 \times 10 \times 0,13}{0,0013 \times 646,16},$$

$$= \frac{76000}{646,16} = 117^{cm},6.$$

298. — *On place dans les plateaux d'une balance deux sphères métalliques : l'une massive a* 3^{cm} *de rayon ; le rayon de l'autre est de* 24^{cm}. *Elles se font équilibre dans l'air, dont la force élastique évaluée en colonne de mercure est* 0^m,76.

La balance est portée dans un récipient plein de gaz dont la tension en colonne de mercure est 4^m,56.

De quel côté penchera le fléau et quel poids faudra-t-il mettre dans l'un des plateaux pour rétablir l'équilibre?

Le poids normal d'un litre d'air est 1^{gr},293.

Soient P, p les poids des deux sphères dans le vide ; V, v leurs volumes respectifs; Π, Π' les pressions successives considérées $(\Pi > \Pi')$ et a le poids normal de l'unité de volume d'air.

L'énoncé ne faisant pas connaître la nature de la seconde atmosphère gazeuse, nous admettrons qu'elle est formée d'air aussi bien que la première.

L'air étant à la pression Π, écrivons que les poids apparents des deux sphères sont égaux; on a :

$$P - Va\,\frac{\Pi}{76} = p - va\,\frac{\Pi}{76}\,.$$

Quand la pression augmente de Π à Π', les accroissements de poussée sur les deux sphères sont proportionnels aux volumes de ces corps; c'est donc la sphère la plus volumineuse qui subit la plus grande perte de poids. Soit x le poids apparent qu'il faut mettre de son côté pour rétablir l'équilibre.

On aura :

$$x + P - Va\,\frac{\Pi}{76} = p - va\,\frac{\Pi'}{76}\,.$$

En retranchant ces deux équations membre à membre, on obtient :

$$x + Va\left(\frac{\Pi - \Pi'}{76}\right) = va\left(\frac{\Pi - \Pi'}{76}\right);$$

d'où

$$x = a\,\frac{\Pi' - \Pi}{76}\,(V - v).$$

Numériquement : $\qquad x = 373^{gr},6.$

299. — *Un corps flotte à la surface de l'eau, dans un récipient où l'on peut faire varier la pression de l'air qui surmonte le liquide. Dans quel rapport augmente le volume de la partie émergente, quand cette pression croît de 1^{atm} à n^{atm}?*

Le poids spécifique de l'air normal est $a = \dfrac{1}{770}\,.$

La poussée totale de l'eau et de l'air reste égale au poids du corps. Soient V le volume total du corps, v le volume qui émerge pour une atmosphère, v' le volume qui émerge pour n atmosphères.

On a : $\qquad (V - v) + va = (V - v') + v'na;$

d'où $\qquad \dfrac{v'}{v} = \dfrac{1 - a}{1 - na}\,;$

c'est-à-dire : $\qquad \dfrac{v'}{v} = \dfrac{769}{770 - n}\,.$

300. — *On met du mercure dans un vase en fer cylindrique de 10^{cm} de rayon; au-dessus on verse 578^{cm^3} d'eau; enfin au-dessus se trouve une atmosphère que l'on peut comprimer. On met dans le vase un flotteur formé d'un prisme droit en verre de 20^{cm} de hauteur et 500^{cm^3} de volume (densité du verre 2,5) et d'une boule de platine (densité 20) pesant 3578^{gr}. On demande quelle position d'équilibre prendra le flotteur, l'appareil étant maintenu à $4°$ et l'air à une atmosphère.*

Densité du mercure $= 13,5$.

Poids du litre d'air $= 1^{gr},29$.

On demande l'effet produit sur la position d'équilibre par un changement de pression de l'air.

1° Soient D la densité du mercure, d la densité du platine, δ la densité de l'air, P le poids du cylindre de verre, p de la boule de platine, S et s les sections du vase et du cylindre, enfin x, y et z les parties du flotteur immergées dans le mercure, l'eau et l'air.

L'équilibre exige que le poids du corps flottant soit égal à la somme des poids des fluides déplacés, c'est-à-dire à la poussée totale.

On a donc ·
$$P + p = p\,\frac{D}{d} + s\,(xD + y + z\delta). \qquad (1)$$

L'eau introduite dans le vase a pour volume 578^{cm3}. Lorsque le cylindre est immergé, l'épaisseur y de la couche d'eau est :

$$y = \frac{578}{S - s}\,;$$

d'où

(1)
$$y = \frac{578}{100\pi - 25} = 2^{cm}. \qquad (2)$$

On a d'autre part :
$$x + z + 2 = 20^{cm}. \qquad (3)$$

Des équations ci-dessus on tire :

$$P + p\left(1 - \frac{D}{d}\right) - 2s - 18s\delta = sx\,(D - \delta);$$

d'où après calculs :
$$x = 7^{cm}.$$

Le flotteur est donc immergé de :

$$7^{cm} \text{ dans le mercure,}$$
$$2^{cm} \text{ dans l'eau,}$$
$$11^{cm} \text{ dans l'air.}$$

2° Soient π, π_1, π_2 les poussées produites par le mercure, l'eau et l'air. On a :

$$P + p = \pi + \pi_1 + \pi_2;$$

d'où
$$\pi + \pi_2 = P + p - \pi_1.$$

Le second membre de cette équation est constant, puisque l'épaisseur de la couche d'eau est invariable; la valeur du premier membre est également constante.

La poussée produite par le mercure varie donc en sens inverse de celle qui est produite par l'air ; or celle-ci est proportionnelle à la densité du gaz et, par suite, à la pression qu'il supporte.

Une augmentation de pression produit une augmentation de la poussée de l'air et une diminution de celle du mercure; par suite, le flotteur se soulève lorsqu'on augmente la pression; il s'enfonce, dans le cas contraire.

301. — *Quel serait le rayon d'une enveloppe sphérique en aluminium de e $= 1^{mm}$ d'épaisseur et parfaitement vide, qui flotterait sans poids apparent dans l'air normal? Densité de l'aluminium d $= 2,56$. Densité de l'air normal a $= 0,001293$.*

Soit x le rayon extérieur de la sphère.

En écrivant que la masse de l'enveloppe est égale à la masse de l'air déplacé,
on obtient l'équation :

$$\left[\frac{1}{3}\pi x^3 - \frac{1}{3}\pi (x-e)^3\right] d = \frac{1}{3}\pi x^3 a,$$

que l'on peut écrire :

$$\frac{(x-e)^3}{x^3} = \frac{d-a}{d} ;$$

d'où

$$\frac{x-e}{x} = \sqrt[3]{\frac{d-a}{d}}.$$

Numériquement :

$$1 - \frac{1}{10x} = \sqrt[3]{\frac{2,558707}{2,56}} = 0,999831,$$

$$x = \frac{1}{0,00169} = 591^{cm},71,$$

$$x = 5^m,91.$$

CHAPITRE V

POMPES

Pompe aspirante. — Soient s la section du piston, d'épaisseur négligeable, h, h' ses distances au déversoir et au puisard, l la course du piston.

1° *L'effort nécessaire pour soulever le piston est :*
$$s(h + h') \text{ (grammes)} \quad \text{ou} \quad s(h + h')\, g \text{ (dynes)}.$$

2° *Le travail dépensé à chaque coup de piston est :*
$$s(h + h')\, l\, (gr\text{-}cm) \quad \text{ou} \quad s(h + h')\, lg \text{ (ergs)}.$$

Ce travail moteur est égal au travail résistant.

Presse hydraulique. — Soient S, s les surfaces des deux pistons, F, f les poussées qu'ils subissent, H, h leurs déplacements simultanés.

La pression étant la même sur les deux surfaces, on a :
$$\frac{F}{S} = \frac{f}{s}.$$

Le volume de l'eau restant invariable, on a :
$$SH = sh.$$

Il s'ensuit :
$$\frac{S}{s} = \frac{F}{f} = \frac{h}{H} \, ;$$

d'où
$$FH = fh \, ;$$

c'est-à-dire que le travail recueilli est égal au travail dépensé.

Siphon. — Soient s la section du tube, h, h' les hauteurs de ses deux branches, d la densité du liquide. La colonne liquide intérieure est sollicitée du niveau supérieur vers le niveau inférieur par une poussée :
$$s(h' - h)\, d \text{ (grammes)}.$$

Machine pneumatique (*d'Otto de Guéricke*). — Soient V le volume du récipient, v le volume du corps de pompe, H_0 la pression initiale, H_n la pression après n coups de piston.

On a :
$$H_n = H_0 \left(\frac{V}{V+v} \right)^n,$$

abstraction faite de l'espace nuisible.

S'il y a un *espace nuisible* u, la pression limite est :

$$f = \mathrm{H} . \frac{u}{v} ,$$

H désignant la pression atmosphérique.

Pompe de compression. — Soient V le volume du récipient, v le volume du corps de pompe, $\mathrm{H_0}$ la pression initiale, $\mathrm{H_n}$ la pression après n coups de piston, H la pression atmosphérique.

On a :
$$\mathrm{H_n} = \mathrm{H_0} + n\mathrm{H} . \frac{v}{\mathrm{V}} ,$$

abstraction faite de l'espace nuisible.

S'il y a un *espace nuisible* u, la pression limite est :

$$\mathrm{F} = \mathrm{H} . \frac{v}{u} .$$

§ 1. — Pompes à liquides.

302. — *Dans une pompe aspirante, le tuyau d'aspiration a 5ᵐ de hauteur au-dessus du niveau de l'eau, la course du piston est de 40ᶜᵐ, et la section du corps de pompe est 12 fois plus grande que celle du tuyau d'aspiration. A quelle hauteur l'eau s'élèvera-t-elle dans ce tuyau par l'effet du premier coup de piston?*

Soient x cette hauteur, s la section du tuyau et 1030ᶜᵐ la pression atmosphérique en colonne d'eau.

L'air qui occupait un volume 500s sous la pression 1030, prend un volume ;

$$500s + 12 \times 40s - sx,$$

sous la pression $(1030 - x)$.

On a donc, d'après la loi de Mariotte :

$$(1030 - x)(980 - x) = 500 \times 1030,$$

ou
$$x^2 - 2010x + 480 \times 1030 = 0.$$

La plus petite racine répond seule à la question.
L'eau s'élève à 287ᶜᵐ ou 2ᵐ,87.

303. — *Le corps d'une pompe est 10 fois moins long et 4 fois plus large que le tuyau d'aspiration. Calculer la hauteur de ce dernier, sachant qu'il est exactement rempli d'eau par l'effet du premier coup de piston.*

Soient h la longueur du tuyau, s sa section et H la pression atmosphérique évaluée en hauteur d'eau ($\mathrm{H} = 1033^{\mathrm{m}}$).

Appliquons la loi de Mariotte à l'air confiné.

Cet air occupe d'abord : un volume sh sous la pression H, puis un volume $\frac{16sh}{10}$ sous la pression $(\mathrm{H} - h)$.

On a donc :
$$sh\mathrm{H} = \frac{16sh}{10}(\mathrm{H} - h),$$

ou
$$10\mathrm{H} = 16(\mathrm{H} - h);$$

d'où
$$h = \frac{6\mathrm{H}}{16}.$$

Numériquement :
$$h = \frac{3 \times 1033}{8} = 387^{cm},$$
$$= 3^{m},87.$$

304. — *Le piston d'une pompe foulante a une surface de 30^{cq}.* *La course du piston est de 1^m. On se sert de la pompe pour puiser dans un grand réservoir une dissolution saline dont la densité est 1,1 et pour refouler ce liquide à une hauteur de 150^m.*

On demande : 1° le poids du liquide refoulé à chaque coup de piston; 2° le travail absorbé par chaque coup de piston.

Le poids et le travail demandés peuvent être exprimés de diverses manières, suivant les unités adoptées. Mais il suffit de se rappeler qu'un *kilogramme* vaut 0,981 *mégadynes*, et qu'un *kilogrammètre* vaut 9,81 *joules* ou 98,1 *mégergs*.

1° Chaque coup de piston refoule un volume de liquide égal à celui du corps de pompe, c'est-à-dire un volume de $30 \times 10 = 300$ (litres).

La densité de ce liquide étant 1,1, son poids est de :
$$300 \times 1,1 = 330 \text{ (kilogrammes)},$$

ou
$$330 \times 0,981 = 323,73 \text{ (mégadynes)}.$$

2° Si la pompe est entièrement immergée dans le liquide du réservoir, le piston supporte une pression constante, égale au poids d'une colonne de liquide ayant pour base la surface du piston et pour hauteur la différence des niveaux; c'est-à-dire une pression de :
$$30 \times 150 \times 1,1 = 4950 \text{ (kilos)}.$$

Le travail par coup de piston est le produit de cette force par le déplacement du point d'application, c'est-à-dire :
$$4950 \times 1 = 4950 \text{ (kilogrammètres)};$$

ou
$$4950 \times 9,81 = 48559,5 \text{ (joules)};$$

ou enfin :
$$485595 \text{ (mégergs)}.$$

305. — *Le tuyau d'aspiration d'une pompe plonge dans un liquide de densité d; sa section est s, sa hauteur au-dessus du liquide, l; il est plein d'air à la pression atmosphérique, qui équivaut à H^{cm} de mercure (densité D). De quelle hauteur faut-il soulever le piston, qui est au bas de sa course, et dont la section est S, pour que le liquide vienne affleurer à l'orifice situé entre le tuyau d'aspiration et le corps de pompe?*

Soit x la hauteur demandée. L'air confiné passe du volume sl au volume Sx; sa pression en grammes par centimètre carré, qui valait d'abord HD, est devenue $HD - ld$.

On a donc, d'après la loi de Mariotte :

$$S x (HD - ld) = sl.HD;$$

d'où
$$x = l \frac{s}{S} \frac{HD}{HD - ld} \cdot$$

Pour que le problème soit possible, il faut d'abord que la pression ld du liquide soulevé soit inférieure à la pression atmosphérique HD.

Il faut ensuite que la course du piston soit au moins égale à la longueur x, laquelle est inversement proportionnelle à la différence $HD - ld$.

306. — *Le section d'un corps de pompe est $S = 125^{cq}$, et la course du piston $L = 45^{cm}$. La longueur du tuyau d'aspiration en dehors de l'eau est $1 = 5^{m},28$. Quelle doit être la section intérieure de ce tuyau, pour qu'au premier coup de piston l'eau pénètre dans le corps de pompe et s'y élève à une hauteur $h = 5^{cm}$ quand la pression atmosphérique a sa valeur normale $H = 76^{cm}$?*

Soit s la section demandée. La masse d'air, qui occupe d'abord le volume sl sous la pression HD (pression atmosphérique évaluée en colonne d'eau), prend ensuite un volume $S (L - h)$ à la pression $(HD - l - h)$.

On a donc, d'après la loi de Mariotte :

$$slHD = S (L - h)(HD - l - h);$$

d'où
$$s = S \frac{(L - h)(HD - l - h)}{HD} \cdot$$

Numériquement :
$$s = 125. \frac{40(1033,6 - 533)}{528 \times 1033,6},$$

$$= 1^{cc},58.$$

307. — *Un corps de pompe muni d'un piston communique par un tuyau avec un réservoir à eau. La longueur du tuyau est l; la course du piston L. On demande à quelle hauteur x arrivera le niveau de l'eau au-dessus du niveau constant dans le réservoir après un coup de piston, celui-ci étant d'abord au bas de sa course, le diamètre du tuyau étant d, celui du piston D, la pression atmosphérique et la pression dans le tuyau avant le mouvement du piston étant H, exprimée en colonne d'eau. Discuter le résultat.*

H étant la pression atmosphérique évaluée en colonne d'eau, on peut supposer $l < H$, attendu qu'une pompe ne saurait aspirer l'eau à une hauteur supérieure à H.

On obtient l'équation du problème en appliquant la loi de Mariotte à la masse d'air emprisonnée sous le piston. Mais il est évident que le volume final de cet air prend deux expressions différentes, selon que x est inférieur ou supérieur à l. Il faut donc distinguer :

1° Soit $x < l$. Le piston étant au haut de sa course, l'air confiné occupe le volume :
$$\frac{\pi}{4} [d^2 (l - x) + D^2 L],$$

sous la pression $H - x$.

La loi de Mariotte donne :

$$d^2lH = [d^2(l-x) + D^2L](H-x),$$

ou $\quad d^2x^2 - (d^2l + D^2L + d^2H)x + D^2LH = 0.$ $\qquad$ (1)

D'après l'hypothèse faite, une racine de cette équation n'est acceptable que si l'on a : $\qquad 0 < x < l < H.$

Or $\qquad f(0) = D^2LH, \qquad f(H) = -d^2lH,$

et $\qquad f(l) = D^2LH - l(d^2H + D^2L).$

Donc, les racines de (1) sont réelles et disposées comme il suit :

$$0 < x' < H < x''.$$

La plus petite seule peut convenir. Pour cela, il faut et il suffit que l soit supérieur à x', et par suite, intérieur aux racines; c'est-à-dire que l'on ait :

$$f(l) < 0,$$

ou $\qquad l > \dfrac{D^2LH}{d^2H + D^2L} = \lambda.$

— Au contraire, $l < \lambda$ entraîne $l < x'$; alors la pompe ne s'amorce pas au premier coup de piston, et l'équation (1) n'est plus applicable.

2° Soit $x > l$. Le volume final de l'air a pour expression : $\dfrac{\pi D^2}{4}(l + L - x)$, et l'équation de Mariotte devient :

$$d^2lH = D^2(l + L - x)(H - x),$$

ou $\quad D^2x^2 - (l + L + H)D^2x + H(D^2l + D^2L - d^2l) = 0.$ $\qquad$ (2)

Pour qu'une racine de cette équation soit acceptable, on doit avoir :

$$l < x < H.$$

Or, $\qquad f(H) = -d^2lH,$

et $\qquad f(l) = D^2LH - l(D^2L + d^2H).$

Donc, les racines de (2) sont réelles et disposées comme il suit :

$$x' < H < x''.$$

La plus petite seule peut convenir. Pour cela, il faut et il suffit que l soit inférieur à cette racine et, par suite, extérieur aux racines; c'est-à-dire que l'on ait : $\qquad f(l) > 0,$

ou $\qquad l < \dfrac{D^2LH}{d^2H + D^2L} = \lambda.$

— Au contraire, $l > \lambda$ entraîne $x' < l$; la pompe ne s'amorce pas du premier coup et il faut recourir à l'équation (1).

En résumé, le problème admet toujours une solution et une seule; mais cette solution est donnée par l'équation (1) ou par l'équation (2), selon que la pompe ne s'amorce pas ou s'amorce du premier coup; c'est-à-dire, numériquement, selon que l est supérieur ou inférieur à λ.

Si $l = \lambda$, le piston ayant achevé sa course, l'eau remplit complètement le tuyau d'aspiration et vient affleurer à la base du corps de pompe.

Presse hydraulique.

308. — *Les pistons d'une presse hydraulique ont pour diamètres $2R = 50^{cm}$ et $2r = 4^{cm}$. Combien de coups faut-il donner du petit piston, dont la course est $l = 25^{cm}$, pour que le grand piston s'élève de $h = 32^{cm}$?*

Soit n le nombre demandé.

En égalant entre elles deux expressions du volume d'eau injecté, on a :

$$\pi r^2 l \times n = \pi R^2 h;$$

d'où
$$n = \frac{R^2 h}{r^2 l} = \frac{25^2 \times 32}{4 \times 25} = 200 \text{ coups.}$$

309. — *Dans une presse hydraulique, les pistons ont pour rayons R et r, et la course du petit piston est l. On donne un coup de piston en exerçant un effort constant f. Calculer le déplacement du grand piston, l'effort qu'il supporte, et vérifier que le travail résistant est égal au travail moteur.*

1° Soit L la course du grand piston. En écrivant que celui-ci fait place à l'eau qui pénètre dans le grand corps de pompe, c'est-à-dire à l'eau expulsée du petit corps de pompe, on obtient :

$$\pi R^2 L = \pi r^2 l; \quad \text{d'où} \quad L = l . \frac{r^2}{R^2} .$$

2° L'effort F exercé par le grand piston est donné par le principe de Pascal :

$$\frac{F}{f} = \frac{\pi R^2}{\pi r^2}; \quad \text{d'où} \quad F = f . \frac{R^2}{r^2} .$$

3° Le travail résistant est donc :

$$FL = fl,$$

c'est-à-dire qu'il est égal au travail moteur.

310. — *Dans une presse hydraulique, les rayons des pistons sont r et R, le rayon du grand corps de pompe est R' et sa hauteur h. Enfin les bras du levier ont pour longueur l et L. On agit sur le petit piston en exerçant un effort f à l'extrémité du grand bras de levier. Calculer la pression totale supportée : 1° par la base du grand piston ; 2° par la surface latérale du grand corps de pompe.*

L'effort p exercé sur le petit piston est donné par le principe du levier :

$$\frac{p}{f} = \frac{L}{l}; \quad \text{d'où} \quad p = f . \frac{L}{l} .$$

Cette pression se répartit sur la section πr^2. La pression intérieure sur chaque centimètre carré de la surface liquide est :

$$\frac{p}{\pi r^2}, \quad \text{ou} \quad \frac{fL}{\pi r^2 l} .$$

Les pressions totales sur les surfaces indiquées :

$$\pi R^2 \quad \text{et} \quad 2\pi R'h,$$

sont donc respectivement :

$$\frac{f L R^2}{r^2} \quad \text{et} \quad \frac{2 f L R'h}{r^2 l}.$$

311. — *A l'aide d'une presse hydraulique dont les pistons ont pour sections droites S et s, on comprime un prisme droit de base B. Le petit piston supportant une pression de p^{kg}, on demande quelle est la pression par centimètre carré sur la section droite du prisme.*

L'effort de p^{kg} réparti sur la section s du petit piston représente une pression

de $\dfrac{p}{s}$ par centimètre carré.

Cette pression se transmet intégralement à chaque centimètre carré de la section droite du grand piston.

Celui-ci exerce donc un effort total de $\dfrac{pS}{s}$.

En supposant que cette pression soit répartie uniformément sur la base du prisme comprimé, on obtient pour la pression demandée :

$$\frac{pS}{sB}.$$

Siphon.

312. — *Un vase cylindrique fermé, de section S, est entièrement rempli d'eau. Sa base supérieure est traversée par un siphon dont la petite branche pénètre jusqu'au fond de l'eau, tandis que sa grande branche débouche à une distance h au-dessous du niveau supérieur du liquide.*

On refoule dans ce vase un volume d'air V mesuré à la pression atmosphérique H, par un orifice à robinet que l'on referme aussitôt. L'eau est chassée par le siphon qui est ainsi amorcé.

Quelle sera la hauteur occupée par l'air intérieur quand l'écoulement s'arrêtera?

Soient x cette hauteur et D la densité du mercure.

La pression atmosphérique évaluée en colonne d'eau sera HD.

L'écoulement s'arrête quand la pression est la même dans les deux branches du siphon, à une même hauteur, par exemple au niveau de la surface libre.

Or la pression de l'air intérieur a pris une valeur H', telle que :

$$Sx.H' = V.HD; \quad \text{d'où} \quad H' = HD.\frac{V}{Sx}.$$

On a donc :
$$\text{HD} - (h - x) = \text{HD} \cdot \frac{V}{Sx},$$

ou
$$Sx^2 + S(\text{HD} - h) x - V\text{HD} = 0,$$

équation dont la racine positive seule convient; à condition toutefois qu'elle soit inférieure à la hauteur du vase cylindrique.

313. — *Un vase cylindrique complètement clos est muni d'un siphon. La hauteur de ce vase est l. Il renferme de l'eau surmontée d'une colonne d'air de hauteur l', à la pression atmosphérique H. La petite branche du siphon plonge jusqu'au fond du vase, et la plus grande s'abaisse au-dessous du fond du vase d'une hauteur verticale h. On demande quelle sera la distance x du haut du vase au niveau du liquide lorsque l'écoulement s'arrêtera.*

L'écoulement s'arrête lorsque la pression atmosphérique fait équilibre à la pression de l'air intérieur augmentée de la pression exercée par une colonne d'eau de hauteur $h + l - x$.

Soient S la section droite de la colonne d'air, H la pression atmosphérique et D la densité du mercure.

La masse d'air aux conditions Sl', H, passe aux conditions :
$$Sx, \quad H - \frac{h + l - x}{D}.$$

La loi de Mariotte conduit à l'équation :
$$x^2 + (DH - h - l) x - l'HD = 0.$$

Pour qu'une racine soit acceptable, il faut et il suffit qu'elle soit comprise entre l et l'.

On a :
$$f(l') = l'(l' - l - h).$$

Ce résultat étant négatif, il s'ensuit que les racines sont *réelles* et séparées par l'.

D'autre part,
$$f(l) = lHD - lh - l'HD.$$

Pour que la racine positive soit inférieure à l, il faut et il suffit que ce dernier résultat soit positif, c'est-à-dire que l'on ait :
$$HD(l - l') - lh > 0,$$

ou
$$h < \frac{HD(l - l')}{l}.$$

Si h était égal ou supérieur à ce minimum, le liquide s'écoulerait complètement par le siphon.

314. — *Un siphon est employé à transvaser du mercure d'un vase A en un autre B. Le siphon est amorcé et ses extrémités plongent dans du mercure. Il est placé sous la cloche d'une machine pneumatique où on diminue progressivement la pression. On demande quelle sera la pression sous la cloche, exprimée en mercure : 1° quand la colonne mercurielle se rompra au sommet du siphon; 2° quand le mercure cessera de s'écouler d'un vase* *dans l'autre. On donne : distance du sommet S au niveau A $= 25^{cm}$; distance verticale des sommets A et B $= 30^{cm}$.*

La distance verticale du sommet S au niveau A est 25^{cm}.
La distance du même sommet S au niveau B est :

$$25 + 30 = 55^{cm}.$$

On suppose le niveau du liquide invariable dans chaque vase.
Une tranche de liquide située au sommet S supporte du côté de la petite branche AS une pression égale à : $H - 25$,
(H représentant la pression à l'intérieur de la cloche); du côté de la grande branche BS, elle supporte une pression moindre égale à :

$$H - 55.$$

La différence p de ces pressions est :

$$p = (H - 25) - (H - 55);$$

c'est elle qui détermine l'écoulement.
Lorsque la pression intérieure sera devenue égale à 55^{cm}, la colonne mercurielle se brisera au sommet et le niveau du mercure baissera dans la grande branche au fur et à mesure de la diminution de pression.
Quant à l'écoulement, il continuera toujours. On vient de voir, en effet, que la pression qui le produit est :

$$p = (H - 25) + (H - 55).$$

Or, pour $H = 55$, p égale 30.
Tant que la valeur de p sera différente de zéro, l'écoulement ne cessera pas.
Pour $H = 25$, p égale 0.

L'écoulement s'arrêtera donc quand la pression intérieure sera devenue égale à 25^{cm}, et à partir de ce moment, le niveau du mercure baissera également dans les deux branches.

Pipette.

315. — *Une pipette cylindrique de longueur l est plongée sur une longueur l' dans un liquide de densité d. Ayant fermé l'orifice supérieur, on retire l'appareil dans l'atmosphère où la pression est H. Calculer la hauteur x de la colonne de liquide qui restera à l'intérieur. Densité du mercure : D.*

Cette colonne liquide de hauteur x et de densité d exerce la même pression qu'une colonne de mercure de hauteur $\dfrac{xd}{D}$.

Soit s la section droite du cylindre. La masse d'air qui surmonte le liquide occupait d'abord un volume $s(l - l')$ sous la pression H; elle prend un volume $s(l - x)$ sous la pression $\left(H - \dfrac{xd}{D} \right)$.

On a donc, d'après la loi de Mariotte :

$$s(l - l')H = s(l - x)\left(H - \dfrac{dx}{D} \right),$$

ou

$$dx^2 - (dl + DH)x + DHl' = 0.$$

Pour qu'une racine convienne, il faut que l'on ait :

$$0 < x < l'.$$

Or, en désignant par f le premier membre de l'équation, on trouve :

$$f(0) = DHl',$$

et
$$f(l') = dl'(l' - l),$$

résultats de signes contraires.

Donc les racines sont toujours réelles, et la plus petite seule répond à la question.

316. — *Une pipette cylindrique de longueur l, plongée en partie dans un liquide de densité d, émerge d'une longueur l'. On la retire du liquide après avoir fermé l'orifice supérieur. Que devient alors la longueur occupée par l'air contenu dans le tube?*

Une partie du liquide intérieur s'écoule, et l'équilibre n'est rétabli qu'au moment où la pression atmosphérique H fait équilibre à la pression de l'air confiné, augmentée de la pression exercée par le liquide restant.

Soient x la longueur finale de la colonne d'air, S la section droite de la pipette et D la densité du mercure.

La pression du liquide, exprimée en hauteur de mercure est :

$$\frac{(l - x)d}{D}.$$

Les conditions de la masse gazeuse,

$$Sl', \quad H,$$

sont donc devenues :
$$S x \quad H - \frac{(l - x)d}{D}.$$

La loi de Mariotte conduit à l'équation :

$$dx^2 + (HD - ld)x - l'HD = 0.$$

Pour qu'une racine de cette équation donne une solution du problème, il faut et il suffit qu'elle soit comprise entre l et l'.

Or on trouve : $\quad f(l) = HD(l - l')$ et $f(l') = l'd(l' - l)$,

résultats de signes contraires.

Donc les racines sont *réelles, de signes contraires*, et les nombres l, l' *séparent* la racine positive. Cette dernière répond toujours à la question.

Vase de Mariotte.

317. — *Un vase cylindrique de 20^{cm} de diamètre est muni d'un tube droit AB. La hauteur BC est 30^{cm}. Ce vase est plein d'eau jusqu'en C. Il est percé d'une ouverture O en paroi mince ayant 5^{mm} de diamètre. La distance verticale OB = 5^{cm}.*

On demande quel temps mettra ce vase à se vider de C en B.

Le dispositif indiqué par le problème n'est autre qu'un vase de Mariotte. L'écoulement se fera avec une *vitesse constante* dès que le niveau de l'eau dans le tube sera descendu en B.

A partir de ce moment, la pression est uniforme sur tous les points du plan horizontal mené par B, et cette pression est égale à la pression atmosphérique, dont nous représentons par H la valeur exprimée en colonne d'eau.

La chose est évidente pour la section B du tube. Les autres éléments supportent d'abord le poids de la colonne d'eau CB, puis la pression de l'air confiné au-dessus de l'eau. La force élastique de cet air est $(H - CB)$.

La pression sur tous les points du plan considéré est donc :

$$H - CB + CB = H.$$

Ainsi le liquide s'écoule par l'ouverture O comme il s'écoulerait d'un vase ouvert, dans lequel la surface libre du liquide serait toujours maintenue à la même hauteur.

La vitesse d'écoulement est alors donnée par la formule de Torricelli :

$$v = \sqrt{2gh}\,,$$

(h représentant la distance verticale de l'orifice d'écoulement à la surface libre).

Ici : $h = OB.$

Soit t secondes la durée de l'écoulement. On l'obtiendra en écrivant que le volume du liquide débité est égal au volume du vase compris entre C et B.

D et d étant les diamètres du vase et de l'ouverture O, on a :

$$\frac{\pi D^2}{4} \times BC = \frac{\pi d^2}{4} \sqrt{2gh} \times t;$$

d'où

$$t = \frac{D^2 \times BC}{d^2 \sqrt{2gh}}\,.$$

Mais ici nous n'avons pas tenu compte de la *contraction de la veine* qui diminue le débit et en augmente proportionnellement la durée.

L'expérience montre qu'à une petite distance de l'ouverture, la veine liquide n'a plus une section égale à celle de l'orifice. On admet généralement que la nouvelle section, qui varie avec la pression et le diamètre de l'ouverture, n'est plus que les 0,62 de celle-ci.

En admettant qu'il en soit ainsi pour le cas présent, il faudra majorer le temps du débit théorique qui n'est plus que les 62 centièmes du temps réel.

La valeur de t devient donc :

$$t = \frac{D^2 \times BC \times 100}{d^2 \sqrt{2gh} \times 62}\,,$$

ou *numériquement :* $t = 2^h\ 10'\ 20''$ environ.

§ II. — Pompes à gaz.

1. — Machine pneumatique.

318. — *On fait le vide, à l'aide d'une machine pneumatique, dans un récipient de volume V. Quel doit être le volume v du corps de pompe pour qu'après n coups de piston la pression initiale soit réduite dans un rapport donné K ?*

Soient H_0 et H_n la pression initiale et la pression après n coups de piston.

Il faut que l'on ait : $\dfrac{H_n}{H_0} = K.$

Or on sait que l'on a :

$$H_n = H_0 \left(\frac{V}{V+v} \right)^n .$$

Donc :

$$\left(\frac{V}{V+v} \right)^n = K.$$

Cette relation peut s'écrire :

$$\frac{V}{V+v} = \sqrt[n]{K} .$$

ou

$$\frac{V+v}{V} = \frac{1}{\sqrt[n]{K}} ,$$

ou

$$1 + \frac{v}{V} = \frac{1}{\sqrt[n]{K}} ,$$

et enfin :

$$v = V \left(\frac{1}{\sqrt[n]{K}} - 1 \right) .$$

319. — *Dans une machine pneumatique, le volume du corps de pompe et celui du récipient sont dans un rapport φ. Combien de coups de piston faut-il donner pour réduire la pression de H_0 à H_n, en admettant qu'il n'y ait point d'espace nuisible?*

Application :

$$\varphi = \frac{v}{V} = \frac{1}{10} , \quad H_0 = 760^{mm}, \quad H_n = 16^{mm},8.$$

Soit n le nombre demandé.

La formule connue :

$$H_n = H_0 \left(\frac{V}{V+v} \right)^n ,$$

donne

$$n = \frac{\log \dfrac{H_n}{H_0}}{\log \left(\dfrac{V}{V+v} \right)} .$$

Numériquement :

$$n = \frac{\log 16,8 - \log 760}{\log 10 - \log 11} ,$$

ou, en changeant les signes :

$$n = \frac{1,6555}{0,04139} = 40,2.$$

Il faut donner 40 coups de piston.

320. — *Dans une machine pneumatique, le récipient de volume $V = 4^l$ est rempli d'air à la pression atmosphérique $H = 76$. Le volume du corps de pompe est $v = 20^{cc}$, y compris l'espace nuisible de volume $u = 2^{cc}$. Quelle sera la pression dans le récipient après $n = 2$ coups de piston ?*

Si la pression initiale dans le récipient est égale à la pression extérieure H, la formule connue peut s'écrire :

$$X_n = H \left(\frac{V}{V+v} \right)^n \left(1 - \frac{u}{v} \right) + H \cdot \frac{u}{v} .$$

Numériquement :

$$X_n = 76.\left(\frac{1000}{1200}\right)^2 \cdot \frac{99}{100} + \frac{76}{100},$$

$$= 76 \times \frac{1419}{1900} = 69^{\text{cm}}.$$

321. — *Le volume du récipient d'une machine pneumatique est 5^l, celui du corps de pompe $0^l,50$ et celui de l'espace nuisible 2^{cc}. On demande de calculer la force élastique du gaz resté dans le récipient après 3 coups de piston.*

La pression initiale est 75^{cm}.

Soient V le volume du récipient;
v, celui du corps de pompe;
u, celui de l'espace nuisible;
H_0, la pression initiale dans le récipient;
H, la pression atmosphérique.

Le piston étant au bas de sa course, on a un volume V d'air à la pression H_0 et un volume u d'air à la pression H.

Après le premier coup de piston, cette masse gazeuse occupe le volume $V + v$ à la pression H_1: d'où, en appliquant les lois de Mariotte et de Dalton :

$$(V + v)\,H_1 = V H_0 + u H,$$

ou
$$H_1 = H_0 \frac{V}{V + v} + H \frac{u}{V + v} \cdot \qquad (1)$$

Le piston étant redescendu, on a un volume V d'air à la pression H_1 et un volume u d'air à la pression H.

Après le deuxième coup de piston, cette masse occupe le volume $(V + v)$ à la pression H_2 donnée par les mêmes lois :

$$(V + v)\,H_2 = V H_1 + u H;$$

d'où
$$H_2 = H_1 \frac{V}{V + v} + H \frac{u}{V + v},$$

ou encore :
$$H_2 = H_0\left(\frac{V}{V + v}\right)^2 + H \frac{u}{V + v}\left(\frac{V}{V + v} + 1\right). \qquad (2)$$

Pour H_3 on a de même :

$$(V + v)\,H_3 = V H_2 + u H,$$

ou après substitution :

$$H_3 = H_0\left(\frac{V}{V + v}\right)^3 + H \frac{u}{V + v}\left[\left(\frac{V}{V + v}\right)^2 + \frac{V}{V + v} + 1\right].$$

Pour le n^e coup de piston :

$$H_n = H_0\left(\frac{V}{V + v}\right)^n + H \frac{u}{V + v}\left[\left(\frac{V}{V + v}\right)^{n-1} + \left(\frac{V}{V + v}\right)^{n-2} \ldots + 1\right].$$

Ou, après sommation des termes entre crochets :

$$H_n = H_0\left(\frac{V}{V + v}\right)^n + H \frac{u}{v}\left[1 - \left(\frac{V}{V + v}\right)^n\right].$$

Si $u = 0$, on a : $H_n = H_0\left(\frac{V}{V + v}\right)^n$, formule connue. Si $n = \infty$, on a :

$\lim.\ H_n = H \frac{u}{v}$, résultat connu.

Dans l'exercice proposé, on a : $H_0 = H = 75^{cm}$; d'où :

$$H_3 = 75 \left(\frac{5}{5,5} \right)^3 + 75 \frac{2}{500} \left[1 - \left(\frac{5}{5,5} \right)^3 \right],$$
$$H_3 = 56^{cm},4.$$

322. — *Un ballon plein d'air à la pression atmosphérique H est maintenu à 0° dans la glace fondante. On y fait le vide, de manière à réduire la pression à h, puis on y laisse entrer de l'hydrogène qui rétablit la pression initiale H. On fait de nouveau le vide jusqu'à la pression h, et on laisse pénétrer de l'hydrogène jusqu'à la pression H. On répète n fois la même expérience. Quelle est alors la composition, en volume et en poids, du mélange contenu dans le ballon?*

Quand on fait le vide dans un mélange gazeux, les pressions individuelles des divers gaz se réduisent toutes dans la même proportion que la pression totale.

Dans le cas actuel, cette réduction se fait dans le rapport de H à h. La pression individuelle de l'air après les diverses expériences devient donc successivement :

$$h, \quad \frac{h^2}{H}, \quad \frac{h^3}{H^2}, \quad \frac{h^4}{H^3} \cdots \frac{h^n}{H^{n-1}} \cdot$$

La pression finale de l'hydrogène est donc :

$$H - \frac{h^n}{H^{n-1}}, \quad \text{ou} \quad \frac{H^n - h^n}{H^{n-1}} \cdot$$

Alors les volumes d'air et d'hydrogène sont dans un rapport égal à celui de leurs pressions, savoir :

$$\frac{h^n}{H^n - h^n} \cdot$$

Soient p, p' les masses de ces gaz, a le poids spécifique de l'air, d la densité de l'hydrogène et V le volume du ballon.

On a :

$$p = Va \frac{h^n}{H^{n-1}},$$
$$p' = Vad. \frac{H^n - h^n}{H^{n-1}};$$

d'où

$$\frac{p}{p'} = \frac{h^n}{d(H^n - h^n)} \cdot$$

2. — Pompes de compression.

323. — *Le volume d'une pompe de compression est le $\frac{1}{n^e} = \frac{1}{10^e}$ de celui du récipient. La pression dans ce récipient est d'abord égale à la pression atmosphérique. Que deviendra-t-elle après K = 5 coups de piston? A quel instant la soupape s'ouvre-t-elle à chacun de ces coups de piston?*

D'après les lois de la compression et du mélange des gaz, la pression intérieure augmente à chaque coup de piston du $\frac{1}{n}$ de la pression atmosphérique H. Elle devient donc successivement :

$$H, \quad \frac{(n+1)\,H}{n}, \quad \frac{(n+2)\,H}{n} \cdots \frac{(n+K)\,H}{n}.$$

Soient s la section du corps de pompe et l sa longueur. Proposons-nous de calculer de quelle longueur x il faut enfoncer le piston pour que la soupape s'ouvre, lors du K^e coup de piston.

La soupape s'ouvre quand la pression de l'air dans le corps de pompe devient égale à la pression dans le récipient.

On a donc, d'après la loi de Mariotte :

$$slH = s.x \left(\frac{n+K-1}{n} \right) H;$$

d'où

$$x = l\,\frac{n}{n+K-1}.$$

324. — *Le tuyau d'aspiration et le tuyau de refoulement d'une pompe à main aboutissent au fond du corps de pompe dont le volume est* v; *ils communiquent avec deux récipients de même volume* V, *dont le premier contient un gaz à la pression* H, *tandis que le second est vide. Quelle sera la pression dans ce second réservoir, après* n *coups de piston, en supposant qu'il n'y ait point d'espace nuisible?*

Après n coups de piston, la pression dans le premier réservoir est :

$$H_n = H \left(\frac{V}{V+v} \right)^n.$$

Soit x la pression qui règne alors dans le second réservoir.

La masse totale, qui occupait un volume V sous la pression H, est partagée en deux parties qui occupent respectivement un volume V sous la pression H_n, et un volume V sous la pression x.

On a donc, d'après la loi de Dalton :

$$V H_n + V x = V H;$$

d'où

$$x = H - H_n = H \left\{ 1 - \left(\frac{V}{V+v} \right)^n \right\}.$$

CHALEUR

CHAPITRE I

THERMOMÈTRES

FORMULAIRE

Thermomètre centigrade. — Les variations de température sont définies par les variations de volume apparentes du mercure dans le verre.

L'échelle centigrade est fondée sur les propriétés thermiques de l'eau pure soumise à la pression normale.

La température 0° est celle de la glace fondante.

La température 100° est celle de la vapeur d'eau bouillante.

L'UNITÉ DE TEMPÉRATURE (degré centigrade ou degré Celsius) est l'élévation de température qui fait subir au mercure dans le verre le centième de sa dilatation apparente entre 0° et 100°.

Température absolue. — *La température absolue est la température centigrade augmentée de 273°.*

Ainsi, le *zéro absolu* correspond à la température de — 273° centigrades.

Comparaison des températures centigrades, Réaumur et Fahrenheit.
Le thermomètre *Réaumur* marque 0° dans la glace fondante et 80° dans la vapeur d'eau bouillante.

Le thermomètre *Fahrenheit* marque 32° dans la glace fondante et 212° dans la vapeur d'eau bouillante.

Si une même température correspond à C° centigrades, R° Réaumur et F°

Fahrenheit, on a :
$$\frac{C}{100} = \frac{R}{80} = \frac{F - 32}{180},$$

ou
$$\frac{C}{5} = \frac{R}{4} = \frac{F - 32}{9}.$$

Connaissant l'une de ces trois indications thermométriques, ces formules permettent d'en déduire les deux autres.

Différentes échelles thermométriques.

325. — *Le thermomètre Réaumur marque 0° dans la glace fondante, 80° dans la vapeur d'eau bouillante et R° à la température de C° centigrades. Calculer C en fonction de R.*

Les indications simultanées des deux thermomètres sont proportionnelles.

On a :
$$\frac{R}{C} = \frac{80}{100} = \frac{4}{5} ;$$

d'où
$$C = \frac{5}{4} R.$$

326. — *Le thermomètre Fahrenheit marque 32° dans la glace fondante, 212° dans la vapeur d'eau bouillante, F° à la température de C° centigrades. Calculer C en fonction de F.*

Les variables proportionnelles :
$$F - 32 \quad \text{et} \quad C$$

sont dans le rapport constant :
$$\frac{F - 32}{C} = \frac{212 - 32}{100} = \frac{180}{100} = \frac{9}{5} .$$

Donc :
$$C = \frac{5}{9} (F - 32).$$

327. — *A quelle température centigrade un thermomètre centigrade et un thermomètre Fahrenheit marquent-ils le même nombre?*

Soit x ce nombre.
On sait que F degrés Fahrenheit valent :
$$\frac{5}{9} (F - 32) \text{ degrés centigrades.}$$

En écrivant que x° Fahrenheit valent x° centigrades, on obtient l'équation :
$$\frac{5}{9} (x - 32) = x ;$$

d'où
$$x = - 40.$$

328. — *Déterminer la température centigrade qui est moyenne arithmétique entre les indications correspondantes des thermomètres Réaumur et Fahrenheit.*

Soit x la température centigrade demandée. A cette température, les deux autres thermomètres marquent respectivement :
$$\frac{4x}{5} \quad \text{et} \quad \frac{5}{9} (x - 32).$$

On a donc l'équation :

$$2x = \frac{4x}{5} + \frac{5}{9}(x - 32);$$

d'où l'on tire :

$$x = -\frac{800}{29} = -27°,5.$$

329. — *Une même température étant mesurée par $C°$ centigrades, $R°$ Réaumur et $F°$ Fahrenheit, vérifier que :*

$$F - R - C = C^{te}.$$

On a :

$$C = \frac{5}{4} R, \quad \text{d'où} \quad R = \frac{4}{5} C,$$

et

$$C = \frac{5}{9}(F - 32), \quad \text{d'où} \quad F = 32 + \frac{9}{5} C.$$

Donc :

$$F - R - C = 32 + \left(\frac{9}{5} - \frac{4}{5} - 1\right) C,$$

ou

$$F - R - C = 32.$$

La constante annoncée ne pouvait être que le nombre 32 ; **on le prévoit de deux manières.**

$$\text{Lorsque } C = 0, \quad R = 0, \quad F = 32.$$
$$\text{Lorsque } C = 100, \quad R = 80, \quad F = 212.$$

CHAPITRE II

QUANTITES DE CHALEUR

FORMULAIRE

Chaleur. — La CHALEUR est une grandeur physique de même nature que l'énergie ou le travail.

Tout corps possède une certaine quantité de chaleur, dont l'accroissement se manifeste, en général, par un accroissement de température.

Capacité calorifique. — *On appelle* capacité calorifique *d'un corps la quantité de chaleur nécessaire pour élever la température de ce corps de* $0°$ *à* $1°$ [*ou sensiblement de* $t°$ *à* $(t + 1)°$].

On admet que la capacité calorifique d'un corps est égale à la somme des capacités calorifiques de ses diverses parties.

Ainsi, la capacité calorifique de n^{gr} d'un corps est égale à n fois la capacité calorifique de 1^{gr} de ce corps.

Cette dernière quantité de chaleur est dite la *chaleur spécifique* du corps considéré.

Unités de chaleur. — Les unités thermiques usuelles ne sont pas reliées logiquement au système C. G. S; elles sont fondées sur les propriétés thermiques de l'eau.

Calorie. — *L'unité usuelle de chaleur, appelée* calorie, *est la quantité de chaleur nécessaire pour chauffer* 1^{kg} *d'eau de* $0°$ *à* $1°$ [ou approximativement de $t°$ à $(t + 1)°$].

On la nomme aussi *grande calorie, calorie du kilogramme* ou *calorie-kilo-gramme-degré*, pour la distinguer de l'unité suivante :

THERM. — On appelle *therm, petite calorie, calorie du gramme, calorie-gramme-degré*, ou *millicalorie*, le millième de la grande calorie.

C'est la *chaleur spécifique de l'eau*, c'est-à-dire la *capacité calorifique de* 1^{gr} *d'eau*.

THERMIE. — La thermie est une autre unité de chaleur, reliée à l'unité de travail ou d'énergie.

C'est la quantité de chaleur qui équivaut à l'unité de travail ou à l'unité d'énergie.

On distingue la *thermie du kilogrammètre* qui vaut :

$$\frac{1}{0,425} = 2,35 \text{ petites calories,}$$

et la *thermie du joule* qui vaut :

$$\frac{1}{0,425 \times 9,81} = \frac{1}{4,17} = 0,24 \text{ petite calorie.}$$

Équivalent mécanique de la calorie — *On appelle équivalent mécanique de la calorie le rapport de la grande calorie au kilogrammètre.*

On a :
$$\frac{\text{grande calorie}}{\text{kilogrammètre}} = 425.$$

C'est le nombre par lequel il faut multiplier une quantité de chaleur évaluée en grandes calories pour obtenir la quantité de travail équivalente, exprimée en kilogrammètres.

L'équivalent mécanique de la *petite calorie* est :

$$0^{kgm},425, \quad \text{ou} \quad 0,425 \times 9,81 = 4,17 \text{ joules}.$$

Inversement : l'ÉQUIVALENT CALORIFIQUE *du kilogrammètre ou du joule est la* THERMIE *de cette unité de travail.*

Chaleur spécifique. — *La chaleur spécifique d'un corps est le quotient d'une quantité de chaleur* Q *fournie à ce corps, par sa masse* M *et par l'accroissement* θ *de sa température :*
$$c = \frac{Q}{M\theta}.$$

C'est le nombre qui mesure la quantité de chaleur qu'il faut fournir à 1^{gr} de ce corps pour élever sa température de 1°.

On évalue les chaleurs spécifiques en *petites calories par gramme et par degré*.

QUANTITÉ DE CHALEUR ABSORBÉE *par* Mgr *d'un corps, de chaleur spécifique* c, *qui s'échauffe de* t^o *à* t'^o : $Q = Mc(t' - t).$

CAPACITÉ CALORIFIQUE D'UN SYSTÈME DE CORPS. — Soient m, c; m', c'; m'', c'' les masses et les chaleurs spécifiques des diverses parties; leurs capacités calorifiques respectives sont mc, $m'c'$, $m''c''$. La capacité calorifique totale est la somme : $M = mc + m'c' + m''c'' + ...$

On l'appelle souvent la VALEUR EN EAU du système, parce qu'une masse d'eau de Mgr absorberait la même quantité de chaleur que ce système, pour une même élévation de température.

Méthode des mélanges. — Pour mesurer une quantité de chaleur Q, on la fait dégager dans un *calorimètre à eau*, c'est-à-dire qu'on l'emploie à échauffer un système dont on connaît la capacité calorifique M. Si la température de ce système s'élève de t^o à θ^o, on a :
$$Q = M(\theta - t).$$

MESURE DES CHALEURS SPÉCIFIQUES. — On projette dans un calorimètre à t^o et de capacité calorifique M, P^{gr} du corps à T^o. Soient θ la température maximum du mélange, et c la chaleur spécifique cherchée.

En écrivant que la chaleur se conserve, on obtient l'*équation du mélange :*
$$Pc(T - \theta) = M(\theta - t).$$

§ I. — Mesure des chaleurs spécifiques.

330. — *Dans un calorimètre contenant* 500^{gr} *d'eau à* 15°, *on verse* 500^{gr} *d'eau à* 100°; *la température finale est* $52^o,5$. *Quelle est la valeur en eau du calorimètre et de ses accessoires ?*

Soit x cette capacité calorifique.

En écrivant que la chaleur gagnée par l'eau est égale à la chaleur perdue par le calorimètre, on obtient l'équation :

$$500\,(100 - 52,5) = (500 + x)\,(52,5 - 15),$$

ou
$$37,5\,x = 5000;$$

d'où
$$x = 133^{gr}.$$

331. — *On chauffe à* 100°, *dans une étuve, un morceau de marbre pesant* 250ᵍʳ, *puis on le plonge dans un calorimètre dont la valeur en eau est* 1 200ᵍʳ. *La température s'élève de* 10° *à* 13°,8. *Quelle est la chaleur spécifique du marbre?*

Soit x cette chaleur spécifique.
L'équation du mélange est :

$$250\,(100 - 13,8)\,x = 1\,200 \times 3,8.$$

On en tire :
$$x = \frac{4560}{25 \times 862} = 0,2116.$$

332. — *Un calorimètre dont la valeur en eau est* 150ᵍʳ, *contient* 200ᵍʳ *de sulfure de carbone à la température* 10°. *On y plonge un morceau de verre qui pèse* 56ᵍʳ,7 *et que l'on a chauffé à* 100°. *La température du calorimètre s'élève à* 12°,21. *Connaissant la chaleur spécifique du verre* 0,198, *calculer celle du sulfure de carbone.*

Soit x cette inconnue.
L'équation du mélange est :

$$(150 + 200x)\,2,21 = 56,7 \times 0,198 \times 37,79.$$

On en tire :
$$x = 0,210.$$

333. — *Quelle est la chaleur spécifique de l'essence de térébenthine, sachant qu'un morceau de cuivre à* 100°, *plongé dans* 800ᵍʳ *d'essence, élève sa température de* 6° *à* 8°,5 *et que le même morceau de cuivre, chauffé à* 100° *et plongé dans* 500ᵍʳ *d'eau, élève sa température de* 5°,1 *à* 6°,8?

Soient x la chaleur spécifique demandée et M la valeur en eau du morceau de cuivre.
On a :
$$M \times 91,5 = 800\,x \times 2,5,$$
$$M \times 93,2 = 500 \times 1,7;$$

d'où par division :
$$\frac{8 \times 25}{5 \times 17}\,x = \frac{915}{932};$$

d'où
$$x = \frac{915 \times 17}{932 \times 40} = 0,317.$$

334. — *Dans un flacon de verre du poids de* 80ᵍʳ, *on chauffe* 100ᵍʳ *d'alcool à* 75°, *et on plonge le système dans un calorimètre,* dont la valeur en eau est 1200ᵍʳ. *La température de ce calorimètre s'élève de 10° à 13°,85. On retire le flacon, on y ajoute 50ᵍʳ d'alcool, on porte de nouveau sa température à 75° et on le plonge dans le même calorimètre. La température du calorimètre s'élève cette fois de 12° à 17°,13. Calculer les chaleurs spécifiques respectives du verre et de l'alcool.*

On a les deux équations :

$$(80x + 100y)\, 61,15 = 1200 \times 3,85,$$
$$(80x + 150y)\, 57,87 = 1200 \times 5,13,$$

ou

$$8x + 10y = 7,555,$$
$$8x + 15y = 10,637;$$

d'où

$$x = 0,173,$$
$$y = 0,616.$$

335. — *La quantité de chaleur nécessaire pour chauffer 1ᵍʳ de fer de 0° à t° étant donnée par la formule :*

$$q = at + bt^2 + ct^3,$$
$$a = 0,1062, \quad b = 0,000028, \quad c = 0,00000008,$$

calculer la chaleur spécifique moyenne du fer entre 0 et 100°, entre 0 et 200°, entre 0 et 300°.

La chaleur spécifique moyenne entre 0 et t° a pour expression :

$$\frac{q}{t} = a + bt + ct^2.$$

Numériquement, on obtient :

$$1° \qquad 0,1098,$$
$$2° \qquad 0,1150,$$
$$3° \qquad 0,1218.$$

336. — *Dans un calorimètre en cuivre pesant p = 30ᵍʳ et contenant M = 500ᵍʳ d'eau à t = 10°, on immerge un ballon en cuivre pesant P = 100ᵍʳ, de 250ᶜᶜ de capacité, contenant de l'air à 10 atmosphères de pression. Ce ballon et son contenu ont été chauffés à T = 100°. On demande quelle est la chaleur spécifique de l'air, sachant que la chaleur spécifique du cuivre est c = 0,09 et que le poids du litre d'air à la pression atmosphérique et à la température à laquelle a été rempli le ballon est de 1ᵍʳ,3.*

On effectuera les calculs pour les deux cas suivants :

1° *température finale* θ = 11°,68.

2° — — θ' = 11°,73.

De la comparaison des deux résultats obtenus, déduire l'erreur *que l'on peut commettre sur la chaleur spécifique de l'air, si l'on peut se tromper de $\frac{1}{20}$ de degré sur la température finale. — Pouvait-on prévoir ce résultat?*

La masse m de l'air confiné dans le ballon est :

$$m = 250 \times 10 \times 0,0013 = 3^{gr},25.$$

Soit x la chaleur spécifique de l'air.

En écrivant que la quantité de chaleur gagnée par le calorimètre est égale à la quantité de chaleur perdue par le ballon, on obtient l'équation :

$$(M + pc)(\theta - t) = (mx + Pc)(T - \theta);$$

d'où l'on tire :

$$x = \frac{M + pc}{m} \cdot \frac{\theta - t}{T - \theta} - \frac{Pc}{m}. \tag{1}$$

Numériquement, pour $\theta = 11°,68$, il vient : $x = 0,173$;

pour $\theta = 11°,73$, on trouve : $x = 0,262$.

On constate ainsi qu'une légère erreur commise dans la détermination de la température θ entraîne une erreur relative considérable sur la chaleur spécifique x. C'est ce qu'il était facile de prévoir, par le seul fait que la masse d'air m est très petite vis-à-vis de la masse d'eau M.

Pour nous en rendre compte d'une manière précise, calculons le rapport des variations simultanées de x et de θ.

Soient h un accroissement attribué à θ et K l'accroissement correspondant éprouvé par x. D'après l'équation (1), on a :

$$x + K = \frac{M + pc}{m} \cdot \frac{\theta + h - t}{T - \theta - h} - \frac{Pc}{m}. \tag{2}$$

En retranchant (1) de (2) membre à membre, puis divisant tout par h, on obtient :

$$\frac{K}{h} = \frac{M + pc}{m} \cdot \frac{T - t}{(T - \theta)(T - \theta - h)}.$$

Dans les hypothèses numériques données, on a sensiblement :

$$\frac{K}{h} = 1,785.$$

Tel est le rapport des erreurs *absolues.*
Celui des erreurs *relatives* est :

$$\frac{K}{x} : \frac{h}{\theta} = \frac{K\theta}{hx} = \frac{1,785 \times 11,68}{0,173} = 120,54.$$

Ainsi, l'erreur relative commise sur la chaleur spécifique cherchée, est 120 fois plus grande que l'erreur relative commise sur le nombre qui mesure la température finale du mélange calorimétrique.

§ II. — Mesure des quantités de chaleur.

337. — *Dans un premier vase on a de l'eau à 4°; dans un second de l'eau à 84°. Combien doit-on prendre de grammes d'eau dans chacun d'eux pour former un bain de 1200^{gr} à 24° dans un*

vase en laiton du poids de 500ᵍʳ et dont la température est de 12°?
Chaleur spécifique du laiton : 0,095.

Soit x le poids de l'eau à 84°; le poids de l'eau à 4° sera $1200 - x$. Écrivons que la quantité de chaleur perdue par l'eau chaude est égale à la somme des quantités de chaleur gagnées par l'eau froide et par le vase. On obtient l'équation :

$$60x = 20(1200 - x) + 500 \times 12 \times 0,095,$$

ou

$$3x = 1200 - x + 300 \times 0,095;$$

d'où

$$x = 307,125,$$

et

$$1200 - x = 892,875.$$

338. — *Dans un flacon de verre contenant 120ᵍʳ d'eau acidu-lée, à la température de 18°, on fait dissoudre 5ᵍʳ de tournure de cuivre. La température du liquide s'élève à 43°. Quelle est la quantité de chaleur dégagée par la combustion d'un gramme de cuivre?*

Soit x cette chaleur de combustion.

On a :

$$5x = 120(43 - 18),$$
$$= 120 \times 25;$$

d'où

$$x = 600ᵍʳ.$$

339. — *Un pyrhéliomètre de Pouillet est constitué par une boîte cylindrique pleine d'eau. L'une des bases est noircie de manière à absorber complètement la chaleur qu'elle reçoit quand on l'expose normalement aux rayons du soleil. Cette base ayant une surface $S = 325^{cq}$ et le système ayant pour valeur en eau $M = 1200ᵍʳ$, on constate que sa température s'élève de $\theta = 0°,5$ en $t = 40$ secondes. Quelle serait la quantité de chaleur reçue en une heure par une surface de un mètre carré, exposée normalement aux rayons solaires dans les conditions de cette expérience?*

Cette quantité de chaleur est proportionnelle à la surface et au temps.

On a donc :

$$x = 1200 \times 0,5 \times \frac{3600}{40} \times \frac{10000}{325},$$
$$= 1660000 = 1,66 \times 10^{6} \text{ calories.}$$

340. — *Un calorimètre contient 300ᵍʳ d'une dissolution dont la température est 14°,5. On y ajoute 200ᵍʳ d'une autre dissolution dont la température est 12°,8. Ces deux dissolutions, en réagissant l'une sur l'autre, dégagent de la chaleur. Après le mélange, la tem-pérature du liquide est 14°,2. On demande quelle est la quantité de chaleur qui a été dégagée dans la réaction des deux dissolu-tions l'une sur l'autre.*

Le calorimètre pèse 80ᵍʳ; sa chaleur spécifique est égale à 0,03.

On admettra que la chaleur spécifique des dissolutions est la même que celle de l'eau.

Quand le calorimètre contient la première dissolution, à la température de $14°,5$, sa capacité calorifique est :

$$300 + 80 \times 0{,}03 = 302{,}40.$$

Appliquons le principe de Black sur les échanges de chaleur.

La chaleur dépensée comprend la quantité de chaleur x dégagée par le mélange, plus la quantité de chaleur cédée par le calorimètre pour se refroidir de $0°,3$.

La chaleur reçue est la quantité de chaleur nécessaire pour échauffer de $1°,4$ la seconde dissolution aqueuse.

On a donc l'équation :

$$x + 302{,}40 \times 0{,}3 = 200 \times 1{,}4;$$

d'où l'on tire :
$$x = 280 - 90{,}72,$$
$$= 189{,}28 \text{ petites calories.}$$

Telle est la quantité de chaleur demandée.

341. — *Un alliage est composé d'argent et de cuivre dont les chaleurs spécifiques ont pour valeurs respectives* $a = 0{,}057$, $c = 0{,}095$. *Dans un calorimètre ayant pour valeur en eau* $M = 300^{gr}$, *on plonge* $p = 250^{gr}$ *de cet alliage à* $T = 100°$. *La température du calorimètre s'élève de* $t = 10°$ *à* $\theta = 14°,6$. *Quel est le titre de l'alliage?*

Soit x ce titre. Le poids de l'argent est px, celui du cuivre $p(1-x)$, et la capacité calorifique de l'alliage :

$$p\,[ax + c\,(1-x)],$$

ou
$$p\,[c - (c-a)\,x].$$

L'équation du mélange est donc :

$$p\,\{c - (c-a)\,x\}\,(T - \theta) = M\,(\theta - t).$$

On en tire :
$$x = \frac{pc\,(T-\theta) - M\,(\theta - t)}{p\,(c-a)\,(T-\theta)} ;$$

d'où
$$x = \frac{648{,}25}{811{,}30} = 0{,}799.$$

342. — *On chauffe à* $T = 110°$ *un thermomètre à mercure pesant* $p = 60^{gr}$, *et on le plonge dans un calorimètre dont la valeur en eau est* $M = 160^{gr}$. *La température de ce calorimètre s'élève de* $t = 6°$ *à* $\theta = 10°$. *Quels sont les poids du mercure et du verre qui constituent le thermomètre, sachant que ces deux substances ont pour chaleurs spécifiques respectives* $m = 0{,}03$ *et* $v = 0{,}19$?

Soit x le poids du mercure; celui du verre sera $y = (p - x)$, et la capacité calorifique du thermomètre : $mx + v\,(p - x)$.

L'équation du mélange est donc :

$$\{ vp - (v - m) x \} (T - \theta) = M (\theta - t).$$

On en tire :

$$x = \frac{1}{v - m} \left\{ vp - \frac{M (\theta - t)}{T - \theta} \right\}.$$

Numériquement :

$$x = 31^{gr},25 \text{ de mercure,}$$
$$y = p - x = 28^{gr},75 \text{ de verre.}$$

343. — *La chaleur spécifique moyenne du platine entre 0° et t° ayant pour expression :*

$$a + bt = 0,0317 + 0,000006\,t,$$

quelle masse d'eau à 0° pourrait-on porter à l'ébullition en y projetant $P = 1000^{gr}$ *de platine à sa température de solidification* $t = 2000°$?

Soit M la masse demandée. Posons $t' = 100°$.

On a :

$$P \{ (a + bt)\,t - (a + bt')\,t' \} = Mt',$$

ou

$$P \{ a (t - t') + b (t^2 - t'^2) \} = Mt';$$

d'où

$$M = \frac{P (t - t') \{ a + b (t + t') \}}{t'}.$$

Numériquement :

$$M = \frac{1000 \times 1900 \{ 0,0317 + 0,0126 \}}{100},$$
$$M = 19000 \times 0,0443,$$
$$= 841^{gr},7.$$

§ III. — Mesure d'une température par le calorimètre.

344. — *Un vase métallique est à une température que l'on se propose de déterminer. Pour cela, on y verse un certain volume d'eau froide à* $t = 12°$, *et l'on mesure la température d'équilibre* $\theta = 20°$; *puis on ajoute aussitôt un second volume d'eau froide égal au premier, et l'on mesure la nouvelle température d'équilibre* $\theta' = 18°$. *D'après ces données quelle était la température primitive du vase métallique?*

Soient M la valeur en eau du vase métallique et m la masse commune des deux volumes d'eau successivement ajoutés.

Les équations des mélanges :

$$M (x - \theta) = m (\theta - t),$$
$$M (x - \theta') = 2m (\theta' - t),$$

donnent par division :

$$\frac{x - \theta}{x - \theta'} = \frac{\theta - t}{2\theta' - 2t};$$

d'où

$$x = \theta + \frac{(\theta - t)(\theta - \theta')}{2\theta' - \theta - t}.$$

Numériquement :

$$x = 24°.$$

345. — *Dans le but de déterminer la température d'un vase métallique, on y verse de l'eau bouillante et l'on mesure la température d'équilibre* θ; *puis on ajoute aussitôt une nouvelle masse d'eau bouillante, égale à la première, et l'on mesure la température finale* θ'. *Quelle était la température primitive du vase métallique?*

Soient M la valeur en eau du vase métallique et m la masse d'eau bouillante employée à chaque opération.

Les équations d'équilibre :

$$M(\theta - x) = m(t - \theta),$$
$$M(\theta' - x) = 2m(t - \theta'),$$

donnent par division

$$\frac{\theta - x}{\theta' - x} = \frac{t - \theta}{2t - 2\theta'} ;$$

d'où

$$\frac{\theta - x}{\theta' - \theta} = \frac{t - \theta}{t + \theta - 2\theta'} ;$$

d'où

$$x = \theta - \frac{(t - \theta)(\theta' - \theta)}{t + \theta - 2\theta'} .$$

346. — *Une masse de platine de* P^{gr}, *chauffée à* t°, *est projetée dans un calorimètre à* 0°, *équivalant à* Mgr *d'eau. Quelle est la température d'équilibre, sachant que la chaleur spécifique du platine entre* 0 *et* t° *a pour expression* a + bt?

Soit x la température demandée.

On a :

$$P\left\{(a + bt)\,t - (a + bx)\,x\right\} = Mx,$$

ou

$$Pbx^2 + (Pa + M)\,x - P(a + bt)\,t = 0;$$

d'où

$$x = \frac{-(Pa + M) + \sqrt{(Pa + M)^2 + 4P^2bt\,(a + bt)}}{2Pb} .$$

347. — *Pour déterminer la température d'un foyer, on fait prendre cette température à une masse de platine* P, *que l'on projette ensuite dans un calorimètre à* 0° *équivalant à* Mgr *d'eau. La température d'équilibre étant* θ *et la chaleur spécifique du platine entre* 0° *et* t° *ayant pour expression* a + bt, *calculer la température initiale* x *du platine soumis à l'expérience.*

On a :

$$P\left\{(a + bx)\,x - (a + b\theta)\,\theta\right\} = M\theta,$$

ou

$$Pbx^2 + Pax - \left\{P(a + b\theta) + M\right\}\theta = 0;$$

d'où

$$x = \frac{-Pa + \sqrt{P^2a^2 + 4Pb\theta\left\{P(a + b\theta) + M\right\}}}{2Pb} ;$$

CHAPITRE III

DILATATION DES SOLIDES
ET DES LIQUIDES

FORMULAIRE

Dilatations linéaires. — Soient l_0, l, l'... les longueurs d'une même barre aux températures 0°, t^o, t'^o...

1° *On appelle* COEFFICIENT MOYEN DE DILATATION *linéaire entre 0° et t^o le quotient* :

$$\lambda = \frac{l - l_0}{l_0 t} \, . \tag{1}$$

C'est la dilatation moyenne, pour un degré, de l'unité de longueur prise à 0°.

Ce coefficient augmente avec la température t; mais ses variations sont très faibles lorsque t ne dépasse pas une certaine limite. Dans les calculs pratiques, on peut admettre, en général, sans erreur sensible, que le coefficient de dilatation entre 0° et t^o est constant.

Alors, il en est de même pour le *coefficient moyen de dilatation* entre t et t'^o, c'est-à-dire pour le quotient :

$$\lambda = \frac{l' - l}{l_0 (t' - t)} \, .$$

DILATATION ENTRE 0° ET t^o. — La formule (1) donne :

$$l = l_0 (1 + \lambda t).$$

La parenthèse est dite le *binôme de dilatation* entre 0° et t^o.

DILATATION ENTRE t^o ET t'^o. On a de même :

$$l' = l_0 (1 + \lambda t').$$

En divisant membre à membre cette égalité par la précédente, on obtient :

$$\frac{l'}{l} = \frac{1 + \lambda t'}{1 + \lambda t} \, ;$$

d'où

$$l' = l \frac{1 + \lambda t'}{1 + \lambda t} \, ,$$

ou approximativement : $\quad l' = l \{ 1 + \lambda (t' - t) \}.$

Cette parenthèse est le *binôme de dilatation* entre t et t'^o.

Dilatations superficielles. — Soient S_0, S, S'... les aires d'une même surface solide, aux températures 0°, t^o, t'^o...

Entre $0°$ et $t°$, le COEFFICIENT MOYEN *de dilatation superficielle* est :

$$\sigma = \frac{S - S_0}{S_0 t}.$$

Si la température reste comprise dans les limites usuelles, on peut admettre que ce coefficient reste invariable, et appliquer les formules :

$$S = S_0 (1 + \sigma t),$$

$$S' = S \frac{1 + \sigma t'}{1 + \sigma t}, \qquad \text{ou} \qquad S' = S \{ 1 + \sigma (t' - t) \}.$$

Dilatations cubiques. — Soient V_0, V, V'... les volumes d'un même corps solide aux températures $0°$, $t°$, $t'°$...

Entre $0°$ et $t°$ le COEFFICIENT MOYEN *de dilatation cubique* est :

$$K = \frac{V - V_0}{V_0 t}.$$

Dans les limites de température où l'on peut admettre que ce coefficient est sensiblement invariable, on applique les formules usuelles :

$$V = V_0 (1 + K t),$$

$$V' = V \frac{1 + K t'}{1 + K t}, \qquad \text{ou} \qquad V' = V \{ 1 + K (t' - t) \}.$$

Relations entre les trois coefficients de dilatation d'un même corps solide.

Un corps homogène et isotrope reste semblable à lui-même à toute température ; son coefficient de dilatation linéaire reste le même dans toutes les directions, et l'on peut en déduire les coefficients de dilatation superficielle et cubique.

On a : $\qquad 1 + \sigma t = (1 + \lambda t)^2 \qquad$ et $\qquad 1 + K t = (1 + \lambda t)^3$,

et, en négligeant les termes en λ^2, λ^3, qui sont physiquement nuls :

$$\sigma = 2\lambda. \qquad K = 3\lambda.$$

Dilatation apparente d'un liquide dans une enveloppe. — Quand on chauffe un liquide dans une enveloppe de verre, la dilatation observée dépend de la dilatation de l'enveloppe.

Le coefficient de dilatation ABSOLUE Δ *est sensiblement égal au coefficient de dilatation* APPARENTE δ, *augmenté du coefficient de dilatation de l'ENVELOPPE* K.

On a : $\qquad 1 + \Delta t = (1 + \delta t)(1 + K t)$;

d'où, en négligeant le terme en δK :

$$\Delta = \delta + K.$$

Dilatation du mercure dans le verre. — Soient μ le coefficient de dilatation *absolue* du mercure, m son coefficient de dilatation apparente dans une enveloppe de verre et K le coefficient de dilatation cubique du verre.

On a :

$$\mu = \frac{1}{5550} = 0,00018018 ;$$

$$m = \frac{1}{6610} = 0,00015132 ;$$

$$K = \frac{1}{38700} = 0,00002581.$$

Corrections barométriques. — CORRECTION DE TEMPÉRATURE. — Soient H l hauteur barométrique observée à $t°$ et H_0 la hauteur que l'on aurait trouvé à $0°$.

Le coefficient de dilatation absolue du mercure étant μ et le coefficient de dilatation linéaire de la règle λ, on a :

$$H_0 = H . \frac{1+\lambda t}{1+\mu t} ,$$

ou approximativement : $H_0 = H \{ 1 - (\mu - \lambda) t \}.$

§ I. — Dilatation des solides.

1. — Dilatation linéaire.

348. — *La longueur d'une tige métallique est* $l = 172^{cm}$ *à la température* $t = 15^\circ$ *et* $l' = 172^{cm},18$ *à la température* $t' = 70^\circ$. *Quel est son coefficient de dilatation linéaire?*

Soit λ le coefficient demandé.

En égalant entre elles deux expressions de la longueur de cette barre à 0°, on

obtient l'équation : $$\frac{l}{1+\lambda t} = \frac{l'}{1+\lambda t'} ,$$

ou $$\frac{1+\lambda t'}{1+\lambda t} = \frac{l'}{l} ,$$

ou approximativement : $$1 + (t' - t)\lambda = \frac{l'}{l} ;$$

d'où $$\lambda = \frac{l' - l}{l(t' - t)} .$$

Numériquement : $$\lambda = \frac{0,18}{172 \times 55} = \frac{18}{946000} ,$$

$$= 0,0000019.$$

349. — *Un pendule compensateur de Leroy est une chaîne métallique, comprenant une série de tiges verticales en fer, dont les dilatations s'ajoutent à la longueur du pendule, et une série de tiges de cuivre dont les dilatations se soustraient de la longueur du pendule. Les coefficients de dilatation linéaire du fer et du cuivre étant :*

$$\lambda = 0,00001235 \quad \text{et} \quad \lambda' = 0,00001867,$$

quelle relation doit-il exister entre les longueurs totales l, l', *du fer et du cuivre pour que la longueur du pendule soit indépendante de la température?*

Il faut que l'allongement du fer soit égal à celui du cuivre; c'est-à-dire que l'on ait : $$l\lambda = l'\lambda';$$

d'où $$\frac{l}{l'} = \frac{\lambda'}{\lambda} = \frac{1867}{1235} = 1,511.$$

350. — *Une règle de platine et une règle en zinc ont à 0° la même longueur l_0. Quelle différence de longueur présenteront-elles à t°? Coefficients de dilatation linéaire du platine et du zinc : λ et λ'.*

Application :

$$l_0 = 1^m, \quad t = 50°, \quad \lambda = 0{,}0000086, \quad \lambda' = 0{,}000031.$$

Cette différence est : $x = l_0(1 + \lambda't) - l_0(1 + \lambda t)$;

c'est-à-dire : $x = l_0 t (\lambda' - \lambda).$

Numériquement : $x = 500 \times 0{,}0000234,$
$$= 0^m,127.$$

351. — *A la température t, la longueur d'une tige de plomb est l, et celle d'une tige de verre, l'. Quelle différence de longueur ces deux tiges présentent-elles à 0°? Coefficient de dilatation du plomb et du verre : λ et λ'.*

Application :

$$t = 50°, \quad l = 101^{cm}, \quad l' = 100^{cm}, \quad \lambda = 0{,}00003, \quad \lambda' = 0{,}000009.$$

Soient l_0 et l'_0 les longueurs de ces tiges à 0°.

On a : $l_0 = \dfrac{l}{1 + \lambda t}, \qquad l'_0 = \dfrac{l'}{1 + \lambda't}$;

d'où
$$l_0 - l'_0 = \frac{l}{1 + \lambda t} - \frac{l'}{1 + \lambda't},$$
$$= \frac{l - l' + (l\lambda' - \lambda l')t}{(1 + \lambda t)(1 + \lambda't)}.$$

Plus simplement, on peut écrire, avec une approximation suffisante :
$$l_0 = l(1 - \lambda t), \qquad l'_0 = l'(1 - \lambda't) ;$$

d'où $l_0 - l'_0 = l - l' - (l\lambda - l'\lambda')t.$

Numériquement, la première formule donne :
$$0^{cm},8937,$$

et la seconde : $0^{cm},8935.$

352. — *A la température $t = 20°$, un fil de cuivre et un fil de platine ont pour longueurs respectives :*

$$l = 4^m,122 \quad et \quad l' = 4^m,125.$$

A quelle température ces deux fils auront-ils la même longueur?

Coefficient de dilatation du cuivre : $\lambda = 0{,}0000188,$
                »   »   du platine : $\lambda' = 0{,}0000088.$

Égalons entre elles les longueurs de ces fils à $x°$.

On a :

$$\frac{l(1 + \lambda x)}{1 + \lambda t} = \frac{l'(1 + \lambda' x)}{1 + \lambda' t},$$

ou approximativement :

$$l\{1 + (x - t)\lambda\} = l'\{1 + (x - t)\lambda'\};$$

d'où

$$x - t = \frac{l' - l}{\lambda l - \lambda' l'}.$$

Numériquement :

$$x - 20 = \frac{0,168}{0,0000411936},$$

$$x - 20 = \frac{3000000}{411936},$$

$$x = 20 + 72,8 = 93°.$$

353. — *A une température* t, *la longueur d'un fil de fer est* l, *et celle d'un fil de plomb,* l'. *Quelle est la longueur commune que prennent ces deux fils à une même température? Coefficients de dilatation linéaire du fer et du plomb :* λ, λ'.

Application :

$$t = 100°, \quad l = 102^m,607, \quad l' = 102^m,765, \quad \lambda = 0,0000116,$$
$$\lambda' = 0,0000288.$$

Soit y la température à laquelle les deux fils prennent une même longueur x.

On a :

$$x = l\frac{1 + \lambda y}{1 + \lambda t} = l'\frac{1 + \lambda' y}{1 + \lambda' t},$$

ou approximativement :

$$x = l\{1 + \lambda(y - t)\} = l'\{1 + \lambda'(y - t)\};$$

équations d'où l'on tire :

$$y - t = \frac{l' - l}{\lambda l - \lambda' l'};$$

d'où

$$x = \frac{(\lambda - \lambda')ll'}{\lambda l - \lambda' l'}.$$

Numériquement :

$$x = \frac{172 \times 102,607 \times 102,765}{17694},$$

$$= 102^m,50.$$

354. — *Les coefficients de dilatation linéaire de deux barres métalliques sont* λ *et* λ'. *Leurs longueurs ont pour somme* l_0 *à* 0° *et* l_t *à* t°. *Quel est le rapport des longueurs à* 0°?

Application :

$$\lambda = 0,000017, \quad \lambda' = 0,0000085, \quad t = 100°, \quad l_0 = 4^m, \quad l_t = 4^m,0057.$$

Soient x et y les longueurs de ces barres à 0°.

En écrivant qu'à 0° et à t°, la longueur totale est égale à la somme de ses parties, on obtient :

$$x + y = l_0,$$
$$x(1 + \lambda t) + y(1 + \lambda' t) = l_t.$$

Pour obtenir entre x et y une équation homogène donnant le rapport de ces inconnues, éliminons les constantes. Il suffit de multiplier la première équation par l_1, le seconde par l_0 et de retrancher membre à membre.

Il vient : $\quad x \left\{ l_1 - l_0 (1 + \lambda t) \right\} + y \left\{ l_1 - l_0 (1 + \lambda' t) \right\} = 0;$

d'où
$$\frac{x}{y} = \frac{l_0 (1 + \lambda' t) - l_1}{l_1 - l_0 (1 + \lambda t)}.$$

Numériquement, en changeant le signe des deux termes

$$\frac{x}{y} = \frac{23}{11} = 2,09.$$

355. — *Une règle d'acier a été graduée à* t^0 *par comparaison avec une règle de cuivre qui avait été divisée exactement en centimètres et millimètres à* 0°. *Au moyen de la règle d'acier, on mesure à* T^0 *la longueur d'une tige de zinc, que l'on trouve égale à* l. *Quelle est la vraie longueur de cette tige de zinc à* 0°? *Coefficient de dilatation linéaire de l'acier, du cuivre et du zinc :* a, c, z.

Application : t $= 10^o$, $\quad$ T $= 20^o$, $\quad$ l $= 10^m$, $\quad$ a $= 0,000011$,
$$c = 0,000018, \quad z = 0,000034.$$

Chaque division de la règle d'acier vaut,

à t^o : $\qquad\qquad\qquad\qquad 1 + ct,$

à T^o : $\qquad\qquad\qquad\qquad \dfrac{(1 + ct)(1 + aT)}{1 + at}.$

La longueur mesurée est donc :

$$h . \frac{(1 + ct)(1 + aT)}{1 + at},$$

et sa valeur à 0° est : $\qquad x = h . \dfrac{(1 + ct)(1 + aT)}{(1 + at)(1 + zT)}.$

Approximativement :

$$x = h \left\{ 1 + (c - a) t \right\} \left\{ 1 - (z - a) T \right\}.$$

Numériquement : $\qquad x = 1000 \times 1,00007 \times 0,99968,$
$$= 999,75.$$

356. — *Le fléau d'une balance est formé d'une tige prismatique en fer, d'un centimètre carré de section et de* $2l = 40^{cm}$ *de longueur à zéro, suspendue horizontalement par son centre. Calculer le poids en milligrammes qu'il faut ajouter à l'une des extrémités du fléau quand la température moyenne de l'un des bras de levier étant* t $= 15^o$, *celle de l'autre bras est* t' $= 25^o$.

Densité du fer, 7,8.

Coefficient de dilatation linéaire du fer : $\lambda = 0,0000122$.

Chaque bras du levier pèse :
$$p = 20 \times 7^{gr},8.$$

Soit x le poids à ajouter à l'extrémité du plus petit bras de levier. L'équation des moments par rapport au point fixe peut s'écrire :

$$x l (1 + \lambda t) + p \frac{l}{2} (1 + \lambda t) - p \frac{l}{2} (1 + \lambda t') = 0,$$

ou

$$2x (1 + \lambda t) = p\lambda (t' - t);$$

d'où

$$x = \frac{p}{2} \cdot \frac{(t' - t)\lambda}{1 + \lambda t}.$$

Numériquement :
$$x = 78 \times \frac{0,00122}{1,00183} \text{ grammes},$$
$$x = 0^{gr},5.$$

357. — *Un triangle métallique isocèle a ses deux côtés égaux en fer; leur longueur est* l *à* $t°$. *La base du triangle est en cuivre et sa longueur à* $t°$ *est* l'. *À quelle température faut-il porter ce triangle pour le rendre équilatéral?*

On désignera le coefficient de dilatation du fer par λ, *celui du cuivre par* λ'.

Application :

$$l = 1^m, \qquad l' = 0^m,997, \qquad t = 200°,$$
$$\lambda = \frac{1}{81600}, \qquad \lambda' = \frac{3}{2}\lambda.$$

Si, à la température x, le triangle est équilatéral, on a :

$$l_x = l'_x,$$

ou

$$l \cdot \frac{1 + \lambda x}{1 + \lambda t} = l' \cdot \frac{1 + \lambda' x}{1 + \lambda' t},$$

c'est-à-dire, avec une approximation suffisante :

$$l [1 + \lambda (x - t)] = l' [1 + \lambda' (x - t)],$$

équation d'où l'on tire : $\quad x = t + \dfrac{l' - l}{\lambda l - \lambda' l'}.$

Telle est l'expression de la température demandée.

Cette température est supérieure ou inférieure à t suivant que l'on a :

$$\frac{l' - l}{\lambda l - \lambda' l'} \gtrless 0,$$

ou

$$(l' - l)(\lambda l - \lambda' l') \gtrless 0,$$

ou, en divisant les deux membres par une quantité positive :

$$\left(1 - \frac{l}{l'}\right)\left(\frac{l}{l'} - \frac{\lambda'}{\lambda}\right) \gtrless 0,$$

c'est-à-dire, selon que le rapport $\dfrac{l}{l'}$ est intérieur ou extérieur à l'intervalle compris entre les nombres 1 et $\dfrac{\lambda'}{\lambda}$.

Numériquement : $\quad x = 200 + \dfrac{3 \times 2 \times 81600}{997} = 712°.$

358. — *Un triangle articulé est formé par deux tiges de fer de même longueur* $a = 10^m$, *et par une tige de cuivre. Calculer la hauteur principale de ce triangle isocèle, sachant qu'elle est indépendante de la température. Les coefficients de dilatation linéaire du fer et du cuivre sont :*

$$\lambda = 0,0000122 \quad et \quad \lambda' = 0,0000188.$$

Soit $2b$ la longueur de la base de cuivre à 0°.

La hauteur à t^o, h, est le second côté de l'angle droit d'un triangle rectangle ayant pour hypoténuse $a(1 + \lambda t)$ et pour autre côté $b(1 + \lambda' t.)$

On a donc :
$$h = \sqrt{a^2(1 + \lambda t)^2 - b^2(1 + \lambda' t)^2} \ ,$$

ou, en supprimant les termes négligeables :
$$h = \sqrt{a^2(1 + 2\lambda t) - b^2(1 + 2\lambda' t)} \ ,$$

et en ordonnant par rapport à t :
$$h = \sqrt{2(\lambda a^2 - \lambda' b^2) t + a^2 - b^2} \ .$$

Pour que cette fonction soit indépendante de t, il faut et il suffit que le coefficient de t soit nul; c'est-à-dire que l'on ait :
$$\lambda a^2 - \lambda' b^2 = 0; \qquad \text{d'où} \qquad b^2 = a^2 \frac{\lambda}{\lambda'} \ .$$

Alors, la hauteur h se réduit à :
$$h = \sqrt{a^2 - b^2} = a\sqrt{\frac{\lambda' - \lambda}{\lambda'}} \ .$$

Numériquement :
$$h = 5^m,925.$$

359. — *Entre quelles limites doit-on maintenir la température de deux barres métalliques pour que la différence de leurs longueurs, considérée en valeur absolue, reste inférieure au* $\dfrac{1}{n^e}$ *des valeurs égales qu'elle prend à* t_1^o *et à* t_2^o $(t_1 < t_2)$?

Représentons par d_x, d_1, d_2, les valeurs de cette différence aux températures x, t_1, t_2, respectivement.

On a :
$$d_x = a(1 + \alpha x) - b(1 + \beta x),$$
ou
$$d_x = a - b + (a\alpha - b\beta) x;$$
de même
$$d_1 = a - b + (a\alpha - b\beta) t_1,$$
$$d_2 = a - b + (a\alpha - b\beta) t_2.$$

a, b, représentant les longueurs des barres à 0°; et α, β, les coefficients de dilatation linéaire de leurs substances respectives; toutes inconnues auxiliaires qui devront disparaître du résultat final.

D'après l'énoncé,
$$d_2 = -d_1,$$
ou
$$2(a - b) + (a\alpha - b\beta)(t_1 + t_2) = 0. \tag{1}$$

La différence d_x devient nulle à une certaine température :
$$\theta = -\frac{a - b}{a\alpha - b\beta} \ , \tag{2}$$

que l'on peut écrire, en tenant compte de (1) :

$$\theta = \frac{t_1 + t_2}{2}, \qquad (3)$$

expression toute connue.

En remplaçant $(a\alpha - b\beta)$ par son expression tirée de (2), nous obtenons :

$$d_x = (a - b) \frac{\theta - x}{\theta}, \qquad (4)$$

$$d_1 = (a - b) \frac{\theta - t_1}{\theta}.$$

Pour que d_x soit inférieure au $\frac{1}{n}$ de d_1, en valeur absolue, il faut et il suffit que l'on ait :

$$d_x^2 > \frac{d_1^2}{n^2},$$

ou

$$\frac{(\theta - x)^2}{\theta^2} < \frac{(\theta - t_1)^2}{n^2\theta^2} ;$$

d'où

$$\left(\theta - x + \frac{\theta - t_1}{n}\right) \left(\theta - x - \frac{\theta - t_1}{n}\right) < 0.$$

Le premier membre est une fonction du second degré en x dont les racines sont, par ordre de grandeur croissante :

$$\theta - \frac{\theta - t_1}{n}, \qquad \theta + \frac{\theta - t_1}{n} ;$$

ou, en tenant compte de (3) :

$$\frac{t_2 + t_1}{2} - \frac{t_2 - t_1}{2n}, \qquad \frac{t_2 + t_1}{2} + \frac{t_2 - t_1}{2n}.$$

Pour que cette fonction soit négative, c'est-à-dire de signe contraire au coefficient de x^2, il faut et il suffit que sa variable soit intérieure aux racines, c'est-à-dire que l'on ait :

$$\frac{t_2 + t_1}{2} - \frac{t_2 - t_1}{2n} < x < \frac{t_2 + t_1}{2} + \frac{t_2 - t_1}{2n}.$$

On se rend compte aisément de ces résultats.

La différence d_x varie proportionnellement aux accroissements de température. Elle est nulle pour $x = \theta$. La relation (4) montre qu'elle prend des valeurs égales et de signes contraires pour des températures $\theta \pm \varepsilon$ équidistantes de θ.

La température croissant de θ à t_2, c'est-à-dire de la demi-différence $\frac{t_2 - t_1}{2}$, d_x croît de θ à d_2. On voit donc que pour les températures :

$$\theta \pm \frac{1}{n} \frac{t_2 - t_1}{2},$$

on aura :

$$d_x = \pm \frac{d_2}{n}.$$

2. — Dilatations superficielles.

360. — *A 0°, les dimensions d'une plaque de cuivre rectangulaire sont* a $= 1^m,20$ *et* b $= 0^m,80$. *Quelle est sa surface à la température* t $= 90°$?

Coefficient de dilatation linéaire du cuivre : $\lambda = 0,000017$.

Soient S_0 et S l'aire de la plaque à 0° et à t°.

Le coefficient de dilatation superficielle étant égal à 2λ, on a :
$$S_0 = ab,$$
et
$$S = S_0(1 + 2\lambda t);$$
d'où
$$S = ab(1 + 2\lambda t).$$

Numériquement :
$$S = 0^{mq},96293,$$
ou
$$S = 9629^{kmq}.$$

361. — *La toiture d'un hangar est constituée par des feuilles de zinc dont la surface totale à 0° est S. Le coefficient de dilatation linéaire du zinc étant λ, calculer la variation qu'éprouve cette surface totale entre les températures t et t'.*

Application :
$$S = 600^{mq}, \quad \lambda = 0,000003, \quad t = -15°, \quad t' = 35°.$$

Le coefficient de dilatation superficielle étant 2λ, la variation demandée est :
$$x = S(1 + 2\lambda t') - S(1 + 2\lambda t),$$
$$x = 2\lambda S(t' - t).$$

Numériquement :
$$x = 1^{mq},8.$$

362. — *Un triangle est formé de trois tiges de cuivre ayant pour longueurs respectives à 0° : $a = 30^{cm}$, $b = 40^{cm}$, $c = 50^{cm}$. Quelle est la surface de ce triangle à $t = 100°$? Le coefficient de dilatation linéaire du cuivre étant $\lambda = 0,000019$.*

Soient s et S les aires de ce même triangle à 0° et à $t°$.
Calculons d'abord s en fonction des trois côtés.

Il vient :
$$s = \sqrt{60.30.20.10} = 600^{q}.$$
Dès lors :
$$S = s(1 + 2\lambda t),$$
$$= 600 \times 1,0038,$$
$$= 602^{mq},28.$$

3. — Dilatations cubiques.

363. — *Une cuve en fer contient exactement $v = 150^{hl}$ de liquide à 0°. Quelle sera sa capacité intérieure à la température de $t = 35°$.*

Coefficient de dilatation linéaire du fer : $\lambda = 0,000012$.

Soit V la capacité demandée.
On a :
$$V = v(1 + 3\lambda t).$$
Numériquement :
$$V = 150 \times 1,00126.$$
$$= 150^{hl},199, \quad \text{soit} \quad 15020^{l}.$$

304. — *Un réservoir en tôle a une capacité de $V = 8^{mc}$ à $0°$. Quel est son volume à $t = 100°$, le coefficient de dilatation linéaire du fer étant $\lambda = 0,0000125$?*

La formule

$$V' = V(1 + 3\lambda t)$$

donne :

$$V' = 8000 (1,00375),$$
$$= 8030.$$

305. — *Une sphère en acier, de diamètre l, repose sur un anneau horizontal, en cuivre, de diamètre intérieur l' ($l' < l$). Le coefficient de dilatation linéaire de l'acier étant λ, celui du cuivre λ', à quelle température faut-il chauffer le système pour que la sphère passe à travers l'anneau?*

Application :

$$l = 12^{cm},31, \quad l' = 12^{cm},3, \quad \lambda = 0,0000111, \quad \lambda' = 0,0000188.$$

Soit x la température demandée.

Il faut que les diamètres deviennent égaux, c'est-à-dire que l'on ait :

$$l(1 + \lambda x) = l'(1 + \lambda' x);$$

d'où

$$x = \frac{l - l'}{\lambda' l' - \lambda l} \cdot$$

Numériquement :

$$x = \frac{0,01}{0,0000946} = 105°,7.$$

306. — *Quelle est la densité du verre à $350°$, sa densité à $0°$ étant $d_0 = 2,7$, et son coefficient de dilatation cubique entre $0°$ et $350°$: $K = 0,0000313$?*

On a :

$$d = \frac{d_0}{1 + Kt},$$

$$d = \frac{2,7}{1,019585} = 2,648.$$

307. — *Un cylindre en fer a une capacité de $V = 1000^{cc}$ à $0°$. Il est exactement rempli de plomb fondu à la température de solidification $t = 325°$, puis on refroidi le système à $0°$. Quelle sera à cette température la différence entre le volume du contenant et le volume du contenu? Le coefficient de dilatation linéaire du fer est $\lambda = 0,0000115$, et celui du plomb : $\lambda' = 0,0000285$.*

Soit V' le volume du plomb à $0°$.

Écrivons qu'à $t°$ le volume du contenant est égal au volume du contenu.

On a :

$$V(1 + 3\lambda t) = V'(1 + 3\lambda' t),$$

ou

$$\frac{V}{V'} = \frac{1 + 3\lambda' t}{1 + 3\lambda t};$$

d'où

$$\frac{V - V'}{V} = \frac{3t(\lambda' - \lambda)}{1 + 3\lambda t} \cdot$$

Numériquement :
$$\frac{V - V'}{100} = \frac{0,016575}{1,0277975} = 0,01613,$$
$$V - V' = 16^{cc},13.$$

368. — *Un cube de cuivre dont l'arête est égale à* 10^{cm} *à* $0°$, *est porté à une température de* $1000°$. *Que devient son volume, en admettant que le coefficient moyen de dilatation linéaire du cuivre entre* 0 *et* $t°$ *ait pour expression :*

$$\lambda = 0,000015960 + 0,0000000010\,t.$$

Quelle est la différence des résultats obtenus suivant que l'on applique l'une ou l'autre des formules :

$$V = V_0(1 + 3\lambda t) \quad \text{ou} \quad V = V_0(1 + \lambda t)^3.$$

La première formule donne :
$$V = 1078^{cc},48,$$
et la seconde :
$$V = 1084^{cc},55 ;$$
soit $2^{cc},07$ en excès sur le résultat fourni par la formule approchée.

369. — *Un vase en platine possède à* $0°$ *une capacité* $V = 110^{cc},244$. *Que devient son volume dans le voisinage du point de fusion du platine, vers* $2000°$; *en admettant que le coefficient moyen de dilatation du platine entre* $0°$ *et* $t°$ *est :*

$$\lambda = 0,000008626 + 0,0000000053\,t.$$

La formule
$$V = V_0(1 + 3\lambda t),$$
donne :
$$V = 110,244 \times 1,115356,$$
$$= 122,962.$$

Mais, pour une température très élevée, il convient d'appliquer la formule plus exacte
$$V = V_0(1 + \lambda t)^3,$$
qui donne :
$$V = 110,244 \times (1,038452)^3,$$
$$= 123,456.$$

§ II. — Dilatation des liquides.

370. — *Un vase en verre vide pèse* $17^{gr},004$; *plein d'eau à* $15°$, *il pèse* $45^{gr},609$; *plein d'eau à* $85°$, *il pèse* $44^{gr},796$. *Connaissant la densité de l'eau à* $15°$ $(0,99915)$ *et la densité de l'eau à* $85°$ $(0,96876)$, *déduire de cette expérience le coefficient de dilatation cubique du verre.*

Soient V le volume intérieur du vase à $15°$; k le coefficient de dilatation du verre.

A 15° on a : $\qquad$ $45,670 = 17,004 + 0,99915\,V,$

et à 85° : $\qquad$ $11,796 = 17,004 + 0,96876\,[1 + k\,(85 - 15)]\,V;$

d'où l'on tire après calculs :

$$k = \frac{1}{34069} = 0,000029.$$

371. — *Quel est le volume à* $0°$, *d'un flacon de verre qui est complètement rempli à* $t = 30°$ *par* $P = 500^{gr}$ *de mercure?*

Densité du mercure : $D = 13,59.$

Coefficient de dilatation absolue du mercure : $\mu = \dfrac{1}{5550}.$

Coefficient de dilatation linéaire du verre : $\lambda = \dfrac{1}{116000}.$

Soit V le volume demandé.
Écrivons qu'à $t°$ le volume du contenant est égal au volume du contenu.

Le premier est : $\qquad$ $V\,(1 + 3\lambda t),$

et le second : $\qquad$ $\dfrac{P}{D}\,(1 + \mu t).$

On a donc l'équation :

$$V\,(1 + 3\lambda t) = \frac{P}{D}\,(1 + \mu t);$$

d'où $\qquad$ $V = \dfrac{P}{D}\,\dfrac{1 + \mu t}{1 + 3\lambda t}.$

Numériquement : $\qquad$ $V = 36^{cm3},962.$

372. — *À* $0°$ *la densité de l'alcool est* $d_0 = 0,8151.$ *Quelle est sa densité à* $t = 50°$, *sachant qu'entre* $0°$ *et* $t°$ *la dilatation de l'unité de volume est :*

$$at + bt^2 + ct^3?$$

$$a = 0,00104863, \quad b = 0,00000175, \quad c = 0,00000000134.$$

Soit d la densité demandée.
L'unité de volume prise à $0°$ et chauffée à $t°$ devient :

$$v = 1 + at + bt^2 + ct^3.$$

En égalant deux expressions de son poids, on a :

$$d_0 = vd;$$

d'où $\qquad$ $d = \dfrac{d_0}{1 + at + bt^2 + ct^3}.$

Numériquement : $\qquad$ $v = 1,05697,$

$$d = \frac{0,81510}{1,05697} = 0,7712.$$

373. — *Une éprouvette verticale en verre renferme du mercure à 0°. On demande à quelle température la colonne de mercure se sera accrue de la centième partie de sa hauteur.*

Coefficient de dilatation cubique du mercure : 0,00018.

    —   —   *linéaire du verre : 0,000025.*

Soit t la température à laquelle la hauteur du mercure se sera accrue de la n^e partie de sa valeur à 0°.

Désignons par μ le coefficient de dilatation cubique du mercure, et par λ, 2λ les coefficients de dilatation linéaire et superficielle du verre.

Admettons qu'à 0°, le mercure affecte la forme d'un cylindre droit de section s et de hauteur h.

À $t°$, le volume du mercure devient : $sh(1 + \mu t)$.

Il prend la forme d'un cylindre de base : $s(1 + 2\lambda t)$ et de hauteur : $h + \dfrac{h}{n}$.

En écrivant qu'à $t°$ le volume du contenu est égal au volume du contenant, on obtient l'équation :

$$sh(1 + \mu t) = s(1 + 2\lambda t)\, h\left(1 + \frac{1}{n}\right),$$

ou
$$n(1 + \mu t) = (n + 1)(1 + 2\lambda t);$$

d'où l'on tire :
$$t = \frac{1}{n\mu - 2(n + 1)\lambda}.$$

Numériquement :
$$t = \frac{1}{0,018 - 0,00505} = \frac{10^5}{1295} = 77°,22.$$

374. — *À quelle température un verre conique sera-t-il complètement rempli par le mercure qu'il contient, sachant qu'à t° la hauteur du vase est H et celle du mercure h? Coefficients de dilatation du verre et du liquide : K et Δ.*

La forme du vase et celle du mercure restent semblables entre elles. Soient V et v les volumes à 0°.

Écrivons que les volumes à $x°$ sont égaux, et que les volumes à $t°$ sont proportionnels aux cubes des hauteurs données :

$$v(1 + \Delta x) = V(1 + Kx),$$
$$\frac{v(1 + \Delta t)}{h^3} = \frac{V(1 + Kt)}{H^3}.$$

Divisons membre à membre :

$$h^3\left(\frac{1 + \Delta x}{1 + \Delta t}\right) = H^3\left(\frac{1 + Kx}{1 + Kt}\right).$$

Remplaçons les quotients par leurs valeurs approchées :
$$h^3[1 + \Delta(x - t)] = H^3[1 + K(x - t)].$$

Cette équation donne :
$$x - t = \frac{H^3 - h^3}{h^3\Delta - H^3K}.$$

Les conditions évidentes : $H > h$, $r > l$,

exigent : $h^3 \Delta > H^3 K$.

Thermomètre à mercure.

375. — *La tige d'un thermomètre à mercure a pour diamètre intérieur* $2r = 0^{mm},26$, *et* $n = 15$ *de ses divisions occupent une longueur* $l = 43^{cm}$. *Quelle est la capacité de son réservoir ?*

Coefficient de dilatation apparente du mercure dans le verre :

$$\Delta = \frac{1}{6480} .$$

Soit V la capacité du **réservoir**, c'est-à-dire le volume du mercure à $0°$. Entre $0°$ et $t = 15°$ sa dilatation apparente est égale à $\pi r^2 l$.

On a donc : $V \Delta t = \pi r^2 l$;

d'où $V = \frac{\pi r^2 l}{\Delta t}$.

Numériquement : $V = 9^{m3},863$.

376. — *Quel serait le poids de mercure contenu dans un thermomètre si la tige avait un diamètre intérieur de* $2r = 1^{mm}$, *et si chaque degré occupait une longueur* $l = 5^{mm}$?

Densité du mercure : $D = 13,6$.

Coefficient de dilatation apparente du mercure dans le verre :

$$m = \frac{1}{6480} .$$

Soit x ce poids.

Le volume du mercure à $0°$ est $\frac{x}{D}$.

En égalant entre elles deux expressions de sa dilatation apparente pour une élévation de température de $1°$.

On a : $\frac{x m}{D} = \pi r^2 l$;

d'où $x = \frac{\pi r^2 l D}{m}$.

Numériquement : $x = \pi . (0,05)^2 0,5 \times 13,6 \times 6480$,

          $x = 346^{gr}$.

377. — *L'enveloppe d'un thermomètre à tige pèse* $p = 15^{gr}$. *Remplie de mercure à* $0°$, *d'abord jusqu'au point 0, puis jusqu'au point 100, elle pèse* $P = 47^{gr},8$, *puis* $P' = 48^{gr},3$. *En déduire le coefficient de dilatation apparente du mercure dans le verre.*

Soient x ce coefficient, V le volume du réservoir jusqu'au zéro, V' le volume de l'enveloppe au-dessous du point 100.

On a :
$$V' = V(1 + 100x);$$

d'où
$$x = \frac{V' - V}{100 V}.$$

Or ces volumes V, V' sont proportionnels aux poids de mercure qui les remplissent à 0°.

On a :
$$\frac{V}{P - p} = \frac{V'}{P' - p} = \frac{V' - V}{P' - P},$$

et la fraction homogène précédente peut s'écrire :
$$x = \frac{P' - P}{100 (P - p)}.$$

Numériquement :
$$x = \frac{5}{33300} = \frac{1}{6660},$$
$$= 0,0001501.$$

378. — *Un thermomètre à mercure pèse $32^{gr},8$ dans l'air et $25^{gr},2$ dans l'eau. Quel est le poids du mercure qu'il contient, sachant que ce mercure remplit entièrement l'enveloppe à 200°? Densités du mercure et du verre : 13,6 et 2,52. Coefficient de dilatation apparente du mercure dans le verre : $\dfrac{1}{6480}$.*

Soient x ce poids et u le volume d'une division de la tige.

On a :
$$x = 6480u \times 13,6.$$

Or, le volume total de l'instrument étant :
$$32,8 - 25,2 = 7^{cc},6,$$

celui du verre seul est :
$$7^{cc},6 - 6680u.$$

Donc le poids total de l'instrument :
$$(7,6 - 6680u)\,2,52 + 6480u \times 13,6 = 32,8.$$

Cette équation peut s'écrire :
$$71281,4u = 13,648.$$

On en tire :
$$u = \frac{13,648}{71281,4};$$

d'où
$$x = \frac{13,648 \times 6480 \times 13,6}{71281,4} = 16^{gr},876.$$

379. — *Le réservoir d'un thermomètre à mercure et sa tige jusqu'au degré $n = 6$ plongent dans une étuve à $T = 95°$; le reste est dans l'air à $t = 12°$. Quelle est la température marquée par ce thermomètre?*

Coefficient de dilatation absolue du mercure : $\mu = \dfrac{1}{5550}$.

Coefficient de dilatation cubique du verre : $K = \dfrac{1}{38700}$.

Soit x la température marquée.

Si l'on chauffait de t^o à T^o les $(x-n)$ divisions qui émergent, leur dilatation apparente serait égale à $T-x$.

En posant

$$\mu - K = \Delta,$$

on a donc :

$$(x-n)\,\Delta\,(T-t) = T-x;$$

d'où

$$x = \frac{T + n\Delta\,(T-t)}{1 + \Delta\,(T-t)}.$$

Numériquement : $x = 93^o,8.$

380. — *Un thermomètre entièrement plongé dans une étuve marquerait* T^o. *Quelle température marquera-t-il si on l'en retire jusqu'à la division* $n\,(n < T)$. *de manière que la partie supérieure de la tige soit à la température extérieure* $t^o\,(t < T)$. *Coefficient de dilatation apparente du mercure dans le verre :* m.

Application : $T = 100^o$, $n = 28^o$, $t = 10^o$, $m = \dfrac{1}{6480}$.

Le mercure contenu dans le réservoir et dans la tige jusqu'à la division n ne subira aucun changement. Tout revient donc à déterminer le nombre des divisions y qui seront occupées à la température t par le mercure qui occupait $(T-n)$ divisions à la température T.

La température demandée sera :

$$x = n + y.$$

Or, quand la température s'abaisse de T à t, le volume apparent

$$(T-n)\,v,$$

devient : $yv = (T-n)\,v\,\{\,1 + (t-T)\,m\,\}\,;$

d'où $x = n + (T-n)\,\{\,1 - (T-t)\,m\,\}.$

Numériquement : $x = 28 + 72\left(1 - \dfrac{90}{6480}\right),$

$$= 22 + 71 = 99^o.$$

381. — *Le réservoir d'un thermomètre plonge jusqu'à la division* $n = 20$ *dans une étuve dont on demande la température, sachant que le thermomètre marque* $T = 80^o$ *et que la partie supérieure de la tige est à la température de l'air ambiant* $t = 15^o$.

Coefficient de dilatation apparente du mercure dans le verre :

$$\Delta = \frac{1}{6480}.$$

Soit x la température de l'étuve.

Si l'on chauffait de t^o à x^o les $(T-n)$ divisions qui émergent de l'étuve, leur dilatation apparente serait $(x-T)$.

On a donc : $(T-n)\,\Delta\,(x-t) = x-T;$

d'où $x = \dfrac{T - (T-n)\,\Delta t}{1 - (T-n)\,\Delta}.$

Numériquement $x = \dfrac{8625}{107} = 80^o,60.$

382. — *Un thermomètre plonge en partie dans une étuve tandis que le reste de la tige se maintient à 0°. Quand la température de l'étuve est A, B, C, l'instrument marque a, b, c, respectivement. Quelle relation existe-t-il entre ces données?*

Soient x le degré de l'échelle qui sépare les deux parties de l'instrument intérieure et extérieure à l'étuve, y le coefficient de dilatation apparente du mercure dans le verre, v le volume d'une division.

Considérons la portion extérieure du mercure dans la première expérience. Si sa température passait de 0° à A°, son volume apparent, $(a - x)\, v$, deviendrait $(A - x)\, v$. Écrivons que ces volumes sont entre eux comme les binômes de dilatation apparente :

$$\frac{a - x}{A - x} = \frac{1}{1 + Ay} \, ;$$

d'où

$$Ay\,(a - x) = A - a.$$

De même

$$By\,(b - x) = B - b,$$

et

$$Cy\,(c - x) = C - c.$$

Éliminons successivement y et x par comparaison.

On a :

$$y = \frac{A - a}{A\,(a - x)} = \frac{B - b}{B\,(b - x)} = \frac{C - c}{C\,(c - x)} \, ;$$

puis :

$$x = \frac{Aa\,(B - b) - Bb\,(A - a)}{A\,(B - b) - B\,(A - a)} = \frac{Aa\,(C - c) - Cc\,(A - a)}{A\,(C - c) - C\,(A - a)} \, .$$

Chassons les dénominateurs, supprimons les termes en A^2, divisons tout par $(A - a)$ et transposons.

Il vient :

$$AB\,(C - c)\,(a - b) + AC\,(B - b)\,(c - a),$$
$$+ BC\,(A - a)\,(b - c) = 0,$$

ou, en remarquant que les termes en ABC disparaissent :

$$ABc\,(a - b) + ACb\,(c - a) + BCa\,(b - c) = 0.$$

Telle est la relation demandée. Si l'on divise tout par le produit des six nombres, elle prend la forme :

$$\frac{1}{C}\left(\frac{1}{b} - \frac{1}{a}\right) + \frac{1}{B}\left(\frac{1}{a} - \frac{1}{c}\right) + \frac{1}{A}\left(\frac{1}{c} - \frac{1}{b}\right) = 0.$$

NOTA. — Le système peut s'écrire :

$$Aay - Axy = A - a,$$
$$Bby - Bxy = B - b,$$
$$Ccy - Cxy = C - c.$$

Ces équations peuvent être considérées comme linéaires par rapport aux inconnues y et xy. Leur résultante est donc :

$$\begin{vmatrix} Aa & A & A - a \\ Bb & B & B - b \\ Cc & C & C - c \end{vmatrix} = 0,$$

où

$$\begin{vmatrix} Aa & A & a \\ Bb & B & b \\ Cc & C & c \end{vmatrix} = 0 \, ;$$

d'où

$$Aa\,(Bc - Cb) + Bb\,(Ca - Ac) + Cc\,(Ab - Ba) = 0.$$

Autre forme de la même relation.

383. — *Une enveloppe thermométrique, dont la tige est graduée en parties d'égal volume, contient du mercure qui s'élève jusqu'à la division n à t° et à la division n' à t'°. Quel est le rapport du volume du réservoir à celui d'une division de la tige? Que devient ce rapport dans les hypothèses n = t et n' = t' = 0?*

Soient V le volume du réservoir, v celui d'une division, U le volume du mercure à $0°$, μ et K les coefficients de dilatation cubique du mercure et du verre.

En écrivant qu'à $t°$ et à $t'°$ le volume du contenant est égal au volume du mercure contenu, on obtient les équations :

$$(V + nv)(1 + Kt) = U(1 + \mu t),$$
$$(V + n'v)(1 + Kt') = U(1 + \mu t');$$

d'où, par division membre à membre, et en posant $\dfrac{V}{v} = x$:

$$\frac{x + n}{x + n'} \times \frac{1 + Kt}{1 + Kt'} = \frac{1 + \mu t}{1 + \mu t'};$$

d'où approximativement :

$$\frac{x + n}{x + n'} = \frac{1 + (t - t')\mu}{1 + (t - t')K} = 1 + (t - t')(\mu - K);$$

d'où

$$x = \frac{n - n'}{(\mu - K)(t - t')} - n'.$$

Dans le cas particulier d'un thermomètre centigrade, on a :

$$x = \frac{1}{\mu - K},$$

nombre du coefficient de dilatation apparente du mercure dans le verre.

384. — *Le zéro d'un thermomètre à mercure s'est déplacé; son réservoir, jusqu'au zéro de l'échelle, plonge dans une étuve, tandis que le reste de la tige se maintient à 0° dans l'atmosphère. Lorsque l'étuve est portée à A°, puis à B°, le thermomètre marque a°, b°, respectivement. On propose d'évaluer le déplacement du zéro au moyen de ces données.*

Soient x la quantité dont le zéro s'est élevé, v le volume à $0°$ d'une division du tube, δ le coefficient de dilatation apparente du mercure dans le verre.

Dans la première expérience, si l'atmosphère passait de $0°$ à A°, le volume apparent du mercure qui dépasse le zéro de la graduation passerait de av à $(A + x)v$.

Ces volumes apparents sont entre eux comme les binômes de dilatation apparente.

On a :

$$\frac{a}{A + x} = \frac{1}{1 + \delta A},$$

ou

$$x + A - a = Aa\delta.$$

De même

$$x + B - b = Bb\delta;$$

d'où

$$\frac{x + A - a}{x + B - b} = \frac{Aa}{Bb};$$

d'où
$$x = \frac{(A - a)\,Bb - (B - b)\,Aa}{Aa - Bb}.$$

REMARQUE. — Pour vérifier cette formule, remarquons que, dans l'hypothèse $A = 0$, elle doit donner $x = a$.

Il vient, en effet :
$$x = \frac{-aBb}{-Bb} = a.$$

385. — *On suppose que le liquide et l'enveloppe d'un thermomètre à mercure se dilatent proportionnellement à la température normale, avec des coefficients respectifs Δ et K. Dans ces hypothèses, on demande d'exprimer la température normale en fonction de la température définie par cet instrument.*

D'après sa construction et par définition même, le thermomètre à mercure dont le zéro ne s'est pas déplacé marque la température normale à 0° et à 100°.

Il s'agit de calculer la température normale x qui correspond à une indication quelconque t de ce thermomètre.

Désignons par V et v le volume à 0° du réservoir jusqu'au zéro de l'échelle et celui d'une division du tube.

À x^{o}, le volume apparent du mercure est $V + vt$.

Égalons son volume réel au volume du contenant.

$$V(1 + \Delta x) = (V + vt)(1 + Kx).$$

Cette équation, homogène par rapport à V et v, ne présente qu'une seule inconnue auxiliaire $\frac{v}{V}$. Nous formerons une équation nouvelle en appliquant la précédente au cas particulier $t = x = 100$.

$$V(1 + 100\Delta) = (V + 100v)(1 + 100K).$$

Divisons par V les deux membres de chacune, puis éliminons par comparaison le rapport $\frac{v}{V}$ que nous aurons fait apparaître.

Il vient :
$$\frac{v}{V} = \frac{(\Delta - K)\,x}{t(1 + Kx)} = \frac{(\Delta - K)\,100}{100(1 + 100K)};$$

d'où
$$x(1 + 100K) = t(1 + Kx),$$

et enfin :
$$x = \frac{t}{1 + (100 - t)\,K}.$$

Cette formule, vérifiée d'ailleurs pour $t = x = 0^{o}$ et pour $t = x = 100^{o}$, fait voir, en outre, que, dans nos hypothèses, la température normale est inférieure ou supérieure à t^{o}, selon que t est compris entre 0° et 100° ou extérieur à cet intervalle.

REMARQUE. — Les hypothèses que nous avons faites s'écartent sensiblement de la réalité. Entre 0° et 100°, un thermomètre à mercure reste d'accord avec le thermomètre normal; mais, au delà de 100°, il est tantôt en avance, tantôt en retard, selon la nature du verre qui enveloppe le mercure.

2, — Dilatomètre à tige.

386. — *Un dilatomètre à tige, gradué en parties d'égal volume à partir du réservoir, contient du mercure qui marque la division* n *à la température* t° *et la division* n' *à la température* t'. *Quelles divisions marquerait-il à* 0° *et à* 100°?

Soient x et y les indications de l'instrument à 0° et à 100°.

En écrivant que les variations apparentes du volume du mercure sont proportionnelles aux variations correspondantes de la température, on obtient les équations :

$$\frac{n-x}{t} = \frac{n'-x}{t'} = \frac{y-x}{100} \; ;$$

d'où l'on tire :

$$x = \frac{nt' - tn'}{t' - t} ,$$

et

$$y = \frac{100(n'-n) + nt' - tn'}{t' - t} .$$

387. — *Après avoir fixé les points* 0 *et* 100 *d'un thermomètre et gradué la tige, on remplace le mercure par un liquide dont le coefficient de dilatation absolue est* γ *et qui, à* 0°, *remplit le réservoir et la tige jusqu'au* 0 *de la graduation. A quelle division s'arrêtera le niveau du liquide à* t°?

On donne m, *le coefficient de dilatation apparente du mercure dans le verre, et* k *le coefficient de dilatation du verre.*

Soient x la division demandée, V et v le volume de réservoir et celui d'une division à 0°.

Écrivons 1° que l'espace occupé à t° égale le volume du liquide à t° :

$$(V + xv)(1 + kt) = V(1 + \gamma t);$$

2° Qu'un volume V de mercure à 0° subit une dilatation apparente v quand on élève la température de un degré :

$$Vm = v.$$

Ces équations étant homogènes par rapport à V et v, on peut éliminer entre elles le rapport $\frac{v}{V}$.

La première peut s'écrire :

$$\left(1 + x \cdot \frac{v}{V}\right)(1 + kt) = 1 + \gamma t,$$

ou en tenant compte de la deuxième :

$$(1 + mx)(1 + kt) = 1 + \gamma t.$$

d'où, approximativement :

$$x = \frac{(\gamma - k)t}{m} .$$

388. — *On retire le mercure d'un thermomètre et on le remplace par de l'huile d'olive qui s'élève exactement au point 0 dans la glace fondante. A quelle température le liquide s'élèvera-t-il jusqu'au point 100? Les coefficients de dilatation apparente de l'huile et du mercure dans le verre sont :* m = 0,000154 *et* h = 0,0008.

Soit x la température demandée.

Pour une élévation de température de 1°, l'huile s'élève d'un nombre de divisions marqué par le rapport : $\dfrac{800}{154}$ ou $\dfrac{400}{77}$.

On aura donc :
$$\frac{400x}{77} = 100 ;$$

d'où
$$x = \frac{77}{4} = 19°,25.$$

389. — *On retire le mercure d'un thermomètre et on le remplace par de l'acide sulfurique. Dans ces conditions, l'instrument marque 2°,6 dans la glace fondante et 100° à la température de 25°. Quel est le coefficient de dilatation de l'acide sulfurique, sachant que celui du verre est* K = 0,000026 *et que le coefficient de dilatation du mercure dans le verre est* m = 0,000154?

Soient x le coefficient de dilatation absolue de l'acide sulfurique et y son coefficient de dilatation apparente dans le verre.

On aura :
$$x = y + \mathrm{K}.$$

Le coefficient de dilatation apparente du mercure étant :
$$m = 0,000154 = \frac{1}{6480} ,$$

le volume du réservoir est égal à 6480 fois celui d'un degré de la tige.

On a donc :
$$6580 = 6482,6 \, (1 + 25y) ;$$

d'où :
$$y = \frac{3896}{6482600} = 0,00060090.$$

Donc :
$$x = y + \mathrm{K} = 0,000627.$$

390. — *On remplace le mercure d'un thermomètre centigrade par de l'alcool qui occupe le même volume à 0°. A quelle division s'arrêtera le niveau de ce liquide à t°?*

Coefficients de dilatation absolue du mercure, de l'alcool et du verre : μ = 0,00018, m = 0,00105, K = 0,000026.

Soient x la division demandée, V le volume du réservoir, v celui d'une division de la tige.

En écrivant qu'à t° le volume occupé par l'alcool ou par le mercure est égal au volume du contenant, on obtient les équations :
$$(V + vx)(1 + Kt) = V(1 + mt),$$
$$(V + vt)(1 + Kt) = V(1 + \mu t) ;$$

ou
$$vx(1 + Kt) = Vt(m - K),$$
$$vt(1 + Kt) = Vt(\mu - K);$$

d'où, par division membre à membre :

$$\frac{x}{t} = \frac{m - K}{\mu - K}.$$

Relation que l'on aurait pu écrire *à priori*, puisqu'elle exprime que les dilatations apparentes de l'alcool et du mercure sont proportionnelles aux coefficients de dilatation correspondants.

Numériquement :
$$\frac{x}{t} = \frac{512}{77} = 6,6.$$

391. — *Le mercure d'un thermomètre centigrade est remplacé par un liquide qui s'élève jusqu'à la division* n *à* t°, *et à la division* n' *à* t'°. *Quel est le coefficient de dilatation de ce liquide?* *Coefficients de dilatation du mercure :* μ; *du verre :* K.

Application :

$$n = -30, \quad t = 10, \quad n' = 100, \quad t' = 28, \quad K = 0,000026,$$
$$\mu - K = \frac{1}{6480}.$$

Soit x le coefficient de dilatation absolue du liquide; son coefficient de dilatation apparente dans le verre sera $x - K$.

Soit v le volume d'une division à t°. On sait que le volume du réservoir est :
$$6480v = Nv.$$

La dilatation apparente du liquide entre t° et t'° est donc sensiblement :
$$(N + n) v (x - K) (t' - t) = (n' - n) v;$$

d'où
$$x = \frac{n' - n}{(N + n)(t' - t)} + K.$$

Numériquement :
$$x = \frac{130}{6450 \times 18} + 0,000026,$$
$$= 0,001145.$$

392. — *La dilatation de l'unité de volume de l'éther entre* 0° *et* t° *étant exprimée par la formule :*

$$(a + bt + ct^2) t,$$

et sachant que 1000 *d'éther mesurés à* 0° *deviennent :*

à 10°,	1015^{cc},41,
à 20°,	1031^{cc},53,
à 30°,	1048^{cc},60.

1° *Calculer les coefficients* a, b, c.

2° *Calculer la dilatation* x *que subit un litre d'éther entre* 0° *et* 35°.

En exprimant la dilatation de 1000^{cc} entre 0° et chacune des températures indiquées, on obtient les équations :

$$10000\,(a + 10b + 100c) = 15,41,$$
$$20000\,(a + 20b + 400c) = 31,53,$$
$$30000\,(a + 30b + 900c) = 48,60.$$
$$35000\,(a + 35b + 1225c) = x.$$

Les trois premières donnent :

$$a = 0,0015135,$$
$$b = 0,0000235,$$
$$c = 0,0000001,$$

et la quatrième : $x = 57^{cc},566.$

393. — *Dans l'enveloppe d'un thermomètre à mercure, on introduit des volumes égaux d'acide stéarique et de mercure. En chauffant ensemble, dans un bain d'eau, ce dilatomètre à tige et un thermomètre à mercure, on constate que le sommet de la colonne de mercure atteint la division* n = — 10 *du dilatomètre à la température* t = 60° *et la division* n' = 30 *à la température* t' = 70°. *A cette dernière température, l'acide stéarique passe à l'état liquide, et le mercure du dilatomètre s'élève jusqu'à la division* n" = 92, *sans que le thermomètre accuse d'élévation de température. On demande le coefficient de dilatation de l'acide stéarique solide, et la dilatation que subit l'unité de volume de ce solide en fondant à* 70° *sans changement de température.*

Coefficient de dilatation du verre : k = 0,000026,
  —   —   *absolue du mercure :* µ = 0,000180.

Le coefficient de dilatation apparente du mercure dans le verre est :

$$m = \mu - k = 0,000154 = \frac{1}{6480}.$$

Il s'ensuit qu'en désignant par V et v le volume du réservoir et celui d'une division de la tige, on a :   V = 6480 v.

Soient x et y les nombres demandés, et x', y' les dilatations correspondantes observées dans le tube de verre, c'est-à-dire les dilatations apparentes.

On aura : $x = x' + k$ et $y = y' (1 + k).$

Soit X le volume à 0° de l'acide stéarique, et aussi celui du mercure introduit dans le dilatomètre.

Les expériences donnent les trois équations :

$$X\,(1 + 60m) + X\,(1 + 60x') = 6470\,v,$$
$$X\,(1 + 70m) + X\,(1 + 70x') = 6510\,v,$$
$$X\,(1 + 70m) + X\,(1 + 70x' + y') = 6572\,v.$$

En divisant les deux premières membre à membre, on en tire :

$$m + x' = \frac{4}{3115} = 0,001284,$$

d'où
$$x' = 0,00113,$$

et enfin :
$$x = x' + k = 0,001156.$$

En divisant les deux dernières équations membre à membre et en tenant compte du résultat précédent, on obtient :

$$y' = 0,0199;$$

d'où
$$y = y'(1 + k) = 0,0199005.$$

Tels sont les deux nombres demandés.

3. — Dilatomètre à poids.

394. — *Une enveloppe de verre terminée par un tube effilé est entièrement remplie par* $P = 482^{gr},26$ *de mercure à* $0°$. *Quand on la chauffe de* $0°$ *à* $t = 100°$, *il en sort* $p = 7^{gr},38$ *de mercure. Le coefficient de dilatation absolue du mercure étant* μ, *quel est le coefficient de dilatation cubique de l'enveloppe de verre ?*

Soient K ce coefficient et D la densité du mercure à $0°$.

À $0°$ les volumes du contenant et du contenu sont égaux à $\dfrac{P}{D}$.

Écrivons qu'à $t°$ le volume du contenant est égal au volume du contenu.
On obtient l'équation :

$$\frac{P}{D}(1 + Kt) = \frac{P - p}{D}(1 + \mu t);$$

d'où
$$1 + Kt = \frac{P - p}{P}(1 + \mu t).$$

Numériquement :
$$1 + 100K = \frac{474,88 \times 1,018018}{482,26} = 1,00254;$$

d'où
$$K = 0,0000254.$$

395. — *Un thermomètre à poids est rempli à* $0°$ *par* P^{gr} *de mercure. En le chauffant de* $0°$ *à* $t°$, *on fait sortir* p^{gr} *de liquide. Le coefficient de dilatation du mercure étant* $\mu = 0,00018$, *calculer le coefficient de dilatation cubique du verre.*

Application : $P = 2545^{gr}$, $t = 100°$, $p = 38^{gr},5$.

Soit x le coefficient demandé.
En écrivant qu'à $t°$ le volume du contenant est égal à celui du contenu, on obtient :

$$\frac{P}{D_0}(1 + xt) = \frac{P - p}{D_0}(1 + \mu t);$$

d'où
$$x = \frac{(P - p)\,\mu t - \dot{p}}{Pt}.$$

Numériquement :
$$x = 0{,}000026.$$

396. — *Un thermomètre à poids contient P^{gr} de mercure à 0°. Il en laisse échapper p^{gr} à une température que l'on propose de calculer.*

Coefficients de dilatation du mercure et du verre : μ et K.

Application : $P = 3^{kg}$, $p = 50^{gr}$.

En écrivant qu'à $t°$ le volume du contenant est égal au volume du contenu, on obtient l'équation :
$$\frac{P}{D_0}(1 + Kx) = \frac{P - p}{D_0}(1 + \mu x);$$

d'où l'on tire :
$$x = \frac{p}{(P - p)\,\mu - PK}.$$

Numériquement :
$$x = \frac{5}{0{,}454} = 11°.$$

397. — *Un thermomètre à poids contient V^{cc} de mercure à 0° et son volume total est $V + v$. A quelle température sera-t-il entièrement rempli par ce mercure ?*

Application : $V = 600^{cc}$, $v = 4^{cc}$.

Coefficient de dilatation cubique : mercure $\mu = 0{,}00018$; enveloppe : $\varphi = 0{,}000026$.

Soit x la température cherchée.
En exprimant qu'à $x°$ le volume de l'enveloppe est égal à celui du mercure, on obtient l'équation :
$$V(1 + \mu x) = (V + v)(1 + \varphi x);$$

d'où l'on tire :
$$x = \frac{v}{V(\mu - \varphi) - v\varphi}.$$

Numériquement :
$$x = \frac{4}{0{,}093 - 0{,}0001},$$
$$= 48°{,}24.$$

398. — *Un flacon à densité contient du mercure et de l'eau qui le remplissent entièrement à 0°. Pour expulser l'eau complètement, il suffit de chauffer le flacon à $t°$. Quel était le rapport des volumes de l'eau et du mercure ?*

Coefficient de dilatation du mercure et du verre : μ et K.

Soient V le volume du mercure, v celui de l'eau.
Écrivons qu'à $t°$ le volume du contenant égale celui du contenu.
On a :
$$(V + v)(1 + Kt) = V(1 + \mu t);$$

d'où
$$1 + \frac{v}{V} = \frac{i + \mu l}{1 + Kl},$$

et enfin :
$$\frac{v}{V} = \frac{(\mu - K) l}{1 + Kl}.$$

399. — *On chauffe progressivement un thermomètre à poids rempli d'abord de mercure à 0°. A quelle température faut-il le porter pour en faire sortir un poids total de mercure n fois supérieur à celui qui s'en est échappé à t°?*

L'équation du thermomètre à poids :
$$\frac{P}{D}(1 + Kl) = \frac{P - p}{D}(1 + \Delta l)$$

donne :
$$p = \frac{Pl(\Delta - K)}{1 + \Delta l}.$$

L'équation du problème est donc :
$$\frac{x}{1 + \Delta x} = n . \frac{l}{1 + \Delta l};$$

d'où, en retranchant à chaque dénominateur le produit par Δ du numérateur correspondant :
$$x = \frac{nl}{1 - (n - 1)\Delta l}.$$

Application. — Pour $t = 1$, $n = 100$, $\Delta = 0,00018$, on trouve à peu près $x = 102$.

Le poids total du mercure expulsé est *sensiblement* proportionnel à l'élévation de température.

400. — *Un dilatomètre à poids est rempli à 0° par P^{gr} de platine et Mgr de mercure. Quel poids de mercure en sort-il quand on le chauffe à t°. Densités à 0° : platine, p; mercure, m.*

Coefficients de dilatation cubique : platine, π; mercure, μ; verre, φ.

Application :
$$P = 150, \quad M = 500, \quad t = 100, \quad p = 21,4, \quad m = 13,6,$$
$$\pi = 0,000026, \quad \mu = 0,00018, \quad \varphi = 0,000022.$$

Soit x le poids demandé.

En écrivant qu'à $t°$ le volume du contenant est égal à la somme des volumes du platine et du mercure contenus, on obtient l'équation :
$$\left(\frac{P}{p} + \frac{M}{m}\right)(1 + \varphi l) = \frac{P}{p}(1 + \pi l) + \frac{M - x}{m}(1 + \mu l);$$

d'où l'on tire :
$$x = \{ Pm(\pi - \varphi) + Mp(\mu - \varphi) \} \frac{l}{p(1 + \mu l)}.$$

Numériquement :
$$x = \frac{169,876}{21,4 \times 1,018},$$
$$= 7^{gr},797.$$

401. — *Un thermomètre à poids est entièrement rempli par* P^{gr} *d'un liquide à* $0°$. *Si on le chauffe à* $t°$, *il en laisse échapper* p^{gr}. *Le coefficient de dilatation de l'enveloppe de verre étant* K, *calculer celui du liquide.*

Soient Δ ce coefficient et D la densité du liquide à $0°$.
Écrivons qu'à $t°$ le volume du contenant est égal au volume du contenu.
La capacité de l'enveloppe est :

$$\text{à } 0° \quad \frac{P}{D}, \quad \text{et à } t° \quad \frac{P}{D}(1 + Kt).$$

Le volume du liquide resté dans l'enveloppe est :

$$\text{à } 0°, \quad \frac{P-p}{D}; \quad \text{à } t°, \quad \frac{P-p}{D}(1 + \Delta t).$$

On a donc, en multipliant tout par D :

$$P(1 + Kt) = (P - p)(1 + \Delta t),$$

équation d'où l'on tire :
$$\Delta = \frac{PKt + p}{(P - p)t}.$$

402. — *Un dilatomètre à poids est entièrement rempli à* $0°$ *par un corps solide de poids* p *et de densité* d, *et par* Mgr *de mercure dont la densité est* D. *Si on le chauffe à* $t°$, *il laisse échapper* m^{gr} *de mercure. Connaissant les coefficients de dilatation* μ *et* K *du mercure et du verre, calculer celui du corps solide contenu dans le dilatomètre.*

Soit x ce dernier coefficient.
Écrivons qu'à $t°$ le volume du contenant est égal au volume du contenu.
Leurs volumes à $0°$ sont :

$$\frac{M}{D} + \frac{p}{d} \quad \text{et} \quad \frac{M-m}{D} + \frac{p}{d}.$$

En multipliant chaque terme par le binôme de dilatation correspondant, on a :
$$\left(\frac{M}{D} + \frac{p}{d}\right)(1 + Kt) = \frac{M-m}{D}(1 + \mu t) + \frac{p}{d}(1 + xt),$$

équation qui permet de calculer x en fonction des données.

403. — *Connaissant les poids* p_0, p, p', *d'un certain liquide qui remplit aux températures* $0°$, $t°$, $t'°$, *un flacon à densité limité à son point d'affleurement, on propose de calculer le coefficient moyen de dilatation de ce liquide, dans la portion de l'échelle thermométrique considérée.*

Application : A $0°$ le flacon renferme 1020^{gr} *de liquide; chauffé de* $0°$ *à* $50°$, *il en laisse échapper* $7^{gr},801$, *et, de* $50°$ *à* $100°$, $7^{gr},663$.

Soient x le coefficient de dilatation du liquide et k celui de l'enveloppe. A $t°$, puis à $t'°$, égalons entre eux les volumes du contenu et du contenant.

On obtient les deux équations :

$$p\,(1 + xt) = p_0\,(1 + kt) \ \Big|\ t'$$
$$p'(1 + xt') = p_0\,(1 + kt') \ \Big|\ t.$$

Pour éliminer l'inconnue auxiliaire k, il suffit de multiplier la première équation par t', la seconde par t, et de retrancher membre à membre.

Ce qui donne : $pt' - p't + (p - p')\,tt'x = p_0\,(t' - t);$

d'où
$$x = \frac{p_0\,(t' - t) - (pt' - p't)}{(p - p')\,tt'}$$

Les données numériques sont :

$$t = 50, \qquad t' = 100,$$
$$p_0 = 1020, \qquad p_0 - p = 7{,}801, \qquad p - p' = 7{,}663.$$

Substituons d'abord les températures ; il vient, en divisant haut et bas par 50 :

$$x = \frac{p_0 - 2p + p'}{100\,(p - p')} = \frac{1}{100}\left(\frac{p_0 - p}{p - p'} - 1\right),$$

et enfin :
$$x = \frac{1}{100}\left(\frac{7{,}801}{7{,}663} - 1\right).$$

Or
$$\frac{7\,801}{7\,663} = 1{,}018 ;$$

donc
$$x = 0{,}00018.$$

On reconnaît le coefficient de dilatation du mercure.

404. — *Un vase sphérique en acier poli, supposé sans épaisseur, porte un tube en verre de 1^{cmq} de section. Ce vase contient du mercure qui le remplit à 0° jusqu'à la base du tube. Le rayon de la sphère est alors de 10^{cm}. On chauffe le vase de manière que ce rayon augmente de $0^{mm}{,}2$.*

1° A quelle température a-t-il fallu porter la sphère ?

2° A quelle hauteur s'élève le mercure dans le tube ?

3° Ce tube porte une graduation en millimètres supposée faite à 0° et dont le zéro correspond au niveau du mercure lorsque le vase est à 0°.

A quelle division affleurera le mercure dans l'expérience indiquée ?

Coefficients de dilatation de l'acier, du mercure et du verre :

$$l = \frac{1}{100\,000}\,\cdot$$

$$m = \frac{1}{5\,550}\,\cdot$$

$$k = \frac{1}{38\,000}\,\cdot$$

Soit x la température demandée.

A cette température, la dilatation suivant le rayon est :

$$IRx = 0^{mm},2;$$

d'où

$$x = \frac{0,2 \times 100000}{100} = 200^{\circ}$$

Le volume de l'enveloppe sphérique est alors :

$$\frac{4}{3} \pi R^3 (1 + 200 \times 3l).$$

Le volume du mercure contenu dans l'enveloppe et le tube est :

$$\frac{4}{3} \pi R^3 (1 + 200m).$$

Ce qui donne pour le volume du mercure qui a pénétré dans le tube :

$$\frac{4}{3} \pi R^3 \times 200 (m - 3l),$$

soit :

$$125661^{mmc}.$$

Ce mercure s'élève dans le tube à une hauteur h telle que :

$$h \times \left(1 + \frac{2}{3} k \right) = 125^{cc},661;$$

d'où :

$$h = 125^{cm},337.$$

Enfin si n représente le nombre de divisions occupées, on a :

$$\frac{n}{10} \times 1 (1 + 200k) = 125,661;$$

d'où

$$n = 1250 \text{ divisions.}$$

§ III. — Applications.

1. — Dilatations compensées.

405. — *Un vase de fer dont le volume intérieur, évalué à 0°, est de 128^{cc}, contient un lingot de platine; le reste de sa capacité est rempli par du mercure. Quels doivent être les poids de platine et de mercure pour que la dilatation apparente de l'ensemble soit nulle entre 0° et t°?*

Poids spécifiques : $M = 13,6, \quad P = 21.$

Coefficients de dilatation :

$$m = \frac{1}{5550}, \quad p = \frac{1}{36832}, \quad f = \frac{1}{27518}.$$

Soient V le volume intérieur du vase, x celui du platine; le volume du mercure sera $V - x$.

La dilatation apparente du contenu est nulle entre 0° et t°, si, dans ce même intervalle, la dilatation réelle de l'enveloppe est égale à la somme des dilatations absolues du platine et du mercure; hypothèse qui se traduit par l'équation :

$$V f t = x p t + (V - x) m t ;$$

d'où l'on tire :

$$x = V . \frac{m - f}{m - p} .$$

Numériquement :

$$x = 128 \times \frac{21908 \times 36832}{31282 \times 27518} .$$

Le calcul donne :

$$x = 120^{cc},34 ;$$

d'où

$$V - x = 7^{cc},66.$$

Donc le platine pèse :

$$120,34 \times 21 \quad \text{ou} \quad 2527^{gr},14,$$

et le mercure :

$$7,66 \times 13,6 \quad \text{ou} \quad 104^{gr},17.$$

406. — *Un flacon possède à $0°$ une capacité $V = 40^{cc}$. Peut-on verser dans ce flacon une quantité de mercure telle que, lorsque la température varie, le volume non occupé par le mercure demeure indépendant de la température? Quel est le poids P du mercure à employer?*

Coefficient de dilatation cubique du verre : $K = \dfrac{1}{45000}$.

Coefficient de dilatation du mercure : $\mu = \dfrac{1}{5500}$.

Densité du mercure à $0°$: $D = 13,6.$

À $t°$, le volume non occupé par le mercure est l'excès du volume du flacon à $t°$ sur celui du liquide à $t°$; c'est-à-dire :

$$V (1 + Kt) - \frac{P}{D} (1 + \mu t),$$

ou

$$\left(VK - \frac{P\mu}{D}\right) t + \left(V - \frac{P}{D}\right).$$

Pour que ce volume soit constant, c'est-à-dire indépendant de la variable t, il faut et il suffit que le coefficient de cette variable soit nul; c'est-à-dire que l'on ait :

$$VK - \frac{P\mu}{D} = 0;$$

d'où

$$P = V . \frac{KD}{\mu} .$$

Le volume de mercure à introduire est :

$$\frac{P}{D} = V . \frac{K}{\mu} ,$$

ce qui exige :

$$\frac{K}{\mu} < 1, \quad \text{ou} \quad K < \mu.$$

Numériquement. Cette condition de possibilité est satisfaite par les données.

On trouve :

$$P = \frac{40 \times 13,6 \times 5550}{45000} = 67^{gr},09.$$

407. — *On introduit du mercure dans une enveloppe de verre qu'on ferme ensuite à la lampe. Quel doit être le rapport des volumes à $0°$ du mercure et de l'enveloppe, pour que le volume de l'air emprisonné avec le mercure soit le même à toute température?*

Coefficients de dilatation du mercure et du verre : $\mu = 0,00018$, $K = 0,000025$.

Soient V et v les volumes à $0°$ de l'enveloppe et du mercure.

Le volume de l'air à $t°$ est l'excès du volume de l'enveloppe à $t°$ sur celui du mercure à $t°$; c'est-à-dire :

$$V(1 + Kt) - v(1 + \mu t),$$

ou

$$(VK - v\mu)t + V - v,$$

c'est une fonction entière en t.

Pour que cette fonction se réduise à la constante $(V - v)$, il faut et il suffit que le coefficient de t soit égal à $0°$; c'est-à-dire que l'on ait :

$$VK = v\mu.$$

Les volumes du mercure et de l'enveloppe doivent être inversement proportionnels à leurs coefficients de dilatation.

Numériquement : $\quad \dfrac{V}{v} = \dfrac{180}{25} = 7,2.$

408. — *Dans un tube de fer, cylindrique, vertical, fermé à la base, on se propose d'introduire une colonne de mercure telle que l'espace resté vide conserve à toute température une longueur sensiblement invariable.*

Quelle fraction de la longueur du tube le mercure doit-il occuper à $0°$?

Coefficient de dilatation linéaire du fer : $\lambda = 0,000012.$

Coefficient de dilatation absolue du mercure : $\mu = 0,00018.$

Représentons par l, s, h, la longueur du tube, sa section intérieure et la hauteur du mercure à $0°$.

À la température $t°$, on aura :

Section du tube : $s(1 + 2\lambda t)$;

Volume du tube : $sl(1 + 3\lambda t)$;

Volume du mercure : $sh(1 + \mu t)$;

et, par suite, hauteur de l'espace vide :

$$\frac{sl(1 + 3\lambda t) - sh(1 + \mu t)}{s(1 + 2\lambda t)},$$

ou

$$\frac{l - h + 3\lambda t - \mu h t}{1 + 2\lambda t}.$$

Pour que cette fraction rationnelle soit indépendante de sa variable t, il faut et il suffit que, dans les deux termes, les coefficients des puissances semblables

soient proportionnels :
$$\frac{l-h}{1} = \frac{3l - \Delta h}{2\lambda} ;$$

d'où
$$l = h\left(\frac{\Delta}{\lambda} - 2\right).$$

Numériquement :
$$\frac{\Delta}{\lambda} = \frac{180}{12} = 15.$$

Donc :
$$l = 13h.$$

Le mercure doit occuper le $\frac{1}{13}$ de la longueur du tube.

409. — *Un tube de verre est intérieurement de forme cylin-*
drique; à 0° sa longueur est l_0; sa base égale s. On le maintient
dans une position verticale et on y verse une colonne de mercure
dont la longueur doit être telle que la distance λ, de l'extrémité
supérieure du tube au centre de gravité de la colonne mercurielle,
reste invariable quand la température s'élève. Quelle est cette lon-
gueur?

Application : $l_0 = 1^m$. On donne les coefficients de dilatation du

verre $k = \dfrac{1}{38600}$ *et du mercure* $\mu = \dfrac{1}{5550}$.

Soient x et y les hauteurs du mercure à t^o et à l^o. Écrivons qu'à t^o, λ égale
la hauteur du tube moins la moitié de la hauteur du mercure à l^o.

On a :
$$\lambda = h - \frac{y}{2} . \qquad\qquad (1)$$

Calculons h et y.

h est donné par la formule :
$$h = l_0\left(1 + \frac{1}{3} kt\right).$$

Pour obtenir y, égalons deux expressions du volume du mercure à t^o :
$$y.s\left(1 + \frac{2}{3} kt\right) = xs(1 + \mu t).$$

De cette égalité on tire :
$$y = \frac{x(1 + \mu t)}{1 + \frac{2}{3} kt} ,$$

ou approximativement :
$$y = x\left[1 + \left(\mu - \frac{2}{3} k\right) t\right].$$

Remplaçons par leurs valeurs h et y dans l'égalité (1); on obtient :
$$\lambda = l_0 - \frac{x}{2} + \left[l_0 \frac{k}{3} - \frac{x}{2}\left(\mu - \frac{2}{3} k\right)\right]t.$$

Le second membre est une fonction entière en t. Pour qu'elle soit constante,
il suffit que le coefficient de t soit nul, c'est-à-dire que l'on ait :
$$\frac{k}{3} l_0 - \frac{x}{2}\left(\mu - \frac{2}{3} k\right) = 0;$$

d'où
$$x = \frac{2kl_0}{3\mu - 2k} .$$

Numériquement :
$$x = 0^m,105.$$

410. — *Un pendule se compose d'un tube cylindrique en fer, de poids P, contenant un poids égal de mercure. Quelle doit être sa section intérieure pour que la distance OG de son axe de suspension à son centre de gravité soit indépendante de la température? La distance du fond du cylindre à l'axe de suspension est l, et le centre de gravité g du fer seul est au milieu de cette distance. Densité du mercure D, coefficient de dilatation du mercure : μ, du fer : λ.*

Application :

$$P = 1^{kg}, \quad l = 1^m, \quad D = 13,6, \quad \mu = 0,00018, \quad \lambda = 0,000012.$$

Soit s la section demandée. À t^o, le mercure prend une hauteur h telle que :

$$P = \frac{s(1 + 2\lambda t)\, hD}{1 + \mu t} \; ;$$

d'où

$$h = \frac{P}{sD} \, [1 + (\mu - 2\lambda)\, t].$$

Soit g' le centre de gravité du mercure. Celui-ci ayant même poids que le fer, le centre de gravité du système est au milieu de gg'; c'est-à-dire que l'on a :

$$2OG = Og + Og'.$$

Or :

$$Og = \frac{l(1 + \lambda t)}{2} \quad \text{et} \quad Og' = l(1 + \lambda t) - \frac{h}{2}.$$

Donc :

$$2OG = \frac{3l(1 + \lambda t)}{2} - \frac{P[1 + (\mu - 2\lambda)\, t]}{2sD};$$

d'où en ordonnant par rapport à t :

$$4sD.OG = [3sD\lambda - P(\mu - 2\lambda)]\, t + 3sDl - P.$$

Pour que cette fonction soit indépendante de t, il faut et il suffit que le coefficient de t soit nul; c'est-à-dire que l'on ait :

$$3sD\lambda - (\mu - 2\lambda)\, P = 0;$$

d'où

$$s = \frac{P(\mu - 2\lambda)}{3D\lambda}.$$

Numériquement :

$$s = 3^{cq},186.$$

2. — Corrections barométriques.

411. — *Évaluer en dynes la différence des pressions exercées par un centimètre de mercure à Paris à la température 0° et à l'équateur à la température de 30°. Intensité de la pesanteur à Paris : g = 980,9; à l'équateur : g' = 978,1. Densité du mercure : D = 13,6.*

Coefficient de dilatation : $\mu = 0,00018018$.

La pression de 1^{cm} de mercure vaut :

à Paris,

$$p = Dg;$$

à l'équateur,
$$p' = \frac{Dg'}{1+\mu t} \cdot$$

La différence demandée est donc :
$$x = p - p' = D\left(g - \frac{g'}{1+\mu t}\right),$$
$$= 13,6\,(980,9 - 972,84),$$
$$= 13,6 \times 8,06 = 109,6 \text{ dynes.}$$

412. — *Quelle est la pression atmosphérique quand la hauteur barométrique observée à t° est H?*

Coefficient de dilatation du mercure : μ; de l'échelle : λ.

Application :
$$t = -15°, \quad H = 75,2, \quad \mu = \frac{1}{5550}, \quad \lambda = 0,000018.$$

Soit H_0 la pression atmosphérique demandée.

La hauteur H lue sur l'échelle à t° vaut en réalité :
$$H_t = H(1 + \lambda t).$$

La densité D_t du mercure à t° est :
$$D_t = \frac{D_0}{1+\mu t} \cdot$$

La pression barométrique sur un centimètre carré peut donc s'écrire :
$$H_0 D_0 = H_t D_t = H D_0 \frac{1+\lambda t}{1+\mu t} \; ;$$

d'où
$$H_0 = H \cdot \frac{1+\lambda t}{1+\mu t},$$

ou approximativement :
$$H_0 = H \left\{ 1 - (\mu - \lambda)\, t \right\}.$$

Numériquement :
$$H_0 = 75,2 \times 1,0024,$$
$$= 75^{cm},38.$$

413. — *Évaluer en mercure normal une hauteur barométrique de h = 75ᶜᵐ observée à l'équateur à la température de t = 30°.*

Le mercure normal est le mercure pris à 0° et à la latitude de 45°.

Soient x la hauteur demandée, d_0 et d les densités du mercure à 0° et à t°, g_0 et g les intensités de la pesanteur à la latitude de 45° et à l'équateur.

En écrivant que la pression de x^{cm} de mercure normal est égale à la pression donnée, on obtient :
$$x d_0 g_0 = h d g.$$

Or
$$d = \frac{d_0}{1+\mu t} = \frac{d_0}{1,0054},$$

et
$$\frac{g}{g_0} = \frac{978}{980} \cdot$$

Donc
$$x = \frac{h d g}{d_0 g_0} = \frac{75 \times 978}{980 \times 1,0054} = 74^{cm},4.$$

414. — *Deux hauteurs barométriques égales à H = 78ᶜᵐ ont été observées l'une à t = -10°, l'autre à t' = +20°. Quelle est la différence des pressions atmosphériques correspondantes?*

Coefficients de dilatation du mercure : $\mu = 0,00018$; *de la règle de cuivre :* $\lambda = 0,000019$.

Soient H_0 et H'_0 ces pressions.

On a :
$$H_0 = H \{ 1 - (\mu - \lambda)\, t \},$$
$$H'_0 = H \{ 1 - (\mu - \lambda) t' \};$$

d'où
$$H_0 - H'_0 = H (\mu - \lambda)(t' - t).$$

Numériquement :
$$x = 78 \times 0,00183,$$
$$= 0^{cm},377.$$

415. — *Dans un lieu où l'air est sec et la température* 20°, *on trouve pour hauteur barométrique* $0^m,742$. *Quelle serait la hauteur du mercure à* 0° *qui mesurerait la même pression? Quelle serait la nouvelle hauteur du mercure si on soulevait le baromètre verticalement de* 6^m?

1° Soit H la hauteur barométrique que nous supposons *lue* sur une règle métallique *supposée graduée* à 0°.

Soient l le coefficient de dilatation de la règle et m celui du mercure.

La hauteur *réelle* observée H_1 est :

$$H_1 = H(1 + lt).$$

Soit d'autre part H_0 la colonne mercurielle à 0° qui lui ferait équilibre.

Ces deux hauteurs sont en raison inverse des densités du mercure aux températures 0° et t^o, c'est-à-dire que l'on a :

$$\frac{H_1}{H_0} = \frac{D_0}{D} = \frac{1 + mt}{1} ;$$

d'où
$$H_0 = H \frac{1 + lt}{1 + mt} = H \{1 - (m - l)\, t\}.$$

En faisant :
$$m = \frac{1}{5550} \quad \text{et} \quad l = 0,00018,$$

on trouve :
$$H_0 = 739^m,6.$$

2° Le baromètre étant soulevé à une hauteur h, la colonne mercurielle se déprimera d'une longueur x telle qu'il y ait équilibre entre la dépression et la colonne d'air h. Or ces deux hauteurs sont en raison inverse des densités (on admet ici que l'air a une densité uniforme entre les deux stations) :

$$\frac{x}{h} = \frac{\text{D. air à } 20^o \text{ et à } H_0}{\text{D. mercure à } 20^o},$$

ou
$$\frac{x}{6} = \frac{0,001293 \times \dfrac{1}{1 + 20x} \times \dfrac{739,6}{760}}{13,596 \times \dfrac{1}{1 + \dfrac{20}{5550}}} ;$$

d'où
$$x = 0^{mm},53.$$

La nouvelle hauteur du mercure sera donc :
$$742^{mm} - 0,53 = 741^{mm},47.$$

416. — *Un baromètre à siphon est formé de deux branches cylindriques de même section réunies par un tube capillaire horizontal. A 0°, la différence des niveaux du mercure est $H_0 = 76^{cm}$. Quelle doit être la hauteur x du mercure à 0° dans la petite branche, pour que son sommet reste fixe à toute température ?*

Coefficient de dilatation absolue du mercure : $\mu = 0,000180$.

Coefficient de dilatation apparente dans le verre : $m = 0,000154$.

La pression atmosphérique étant invariable, la hauteur barométrique à $t°$ est proportionnelle au binôme de dilatation absolue du mercure.

On a : $$H_t = H_0 (1 + \mu t).$$

Et puisque la hauteur x est constante, la longueur totale des deux colonnes de mercure à $t°$ est : $$2x + H_0 (1 + \mu t).$$

Mais, d'après la dilatation apparente du mercure dans le verre, cette même longueur totale peut s'écrire : $$(2x + H_0)(1 + mt).$$

On a donc l'équation : $$(2x + H_0)(1 + mt) = 2x + H_0(1 + \mu t);$$

d'où l'on tire : $$x = \frac{H_0}{2} \cdot \frac{\mu - m}{m}.$$

Numériquement, on trouve : $\quad x = 6^m,1.$

3. — Poids apparents.

417. — *Un morceau de platine pèse P^{gr} dans le vide. Quel est son poids apparent dans le mercure à $t°$?*

Application : $P = 1^{kg}$, $\quad t° = 100°$.

Densités du platine et du mercure : $p = 22$, $\quad m = 13,6$.

Coefficients de dilatation cubique : $\pi = 0,000026$, $\quad \mu = 0,000018$.

Ce poids apparent x est égal au poids P moins la poussée du mercure :
$$x = P - \frac{P}{p}(1 + \pi t) \cdot \frac{m}{1 + \mu t},$$
$$x = P\left\{1 - \frac{m}{p} \cdot \frac{1 + \pi t}{1 + \mu t}\right\}.$$

Numériquement : $\quad x = 391^{gr},17.$

418. — *Un corps solide pèse P^{gr} dans le vide, p^{gr} dans l'eau à 4° et p'^{gr} dans l'eau à $t° = 95°$. Quelle est la densité de cette dernière ?*

Coefficient de dilatation du solide : K.

Application :

$$P = 509^{gr},6, \quad p = 127^{gr},7, \quad p' = 141^{gr},2, \quad K = 0,000027.$$

Soit d la densité de l'eau à $t°$.

En écrivant qu'à cette température la perte de poids du corps est égale au poids de l'eau déplacée, on a :

$$P - p' = (P - p) \{ 1 + (t - 4) K \} d;$$

d'où

$$d = \frac{P - p'}{(P - p) \{ 1 + (t - 4) K \}}.$$

Numériquement :

$$d = 0,962.$$

419. — *Une boule de verre éprouve une poussée de p^{gr} dans un liquide à $0°$ et de p'^{gr} dans ce même liquide à $t°$. Le coefficient de dilatation du verre étant K, quel est celui du liquide?*

Soient x ce coefficient, V le volume de la boule et d la densité du liquide à $0°$. A cette température, la poussée est :

$$Vd = p.$$

A $t°$, le volume devient : $V(1 + Kt)$; la densité : $\dfrac{d}{1 + xt}$; et la poussée :

$$\frac{Vd(1 + Kt)}{1 + xt} = p'.$$

En divisant ces équations membre à membre, on obtient :

$$\frac{1 + xt}{1 + Kt} = \frac{p'}{p};$$

d'où

$$x = \frac{p'(1 + Kt) - p}{pt}.$$

420. — *Une sphère de platine pesée dans le mercure perd de son poids 50^{gr} à $0°$ et $49^{gr},5415$ à $60°$. Trouver le coefficient de dilatation cubique du platine. Le coefficient de dilatation absolue du mercure étant $\dfrac{1}{5550}$, sa densité à $0°$: $13,6$.*

Soient V le volume de la sphère, x le coefficient de dilatation cubique du platine.

Dans chaque cas, la poussée ou perte de poids subie par la sphère est égale au poids du mercure qu'elle déplace.

A $0°$ on a donc :
$$50 = V \times 13,6. \tag{1}$$

A $60°$ le volume de la sphère est $V(1 + 60x)$, et la densité du mercure est devenue :

$$\frac{13,6}{1 + \dfrac{60}{5550}}.$$

Alors
$$49,5415 = V(1 + 60x) \frac{13,6}{1 + \dfrac{60}{5550}}. \tag{2}$$

De ces deux équations on tire :

$$x = 0,0000258.$$

421. — *Quel est le coefficient de dilatation d'un corps solide qui pèse P^{gr} dans le vide, p^{gr} dans l'eau à t° dont la densité est d, et p'^{gr} dans l'eau à t'° dont la densité est d'?*

Application : P = 732^{gr},6.

$$p = 610,5, \qquad t = 4°, \qquad d = 1;$$
$$p' = 611,9, \qquad t' = 54°, \qquad d' = 0,9876.$$

Soient x le coefficient de dilatation cubique du corps, et V son volume à 0°. En écrivant qu'à t° et à t'° la perte de poids du corps est égale au poids de l'eau déplacée, on obtient les deux équations :

$$P - p = V(1 + xt)d,$$
$$P - p' = V(1 + xt')d';$$

d'où par division :

$$\frac{1 + xt}{1 + xt'} = \frac{(P - p)d'}{(P - p')d},$$

et enfin :

$$x = \frac{(P - p')d - (P - p)d'}{(P - p)d't' - (P - p')dt}.$$

Numériquement : $\qquad x = 0,000189.$

422. — *Un thermomètre à mercure pèse 27^{gr},40 dans l'air et 22^{gr},82 dans l'eau; à la température de 60°, le mercure remplit la totalité de l'instrument. Calculer le poids du mercure et celui du verre qui composent le thermomètre.*

Densité du mercure : 13,6; densité du verre : 2,5.

Coefficient de dilatation apparente du mercure : $\dfrac{1}{6480}$.

Désignons par x le poids du mercure; celui du verre sera 27,40 — x. Soient V le volume intérieur de l'enveloppe à 0°, et μ, k, les coefficients de dilatation absolue du mercure et du verre, dont on connaît seulement la différence :

$$\mu - k = \frac{1}{6480}.$$

A 60°, le volume V devient égal à celui du mercure; on a :

$$V(1 + 60k) = \frac{x}{13,6}(1 + 60\mu);$$

d'où

$$V = \frac{x}{13,6} \cdot \frac{1 + 60\mu}{1 + 60k},$$

ou sensiblement :

$$V = \frac{x}{13,6}[1 + 60(\mu - k)] = \frac{x}{13,6}\left(1 + \frac{1}{108}\right).$$

Égalons entre eux les nombres qui mesurent le volume extérieur du verre et la perte de poids de l'instrument plongé dans l'eau; nous obtiendrons l'équa-

tion : $\qquad \dfrac{27,4 - x}{2,5} + \dfrac{x}{13,6} \cdot \dfrac{109}{108} = 27,4 - 22,82 = 4,58,$

ou $\qquad (1468,8 - 272,5)x = 40245,12 - 16817,76;$

d'où $\qquad x = 19^{gr},58.$

Il reste pour l'enveloppe : $\qquad 7^{gr},82.$

423. — *Un corps solide est immergé complètement dans un liquide et y subit une poussée p, le tout étant à la température t°. La température devenant t', la nouvelle poussée est p'. Connaissant les coefficients de dilatation k et m du solide et du liquide, on demande de calculer le rapport $\dfrac{p}{p'}$. Quand ce rapport est-il égal à 1?*

La poussée est constamment égale au poids du liquide déplacé, c'est-à-dire au produit du volume actuel du solide par la densité actuelle du liquide.

Soient V_0 et D_0 ce volume et cette densité à zéro degré.

On a, à $t°$:
$$p = V_0(1 + kt). \frac{D_0}{1 + mt} ,$$

et à $t'°$:
$$p' = V_0(1 + kt'). \frac{D_0}{1 + mt'} ;$$

d'où
$$\frac{p}{p'} = \frac{1 + kt}{1 + kt'} \cdot \frac{1 + mt'}{1 + mt} .$$

Tel est le rapport demandé. On peut l'écrire sans erreur sensible :
$$\frac{p}{p'} = [1 + k(t - t')] [1 + m(t' - t)],$$

ou encore :
$$\frac{p}{p'} = 1 + (t - t')(k - m).$$

Ce rapport est égal à l'unité dans deux circonstances :

1° Lorsque $t' = t$, quels que soient les coefficients k et m

2° Lorsque $k = m$, quelles que soient les températures t

424. — *Quel effort exigerait pour être soutenu dans du mercure à 50° un cube de platine de 69^{mm} de côté?*

Densité du platine : 21,5; densité du mercure : 13,6.

Coefficient de dilatation du mercure : 0,00018.

Coefficient de dilatation du platine : 0,000027.

L'effort à exercer est égal à l'excès du poids du platine sur la poussée du mercure.

Soit C le côté du cube que nous supposerons égal à 69^{mm} à la température de 50°.

Le poids du cube est :
$$C^3 \times \frac{D}{1 + kt} .$$

(D et k étant la densité et le coefficient de dilatation du platine).

La poussée due au mercure est :
$$C^3 \times \frac{\Delta}{1 + mt} .$$

(Δ et m étant la densité et le coefficient de dilatation du mercure).

On a donc :
$$x = C^3 \left(\frac{D}{1 + kt} - \frac{\Delta}{1 + mt} \right),$$

et *numériquement* :
$$x = 2626^{gr}.$$

125. — *Une balance supposée parfaite porte aux extrémités de son fléau des poids égaux chacun à 2^{kg}, l'un en fer, l'autre en platine. On plonge simultanément et complètement ces poids dans du mercure à 20°. On demande quel poids il faut ajouter sur l'un des plateaux pour rétablir l'équilibre. — On donne les densités à 0° : mercure, $m = 13{,}6$; fer, $f = 7$; platine, $p = 21$; les coefficients de dilatation : $\pi = 0{,}0000265$ pour le platine, $\varphi = 0{,}0000355$ pour le fer, $\mu = \dfrac{1}{5550}$ pour le mercure.*

À $t°$ ces densités deviennent :

$$f' = \frac{f}{1 + \varphi t} , \qquad p' = \frac{p}{1 + \pi t} , \qquad m' = \frac{m}{1 + \mu t} . \tag{1}$$

On a : $\qquad\qquad\qquad f' < m' < p'.$

Dans l'hypothèse d'une immersion complète au sein du mercure, le poids apparent du platine reste positif, tandis que celui du fer devient négatif, c'est-à-dire qu'il se transforme en une force ascensionnelle.

Soient P les poids égaux de fer et de platine qui se font équilibre dans l'air, et x le poids qu'il faut ajouter du côté du fer pour rétablir l'équilibre dans le mercure.

À $t°$, le fer et le platine ont pour volumes : $\dfrac{P}{f'}$, $\dfrac{P}{p'}$ ..

Le mercure déplacé pèse : $\dfrac{Pm'}{f'}$, $\dfrac{Pm'}{p'}$.

D'après le principe d'Archimède, on a donc l'équation :

$$P - \frac{Pm'}{f'} + x = P - \frac{Pm'}{p'} ;$$

d'où l'on tire :

$$x = Pm' \left(\frac{1}{f'} - \frac{1}{p'} \right),$$

ou, en tenant compte de (1) :

$$x = \frac{Pm}{1 + \mu t} \left(\frac{1 + \varphi t}{f} - \frac{1 + \pi t}{p} \right).$$

Numériquement : $\qquad\qquad x = 2^{kg},583.$

126. — *Un corps solide étant suspendu sous le plateau d'une balance, on constate qu'il perd p^{gr} de son poids quand on l'immerge dans l'eau à $t°$ et p' dans l'eau à $t'°$. Quel est le coefficient de dilatation du corps solide, sachant qu'entre $t°$ et $t'°$ la dilatation de l'eau est de m ?*

Application :

$$p = 842^{gr}, \qquad t = 10°, \qquad p' = 829^{gr}, \qquad t' = 60°, \qquad m = 0{,}01666.$$

Soient K le coefficient demandé ; V_0, V, V' les volumes du solide à 0°, à $t°$ et à $t'°$; d et d' les poids spécifiques de l'eau à $t°$ et à $t'°$.

Les poussées ont pour expressions :

$$p = Vd = V_0(1 + Kt)\, d,$$
$$p' = V'd' = V_0(1 + Kt')\, d' ;$$

d'où
$$\frac{p}{p'} = \frac{1+Kt}{1+Kt'}\;\frac{d}{d'}\,.$$

Or l'unité de volume d'eau chauffée de t à t^o devient $(1+m)$.

On a donc : $d = (1+m)d'$;   d'où $\dfrac{d}{d'} = 1+m$,

et l'équation précédente devient :
$$\frac{p}{p'} = \frac{(1+Kt)(1+m)}{(1+Kt')}\,.$$

On en tire :
$$K = \frac{(1+m)p'-p}{pt'-(1+m)p't}\,.$$

Numériquement : $K = 0,000019.$

4. — Corps flottants.

427. — *Une sphère métallique creuse, lestée avec du mercure, est en équilibre à 0° au sein d'un liquide. A cette température, le rayon extérieur de la sphère est 3^{cm}, et le poids spécifique du liquide est 1. On porte le tout à 100°. Quel poids de mercure faut-il enlever de la sphère pour que l'équilibre subsiste?*

Coefficient de dilatation linéaire du métal : $l = 0,000018$.

Coefficient de dilatation absolue du liquide : $m = 0,0005$.

Soient V le volume de la sphère, p son poids comprenant celui du mercure qu'elle contient, d la densité du liquide à 0°, x le poids de mercure à enlever. La condition d'équilibre des corps immergés donne :

1° A zéro degré : $p = Vd.$

2° A 100° : $(p-x) = V(1+3lt)\;\dfrac{d}{1+mt}\;;$

d'où en effectuant les calculs : $x = 4^{gr},80.$

On doit enlever $4^{gr},80$ de mercure.

428. — *Un flacon de verre bouché à l'émeri pèse P^{gr} et son volume extérieur à 4° est V. Quel volume de mercure à t^o faut-il introduire dans ce flacon pour qu'il s'immerge entièrement et flotte en équilibre dans l'eau à 4°?*

Soit x le volume demandé.

Ce volume devient à 0° : $\dfrac{x}{1+\mu t}\,.$

Écrivons que le poids total du flacon est égal au poids de l'eau qu'il déplace :
$$P + \frac{x}{1+\mu t}\,D = V;$$

d'où $x = \dfrac{(V-P)(1+\mu t)}{D}\,.$

429. — *Un cylindre en platine, creux sur une partie de sa longueur, flotte verticalement sur le mercure à 0°, dans lequel il s'enfonce d'une longueur l. De quelle longueur s'enfoncera-t-il dans le mercure à t = 100°?*

Coefficients de dilatation cubique du platine : $K = 0,000024$, *du mercure :* $\mu = 0,0001815$.

Soient x la longueur demandée, s la section du cylindre, d la densité du mercure à 0°.

La poussée du mercure à 0° et la poussée à t° sont égales entre elles, comme égales chacune au poids du platine.

En égalant entre elles ces deux poussées, on obtient l'équation :

$$lsd = xs\left(1 + \frac{2}{3}Kt\right)\frac{d}{1+\mu t} ;$$

d'où l'on tire :

$$x = \frac{l(1+\mu t)}{1 + \frac{2}{3}Kt}.$$

Numériquement : $x = l \times 1,0165$.

430. — *Un cylindre en plomb flotte verticalement sur un bain de mercure. De quelle fraction de sa hauteur émergera-t-il à t = 100°?*

Densités du mercure et du plomb :
$$D = 13,6, \qquad d = 11,25.$$

Coefficients de dilatation cubique:
$$\Delta = 0,00018, \qquad \delta = 0,000086.$$

Soient x la fraction demandée, et, par suite, $(1 - x)$ la fraction immergée. Ces fractions se rapportent d'ailleurs au volume du cylindre aussi bien qu'à sa hauteur.

Représentons par v le volume du plomb à 0°.

À t° ce volume devient $v(1 + \delta t)$, et la densité du mercure : $\dfrac{D}{1+\Delta t}$.

En écrivant que le poids du plomb est égal au poids du mercure déplacé à t°. on obtient l'équation :

$$vd = v(1 - x)(1 + \delta t)\frac{D}{1+\Delta t} ;$$

d'où l'on tire :

$$x = 1 - \frac{d(1+\Delta t)}{D(1+\delta t)}.$$

Numériquement : $x = 0,167$.

Le plomb émerge de 167 millièmes de son volume ou de sa hauteur.

431. — *Un cylindre de plomb de longueur l est lesté par un cylindre de platine de même section et de longueur l'. Le système flotte verticalement sur un bain de mercure contenu dans une* *chaudière. Calculer la fraction du premier cylindre qui sera immergée à la température t.*

Densités du plomb, du platine et du mercure : D, D', Δ.

Coefficients de dilatation : K, K', μ.

Soit x la fraction demandée.

Écrivons que le poids total du cylindre est égal au poids du mercure déplacé. On obtient, en désignant par s la section droite :

$$s(lD + l'D') = \{ sl'(1 + K't) + slx(1 + Kt) \} \frac{\Delta}{1 + \mu t} \; ;$$

d'où

$$x = \frac{(lD + l'D')(1 + \mu t) - \Delta l'(1 + K't)}{\Delta l(1 + Kt)} .$$

432. — *Dans un cylindre de platine de rayon* R *et de hauteur* h, *à la température de* 0°, *on creuse une cavité cylindrique, concentrique, de rayon* r. *Quelle doit être la profondeur de cette cavité pour que le cylindre plongé dans un bain de mercure au milieu d'une enceinte à* t° *y flotte émergeant de la moitié de sa hauteur.*

Application numérique :

$$R = 5^{cm}, \quad h = 30^{cm}, \quad r = 4^{cm}, \quad t = 100°.$$

$$\text{Densité à } 0° \begin{cases} \text{Hg,} & d = 13,6, \\ \text{Pt,} & \delta = 22. \end{cases}$$

$$\text{Coefficients de dilatation} \begin{cases} \text{Hg,} & n = 0,00018, \\ \text{Pt,} & k = 0,000026. \end{cases}$$

Écrivons que le poids du platine restant est égal au poids du mercure déplacé à t°, dans les conditions de l'expérience.

On a :

Poids du platine : $\pi(R^2h - r^2x)\delta$;

Volume immergé : $\frac{1}{2}\pi R^2 h(1 + kt)$;

Densité du mercure à t° : $\frac{d}{1 + nt}$.

L'équation est donc :

$$(R^2h - r^2x)\delta = \frac{1}{2} R^2h(1 + kt)\frac{d}{1 + nt} .$$

On en tire :

$$x = h.\frac{R^2}{r^2}\left[1 - \frac{d(1 + kt)}{2\delta(1 + nt)}\right].$$

Numériquement :

$$x = 30 \times \frac{25}{16}\left(1 - \frac{13,6 \times 1,0026}{44 \times 1,018}\right),$$

$$x = \frac{30 \times 25 \times 31,15661}{44,792} ,$$

$$x = 32^{cm},6.$$

Réponse inacceptable, puisque cette longueur excède la hauteur du cylindre de platine. Le problème est donc impossible dans les conditions numériques proposées.

433. — *Un disque en fer, creux, flotte à la surface d'un bain de mercure et en émerge d'une hauteur constante aux diverses températures. Quelle est sa densité moyenne à 0°?*

Soient R, h le rayon et la hauteur du disque à 0°, x la densité cherchée, y la hauteur immergée à $t°$. Égalons le poids du flotteur à celui du liquide déplacé :

$$\pi R^2 h x = \pi R^2 (1 + 2\lambda t) y \cdot \frac{D}{1 + \Delta t} ;$$

d'où

$$y = \frac{h x (1 + \Delta t)}{D (1 + 2\lambda t)} :$$

λ désigne le coefficient de dilatation linéaire du fer, D et Δ la densité à 0° et le coefficient de dilatation du mercure.

La hauteur émergée est :

$$h (1 + \lambda t) - \frac{h x (1 + \Delta t)}{D (1 + 2\lambda t)} ,$$

ou approximativement :

$$\frac{h}{D} \left[\frac{D - x + (\lambda D - \Delta x) t}{1 + 2\lambda t} \right].$$

La fraction entre parenthèses étant indépendante de la variable t, les coefficients des termes semblables sont proportionnels :

$$\frac{D - x}{1} = \frac{\lambda D - \Delta x}{2\lambda} :$$

d'où

$$x = \frac{D\lambda}{\Delta - 2\lambda} \cdot$$

Application. — D = 13,6, $\lambda = 0,0000123$, $\Delta = 0,00018$.

On trouve :

$$x = \frac{15728}{15510} \cdot$$

La densité du disque est légèrement supérieure à la densité de l'eau.

434. — *Un petit flotteur est constitué par une boule de verre de volume V à laquelle est suspendu un corps solide de volume v. Il est lesté de manière à s'enfoncer presque entièrement dans l'eau froide, et son poids total est P. On chauffe l'eau progressivement, et l'on constate, à la température t, que le flotteur, complètement immergé, se tient en équilibre au sein du liquide. Connaissant la densité de l'eau à t° : D, et le coefficient de dilatation cubique du verre : K, calculer le coefficient de dilatation du corps solide soumis à l'expérience.*

Application :

$$V = 22^{cc}, \quad v = 6^{cc}, \quad P = 27^{gr},35, \quad t = 75°, \quad D = 0,975,$$
$$K = 0,000026.$$

Soit x ce coefficient.

En égalant le poids du flotteur au poids de l'eau qu'il déplace à $t°$, on obtient l'équation :

$$P = \{ V (1 + Kt) + v (1 + xt) \} D ;$$

d'où

$$x = \frac{P - \{ V (1 + Kt) + v \} D}{v D t} \cdot$$

Numériquement :

$$x = 0,0000144.$$

435. — *Un aéromètre en verre flotte à la surface du sulfure de carbone. A 0°, il s'y enfonce de $V = 6^{cc},67$, et à $t = 20°$, de $V' = 6^{cc},82$. Le coefficient de dilatation du verre étant $K = 0,000025$, calculer le coefficient moyen de dilatation du liquide entre 0 et 20°.*

Soient x ce coefficient et D la densité du liquide à 0°.

En égalant entre elles deux expressions du poids de l'aréomètre, on obtient

l'équation :
$$VD = V'(1 + Kt)\frac{D}{1 + xt};$$

d'où l'on tire :
$$x = \frac{V'(1 + Kt) - V}{Vt}.$$

Numériquement :
$$x = 0,00115.$$

436. — *Un pèse-esprit de Baumé marque 10° dans l'eau à la température de 4°. Combien marquera-t-il dans l'eau à la température $t = 100°$? On sait que le volume du réservoir et de la tige au-dessous du zéro vaut $N = 170$ fois le volume d'une division, et qu'entre 4° et 100° la dilatation de l'unité de volume d'eau est $m = 0,04321$.*

Coefficient de dilatation du verre : $K = 0,000027$.

Soit d la densité de l'eau à $t°$.

On a :
$$(1 + m)\,d = 1; \quad \text{d'où} \quad \frac{1}{1 + m}.$$

Soit x le degré marqué par l'aréomètre dans l'eau à $t°$.

En écrivant que la poussée est la même à 4° et à $t°$, on obtient l'équation :
$$(N + 10)\,v = (N + x)\,v\,(1 + Kt).\frac{1}{1 + m};$$

d'où
$$x = \frac{10(1 + m) + N(m - Kt)}{1 + Kt}.$$

Numériquement :
$$x = \frac{10,4321 \times 6,8867}{1,0027},$$
$$= 17°,27.$$

437. — *Un aréomètre à graduation uniforme (genre Baumé) marque 0° dans l'eau pure à 0°, 40° dans un certain liquide de densité 1,52 à la même température. A quelle division affleurerait-il dans ce dernier liquide à la température de 60°?*

Le coefficient de dilatation cubique du verre est 0,000026; celui du liquide, 0,000838. On néglige les effets capillaires et l'on admet que la densité de l'eau à 0° ne diffère pas sensiblement de 1.

Soient V le volume de l'aréomètre jusqu'au zéro, lequel doit se trouver au sommet de la tige; v, le volume d'une division; P, le poids de l'aréomètre.

Lorsqu'un corps flotte, son poids est égal à la poussée qu'il subit, c'est-à-dire au poids du liquide déplacé. On peut donc écrire pour l'aréomètre plongé dans l'eau :

$$P = V,$$

puisque la densité de l'eau est 1.

Lorsqu'il est plongé dans le liquide de densité 1,52, la portion immergée est $V - 40v$, et par suite :

$$P = (V - 40v)\,1,52 ;$$

d'où l'on tire :

$$\frac{V}{v} = \frac{1520}{13} . \qquad (1)$$

Soit x la division marquée par l'instrument plongé dans le liquide à 60°.
Le volume du liquide déplacé est :

$$(V - xv)(1 + kt)$$

(k étant le coefficient de dilatation du verre).

La densité du liquide est :

$$\frac{d}{1 + mt} ,$$

(m étant le coefficient de dilatation du liquide).

On a :

$$P = (V - xv)(1 + kt)\,\frac{1,52}{1 + mt} ,$$

ou très sensiblement :

$$V = (V - xv) \times \frac{1,52}{1 + (m - k)\,t} ;$$

Posons :

$$m - k = m',$$

l'équation précédente devient :

$$\frac{V}{v} = \frac{x \times 1,52}{1,52 - 1 - m't} . \qquad (2)$$

En égalant (1) et (2) et remplaçant m' et t par leurs valeurs, il vient :

$$x = \frac{13 \times 1,52}{1520\,(0,52 - 0,00081 \times 60)} ,$$

et

$$x = 36°,27.$$

438. — *Un cylindre de densité d_0 et de hauteur h_0 à 0° est placé dans un vase qui contient deux liquides de densités à 0° : Δ_0, Δ'_0 ($\Delta_0 < \Delta'_0$).*

Le cylindre, maintenu verticalement, est abandonné à lui-même. Étudier les divers cas d'équilibre.

On suppose que le cylindre, en équilibre et entièrement immergé, traverse la surface de séparation des liquides. Que deviendraient à t° les hauteurs comprises dans les deux fluides?

Coefficients de dilatation linéaire du cylindre : λ.

— — absolue des deux liquides : δ, δ'.

1° Si l'on a $d_0 \leqq \Delta_0$, le cylindre flotte à la surface ou à l'intérieur du premier liquide.

Si l'on a $\Delta_0 < d_0 < \Delta'_0$, le cylindre plonge en partie dans chacun des liquides.

Si $\Delta'_0 \leqq d_0$, le cylindre flotte à l'intérieur du second liquide, ou tombe au fond du vase.

2° A $t°$, la longueur du cylindre, sa densité et celles des liquides deviennent respectivement »

$$h = h_0 (1 + lt), \qquad d = \frac{d_0}{1 + 3lt},$$

$$\Delta = \frac{\Delta_0}{1 + \delta t}, \qquad \Delta' = \frac{\Delta'_0}{1 + \delta' t}.$$

Soient s la section du cylindre à $t°$ et x, $h - x$, les portions de sa longueur immergées respectivement dans les liquides supérieur et inférieur.

En écrivant que le poids du cylindre est égal à la somme des poids des liquides déplacés, on obtient l'équation :

$$shd = sx\Delta + s(h - x)\Delta';$$

d'où

$$x = \frac{h(\Delta' - d)}{\Delta' - \Delta}.$$

Expression dans laquelle il suffit de remplacer chaque terme par sa valeur en fonction de la température t.

CHAPITRE IV

DILATATION DES GAZ

FORMULAIRE

Accroissement de volume sous pression constante.

Soient V_0, V, V' les volumes d'une même masse gazeuse, sous pression constante, aux températures $0°$, $t°$, $t'°$.

Le coefficient moyen de dilatation de ce gaz sous pression constante est:

$$\alpha = \frac{V - V_0}{V_0 t}.$$

Ce coefficient α change avec la pression et avec la température.

S'il ne change pas sensiblement avec la température, et que la pression reste invariable, on a :

$$V = V_0(1 + \alpha t),$$
$$V' = V_0(1 + \alpha t'),$$
$$V' = V \frac{1 + \alpha t'}{1 + \alpha t} \quad \text{ou} \quad V' = V \left\{ 1 + \alpha (t' - t) \right\}.$$

Accroissement de pression à volume constant.

Soient P_0, P, P' les pressions d'une même masse gazeuse, à volume constant, aux températures $0°$, $t°$, $t'°$.

Le coefficient moyen d'accroissement de pression de ce gaz à volume constant est:

$$\beta = \frac{P - P_0}{P_0 t},$$

S'il ne varie pas sensiblement avec t, et si le volume reste invariable, on a :

$$P = P_0(1 + \beta t),$$
$$P' = P_0(1 + \beta t'),$$
$$P' = P \frac{1 + \beta t'}{1 + \beta t}, \quad \text{ou} \quad P' = P \left\{ 1 + \beta (t' - t) \right\}.$$

Gaz parfaits. — Lorsqu'on peut admettre sans erreur sensible qu'un gaz suit les lois de Mariotte et de Gay-Lussac, ses deux coefficients α et β peuvent être considérés comme un seul et même nombre, indépendant de la température et de la pression, et ayant pour valeur :

$$\alpha = \frac{1}{273} = 0,00367.$$

Équation des gaz parfaits. — Si une masse gazeuse, assimilable à un gaz parfait, occupe un volume V à la pression H et à la température t, on a :

$$\frac{VH}{1+\alpha t} = C^{te}.$$

Équation d'un mélange de gaz parfaits, *sans actions mutuelles.*

Si plusieurs masses gazeuses, prises respectivement aux conditions v, h, t; v', h', t'; v'', h'', t''... forment un mélange aux conditions V, H, T, on a :

$$\frac{VH}{1+\alpha T} = \frac{vh}{1+\alpha t} + \frac{v'h'}{1+\alpha t'} + \frac{v''h''}{1+\alpha t''} + \cdots$$

Masse spécifique d'un gaz. — *La* MASSE SPÉCIFIQUE *d'un gaz est la masse d'un centimètre cube de ce gaz.*

La MASSE SPÉCIFIQUE NORMALE *d'un gaz est sa masse spécifique aux conditions normales* 0° *et* 76^{cm}.

Soient m_0 la masse spécifique normale d'un *gaz parfait*, et m sa masse spécifique aux conditions H et t.

On a :
$$m = m_0 . \frac{H}{76} \cdot \frac{1}{1+\alpha t} .$$

Ainsi, *la masse spécifique d'un gaz parfait est proportionnelle à sa pression et inversement proportionnelle au binôme de dilatation relatif à sa température.*

La MASSE SPÉCIFIQUE NORMALE DE L'AIR est :

$$a = 0,001293.$$

Ainsi, la masse normale d'un litre d'air est :

$$1^{gr},293.$$

Densité d'un gaz. — *La* DENSITÉ *d'un gaz est le rapport de la masse de ce gaz à la masse du même volume d'air, aux mêmes conditions de température et de pression.*

La DENSITÉ D'UN GAZ PARFAIT *est indépendante de la température et de la pression;* par conséquent, elle est égale au rapport des masses spécifiques normales du gaz et de l'air.

Soient d la densité d'un gaz et m_0 sa masse spécifique normale.

On a :
$$d = \frac{m_0}{a} ;$$

d'où
$$m_0 = ad.$$

Ainsi, *la masse spécifique normale d'un gaz est égale au produit de la masse spécifique normale de l'air par la densité du gaz.*

Masse d'un gaz. — Soit M la masse d'un gaz de densité d qui occupe un volume V à la pression H et à la température t°.

Pour obtenir la masse M, il suffit de multiplier le volume normal de ce gaz :

$$\frac{VH}{76(1+\alpha t)} ,$$

par sa masse spécifique normale ad.

On a :
$$M = \frac{VHad}{76(1+\alpha t)} .$$

§ 1. — Formule des gaz parfaits.

439. — *Une masse d'air occupe un volume* $V = 2^l,5$ *à la température* $t = 30^o$. *A quelle température faut-il la porter sous pression constante, pour que son volume devienne* $V' = 4^l,01$?

Soit x cette température.

On a sensiblement :
$$V' = V \{ 1 + (x - t) \alpha \} ;$$

d'où
$$x = t + \frac{V' - V}{V \alpha} .$$

Numériquement :
$$x = 30 + 164,8.$$
$$= 194^o.$$

440. — *A quelle température faudrait-il chauffer un ballon de verre non fermé pour en expulser le tiers de la masse d'air qu'il contient à* 0° ?

Soient x cette température et V le volume de l'air à 0°.

Il faut que ce volume devienne égal à $\dfrac{3V}{2}$.

On a donc :
$$\frac{3V}{2} = V (1 + \alpha x) ;$$

d'où
$$x = \frac{1}{2\alpha} = \frac{273}{2} = 136^o,5.$$

441. — *Quelle serait à* $t = 91^o$, *sous la pression* $H = 76^{cm}$, *le volume* V *d'une masse gazeuse qui est comprimée à* $t' = 30^o$ *dans un récipient de* $V' = 5^l,7$, *sous la pression de* $H' = 303^{cm}$ *de mercure* ?

La formule des gaz parfaits :
$$\frac{VH}{1 + \alpha t} = \frac{V'H'}{1 + \alpha t'} ,$$

donne :
$$V = V' \frac{H'}{H} \frac{1 + \alpha t}{1 + \alpha t'} .$$

Numériquement :
$$V = 27^l,3.$$

442. — *Déterminer la température d'une masse gazeuse, sachant qu'à une température triple, elle acquerrait sous un volume moitié moindre une pression trois fois plus grande.*

Soient x la température, V le volume primitif et H la pression initiale de la masse gazeuse.

On a :
$$\frac{VH}{1+\alpha x} = \frac{\frac{V}{2}.3H}{1+3\alpha x},$$

ou
$$\frac{1+3\alpha x}{1+\alpha x} = \frac{3}{2};$$

d'où
$$x = \frac{1}{3\alpha} = \frac{273}{3} = 91°.$$

443. — *Une masse d'air sec est à la température* $t = 9°$ *et à la pression* $H = 114^{cm}$. *Si la pression tombe à la valeur constante* $H = 76^{cm}$, *quelle devra être la température pour que le volume soit doublé ?*

Soient V le volume initial et x la température finale.
D'après la formule des gaz parfaits, on a :
$$\frac{VH}{1+\alpha t} = \frac{2VH'}{1+\alpha x},$$

ou
$$\frac{1+\alpha x}{1+\alpha t} = \frac{2H'}{H},$$

ou approximativement :
$$1 + (x - t)\alpha = \frac{2H'}{H};$$

d'où
$$x = t - \frac{2H' - H}{H\alpha}.$$

Numériquement :
$$x = 9 - \frac{(152 - 114) \times 273}{114},$$
$$x = 9 + 91 = 100°.$$

444. — *Un ballon en platine contient de l'air aux conditions normales. A quelle température faut-il le porter pour que ses parois supportent une pression de* $5^{kg},168$ *par centimètre carré?*
Densité du mercure : 13,6.

Soit t cette température.
On a :
$$76(1 + \alpha t) 13,6 = 5,168;$$

d'où
$$1 + \alpha t = 5,$$

et
$$t = \frac{4}{\alpha} = 4 \times 273 = 1092°.$$

445. — *Une chaudière contient de l'air à la pression atmosphérique* $H = 76^{cm}$ *et à la température* $t = 10°$. *Elle est fermée par une soupape de section* $S = 5^{cq}$ *et de poids* $P = 2^{kg},581$. *A quelle température faudrait-il la porter pour que la soupape se soulève ?*
Densité du mercure : $D = 13,6$.

Soit x cette température.
Exprimons les pressions en grammes par centimètre carré.

La pression initiale est :						HD,

et la pression finale :						$HD + \dfrac{P}{S}$.

Le volume restant invariable, on a sensiblement :

$$HD + \dfrac{P}{S} = HD\left\{1 + (x - t)\,\alpha\right\};$$

d'où

$$x = t + \dfrac{P}{SHD\alpha} \cdot$$

Numériquement :					$x = 10 + 136{,}5 = 146°.$

446. — *Un vase fermé, en porcelaine, contient, à la température 0°, de l'air sec sous la pression de 470ᵐᵐ de mercure ; on chauffe alors ce vase à une température telle que la pression de l'air qu'il contient s'élève à 2 220ᵐᵐ.*

Le coefficient de dilatation de l'air étant égal à 0,00367, on demande de calculer la température de l'air correspondant à cette pression :

1° En négligeant la dilatation du vase ;

2° En en tenant compte, sachant que le coefficient de dilatation cubique de la porcelaine est égal à 0,000016.

Si l'on désigne par α, k les coefficients de dilatation de l'air et de la porcelaine, et par :				V, H, $0°$; $V(1 + kx)$, H', x,

les conditions initiales et finales de la masse gazeuse, l'équation de Gay-Lussac :

$$VH = \dfrac{V(1 + kx)\,H'}{1 + \alpha x},$$

donne :

$$x = \dfrac{H' - H}{H\alpha - H'k} \cdot$$

Remplaçons chaque lettre par le nombre qu'elle représente.
1° Si l'on suppose $k = 0$,

$$x = \dfrac{1}{\alpha}\left(\dfrac{H'}{H} - 1\right) = \dfrac{2}{0{,}00367} = 544°.$$

2° Dans le cas contraire,

$$x = \dfrac{\dfrac{H'}{H} - 1}{\alpha - \dfrac{H'}{H}k} = \dfrac{200000}{3670 - 48} = \dfrac{100000}{1811} = 552°.$$

447. — *Un vase en platine contient de l'air à 0° sous la pression $H = 76$ᶜᵐ. A quelle température faut-il le porter pour que la pression intérieure par centimètre carré atteigne :*

$$1° \quad P = 3^{kk}{,}1008,$$
$$2° \quad 2P\,?$$

*Densité du mercure 13,6. On néglige la dilatation de l'enve-
loppe.*

La pression du gaz sous volume constant est proportionnelle au binôme de dilatation.

La pression initiale par centimètre carré étant HD, les températures demandées x, y satisfont aux équations :

$$P = HD(1 + \alpha x),$$
$$2P = HD(1 + \alpha y);$$

d'où

$$x = \frac{P - HD}{HD\alpha} = 546°,$$

$$y = \frac{2P - HD}{HD\alpha} = 1365°.$$

448. — *Une vessie à parois flexibles renferme $V = 4^l$ d'air à $t = 30°$ sous la pression atmosphérique $H = 76^{cm}$. Que deviendra le volume de cet air si l'on descend la vessie à une profondeur $h = 100^m$ dans un lac à la température $t' = 4°$?*

Soit V' ce volume.
Évaluons les pressions en hauteur d'eau. La pression initiale est :

$$HD = 1033^{cm}.$$

La pression finale : $$HD + h = 11033^{cm}.$$

On a donc, d'après la formule des gaz parfaits :

$$\frac{V \times 1033}{1 + \alpha t} = \frac{V' \times 11033}{1 + \alpha t'};$$

d'où

$$V' = V \frac{1033}{11033} \cdot \frac{1 + \alpha t'}{1 + \alpha t}.$$

Numériquement : $$V' = 0^l,342.$$

449. — *La tige d'un thermomètre ayant été brisée vers sa partie supérieure, on la ferme à la lampe à la division $T = 80$ en emprisonnant de l'air, qui est à la pression de $H = 70^{cm}$ quand le thermomètre marque 0. Que devient la pression de cet air aux températures $t = 60°$, $t' = 70°$? On négligera la dilatation du verre.*

Coefficient de dilatation des gaz : α.

Soient X cette pression et v le volume d'une division de la tige.
Le volume du gaz confiné passe de vT à $v(T - t)$.
On a donc, d'après la formule des gaz parfaits :

$$vTH = \frac{v(T - t)X}{1 + \alpha t};$$

d'où

$$X = \frac{TH(1 + \alpha t)}{T - t}.$$

Numériquement :

À 60°, la pression est de 341^{cm}.
À 70°, elle atteint 703^{cm}.

450. — *Le thermomètre différentiel de Leslie est formé de deux boules égales, pleines d'air, réunies inférieurement par un long tube en U, de section négligeable, contenant de l'eau, qui s'élève à la même hauteur dans les deux branches verticales quand les boules sont à la même température. Quelle doit être la pression de l'air intérieur à 0° pour qu'une différence de température de 1° entre les deux boules s'accuse par une différence de niveau de 8^{cm}?*

Densité du mercure : $D = 13,6$.

Coefficient de dilatation des gaz : $\alpha = \dfrac{1}{273}$.

Soit H la pression demandée.
Si les boules sont aux températures t, t', les pressions intérieures deviennent, en hauteur d'eau : $\qquad HD(1 + \alpha t), \qquad HD(1 + \alpha t')$.

En écrivant que leur différence égale 8^{cm} pour $t - t' = 1$, on obtient l'équation :
$$HD\alpha(t - t') = 8;$$

d'où
$$H = \frac{8}{D\alpha} = \frac{273 \times 8}{13,6} = 160^{cm}.$$

451. — *Le thermomètre différentiel de Rumford se compose de deux boules de même volume V, pleines d'air, et réunies par un long tube horizontal, de longueur l et de section s. Un index de mercure mobile dans ce tube en occupe exactement le milieu quand les boules sont à une même température. On demande quel doit être le rapport du volume V à la section s, pour qu'une différence de 1° entre les températures des deux boules s'accuse par un déplacement h de l'index de mercure?*

Si l'index se déplace de h, la différence des volumes occupés par les deux masses d'air est égale à $2sh$.
On a donc :
$$\left(V + \frac{sl}{2}\right)(1 + \alpha t) - \left(V + \frac{sl}{2}\right)(1 + \alpha t') = 2sh,$$

ou
$$\left(V + \frac{sl}{2}\right)\alpha(t - t') = 2sh.$$

Dans l'hypothèse $t - t' = 1$, on a :
$$\frac{V}{v} = \frac{2h}{\alpha} - \frac{l}{2}.$$

452. — *La grande branche d'un baromètre à siphon contient de l'air isolé par du mercure. A 0°, cet air occupe une longueur*

$l = 1^m$, sous la pression de $H = 85^{cm}$, et l'air atmosphérique, dont la pression est de 76^{cm}, ne pénètre dans la petite branche que sur une longueur $a = 3^{cm}$. A quelle température le mercure remplirait-il complètement cette branche ouverte?

Soient t cette température et s la section du tube.

La masse d'air confinée a pour conditions initiales : sl, H, $0°$, et pour conditions finales : $s(l + a)$, $(H + 2a)$, $t°$.

On a donc :
$$slH = \frac{s(l + a)(H + 2a)}{1 + \alpha t} \; ;$$

d'où
$$t = \frac{a(2l + H + 2a)}{lH\alpha} \cdot$$

Numériquement :
$$t = 28°.$$

453. — Dans un baromètre à siphon, dont les branches sont cylindriques et de même diamètre, une masse d'air, emprisonnée par du mercure, occupe à $0°$ une longueur $l = 1^m$, tandis que le mercure s'élève dans la grande branche de $h = 8^{cm}$ au-dessus de son niveau dans la petite branche. A quelle température faudrait-il porter l'appareil pour que la pression de l'air confiné devienne égale à la pression atmosphérique $H = 76^{cm}$?

On négligera les dilatations du mercure et du verre.

Coefficient de dilatation de l'air : α.

Les conditions successives de la masse gazeuse sont :
$$sl, \qquad H - h, \qquad 0°,$$
$$s\left(l + \frac{h}{2}\right), \qquad H, \qquad x.$$

On a donc, d'après la formule des gaz parfaits :
$$l(H - h) = \frac{(2l + h)H}{2(1 + \alpha x)} \; ;$$

d'où
$$x = \frac{h(H + 2l)}{2l(H - h)\alpha} \cdot$$

Numériquement :
$$x = 41°,3.$$

454. — Un baromètre à tube cylindrique contient de l'air qui occupe à $0°$ une longueur $l = 40^{cm}$, sous une pression $H = 30^{cm}$. La pression atmosphérique demeurant invariable, la température s'élève à $t = 27°,3$. Quelle est la dépression correspondante de la colonne mercurielle?

Coefficient de dilatation des gaz : $\alpha = \dfrac{1}{273} \cdot$

Soient x cette dépression et s la section intérieure du tube.
Appliquons la formule des gaz parfaits.

Les conditions initiales de l'air emprisonné sont :

$$sl, \quad H, \quad 0^{\circ}.$$

Ses conditions finales :

$$s(l + x), \quad H + x, \quad t^{\circ},$$

On a donc l'équation :
$$\frac{(l + x)(H + x)}{1 + \alpha t} = lH,$$

ou
$$x^2 + (l + H)x - lH\alpha t = 0.$$

Le produit des racines étant négatif, ces racines sont réelles, de signes contraires, et la positive répond seule à la question.

Numériquement, on a :
$$x^2 + 70x - 120 = 0;$$

d'où
$$x = 1^{cm},67.$$

455. — *Dans un tube cylindrique horizontal, fermé à l'une de ses extrémités, un certain volume d'air sec est isolé de l'atmosphère par une colonne de mercure qui, à la température t°, occupe une longueur* h. *On redresse le tube verticalement, l'orifice en haut. À quelle température faudrait-il porter l'appareil pour faire reprendre à la colonne d'air sa longueur primitive?*

Application : $t = 31^{\circ}, \quad h = 4^{cm}.$

Pression atmosphérique : $H = 76^{cm}.$

Coefficient de dilatation des gaz : $\dfrac{1}{273}$. *On négligera les dilatations du tube et du mercure.*

Soient s la section du tube, l la longueur de la colonne d'air et x la température demandée.

En appliquant la formule des gaz parfaits, on a :
$$\frac{slH}{1 + \alpha t} = \frac{sl(H + h)}{1 + \alpha x}.$$

Divisons tout par sl et retranchons les fractions terme à terme :
$$\frac{H}{1 + \alpha t} = \frac{h}{\alpha(x - t)};$$

d'où
$$x = t + \frac{h(1 + \alpha t)}{\alpha H}.$$

Numériquement : $\qquad x = 47^{\circ}.$

456. — *L'air contenu à la pression atmosphérique dans une éprouvette de longueur* l *est chauffé à une température que l'on propose de déterminer, sachant que, si l'on retourne cette éprouvelle sur la cuve à mercure, dont la température est* t, *et si on la maintient verticalement, enfoncée d'une longueur* l', *jusqu'à ce* *que l'équilibre de température soit établi, le mercure est soulevé d'une hauteur h dans l'éprouvette?*

Application : $l = 25^{cm}$, $t = 10°$, $l' = 2^{cm}$, $h = 5^{cm}$.

Soit s la section de l'éprouvette. L'air intérieur passe des conditions :

$$sl, \qquad H, \qquad x,$$

aux conditions : $\qquad s(l - l' - h), \quad H - h, \qquad t.$

On a donc, d'après l'équation des gaz parfaits :

$$\frac{slH}{1 + \alpha x} = \frac{(l - l' - h)(H - h)}{1 + \alpha l} \,,$$

ou

$$\frac{1 + \alpha x}{1 + \alpha l} = \frac{slH}{(l - l' - h)(H - h)} \,,$$

$$1 + \alpha (x - t) = \frac{slH}{(l - l' - h)(H - h)} \,;$$

d'où

$$x = \frac{1}{\alpha} \left(\frac{slH}{(l - l' - h)(H - h)} - 1 \right) + t.$$

Numériquement :

$$x = 273 \left(\frac{25 \times 76}{18 \times 71} - 1 \right) + 10,$$

$$= 142,8.$$

457. — *La tige d'un thermomètre a été brisée à la division N. On a fait sortir le liquide du réservoir, mais il est resté dans le tube un petit index dont l'extrémité inférieure se trouve, à t°, en regard de la division n.*

Quelle élévation de température faut-il faire subir à l'enveloppe pour en chasser cette goutte de liquide?

Coefficient thermométrique de l'instrument : δ; coefficients de dilatation du verre et de l'air : K et α.

Soient x la température à laquelle il faut porter l'enveloppe, V et v les volumes à zéro du réservoir et d'une division de la tige.

La pression de la masse d'air confinée reste invariable; ses volumes à $t°$ et à $x°$ sont : $\qquad (V + nv)(1 + Kt) \qquad$ et $\qquad (V + Nv)(1 + Kx).$

La loi de Gay-Lussac donne :

$$\frac{(V + nv)(1 + Kt)}{1 + \alpha t} = \frac{(V + Nv)(1 + Kx)}{1 + \alpha x} \,;$$

d'où

$$(V + nv)\frac{1 + \alpha x}{1 + \alpha t} = (V + Nv)\frac{1 + Kx}{1 + Kt} \,,$$

ou, approximativement :

$$(V + nv)[1 + \alpha (x - t)] = (V + Nv)[1 + K (x - t)];$$

d'où

$$x - t = \frac{(N - n)\, v}{(\alpha - K) V + (n\alpha - NK) v} \,.$$

Enfin, en tenant compte de la relation connue $\frac{v}{V} = \delta$,

$$x - t = \frac{(N - n)\, \delta}{\alpha - K + (n\alpha - NK)\, \delta} \,.$$

Tel est l'accroissement de température demandé.

458. — *Un tube en U dont une branche est fermée, contient du mercure en quantité suffisante. La branche fermée contient de l'air sec, qui occupe une longueur l à 0° sous la pression extérieure H. On porte le tout à t°. Dans quel sens et de quelle quantité x le niveau se déplacera-t-il dans la branche fermée? Discussion.*

Coefficient de dilatation de l'air : α. On négligera les dilatations du tube et du mercure.

Application :

$$t = 100°, \quad H = 70^{cm}, \quad l = 15^{cm}, \quad 100\alpha = \frac{11}{30} \cdot$$

Soit x l'accroissement de la longueur occupée par l'air, dans le tube de section s.

La masse gazeuse passe des conditions :

	$sl,$	$H,$	$0°,$
aux conditions :	$s(l + x)$	$H + 2x$	$t°.$

La formule des gaz parfaits donne l'équation :

$$lH = \frac{(l + x)(H + 2x)}{1 + \alpha l},$$

ou

$$2x^2 + (2l + H)x - lH\alpha l = 0.$$

1° *Si* $t > 0$, les racines sont de signes contraires. La positive seule convient. Le volume varie dans le même sens que la température.

2° *Pour* $t = 0$, on a $x = 0$.

3° *Si* $t < 0$, la condition de réalité est :

$$(2l + H)^2 + 8lH\alpha t > 0,$$

ou

$$t > -\frac{(2l + H)^2}{8lH\alpha},$$

et la condition de grandeur : $x > -l.$

Or $f(-l) = -lH(1 + \alpha t).$

Cette dernière quantité est toujours négative, car t est astreint à rester supérieur à $-40°$ point de congélation du mercure.

Donc les racines sont toutes deux négatives, et la plus grande seule répond à la question.

Numériquement, on a :

$$x = \frac{-100 \pm \sqrt{10000 + 3080}}{4},$$

$$x = 3^{cm},59.$$

459. — *Un vase cylindrique A de 1^m de hauteur et de 10^cq de section porte à sa partie inférieure un tube latéral B de section négligeable qui s'ouvre dans l'atmosphère au niveau même de la base supérieure. Ce vase contient de l'air sec et du mercure qui remplit le fond du vase et tout le tube B. A 0° la hauteur occupée* par l'air est de 50^{cm}, et sa pression, de 125^{cm} de mercure. On porte tout le système à la température de 200° et l'on demande : 1° quelle sera la hauteur occupée par l'air; 2° quel poids de mercure se sera écoulé par le tube B.

Densité du mercure à 0° : 13,6.

Coefficient de dilatation absolue du mercure : $\dfrac{1}{5550}$.

Coefficient de dilatation de l'air : $\dfrac{1}{273}$. On négligera la dilatation du vase.

1° Pour obtenir la hauteur demandée x, il suffit d'appliquer à la masse d'air sec l'équation des gaz parfaits :

$$\frac{VH}{1 + \alpha t} = V_0 H_0.$$

Les volumes à 0° et à 200° sont :

$$500 \qquad \text{et} \qquad 10x.$$

La pression intérieure est égale à la pression atmosphérique h, plus la pression de la colonne de mercure soulevée dans le tube latéral.

À 0°, cette pression intérieure est :

$$125 = h + 50. \qquad \text{Donc} \qquad h = 75.$$

À 200°, cette pression devient :

$$h + \frac{x}{1 + \frac{200}{5550}} \qquad \text{ou} \qquad 75 + \frac{111x}{115}.$$

On a donc l'équation :

$$\frac{10x\left(75 + \frac{111x}{115}\right)}{1 + \frac{200}{273}} = 500 \times 125.$$

Que l'on peut écrire :

$$x^2 + 25\left(\frac{115}{37}\right)x - 25^2\left(\frac{4730 \times 115}{111 \times 273}\right) = 0,$$

ou
$$x^2 + 25\,(3,108)\,x - 25^2\,(17,35) = 0,$$

ou, en écartant la racine négative :

$$2x = 25\,(-3,108 + 9,054);$$

d'où
$$x = 73^{cm},96.$$

2° Le poids de mercure expulsé, y, est la différence des poids de mercure contenus dans l'appareil à 0° et à 200°.

La hauteur du mercure à 200° est réduite à :

$$100 - 73,96, \qquad \text{ou} \qquad 26,04.$$

On a donc :
$$y = 500 \times 13,6 - 260,4 \times \frac{13,6}{1 + \frac{200}{5550}},$$

ou
$$y = 13,6\left(500 - 260,4 \times \frac{111}{115}\right),$$

et enfin
$$y = 3381^{gr}.$$

§ II. — Mélanges gazeux.

460. — *On comprime, dans un vase de 10^l à parois inextensibles : 1° de l'oxygène contenu dans un vase de 2^l, à la pression de 5^{atm} à 5° ; 2° de l'azote contenu dans un vase de 3^l, à la pression de 3^{atm} et à 15°. — On amène le mélange à 20°. Quelle sera la pression ?*

1° Soient v, h, t et v', h', t' les conditions des masses gazeuses mélangées dans un volume V, à la température T et sous la pression demandée x.

La formule de Dalton :

$$\frac{Vx}{1 + \alpha T} = \frac{vh}{1 + \alpha t} + \frac{v'h'}{1 + \alpha t'},$$

donne l'équation numérique :

$$\frac{10x}{1 + \dfrac{20}{273}} = \frac{2 \times 5 \times 76}{1 + \dfrac{5}{273}} + \frac{3 \times 3 \times 76}{1 + \dfrac{15}{273}},$$

que l'on peut écrire :
$$\frac{10x}{293} = \frac{760}{278} + \frac{9 \times 76}{288},$$

ou
$$\frac{10x}{293} = \frac{380}{139} + \frac{19}{8} = \frac{5681}{8 \times 139} ;$$

d'où
$$x = \frac{293 \times 5681}{11,120} = 149^{cm},7.$$

Telle est la pression du mélange d'oxygène et d'azote.

461. — *Deux ballons à parois inextensibles contiennent respectivement : $V = 10^l$ d'air à $t = 34^o$ sous la pression $H = 190^{cm}$, et $V' = 12^l$ d'air à $t' = 16^o$ sous la pression $H' = 133^{cm}$. On les met en communication et on les plonge ensemble dans un bain à 0°. Quelle sera la pression finale du mélange gazeux ?*

Cette pression X est donnée par la formule de Dalton :

$$(V + V') X = \frac{VH}{1 + \alpha t} + \frac{V'H'}{1 + \alpha t'}.$$

Numériquement, on a :

$$22X = \frac{10 \times 190}{1 + \dfrac{34}{273}} + \frac{12 \times 133}{1 + \dfrac{16}{273}} ;$$

d'où
$$X = 145^{cm}.$$

§ III. — Densités et masses des gaz.

462. — *Quel est le volume normal d'un gramme d'hydrogène (densité : d = 0,0695)?*

Soit V ce volume.
La formule du poids d'un gaz donne l'équation :

$$1 = Vad;$$

d'où
$$V = \frac{1}{ad} = \frac{1}{0,001293 \times 0,0695},$$
$$= 11120^{cc}, \quad ou \quad 11^l,12.$$

463. — *Quelle est la densité du gaz d'éclairage, sachant que pour gonfler un ballon de V = 500^{mc}, à 0° sous la pression atmosphérique H = 76^{cm}, il a fallu p = 258^{kg},6 de ce gaz?*

Soit *d* cette densité.
La formule du poids d'un gaz donne l'équation :

$$p = \frac{VHad}{76(1 + \alpha t)},$$

c'est-à-dire, en prenant pour unités le mètre cube et le kilogramme :

$$d = \frac{p}{Va} = \frac{258,6}{500 \times 1,293} = 0,4.$$

464. — *Quel est le volume V occupé à 0° par p^{gr} d'air sous une pression de P^{gr} par centimètre carré?*

Soit H la même pression évaluée en hauteur de mercure, de densité D.
On a :
$$P = HD,$$
et, d'après la formule de la masse d'un gaz :
$$p = \frac{VHa}{76}.$$

Éliminant H, on obtient :
$$V = \frac{76pD}{Pa}.$$

465. — *Évaluer en dynes par centimètre cube le poids spécifique de l'air sec à t = 30° sous la pression H = 70^{cm}*

Soient x ce poids spécifique, g l'intensité de la pesanteur et m la masse d'un volume V du gaz considéré.
On a :
$$Vx = mg,$$
et
$$m = \frac{VHa}{76(1 + \alpha t)};$$
d'où
$$x = \frac{Hag}{76(1 + \alpha t)}.$$

Numériquement :
$$x = 1,052.$$

466. — Évaluer en dynes par centimètre cube le poids spécifique de l'hydrogène au pôle, à 0°, sous la pression 76^{cm}.

Intensité de la pesanteur au pôle : $g = 983,1$.

Soient m la densité absolue de ce gaz, x son poids spécifique au pôle.

On a :
$$x = mg,$$
et
$$m = ad;$$
d'où
$$x = adg.$$

Numériquement :
$$x = 0,001293 \times 0,0695 \times 983,1,$$
$$= 0,08831 \text{ dyne.}$$

467. — A quelle pression devrait-on amener l'anhydride carbonique à 15° pour que sa densité absolue fût, à cette température, la même que celle de l'hydrogène à 0° et à 76^{cm}?

Les densités relatives de l'anhydride carbonique et de l'hydrogène sont :
$$D = 1,5287, \qquad d = 0,06948.$$

Égalons entre eux les poids de l'unité de volume de ces deux gaz, aux conditions indiquées.

On obtient l'équation :
$$\frac{aDx}{76(1 + at)} = ad;$$
d'où
$$x = \frac{76d(1 + at)}{D}.$$

Numériquement :
$$x = 3^{cm},64.$$

468. — Quel est le rapport des densités absolues de l'air sec à $t = 31°$ sous la pression $H = 76^{cm}$, et de l'air sec à $t' = -25°$ sous la pression $H' = 43^{cm}$?

Ces densités d'un même gaz sont proportionnelles aux pressions et inversement proportionnelles aux binômes de dilatation.

On a :
$$\frac{d}{d'} = \frac{H}{H'} \cdot \frac{1 + at'}{1 + at}.$$

Numériquement :
$$x = \frac{76}{43} \cdot \frac{1 - \dfrac{25}{273}}{1 + \dfrac{31}{273}},$$
$$x = \frac{76 \times 248}{43 \times 304} = \frac{3}{2}.$$

469. — On a pesé successivement deux masses gazeuses dans un même ballon. La première, à $t°$ sous la pression H, pesait p^{gr}; la seconde, à $t'°$ sous la pression H', pesait p'^{gr}. La densité relative du premier gaz étant d, calculer celle du deuxième. On donne les coefficients de dilatation α et K des gaz et de l'enveloppe.

Soit V le volume du ballon à 0°.

La formule de la masse d'un gaz donne :

$$p = \frac{V(1 + Kt)\,Had}{76(1 + \alpha t)},$$

et

$$p' = \frac{V(1 + Kt')\,H'ad'}{76(1 + \alpha t')};$$

d'où

$$\frac{76}{Va} = \frac{(1 + Kt)\,Had}{p(1 + \alpha t)} = \frac{(1 + Kt')\,H'ad'}{p'(1 + \alpha t')},$$

et enfin :

$$d' = d\,\frac{Hp'}{p'H'}\cdot\frac{1 + Kt}{1 + Kt'}\cdot\frac{1 + \alpha t'}{1 + \alpha t}.$$

470. — *On a pesé successivement dans le même ballon deux gaz distincts : le premier, à* $t = 18°,5$ *sous la pression* $H = 73^{cm},9$, *pesait :* $p = 7^{gr},425$; *le second, à* $t' = 10°$ *sous la pression* $H' = 76^{cm}$, *pesait :* $p' = 13^{gr},8$. *Calculer le rapport de la densité du premier gaz à celle du second. On négligera les variations du volume de l'enveloppe.*

Soient d, d' les densités respectives des deux gaz.

D'après la formule de la masse d'un gaz, on a :

$$p = \frac{VHad}{76(1 + \alpha t)}, \quad \text{et} \quad p' = \frac{VH'ad'}{76(1 + \alpha t')};$$

d'où

$$\frac{d}{d'} = \frac{pH'(1 + \alpha t)}{p'H(1 + \alpha t')}.$$

Numériquement :

$$\frac{d}{d'} = 0,57.$$

471. — *Une masse d'éther de* $p = 1^{gr},5$, *introduite sous une cloche graduée pleine de mercure à* $t = 80°$, *a occupé un volume* $V = 733^{cc}$. *Le mercure s'élevait de* $h = 15^{cm},2$ *dans la cloche; le baromètre marquait* $H = 75^{cm}$.

Quelle est la densité de la vapeur d'éther? On donne les coefficients de dilatation du mercure : μ, *du verre :* K, *des gaz :* α.

Soit d la densité cherchée.

La vapeur occupait un volume :

$$V(1 + Kt),$$

à la pression :

$$H - \frac{h}{1 + \mu t}.$$

On a donc, d'après la formule de la masse d'un gaz :

$$p = \frac{V(1 + Kt)\left(H - \dfrac{h}{1 + \mu t}\right)ad}{76(1 + \alpha t)}.$$

d'où

$$d = \frac{76p(1 + \alpha t)}{V(1 + Kt)\left(H - \dfrac{h}{1 + \mu t}\right)}.$$

Numériquement :

$$d = 2,58.$$

472. — *La densité de l'acide sulfureux gazeux à 0° et sous la pression de 76^{cm} est 2,234; le coefficient de dilatation de ce gaz entre 0° et 100° est 0,0039 sous la pression de 76^{cm}. Le coefficient de dilatation de l'air dans le même intervalle est 0,00367. On demande la densité de l'acide sulfureux à 100° sous la pression 76^{cm}.*

À 100°, sous la pression 76^{cm}, un litre d'acide sulfureux pèse .

$$s = \frac{1,293 \times 2,234}{1,39},$$

et un litre d'air :

$$a = \frac{1,293}{1,367}.$$

Dans ces conditions, la densité de l'acide sulfureux est égale au rapport

$$\frac{s}{a} = 2,234 \times \frac{1,367}{1,390} = 2,197.$$

473. — *Un ballon ouvert contient P $= 20^{gr}$,4 d'air sec à 0° et à 76^{cm}. On le chauffe et on le ferme à une température x que l'on propose de déterminer de manière qu'il ne renferme plus que p $= 18^{gr}$,2 d'air sec. On négligera la dilatation du verre et l'on prendra : $\alpha = \dfrac{1}{273}$.*

Les poids P, p sont inversement proportionnels aux binômes de dilatation.

On a :

$$\frac{P}{p} = 1 + \alpha t;$$

d'où

$$t = \frac{P - p}{\alpha p}.$$

Numériquement :

$$x = \frac{2,2 \times 273}{18,2} = 66°.$$

474. — *Un ballon de volume V étant plein d'air à 0° sous la pression H, on remplace cet air par un gaz sec à 0° sous la pression H'. Le poids du ballon ayant diminué de p^{gr}, quelle est la densité du gaz introduit dans ce ballon?*

Soit d cette densité.
La formule de la masse d'un gaz donne :

$$\frac{VH'ad}{76} = \frac{VHa}{76} - p;$$

d'où

$$d = \frac{H}{H'} - \frac{76p}{VH'a},$$

ou

$$d = \frac{VHa - 76p}{VH'a}.$$

175. — *La densité de deux gaz par rapport à l'air étant d et d', quelle doit être la différence des températures de p^{gr} du premier sous la pression H et de p'^{gr} du second sous la pression H', pour que ces deux masses aient la même densité absolue?*

Coefficient de dilatation des gaz : α.

Soient t et t' les températures des deux masses, et V, V' leurs volumes respectifs.

On a :
$$p = \frac{VHad}{76(1 + \alpha t)}, \qquad p' = \frac{V'H'ad'}{76(1 + \alpha t')}.$$

En égalant entre elles les densités absolues, on a :
$$\frac{p}{V} = \frac{Had}{76(1 + \alpha t)} = \frac{H'ad'}{76(1 + \alpha t')};$$

d'où
$$\frac{1 + \alpha t}{1 + \alpha t'} = \frac{Hd}{H'd'},$$

et approximativement :
$$1 + \alpha(t - t') = \frac{Hd}{H'd'};$$

d'où
$$t - t' = \frac{Hd - H'd'}{H'd'\alpha}.$$

476. — *Dans un baromètre à large cuvette on introduit 1^{cc} de gaz carbonique. On demande de combien baissera le niveau du mercure dans le tube, sachant que la pression est normale, que la longueur du tube au-dessus du mercure est 1^m et que la section du tube est 1^{cq}. Densité du gaz carbonique : 1,524.*

Soit x (exprimée en centimètres) la dépression du mercure après l'introduction du gaz carbonique.

Ce gaz occupe alors le volume $(24 + x)$ centimètres cubes à la pression de x centimètres.

En écrivant que son poids est $0^{gr},01$, on a :
$$0,01 = (24 + x)\,0,001293 \times 1,524 \times \frac{x}{76},$$
$$x^2 + 24x - 385,8 = 0,$$
$$x = -12 \pm 23.$$

La racine positive est seule acceptable.
Le mercure a donc baissé de 11^{cm}.

477. — *Un baromètre à tube cylindrique vertical, d'une section de 3^{c2}, contient une colonne de mercure de 77^{cm} de hauteur; au-dessus, la chambre barométrique vide a une capacité de 24^{cc}. On y introduit 1^{cc} d'air sec. La température étant 0°, on demande la nouvelle hauteur du mercure dans le tube au-dessus de la cuvette. Celle-ci est assez large pour que le niveau du mercur e n'y varie pas sensiblement.*

Soit x la hauteur demandée.

La masse d'air de $0^{gr},01$ introduite dans le baromètre acquiert un volume :

$$V = 24 + (77 - x)3 = 3(85 - x),$$

sous une pression :

$$H = 77 - x.$$

En lui appliquant la formule de la masse d'un gaz :

$$p = \frac{VHad}{76(1 + \alpha t)},$$

on obtient l'équation :

$$0,01 = \frac{3(85 - x)(77 - x) \times 0,001\,293}{76},$$

ou

$$(85 - x)(77 - x) = \frac{760000}{387} = 195,926,$$

ou

$$x^2 - 162 x + 6349 = 0.$$

Le nombre cherché étant inférieur à 77, et, par suite, à la demi-somme des racines, 81, la plus petite racine seule répond à la question.

On trouve :

$$x = 81 - \sqrt{212} = 66^{cm},44.$$

478. — *Un baromètre a 1^m de longueur au-dessus du mercure de la cuvette et 1^{cq} de section intérieure. Il renferme une colonne de mercure de $0^m,760$ de hauteur et dont la température est 0°. On introduit dans la chambre de ce baromètre 1^{cc} d'air mesuré dans les conditions normales de température et de pression, et on demande :*

1° Quelle sera la densité de l'atmosphère qui surmontera la colonne de mercure;

2° Quelle sera la hauteur barométrique observée;

3° De combien il faudra enfoncer le tube barométrique dans la cuvette pour que la densité de l'air qu'il contient soit égale à celle de l'air extérieur.

La masse d'un centimètre cube d'air sec aux conditions normales est :

$$a = 0,001\,293.$$

Soit x la densité de cette même masse gazeuse dans la chambre barométrique, où elle surmonte une colonne mercurielle de hauteur y.

La section du tube étant égale à 1^{cm2}, le volume de l'air est $(100 - y)$ et sa pression $(76 - y)$.

En écrivant que les densités de la masse gazeuse sont proportionnelles aux pressions et inversement proportionnelles aux volumes, on obtient les deux

équations :

$$\frac{a}{x} = 100 - y = \frac{76}{76 - y}. \qquad (1)$$

Ces mêmes équations pourraient être obtenues de diverses manières : chacune des quantités (1) est une expression du volume final de la masse gazeuse.

L'équation en y est immédiatement donnée par la loi de Mariotte; l'autre exprime que la densité x est égal au rapport de la masse au volume :

$$x = \frac{M}{V} = \frac{a}{100 - y}; \text{ etc.}$$

Les équations (1) donnent, en écartant les racines étrangères :

$$x = 0,0004818,$$
$$y = 73^{cm},167.$$

Pour que l'air raréfié reprenne la densité normale, à la même température, il faut qu'il reprenne le même volume, et par suite la même pression qu'à l'extérieur. Donc le tube doit être enfoncé de 90^{km}.

479. — *Quelle est la masse d'air sec contenue dans un tube barométrique de section intérieure s, sachant que le mercure s'élève dans ce tube à des hauteurs h ou h' quand la pression atmosphérique est H ou H'?*

Application :

$$s = 1^{cq}, \qquad h = 4^{cm}, \qquad h' = 2^{cm},$$
$$H = 85^{cm}, \qquad H' = 74^{cm}, \qquad a = 0,001\,293.$$

Soient l la longueur du tube et V le volume normal de la masse demandée. D'après la loi de Mariotte, on a :

$$V.76 = s\,(l - h)\,(H - h) = s\,(l - h')\,(H' - h').$$

Tout revient à éliminer l. Pour cela, on peut écrire, en additionnant terme à terme deux fractions égales :

$$\frac{l - h}{H' - h'} = \frac{l - h'}{H - h} = \frac{h - h'}{H - h - H' + h'} ;$$

d'où

$$l - h = \frac{(h - h')\,(H' - h')}{H - h - H' + h'} .$$

En tenant compte de cette valeur, la première équation donne :

$$V = \frac{s\,(h - h')\,(H - h)\,(H' - h')}{76\,(H - h - H' + h')} .$$

La masse demandée est

$$X = Va.$$

Numériquement :

$$X = 0^{gr},01180.$$

2. — Masses et densités des mélanges gazeux.

480. — *Quelle est la pression de l'anhydride carbonique dans l'air, sachant que V = 158me d'air aux conditions normales contiennent p = 0^{gr},431 de ce gaz, dont la densité est d = 1,529?*

La formule de la masse d'un gaz :

$$p = \frac{V H a d}{76} ,$$

donne :

$$H = \frac{76\,p}{V a d} .$$

Numériquement :

$$H = \frac{76 \times 0,431}{158000000 \times 0,001\,293 \times 1,529} ,$$
$$= 0^{cm},0001018.$$

481. — *Dans un réservoir contenant 5ᵗ,6 d'air sec à 0°, et sous la pression de 830ᵐᵐ de mercure, on veut introduire, avec une pompe de compression dépourvue d'espace nuisible, 23ᵍʳ d'air sec pris à 0° et sous la pression normale. Le volume du corps de pompe étant de 560ᶜᶜ, on demande le nombre de coups de piston à donner et la pression finale dans le réservoir.*

Poids du litre d'air dans les conditions normales : 1ᵍʳ,3.

À chaque coup de piston le poids de l'air contenu augmente de :
$$p = 560 \times 0,0013 = 0^{gr},728,$$
et, d'après les lois de Dalton et de Mariotte, sa pression augmente d'une quantité h telle que : $560 h = 560 \times 76$;   d'où $h = 7^{cm},6.$

Le nombre de coups de piston à donner pour introduire 23ᵍʳ d'air est donc :
$$n = \frac{23}{0,728} = 31,59, \quad \text{soit} \quad 32.$$

La pression intérieure devient :
$$H = 83 + 32 \times 7,6 = 326^{cm},2.$$

En réalité, si l'on introduisait 23ᵍʳ d'air exactement, l'augmentation de pression x, donnée par la formule du poids des gaz :
$$23 = \frac{560 \times x \times 0,0013}{76},$$
serait
$$x = \frac{23 \times 76}{56 \times 0,13} = 240,11.$$

Et la pression totale deviendrait :
$$H' = 83 + 240,11 = 323^{cm},11.$$

482. — *On comprime à 0°, sous un volume V, pᵍʳ d'oxygène dont la densité est d et p'ᵍʳ d'azote dont la densité est d'.*

Quelle est la pression du mélange ?

Application :

$V = 5ᵗ$; $p = 27^{gr},64$; $d = 1,1056$; $p' = 29^{gr},022$; $d' = 0,9674.$

Masse du litre d'air : a = 1,293.

Soient H la pression demandée, v, v' les volumes des deux masses gazeuses aux conditions normales.

La formule de la masse d'un gaz et la formule de Dalton donnent :
$$p = v a d,$$
$$p' = v' a d',$$
$$V H = (v + v') 76.$$

Cette dernière équation permet d'écrire, en tenant compte des deux autres :
$$H = \frac{76}{V a} \left(\frac{p}{d} + \frac{p'}{d'} \right).$$

Numériquement : $H = \dfrac{76}{5 \times 1,293} \left(\dfrac{27,64}{1,1056} + \dfrac{29,022}{0,9674} \right),$
$$= 646^{cm},5, \quad \text{ou} \quad 8^{atm},5.$$

483. — *Un récipient de volume invariable contient Mgr d'un gaz à la température t°. On en laisse échapper m^{gr} et l'on chauffe le récipient à une température x que l'on propose de calculer de manière que la pression intérieure reprenne sa valeur primitive.*

Soient V le volume du récipient, H la pression, d la densité relative du gaz considéré.

On a :
$$M = \frac{VHad}{76(1 + \alpha t)},$$

$$M - m = \frac{VHad}{76(1 + \alpha x)};$$

d'où par division membre à membre :
$$\frac{1 + \alpha x}{1 + \alpha t} = \frac{M}{M - m};$$

d'où
$$x = \frac{M\alpha t + m}{(M - m)\,\alpha}.$$

484. — *On mélange v^{cc} d'un gaz de densité d, mesurés à la température t, sous la pression h, avec v'^{cc} d'un gaz de densité d' mesurés à la température t', sous la pression h'. Quel est le rapport des poids de ces deux gaz contenus dans un centimètre cube du mélange ?*

Le mélange gazeux devenant homogène, la composition de chaque partie est la même que celle de l'ensemble.

Or les poids respectifs des deux gaz sont :
$$p = \frac{vhad}{76(1 + \alpha t)}, \quad \text{et} \quad p' = \frac{v'h'ad'}{76(1 + \alpha t')}.$$

Le rapport demandé est donc :
$$\frac{p}{p'} = \frac{vhd(1 + \alpha t')}{v'h'd'(1 + \alpha t)}.$$

485. — *Deux gaz de densités d, d' par rapport à l'air, et pris aux conditions normales de température et de pression, sont mélangés dans la proportion de n volumes du premier pour n' volumes du second. Quelle est la densité du mélange par rapport à l'air ?*

Soient v l'unité de volume, a la densité absolue de l'air et x la densité relative demandée.

Le mélange, pris aux conditions normales, a pour volume :
$$(n + n')\,v.$$

Écrivons que sa masse est égale à la somme des masses mélangées.

On a :
$$(n + n')\,vax = nvad + n'vad';$$

d'où
$$x = \frac{nd + n'd'}{n + n'}.$$

486. — *Un récipient, dont la température est maintenue à T°, contient P^{gr} d'air sec à la pression H. On y introduit p^{gr} d'un gaz de densité d et p'^{gr} d'un gaz de densité d'. Calculer la pression du mélange.*

Soient V le volume du récipient à T°, a le poids normal du litre d'air, α le coefficient de dilatation des gaz.

On a :
$$P = \frac{VaH}{76(1 + \alpha T)} \cdot \qquad (1)$$

Attribuons aux masses gazeuses introduites des conditions antérieures v, h, t; v', h', t', arbitraires, mais compatibles avec leurs données respectives, c'est-à-dire telles que :
$$p = \frac{vadh}{76(1 + \alpha t)} \cdot \quad (2); \qquad p' = \frac{v'ad'h'}{76(1 + \alpha t')} \quad (3)$$

La pression totale du mélange, x, satisfait à la formule de Dalton :
$$\frac{Vx}{1 + \alpha T} = \frac{VH}{1 + \alpha T} + \frac{vh}{1 + \alpha t} + \frac{v'h'}{1 + \alpha t'} \cdot$$

En remplaçant le rapport $\dfrac{V}{1 + \alpha T}$ et les deux derniers termes par leurs valeurs tirées des équations (1), (2), (3), il vient :
$$\frac{P}{H} x = P + \frac{p}{d} + \frac{p'}{d'} ;$$

d'où
$$x = H\left(1 + \frac{p}{Pd} + \frac{p'}{Pd'}\right).$$

487. — *On mélange p^{gr} d'un gaz de densité relative d avec p'^{gr} d'un autre gaz de densité d'. Quelle est la densité relative du mélange ?*

Soit x cette densité.

Représentons par v, v' et $v + v'$ les volumes des deux gaz et de leur mélange mesurés aux conditions normales.

On aura :
$$p = vad,$$
$$p' = v'ad',$$
$$p + p' = (v + v') ax.$$

En éliminant v et v', on obtient l'équation :
$$p + p' = \left(\frac{p}{ad} + \frac{p'}{ad'}\right) ax ;$$

d'où l'on tire :
$$x = \frac{(p + p') dd'}{pd' + dp'} \cdot$$

488. — *Calculer les densités relatives x, y de deux gaz, sachant que m volumes du premier avec n volumes du second donnent un mélange de densité d et que m' volumes du premier avec n' volumes du second donnent un mélange de densité d'.*

Soit v l'unité de volume adoptée pour mesurer tous les gaz aux conditions normales.

Écrivons que le poids de chaque mélange est égal à la somme de ses parties.
En supprimant le facteur va commun à tous les termes, on obtient les équations :

$$mx + ny = (m + n) d,$$

$$m'x + n'y = (m' + n') d';$$

d'où l'on tire :

$$x = \frac{(m + n) d n' - (m' + n') n d'}{mn' - nm'},$$

$$y = \frac{(m' + n') m d' - (m + n) d m'}{mn' - nm'}.$$

489. — *Deux ballons de verre de volumes* $V = 7^l,28$ *et* $v = 3^l,46$, *sont en communication. Le second étant maintenu à* $0°$, *à quelle température faut-il porter le premier pour que, l'équilibre une fois établi, les deux ballons contiennent des masses gazeuses équivalentes ?*

Soient t cette température et H la pression commune aux deux masses gazeuses.

On aura :

$$\frac{VHa}{76(1 + at)} = \frac{vHa}{76} \; ;$$

d'où

$$V = v(1 + at),$$

et

$$t = \frac{V - v}{va}.$$

Numériquement :

$$t = \frac{1,42}{0,02} = 71°.$$

490. — *Deux ballons de même volume* V, *communicants, contiennent de l'air aux conditions normales. On porte l'un à* $t°$, *l'autre à* $t'°$ ($t' > t$). *Calculer la différence qui s'établit entre les masses gazeuses qu'ils contiennent.*

Application : $V = 16^l,9,$ $t = 30°,$ $t' = 100.$

Ces masses prennent une même pression H donnée par la formule de Dalton :

$$\frac{VH}{1 + at} + \frac{VH}{1 + at'} = 2V.76;$$

d'où

$$H = \frac{152(1 + at)(1 + at')}{2 + a(t' + t)}.$$

Leur différence devient :

$$x = \frac{VHa}{76(1 + at)} - \frac{VHa}{76(1 + at')}.$$

En remplaçant H par sa valeur, il vient, tout calcul fait :

$$x = \frac{2Va\alpha(t' - t)}{2 + a(t + t')}.$$

Numériquement :

$$x = 49^{gr},5255.$$

491. — *Deux ballons de verre de même volume communiquent par un tube de section négligeable. Ils ont été remplis à* $0°$, *sous* *la pression 76^{cm}, d'un gaz de densité d par rapport à l'air. On demande les densités absolues que ce gaz prendra dans les deux ballons s'ils sont maintenus le premier à la température t, le second à la température t'.*

Soient x, y ces densités, et V le volume commun aux deux ballons.
Le poids total du gaz peut s'écrire :

$$Vx + Vy = 2Vad.$$

On a donc :

$$x + y = 2ad.$$

D'autre part, les deux masses gazeuses prennent une même pression d'équilibre, et alors leurs densités absolues sont inversement proportionnelles aux binômes de dilatation :

$$\frac{x}{y} = \frac{1 + \alpha t'}{1 + \alpha t} \cdot$$

Ces équations donnent :

$$x = \frac{2(1 + \alpha t') ad}{2 + \alpha (t + t')} \cdot$$

$$y = \frac{2(1 + \alpha t) ad}{2 + \alpha (t + t')} \cdot$$

102. — *Une chaudière fermée dont on négligera la dilatation contient 315^{gr} d'eau et 185^{gr} d'air à 0° sous la pression 76. Que deviendra la pression intérieure si l'on chauffe cette chaudière à la température de 155° où l'eau est entièrement réduite en vapeur?*

Densité de l'air : a = 0,0013.

Densité relative de la vapeur d'eau : d = $\frac{5}{8}$.

Coefficient de dilatation des gaz : $\alpha = \frac{1}{273}$.

Le volume primitif de l'air :

$$\frac{185}{1,3} = 150^l,$$

fait connaître le volume de la chaudière.

Soit H la pression cherchée.
En écrivant que le poids total du contenu est égal à la somme de ses parties, on obtient l'équation :

$$315 + 185 = \frac{150000}{76\left(1 + \frac{155}{273}\right)} (Ha + Had);$$

d'où l'on tire :

$$H = 318^{cm},8.$$

103. — *Un tube en verre très épais est rempli d'anhydride sulfureux à 0°. On le chauffe à t = 100°. Dans ces conditions, le contenu passe entièrement à l'état gazeux. Quelle est la pression qui règne alors dans le tube, sachant que la densité de l'anhydride* *sulfureux est, à l'état gazeux : d = 2,25 par rapport à l'air, et à l'état liquide : D = 1,491 par rapport à l'eau ?*

On ne tiendra pas compte de la dilatation du verre.

Soient Π cette pression et V le volume intérieur du tube.
La formule de la masse d'un gaz donne l'équation :

$$V D = \frac{V \Pi a d}{76 (1 + \alpha t)} \; ;$$

d'où l'on tire :

$$\Pi = \frac{76 D (1 + \alpha t)}{a d} \, .$$

Numériquement : $\quad \Pi = 53220^{\text{cm}}, \quad$ ou $\quad$ 700 atmosphères.

3. — Masses des gaz en dissolution.

494. — *On laisse séjourner Π^{gr} d'un liquide de densité D dans un gaz de densité d maintenu à la pression Π. Quel est le coefficient de solubilité du gaz dans le liquide, sachant que le poids de celui-ci augmente de p ?*

Soit x ce coefficient.

Le volume du liquide est : $\qquad V = \dfrac{P}{D} \, .$

D'après la loi de Henry, le gaz dissous occuperait un volume Vx sous la pression Π.

Son poids est donc :

$$p = \frac{P}{D} \, x . \, \frac{a d \Pi}{76} \; ;$$

d'où

$$x = \frac{76 p D}{P a d \Pi} \, .$$

495. — *Dans un récipient contenant un volume $V = 30^l$ d'eau à la température $t = 10°$, on comprime de l'anhydride carbonique sous la pression $\Pi = 494^{\text{cm}}$. Le coefficient de solubilité du gaz carbonique à cette température étant $k = 1,181$, calculer la masse du gaz dissous.*

Soient x la masse de ce gaz et v son volume mesuré à la pression finale Π du gaz non dissous.

On aura :

$$x = \frac{v \Pi a d}{76 (1 + \alpha t)} \, ,$$

et d'après la loi de Henry :

$$\frac{v}{V} = k ; \quad \text{d'où} \quad v = k V ,$$

Donc

$$x = \frac{k V \Pi a d}{76 (1 + \alpha t)} \, .$$

Numériquement : $\qquad x = 139^{\text{gr}},2.$

§ IV. — Poids apparents dans l'air.

496. — *Un ballon de verre subit de la part de l'air une pous-*
sée p = 15ᵍʳ,7. *Quelle est alors la pression atmosphérique, sachant*
qu'à la même température et à la pression normale, cette poussée
deviendrait p' = 15ᵍʳ,2?

Soient H la pression demandée, H' = 76 la pression normale, t la température
de l'expérience et V le volume du ballon à cette température.

La poussée est égale au poids de l'air déplacé.

On a :
$$p = \frac{VHa}{76(1 + at)},$$

$$p' = \frac{VH'a}{76(1 + at)};$$

d'où par division :
$$\frac{p}{p'} = \frac{H}{H'},$$

et enfin
$$H = H'.\frac{p}{p'}.$$

Numériquement :
$$H = 76.\frac{157}{152} = 78^{cm},5.$$

497. On *pèse à* t = 18°, *sous la pression* H = 74ᶜᵐ,8, *avec des*
poids en platine de densité D = 21, *une certaine masse d'eau.*
On obtient P = 151ᵍʳ,292. *Combien aurait-on trouvé si la pesée*
avait été faite dans le vide?

Soit X le poids de l'eau en grammes, qui représente aussi son volume en
centimètres cubes.

Dans les conditions de l'expérience, le centimètre cube d'air pèse :
$$a' = \frac{aH}{76(1 + at)}.$$

Égalons entre eux les poids apparents de l'eau et du platine.

On obtient l'équation :
$$X(1 - a') = P\left(1 - \frac{a'}{D}\right);$$

d'où
$$X = P.\frac{D - a'}{D(1 - a')}.$$

Numériquement :
$$X = 151^{gr},158.$$

498. — *Trouver le volume d'un corps sachant que la différence*
des poids qu'on obtient en le pesant successivement à 0° dans l'air,
à 20° dans l'acide carbonique, est 10ᵍʳ.

Coefficient de dilatation du corps : 0,00003.

Densité de l'acide carbonique : 1,53.

La différence des poids provient de ce que la poussée produite par l'acide carbonique est supérieure à celle qui est produite par l'air.

Soient V le volume du corps à 0°, p et p' les poussées qu'il subit dans l'air et dans l'acide carbonique.

Nous supposerons que les pesées ont été effectuées à la pression normale de 760^{mm}.

On a :
$$p = V \times 1{,}293,$$

$$p' = V\,(1 + 20 \times 0{,}00003)\,1{,}293 \times 1{,}53 \times \frac{1}{1 + \frac{20}{273}}.$$

Or
$$p' - p = 10^{gr};$$

d'où
$$V \times 1{,}293\left(1{,}006 \times 1{,}53 \times \frac{273}{293} - 1\right) = 10,$$

et
$$V = 10^{lit},120^{cc}.$$

499. — *Quelle est la poussée de l'air sur un ballon métallique dont le volume à 0° est V, et le coefficient de dilatation linéaire λ? La pression atmosphérique est H, l'état hygrométrique e, la température t^o (pression saturante F). On donne le coefficient de dilatation de l'air : α, sa densité absolue : a, et la densité relative de la vapeur d'eau : d.*

Le volume de l'air humide déplacé est :
$$V(1 + 3\lambda t).$$

Son poids est la somme des poids de l'air sec et de l'humidité :
$$x = \frac{V(1 + 3\lambda t)\,a}{76\,(1 + \alpha t)}\,(H - eF + eFd).$$

Telle est la poussée de l'air sur le ballon.

500. — *On a taré un ballon de verre de volume V, plein d'air sec à 0° sous la pression H. Ayant fait le vide dans ce ballon, on y laisse rentrer à 0°, sous la pression H', un gaz sec dont on demande la densité relative, sachant que pour rétablir l'équilibre de la balance, il faut ajouter p^{gr} du côté du ballon.*

Écrivons que cette surcharge est l'excès du poids de l'air sur celui du gaz.

On a :
$$p = \frac{VHa}{76} - \frac{VH'ax}{76};$$

d'où
$$x = \frac{VHa - 76p}{VH'a}.$$

501. — *Calculer en centimètres cubes le volume d'un cube d'aluminium ayant un poids apparent de 1^{kg} dans l'air sec à 30° sous la pression de 750^{mm}.*

Densité de l'aluminium à 0° : d = 2,6.

Coefficient de dilatation cubique de ce métal : k = 0,000069.

Poids du litre d'air à 0° et sous la pression de 760^{mm} : a = 1^{gr},293.

Coefficient de dilatation de l'air : $\dfrac{1}{273}$.

Soient V le volume du cube d'aluminium à 30°, d la densité du métal à 0°, k son coefficient de dilatation cubique, a le poids du litre d'air à 0° et à 760.

Le poids *apparent* du cube est égal à son poids *réel* diminué de la poussée de l'air.

Le poids réel du cube est : $\quad V \times \dfrac{d}{1+kt}$.

La poussée qu'il subit dans l'air est :

$$\frac{V \times a \times H'}{(1+\alpha t)\,760}.$$

Donc : $\qquad P = V\left(\dfrac{d}{1+kt} - \dfrac{aH'}{(1+\alpha t)\,760} \right).$

Numériquement :

$$1000 = V\left(\frac{2,6}{1+30\times 0,000069} - \frac{0,001\,293 \times 750}{\left(1+\dfrac{30}{273}\right)760} \right),$$

$$V = 385^{cm3}.$$

502. — *Deux cubes ayant l'un : 10^{cm} de côté, l'autre : 1^{cm}, sont suspendus sous les plateaux d'une balance ; celle-ci est en équilibre quand les cubes sont placés dans le vide.*

On met sur le cube le plus gros une surcharge de 1^{gr} et on plonge les deux cubes dans une masse d'air à une pression x et à une température de 15° C. On demande la valeur de x pour laquelle l'équilibre est rétabli.

Poids du litre d'air dans les conditions normales : $p = 1^{gr},3$.

Coefficient de dilatation de l'air : $\alpha = \dfrac{1}{273}$.

Soient V et v les volumes des deux cubes, P leur poids, x la pression de l'air.

Le poids apparent du premier cube est (si l'on néglige le poids de l'air déplacé par la surcharge) : $P + 1 - V \times 1,293 \times \dfrac{1}{1+15t} \times \dfrac{x}{760}$.

Le poids apparent du deuxième est de même :

$$P - v \times 1,293 \times \frac{1}{1+15t} \times \frac{x}{760}.$$

L'équilibre exige que l'on ait :

$$P + 1 - V \times 1,293 \times \frac{1}{1+15t} \times \frac{x}{760},$$

$$= P - v \times 1,293 \times \frac{1}{1+15t} \times \frac{x}{760},$$

on $\qquad 1^{gr} = 1,293 \times \dfrac{1}{1+15t} \times \dfrac{x}{760}\,(1-0,001)$;

d'où $\qquad x = 617^{mm}.$

503. — *Quelle est la masse d'un corps de densité d et de coefficient de dilatation k, sachant qu'il a le même poids apparent que*

Mgr *de laiton, de densité* D *et de coefficient de dilatation* K, *dans une atmosphère à la pression* H, *dont l'état hygrométrique est* e *à la température* t *(pression saturante* F)?

La densité de l'air est a, *et la densité relative de la vapeur d'eau* δ.

La densité de l'air humide est :

$$a' = \frac{a(H - eF) + a\delta eF}{76(1 + at)}.$$

Les densités du corps et du laiton deviennent :

$$d' = \frac{d}{1 + kt}, \qquad D' = \frac{D}{1 + Kt}.$$

En écrivant que le corps et la masse de laiton ont le même poids apparent, on a :

$$x\left(1 - \frac{a'}{d'}\right) = M\left(1 - \frac{a'}{D'}\right).$$

Équation qui donne x en fonction des nombres précédemment calculés.

504. — *La densité normale de l'air étant* a $= 0{,}0013$, *et son coefficient de dilatation* α $= 0{,}00367$; *la densité du laiton* d $= 8$, *et son coefficient de dilatation* K $= 0{,}000018$; *quelle est la différence entre les poids apparents d'une masse de laiton* M $= 1^{kg}$:

1° *dans l'air à* t' $= 36°$ *sous la pression* H' $= 70^{cm}$?

2° *dans l'air à* t'' $= 20°$ *sous la pression* H'' $= 78^{cm}$?

Soient a', d' et a'', d'', les densités de l'air et du laiton dans la première et dans la seconde expérience.

On a :

$$a' = \frac{aH'}{76(1 + at')}, \qquad d' = \frac{d}{1 + Kt'},$$

$$a'' = \frac{aH''}{76(1 + at'')}, \qquad d'' = \frac{d}{1 + Kt''}.$$

La différence demandée est :

$$M\left(1 - \frac{a'}{d'}\right) - M\left(1 - \frac{a''}{d''}\right),$$

ou

$$M\left(\frac{a''}{d''} - \frac{a'}{d'}\right),$$

c'est-à-dire, en tenant compte des valeurs précédentes :

$$\frac{Ma}{76d}\left\{\frac{H''(1 + Kt'')}{1 + at''} - \frac{H'(1 + Kt')}{1 + at'}\right\},$$

ou approximativement :

$$\frac{Ma}{76d}\left[H''\{1 + (K - a)t''\} - H'\{1 + (K - a)t'\}\right].$$

ou

$$\frac{Ma}{76d}\left[(a - K)(H't' - H''t'') + (H'' - H')\right].$$

Numériquement :

$$\frac{1{,}3}{76 \times 8} \times 22{,}0 = \frac{28{,}77}{608} = 0^{gr}{,}04732.$$

505. — *En cherchant la densité d'un liquide par la méthode du flacon, on a trouvé d, en opérant à 0°, sans tenir compte de la poussée de l'air et en admettant que la densité de l'eau à 0° est égale à l'unité. On propose de corriger le résultat, sachant que la pression atmosphérique était H pendant l'expérience et que la densité de l'eau à 0° est égale à c.*

Soient D la densité du liquide, V le volume du flacon, P, P′ les masses échantillonnées de densité Δ qui ont fait équilibre dans l'air de densité a' à un même volume V de liquide et d'eau à 0°.

En égalant entre eux les poids apparents qui se font équilibre, on a :

$$P\left(1 - \frac{a'}{\Delta}\right) = V(D - a'),$$

et

$$P'\left(1 - \frac{a'}{\Delta}\right) = V(e - a');$$

d'où par division :

$$\frac{P}{P'} = \frac{D - a'}{e - a'} = d;$$

d'où

$$D = d(e - a') + a'.$$

506. — *Une sphère en caoutchouc, extensible et de poids négligeable, contenant de l'hydrogène, est plongée dans de l'alcool après avoir été lestée par un poids de dilatation négligeable. Déterminer la valeur de ce poids pour que le système soit en équilibre dans l'alcool à 78°.*

Rayon de la sphère à 0° : 0ᵐ,2.

Coefficient de dilatation cubique de l'hydrogène : 0,0036.

Coefficient de dilatation cubique de l'alcool : 0,0011.

Densité de l'alcool à 0° : 0,8.

Soit P le poids demandé (exprimé en kilogrammes).
Ce poids doit faire équilibre à la poussée, et la poussée est égale au poids du liquide déplacé.
À 0° la sphère a pour volume :

$$\frac{4}{3}\pi R^3.$$

À 78° ce volume devient :

$$\frac{4}{3}\pi R^3(1 + 78\alpha),$$

α étant le coefficient de dilatation de l'hydrogène.
À 78° la densité de l'alcool est :

$$\frac{D}{1 + 78m},$$

D étant la densité à 0° et m le coefficient de dilatation de l'alcool.
Le poids du liquide déplacé est donc :

$$P = \frac{4}{3}\pi R^3(1 + 78\alpha)\frac{D}{1 + 78m},$$

ou $$P = \frac{4 \times 3,1416 \times 8 \times 0,8 \,(1 + 78 \times 0,0036)}{3 \,(1 + 78 \times 0,0011)} \; ;$$

d'où $$P = 31^{kg},622.$$

507. — *Un corps de densité* d = 2, *placé dans l'un des plateaux d'une balance parfaitement juste, est équilibré par* p' = 160^{gr} *de poids marqués placés dans l'autre plateau. Sachant que la matière qui constitue ces poids marqués a une densité* d' = 8 *et que la pesée est faite dans de l'air sec à la pression* H = 74^{cm} *de mercure et à* t = 30°, *on demande quelle surcharge on devrait mettre dans le second plateau pour que l'équilibre eût lieu dans le vide.*

Poids normal du litre d'air : 1000a = 1^{gr},3.

Coefficient de dilatation de l'air : α = 0,00367.

La surcharge demandée, x, est la différence :

$$x = p - p', \tag{1}$$

entre les masses p, p' placées sur le premier et sur le second plateau.

Pour déterminer p, écrivons que ces deux masses se font équilibre dans l'air. Si l'on représente par a' la densité de l'air aux conditions de l'expérience, les poids apparents de ces masses sont :

$$p - \frac{p}{d}\,a', \quad \text{et} \quad p' - \frac{p'}{d'}\cdot a'.$$

On a donc l'équation :

$$p\left(1 - \frac{a'}{d}\right) = p'\left(1 - \frac{a'}{d'}\right). \tag{2}$$

En éliminant p entre les équations (1) et (2), on obtient :

$$x = p'\left(\frac{1 - \dfrac{a'}{d'}}{1 - \dfrac{a'}{d}} - 1\right),$$

ou $$x = p'\left[\frac{d\,(d' - a')}{d'\,(d - a')} - 1\right],$$

ou enfin : $$x = \frac{a'p'\,(d' - d)}{d'\,(d - a')}.$$

Numériquement, on a d'abord :

$$a' = \frac{Ha}{76\,(1 + \alpha t)} = 0,00114.$$

Puis, au moyen de l'une ou l'autre des deux formules précédentes :

$$x = 0^{gr},0127.$$

Donc, pour maintenir l'équilibre dans le vide, il faut ajouter 13^{mg} aux poids échantillonnés.

508. — *Un ballon en verre plein d'acide carbonique sec, à la pression* 0^m,70, *est suspendu à l'un des plateaux d'une balance dans de l'air également sec à la pression* 0^m,78. *On en fait la tare. On fait ensuite le vide dans le ballon de telle sorte que la pression* *du gaz qu'il contient soit réduite à 2*mm*. Pendant ce temps, la pression extérieure a varié de 10*mm*. On trouve alors que, pour rétablir l'équilibre, il faut ajouter sur le plateau de la balance un poids de 15*gr*.*

On demande de calculer le volume du ballon.

Pendant toute la durée de l'expérience la température est restée égale à 0°.

On ne tiendra pas compte de l'épaisseur du verre du ballon.

Densité de l'acide carbonique : 1,52.

La densité des poids marqués n'étant pas donnée, nous admettrons que les poids additionnels sont corrigés de la poussée qu'ils éprouvent dans l'air.

L'énoncé indique la valeur absolue de la variation barométrique; il faut en conclure que l'on ne fait point usage de la tare compensée de Regnault, qui rendrait inutile cette donnée.

Enfin, puisque l'on ne fait pas connaître le *sens* de cette variation barométrique, nous la supposerons successivement positive ou négative.

Soit V le volume demandé, qui se confond sensiblement avec le volume du ballon.

De la première expérience à la seconde, le poids apparent du ballon diminue de 15gr. Cette diminution représente le poids d'un volume V d'acide carbonique (de densité $d = 1,52$) sous la pression $H = 76^{cm} - 0,2 = 75^{cm},8$; plus ou moins la variation de poussée, c'est-à-dire le poids d'un volume V d'air sec à la pression $h = 1$.

Les deux gaz étant à 0°, leurs poids sont donnés par la formule connue :

$$p = \frac{VHad}{76} .$$

On a donc l'équation : $\dfrac{VHad}{76} \pm \dfrac{Vha}{76} = 15,$

d'où l'on tire : $V = \dfrac{15 \times 76}{a(Hd \pm h)} .$

En effectuant les calculs numériques, on obtient, dans le cas d'un accroissement de pression barométrique :

$$V = 7^l,586,$$

et dans l'hypothèse d'une diminution :

$$V = 7^l,719.$$

509. — *On a un ballon d'une capacité de 1500*cm3*. On l'équilibre dans l'air avec un poids en laiton qui pèse dans le vide 122*gr*. On porte la balance où sont suspendus le ballon et le poids dans un mélange à volume égal d'air et de gaz d'éclairage à 0° et à 760*mm*.*

De quel côté la balance s'inclinera-t-elle? Quel poids faudra-t-il ajouter pour rétablir l'équilibre?

*Poids d'un litre d'air : 1*gr*,3.*

Densité du gaz d'éclairage : 0,6.

Soient P le poids du ballon dans le vide, V son volume, P' le poids du laiton, d sa densité, a le poids du centimètre cube d'air dans les conditions données.

Pour que l'équilibre existe dans l'air, il faut que les poids *apparents* du ballon soient égaux, ce qui donne :

$$P - Va = P' - \frac{P'}{d} \cdot a. \tag{1}$$

Soit a' le poids du centimètre cube du mélange, et soit p le poids marqué de laiton à *ajouter* ou à *retrancher* du côté des poids.

Lorsque l'équilibre existera dans le mélange, on aura :

$$P - Va' = P' \pm p - \frac{P' \pm p}{d} a'. \tag{2}$$

Des deux équations précédentes on tire :

$$\pm p = \frac{(Vd - P')(a - a')}{d - a'}.$$

Les trois facteurs qui fournissent la valeur de p sont positifs, ce qui indique que p est lui-même positif, et par suite qu'on doit ajouter la surcharge du côté des poids.

La balance s'inclinait donc du côté du ballon.

Pour trouver le poids a' du centimètre cube de mélange, on a l'égalité :

$$a' = \frac{a}{2} + \frac{0.6 \times a}{2},$$

ou
$$a' = 0,8a.$$

En remplaçant les lettres de l'équation (3) par leur valeur numérique, il vient, si l'on admet 8,4 pour densité du laiton :

$$p = \frac{(1500 \times 8,4 - 122)(1 - 0,8 \cdot 0,0013}{8,4 - 0,0013 \times 0,8},$$
$$p = 0^{gr},386.$$

Donc, la balance s'inclinera du côté du ballon, et pour rétablir l'équilibre il faudra ajouter aux poids marqués $0^{gr},386$.

2. — Aérostats.

510. — *Une enveloppe de taffetas supposée inextensible et imperméable est remplie d'un gaz de densité d. Son poids étant p et son volume V, on demande la densité absolue des couches d'air dans lesquelles le système serait en équilibre.*

Application : $V = 500^{mc}$, $p = 400^{kg}$, $d = 0,069$, $a = 0,0013$.

Soit x cette densité.

L'équilibre exige :
$$Vad + p = Vx;$$

d'où
$$x = ad + \frac{p}{V}.$$

Numériquement :
$$x = 0,0000897 + \frac{400000}{500000000},$$
$$= 0,0008897.$$

511. — *Un aérostat, de parois inextensibles, complétement gonflé d'hydrogène à la pression extérieure de 76^{cm} et dont les*

*agrès pèsent 100ᵏᵍ, possède au départ une force ascensionnelle de
10ᵏᵍ. À quelle hauteur s'élèvera-t-il, si l'on admet que la température ne varie pas, mais que la pression atmosphérique diminue
régulièrement de 1ᵐᵐ par 10ᵐ d'ascension? Densité de l'hydrogène : 0,07.*

Soient V le volume de l'aérostat, p le poids des agrès, F la force ascensionnelle, H et H' la pression atmosphérique au sol et à la hauteur où s'arrêtera le
ballon.

Soient enfin a et a' les poids de l'unité de volume d'air et d'hydrogène à 0° et
sous la pression de 760ᵐᵐ.

Au départ les conditions d'équilibre donnent :

$$F = Va \frac{H}{760} - \left(Va' \frac{H}{760} + p \right).$$

Lorsque le ballon s'arrêtera, la force ascensionnelle sera nulle; d'où :

$$0 = Va \frac{H'}{760} - \left(Va' \frac{H}{760} + p \right).$$

(Nous admettons ici que l'hydrogène ne s'est point échappé en partie, et que
l'enveloppe peut supporter la différence des pressions intérieure et extérieure.)

En combinant les équations précédentes, on obtient :

$$\frac{F}{F+p} = \frac{a(H-H')}{760(a-a')} .$$

ou numériquement :

$$\frac{10}{110} = \frac{(H-H')}{760 \times 0,93} .$$

La diminution de pression $(H-H')$ est :

$$H - H' = 64^{mm},25;$$

puisqu'une diminution de pression de 1ᵐᵐ correspond à une ascension de 10ᵐ,
le ballon s'arrêtera à la hauteur de 642ᵐ,5.

512. — *Quel est le volume d'un aérostat de poids total P = 364ᵏᵍ,
sachant qu'il se maintient en équilibre à une altitude où le baromètre marque* H = 36ᶜᵐ *et le thermomètre* t = —3°? *On donne*
$a = 1^{gr},3$ *et* $\alpha = \dfrac{1}{273}$.

Soit V ce volume.

Le poids de l'appareil est égal au poids de l'air déplacé :

$$P = \frac{VHa}{76(1+\alpha t)} ;$$

d'où

$$V = \frac{76P(1+\alpha t)}{Ha} .$$

Numériquement : $\qquad V = 584^{mc},6.$

513. — *L'enveloppe d'un ballon à air chaud pèse p et son volume est* V. *À quelle température faut-il porter l'air intérieur*

*pour que la force ascensionnelle soit f dans une atmosphère à t°
et à la pression H?*

Soit x cette température.

La pression est la même à l'intérieur et à l'extérieur.

Écrivons qu'à $x°$ la force ascensionnelle est f.

On a :
$$\frac{Va\Pi}{76(1+\alpha t)} - \left(p + \frac{Va\Pi}{76(1+\alpha x)}\right) = f;$$

d'où
$$\frac{Va\Pi}{76(1+\alpha x)} = \frac{Va\Pi}{76(1+\alpha t)} - (p+f).$$

514. — *L'enveloppe d'un ballon sphérique pèse p^{gr} par mètre
carré. Quel rayon faut-il lui donner pour qu'étant gonflé d'hydrogène de densité relative d, il se maintienne en équilibre dans
une atmosphère sèche à t° et à la pression H?*

Soit x le rayon demandé.

En écrivant que le poids total de l'aérostat est égal au poids de l'air qu'il
déplace, on obtient l'équation :
$$4\pi x^2 p + \frac{4}{3}\pi x^3 \frac{\Pi a d}{76(1+\alpha t)} = \frac{4}{3}\pi x^3 \cdot \frac{\Pi a}{76(1+\alpha t)};$$

d'où
$$x = \frac{228 p(1+\alpha t)}{\Pi a(1-d)}.$$

CHAPITRE V

PREMIER CHANGEMENT D'ETAT

FORMULAIRE

Fusion. — *Lois. Quand on chauffe un corps sous une pression déterminée :*
1° *Il commence à fondre à une température fixe que l'on appelle son* POINT
DE FUSION (point de fusion normal si la pression est de 76^{m}).

2° *Sa température reste invariable pendant toute la durée de la fusion.*

Chaque gramme du corps solide, pour fondre sans changer de température,
absorbe une quantité de chaleur déterminée, que l'on appelle la CHALEUR DE
FUSION du corps.

3° *Son volume éprouve un changement notable :* ordinairement une augmentation, parfois une diminution.

INFLUENCE DE LA PRESSION SUR LA TEMPÉRATURE DE FUSION. — Si le corps se
dilate en fondant, la pression croissante gêne le phénomène et élève le point
de fusion.

Si le corps se contracte en fondant, la pression croissante favorise le phénomène et abaisse le point de fusion.

Solidification. — *Quand on refroidit un corps sous une pression déterminée :*

1° *Il commence (généralement) à se solidifier à une température identique à
son point de fusion.*

2° *Sa température reste invariable jusqu'à solidification complète.*

Sa chaleur de solidification est égale et de signe contraire à sa chaleur de
fusion.

3° *Le changement de volume qui accompagne la solidification est égal et de
signe contraire à celui qui se produit pendant la fusion.*

SURFUSION OU RETARD A LA SOLIDIFICATION. — Un solide chauffé jusqu'à son
point de fusion commence toujours à fondre, mais un liquide refroidi jusqu'à
son point de solidification ne se solidifie nécessairement qu'à la condition d'être
en contact avec son propre solide.

En l'absence de toute particule de ce solide, il peut y avoir *retard à la fusion.*
Le corps resté liquide au-dessous de son point de fusion est dit en SURFUSION.
Il se trouve alors dans un état de FAUX ÉQUILIBRE.

Ce FAUX ÉQUILIBRE disparaît infailliblement par l'introduction d'une particule
solide du corps surfondu ou d'un corps isomorphe.

La solidification brusque peut n'être que partielle : elle porte sur une masse
telle que la chaleur dégagée ramène le liquide à son point de fusion.

§ I. — Chaleurs de fusion.

515. — *Dans un vase contenant 900ᵍʳ de neige fondante, on verse un litre d'eau bouillante. La température finale est de 20°. Quel était le poids de l'eau de fusion mélangée à la neige?*

Soit x ce poids.
L'équation du mélange :

$$900 \times 20 + (900 - x)\,80 = 1000 \times 80,$$

donne :

$$x = \frac{1000}{8} = 125^{\text{gr}}.$$

516. — *Combien faut-il de glace à $t = -20°$ pour abaisser de $T = 50°$ à $0 = 40°$ la température d'un bain d'eau? Le poids de l'eau est $M = 400^{\text{kg}}$, celui de la baignoire $P = 120^{\text{kg}}$. Chaleur spécifique du métal : $c = 0,12$, de la glace : $c' = 0,475$. Chaleur de fusion de la glace : 80.*

Soit x le poids de glace demandé.
L'équation du mélange est :

$$x\,(-c't + 80 + 0) = (M + Pc)(T - 0).$$

On en tire :

$$x = \frac{(M + Pc)(T - 0)}{80 - c't + 0}.$$

Numériquement :

$$x = \frac{4140}{120,5} = 34^{\text{kg}},9.$$

517. — *Ayant fait congeler de l'eau dans l'air liquide, on jette $P = 625^{\text{gr}}$ de la glace obtenue dans $M = 500^{\text{gr}}$ d'eau bouillante. Quand l'équilibre thermique est établi, on constate que la masse de glace a augmenté de $p = 72^{\text{gr}}$. La chaleur spécifique de la glace étant 0,47 et sa chaleur de fusion 80, on demande quelle était sa température initiale.*

Soit x le nombre de degrés au-dessous de zéro.
On a :

$$100M + 80p = P \times 0,47 \times x;$$

d'où

$$x = \frac{100M + 80p}{0,47P}.$$

Numériquement :

$$x = \frac{55760}{293,75} = 189,8.$$

La glace était à $-189°$.

518. — *On donne un calorimètre contenant 500ᵍʳ d'eau à t°; on y introduit 10ᵍʳ de glace à 0° et un poids x de mercure à 100°. On* demande quel doit être le poids de mercure pour que la température finale surpasse de 1° la température initiale. On effectuera les calculs pour $t = 50°$.

Pour quelle valeur de t l'expérience devient-elle impossible?

Chaleur spécifique du mercure = 0.03.

Chaleur de fusion de la glace = .

Soit x le poids de mercure à introduire.

La chaleur fournie par le mercure en se refroidissant de 100° à $(t+1)°$ est absorbée partie par la glace pour fondre et s'élever ensuite à la température finale et partie par l'eau du calorimètre.

On a donc :

$$x \times 0,03 [100 - (t+1)] = 500 + 10(80 + t + 1);$$

d'où

$$x = \frac{1310 + 10t}{0,03(99 - t)}.$$

Pour que x convienne, il faut évidemment qu'il soit positif, mais non infini, ce qui nécessite :

$$99 - t > 0;$$

d'où

$$t < 99°.$$

Pour $t = 99°$, l'expérience est impossible, car $(t+1)$ égalerait 100, et, dans ce cas, le mercure, ne perdant pas de chaleur, ne pourrait ni fondre la glace ni échauffer l'eau.

Numériquement : Pour $t = 50°$, on obtient : $x = 1231^{gr},29$.

519. — On fait fondre du bismuth et on le laisse refroidir jusqu'à son point de solidification. On verse la partie encore liquide dans une cavité creusée dans de la glace à 0°. On recueille l'eau de fusion qui pèse $M = 111^{gr}$, et le bismuth solidifié, qui pèse $P = 425$. La chaleur spécifique du bismuth étant $c = 0,0306$, et sa chaleur de fusion $f = 12,64$, on demande sa température de fusion.

Soit x ce point de fusion.

On a :

$$P(cx + f) = 80.M;$$

d'où

$$x = \frac{80M - Pf}{Pc}.$$

Numériquement :

$$x = \frac{8880 - 5372}{13,005} = 269°.$$

520. — On chauffe du plomb à la température de 1000°, et on en verse 1^{kg} dans une cavité creusée dans un bloc de glace. On recueille l'eau de fusion, qui pèse 527^{gr}. Déterminer la chaleur spécifique du plomb, sachant qu'elle augmente de un tiers en passant de l'état solide à l'état liquide. Point de fusion du plomb : 325°. Chaleur de fusion du plomb et de la glace : 5,4 et 80.

Soit x la chaleur spécifique à l'état solide.

A l'état liquide elle deviendra $\frac{4}{3}x$.

On a donc :

$$1000\left(325x + 5,4 + 675.\frac{4x}{3}\right) = 527 \times 80,$$

ou

$$1225x = 36,75,$$

$$x = 0,03.$$

521. — *Quelle est la quantité de chaleur absorbée par 50ᵍʳ d'azotate de soude que l'on chauffe de 10° à 450°? Le point de fusion de cette substance est 310°, sa chaleur de fusion 63, et ses chaleurs spécifiques à l'état solide et à l'état liquide : 0,2782 et 0,413 respectivement.*

Chaque gramme absorbe :

1°) $0,2782(310 - 10)$ =   83,46
2°)   63
3°) $0,413(450 - 310)$ =   57,82
                                                  ———
Au total :   201,28

Donc 50ᵍʳ absorbent :

$$201,28 \times 50 = 10214 \text{ calories.}$$

522. — *Deux échantillons d'un alliage pèsent chacun P = 250ᵍʳ. On les chauffe ensemble jusqu'à leur température de solidification et on les fait tomber l'un après l'autre dans un calorimètre à 0° équivalent à M = 440ᵍʳ d'eau. Le premier élève la température à θ = 12°; le deuxième le fait monter à θ' = 23°. On demande la température de fusion de cet alliage et sa chaleur spécifique à l'état solide.*

Soient x cette chaleur spécifique et y la température demandée.
On a les deux équations :

$$P(y - \theta)x = M\theta,$$

$$2P(y - \theta')x = M\theta';$$

d'où l'on tire :

$$y = \frac{\theta\theta'}{2\theta - \theta'},$$

$$x = \frac{M}{P} \cdot \frac{2\theta - \theta'}{2(\theta' - \theta)}.$$

Numériquement :

$$y = 276°,$$

$$x = 0,08 \text{ calories.}$$

523. — *Pour déterminer approximativement la température d'un morceau de glace, on l'introduit dans un calorimètre de capacité calorifique négligeable, avec une masse d'eau bouillante* suffisante pour le faire fondre entièrement. On constate que la température d'équilibre est $\theta = 10^o$. On verse aussitôt dans le calorimètre une seconde masse d'eau bouillante égale à la première et l'on mesure la nouvelle température d'équilibre $\theta' = 48^o$. La chaleur spécifique de la glace étant $c = 0,474$ et sa chaleur de fusion 80, quelle était la température primitive du morceau de glace soumise à l'expérience ?

Soient $(-x)$ cette température, M la masse du morceau de glace et m celle de l'eau que l'on ajoute à chaque opération.

On a :
$$M \left\{ (x + \theta) c + 80 \right\} = m (100 - \theta),$$
$$M \left\{ (x + \theta') c + 80 \right\} = 2m (100 - \theta');$$

d'où par division :
$$\frac{(x + \theta) c + 80}{(x + \theta') c + 80} = \frac{100 - \theta}{2 (100 - \theta')} ;$$

d'où
$$x = \frac{(100 - \theta)(\theta' - \theta)}{100 + \theta - 2\theta'} - \left(\theta + \frac{80}{c} \right).$$

Numériquement :
$$-x = -65^o,5.$$

524. — *Dans un calorimètre contenant de l'eau et de la glace, on fait tomber 1223^{gr} de plomb à 250°, ce qui a pour effet de fondre 120^{gr} de glace dont la chaleur de fusion est 80 calories. Dans une autre expérience, on verse 801^{gr} de plomb fondu à la température de solidification (335°), ce qui provoque la fusion de 159^{gr} de glace. Calculer : 1° la chaleur spécifique du plomb à l'état solide; 2° sa chaleur de fusion.*

Soient x la chaleur spécifique moyenne du plomb solide et y sa chaleur de fusion.

Pour chacune des expériences, écrivons l'équation des échanges de chaleur.

1° La quantité de chaleur abandonnée par 1223^{gr} de plomb en passant de 250° à 0°, est égale à la quantité de chaleur nécessaire pour fondre 120^{gr} de glace à 0° :
$$1223 \times 250 x = 120 \times 80. \qquad (1)$$

2° La chaleur abandonnée par 801^{gr} de plomb pour se solidifier sans changement de température, puis pour se refroidir de 335° à 0°, est égale à la chaleur absorbée par 159^{gr} de glace pour fondre à 0°.

Chaque gramme de plomb abandonne $(y + 335x)$ calories.

On a donc l'équation :
$$801 (y + 335x) = 159 \times 80. \qquad (2)$$

Les équations (1) et (2) donnent respectivement :
$$x = \frac{12 \times 80}{25 \times 1223} = 0,0314.$$

$$y = \frac{159 \times 80}{801} - 335x = 15,88 - 10,51 = 5,37.$$

Donc la chaleur de fusion du plomb est 5,37 et sa chaleur spécifique à l'état solide 0,0314.

525. — *Après avoir laissé refroidir un métal fondu jusqu'à son point de solidification t, on en fait couler un certain poids p_1 dans une cavité pratiquée dans un bloc de glace à 0° dont un poids p' entre ainsi en fusion.*

Dans une deuxième expérience, on fait couler un poids p_2 du même métal dans un poids P d'eau à t_0, ce qui élève la température à t'_0. Sachant que la chaleur de fusion de la glace est égale à c, on demande de calculer la chaleur de fusion x et la chaleur spécifique y du métal considéré.

Appliquons l'équation des mélanges; c'est-à-dire écrivons que, dans chaque expérience, la quantité de chaleur dégagée par le métal est égale à la quantité de chaleur absorbée par la glace qui a fondu ou par l'eau qui s'est échauffée.

Chaque gramme de métal perd x calories pour se solidifier et y calories pour se refroidir de 1°. Chaque gramme d'eau absorbe c calories pour fondre et une calorie pour s'échauffer de 1°.

On a donc les deux équations :

$$p_1 (x + ty) = p'c,$$
$$p_2 [x + (t - t'_0) y] = P (t'_0 - t_0);$$

d'où l'on tire immédiatement :

$$x = \frac{Pp_1 t (t'_0 - t_0) - p_2 p'c (t - t'_0)}{p_1 p_2 t'_0},$$
$$y = \frac{p_2 p'c - Pp_1 (t'_0 - t_0)}{p_1 p_2 t'_0}.$$

526. — *Un corps fond à 59°. On chauffe 100ᵍʳ de ce corps jusqu'à 70° et on verse le liquide dans un litre d'eau à 4°. L'équilibre thermique s'établit à 15°,4. On retire le corps solidifié et on le jette dans un litre d'eau bouillante. La température du mélange s'arrête à 87°,6.*

La chaleur de fusion du corps étant 94, on demande dans quelle proportion croît sa chaleur spécifique moyenne quand il passe de l'état solide à l'état liquide.

Soient x et y les chaleurs spécifiques moyennes de ce même corps, à l'état solide puis à l'état liquide.

Écrivons pour chaque expérience l'équation des échanges de chaleur. Dans la première expérience, le corps se refroidit de 11° avant la solidification et de 43°,6 après. Dans la seconde expérience, il s'échauffe de 43°,6 avant la fusion et de 28°,6 après.

On a donc les deux équations :

$$1100y + 9400 + 1360x = 11\,400,$$
$$1360x + 9400 + 2860y = 12\,400.$$

ou
$$218x + 55y = 100 \mid 3,$$
$$218x + 113y = 150 \mid 2.$$

On pourrait calculer x et y, puis en déduire le rapport $\frac{y}{x}$, qui est seul demandé. Mais il est plus simple de calculer directement ce rapport au moyen d'une équation homogène en x et y. Pour cela, il suffit d'éliminer les termes connus des équations précédentes. On multiplie la première par 3, la seconde par 2, et l'on retranche membre à membre, ce qui donne :

$$218x = 121y ;$$

d'où

$$\frac{y}{x} = \frac{218}{121} = 1,80.$$

Donc, quand la substance dont il s'agit passe de l'état solide à l'état liquide, sa chaleur spécifique est multipliée par 1,8.

527. — *Ayant préparé trois blocs de glace à 0°, creusés de cavités convenables, on fait fondre de l'étain dans un creuset que l'on maintient pendant un temps suffisant à la température 350°. On verse une partie du liquide dans la première cavité, puis on laisse refroidir le reste jusqu'au point de solidification. Alors, on verse la partie encore liquide dans le second puits de glace et l'on fait tomber la partie solidifiée dans le troisième puits. L'équilibre thermique une fois établi, on retire du premier puits 165^{gr},34 d'eau et 380^{gr} d'étain ; du second, 142^{gr},43 d'eau et 420^{gr} d'étain ; du troisième, 40^{gr},25 d'eau et 250^{gr} d'étain.*

Le point de fusion de l'étain étant 230°, on demande de calculer sa chaleur de fusion et ses chaleurs spécifiques à l'état solide et à l'état liquide.

Soient x, y les deux chaleurs spécifiques, et z la chaleur de fusion. Les expériences se traduisent par les trois équations :

$$380(120y + z + 230x) = 165,34 \times 80,$$
$$420(z + 230x) = 142,43 \times 80,$$
$$250 \times 230x = 40,25 \times 80.$$

On en tire :

$$x = 0,056,$$
$$z = 14,250,$$
$$y = 0,064.$$

§ II. — Changement de volume pendant la fusion.

528. — *Un thermomètre à poids est plein de mercure à 0°. On fait sortir 1^{gr} de ce liquide et l'on achève de remplir l'enveloppe avec de l'eau à 0°. Le mercure étant amené vers la pointe du thermomètre, on fait congeler l'eau, puis on ramène la température à 0°. Alors on constate qu'il est sorti de l'appareil p^{gr} de mercure. Quel est le rapport des densités de la glace et de l'eau à 0° ?*

Application : $\mathrm{P} = 2500^{gr}$, $\quad \mathrm{p} = 230^{gr}$.

Soient d la densité de l'eau, d' celle de la glace et D celle du mercure à 0°

Le volume de l'eau liquide introduit dans l'enveloppe est égal à celui de P^{or} de mercure, et le volume de la glace est égal à celui de $(P + p)$ grammes de mercure à 0°. En écrivant que le poids de la glace est égal à celui de l'eau, on

a :

$$\frac{P + p}{D} d' = \frac{P}{D} d ;$$

d'où

$$\frac{d'}{d} = \frac{P}{P + p} .$$

Numériquement :

$$\frac{d'}{d} = \frac{2500}{2730} = 0,9157.$$

529. — *Un réservoir thermométrique surmonté d'une tige graduée en millimètres cubes contient un mélange de glace et d'eau liquide à la température de 0°. Ce réservoir ayant été exposé pendant quelque temps au rayonnement d'une source de chaleur, on constate, au moyen de la graduation, que le volume du mélange intérieur a diminué de 200^{mmc}, sa température étant restée 0°. Quelle est la quantité de chaleur absorbée par l'appareil?*

La densité de l'eau à 0° sera considérée comme égale à l'unité.

Densité de la glace à 0° : 0,917.

Chaleur **de fusion de la glace : 80.**

Un gramme de glace occupe à 0° un volume de $\frac{1000^{cc}}{917}$.

1^{gr} d'eau à 0° a un volume de 1^{cc}.

La contraction qui accompagne la fusion de 1^{gr} de glace est :

$$\frac{1000}{917} - 1 = \frac{83^{cc}}{917} .$$

La contraction totale ayant été de 200^{mmc}, le poids de glace fondue est :

$$\frac{1^{gr} \times 917 \times 0,2}{83} .$$

La quantité de chaleur absorbée par l'appareil est :

$$\frac{1 \times 917 \times 0,2 \times 80}{83} = 176,7 \ (c. \ g. \ d.).$$

§ III. — Surfusion.

530. — *Ayant* $M = 1000^{gr}$ *d'eau en surfusion à* $t = + 10°$ *au-dessous de zéro, on y provoque une congélation subite. Sur quelle partie de la masse portera cette congélation?*

Chaleur de fusion de la glace : 80; chaleur spécifique de la glace : 0,474.

Pour déterminer la masse x qui se solidifie, il suffit d'écrire que la chaleur abandonnée par cette masse est égale à la quantité de chaleur nécessaire pour élever à 0° le mélange d'eau et de glace.

On obtient ainsi l'équation :

$$80x = (M - x) t + 0,474 tx,$$

ou

$$(80 + t - 0,474t) x = Mt;$$

d'où

$$x = \frac{Mt}{80 + 0,526t}$$

Numériquement :

$$x = \frac{10000}{85,26} = 117^{gr},2.$$

531. — *Un corps dont la chaleur spécifique est c, la chaleur de fusion C et le point de fusion T, est maintenu en surfusion à une température t. On fait cesser la surfusion en le mettant au contact d'une parcelle solide.*

On demande quel sera l'état final, en supposant que la transformation s'effectue sans perte ni gain de chaleur.

Application : $T = 44^\circ,2,$ $t = 30^\circ,$
            $C = 5,4,$ $c = 0,20.$

(On admet que la chaleur spécifique du corps au voisinage du point de fusion est la même à l'état solide et à l'état liquide.)

La chaleur dégagée par la cessation de la surfusion élève la température de la masse.

Si cette chaleur est *insuffisante* pour faire remonter la température jusqu'au point de fusion, tout le corps se solidifie; dans le cas contraire, la solidification ne porte que sur une partie.

Soient p le poids du corps et xp la partie solidifiée, x pouvant être égal à 1.

On a :

$$pxC = pc (T - t)$$

d'où

$$x = \frac{c}{C} (T - t),$$

et

$$x = \frac{0,2}{5,4} (44,2 - 30) = \frac{71}{135} \cdot$$

Les $\frac{71}{135}$ de la masse seront seuls solidifiés brusquement: le reste se solidifiera ensuite peu à peu par refroidissement.

Remarque. — Pour que la solidification eût été totale, on aurait dû abaisser le corps liquide à une température telle que :

$$t = \frac{c}{C} (T - t),$$

soit

$$t = 17^\circ,2.$$

CHAPITRE VI

DEUXIÈME CHANGEMENT D'ETAT

FORMULAIRE

Vaporisation. — Dans un volume plus grand que le sien, un liquide ne peut être en équilibre qu'au contact de sa VAPEUR SATURÉE.

Il émet donc des vapeurs dont la pression augmente jusqu'à saturation. Dans le vide, l'équilibre s'établit instantanément. Dans une atmosphère gazeuse, l'équilibre exige un temps variable avec la pression.

LA PRESSION SATURANTE d'une vapeur est complètement déterminée par sa température; elle est indépendante du volume. Si l'on augmente le volume, il y a évaporation de liquide; si l'on diminue le volume, il y a condensation de vapeur.

La *pression saturante* d'une vapeur croît rapidement avec sa température; elle dépasse toute limite, ou mieux n'existe plus, aux températures supérieures à la TEMPÉRATURE CRITIQUE du fluide considéré. A ces températures supérieures, le fluide ne peut pas exister à l'état liquide : c'est un gaz proprement dit, ce n'est plus une vapeur.

Ébullition. — LOIS. *Quand on chauffe dans une atmosphère indéfinie, à une pression déterminée, un liquide au sein duquel il existe des bulles gazeuses.*

1º *Ce liquide commence à bouillir à une température fixe que l'on appelle son* POINT D'ÉBULLITION. (Point d'ébullition normale si la pression est de 76ᶜᵐ.)

Cette température est celle pour laquelle la pression saturante de la vapeur est égale à la pression extérieure.

2º *Sa température demeure invariable pendant toute la durée de l'ébullition.*

Chaque gramme du liquide absorbe, pour se vaporiser sans changement de température, une quantité de chaleur déterminée, que l'on appelle la CHALEUR DE VAPORISATION de ce liquide.

3º *La vaporisation s'accompagne d'un accroissement de volume,* qui est considérable à basse température, diminue quand la température s'élève, et s'annule à la température critique.

RETARD A L'ÉBULLITION. — Quand il n'existe point de bulles gazeuses au sein du liquide ou sur les parois du vase, il y a *retard à l'ébullition :* la température d'ébullition peut s'élever notablement au-dessus de sa valeur ordinaire.

Le liquide est alors dans un état de *faux équilibre* qui cesse immédiatement dès que l'on introduit une bulle gazeuse au sein du liquide.

Pressions saturantes de la vapeur d'eau. — La pression saturante de la vapeur d'eau est une fonction de sa température. Les valeurs qu'elle prend aux diverses températures peuvent être consignées dans une table numérique à double entrée, ou représentées graphiquement par une courbe, ou exprimées par une formule empirique telle que la formule de Duperray :

$$P = T^4,$$

dans laquelle T représente la température en centaines de degrés, et P la pression saturante en kilogrammes par centimètre carré.

Chaleur de vaporisation de l'eau. — La chaleur de vaporisation de l'eau à t^o est une fonction de cette température.

On peut la représenter par cette formule empirique de Regnault :

$$q = 606,5 - 0,695t.$$

Pour chauffer un gramme d'eau de 0° à t^o et la transformer en vapeur saturante à t^o, il faut une *chaleur totale de vaporisation* exprimée par la formule :

$$Q = q + t = 606,5 + 0,305t.$$

Liquéfaction. — Pour liquéfier un gaz, il est indispensable de l'amener d'abord à l'état de vapeur saturante, ce qui exige qu'il soit refroidi au-dessous de sa température critique.

Après quoi, il suffit d'abaisser encore sa température, ou de réduire son volume.

Cependant, si la vapeur est absolument sèche, c'est-à-dire si elle n'est en présence d'aucune particule de son liquide, il peut se faire qu'il y ait *retard à la condensation.*

§ I. — Chaleur de vaporisation.

532. — *Quel volume de vapeur d'eau à 100°, sous la pression 76^{cm}, faut-il injecter dans 2^{lit} d'eau à 20° pour élever la température du mélange à 80°?*

Chaleur de vaporisation de l'eau : 537.

Densité de la vapeur d'eau : $\dfrac{5}{8}$.

Soit x le volume de vapeur à injecter; son poids est :

$$\frac{x \times 1,293 \times \frac{5}{8}}{1 + \frac{100}{273}} = 0,5913 \times x.$$

Chaque gramme de cette vapeur abandonne $(537 + 20)$ calories.

En écrivant l'équation du mélange, on obtient :

$$0,5913 \times 557x = 2000000 \times 60;$$

d'où

$$x = \frac{120000000}{0,5913 \times 557} = 364300^{lit}.$$

ou

$$x = 364^{mc},3.$$

533. — *Un récipient métallique du poids de* $P = 20^{kg}$ *contient* $M = 50^{kg}$ *de glace à* $t^0 = -10^o$. *Quel poids de vapeur d'eau à* 100° *faut-il y injecter pour porter la température de ce récipient à* $\theta = 40^o$?

Chaleurs spécifiques du métal : $c = 0,114$; *de la glace :* $c' = 0,474$.

Chaleur de fusion de la glace : 80; *de vaporisation de l'eau :* 537.

Écrivons que la chaleur gagnée par le métal et par la glace pour fondre et s'échauffer de t^0 à 0° est égale à la chaleur perdue par la vapeur pour se liquéfier et pour se refroidir de 100° à 0°.

On a : $\qquad$ $Pc(\theta - t) + Mc'(-t) + 80M + M\theta = x(537 + 100 - \theta)$.

Numériquement : $\qquad$ $x = \dfrac{6351}{597} = 10^{kg},63$.

534. — *On introduit dans de l'eau à* 50°, 100^{gr} *de glace à la température de* -5°. *Puis on fait arriver dans le mélange un courant de vapeur d'eau à* 100° *jusqu'à ce que la glace soit fondue et que la température du mélange soit revenue à* 50°.

On demande quel est le poids de vapeur d'eau qu'il faut employer pour arriver à ce résultat.

On admettra que la chaleur spécifique de la glace est $0,5$.

La température de l'eau considérée étant la même avant et après l'expérience, il suffit d'écrire que la quantité de chaleur cédée par le poids x de vapeur à 100°, pour se condenser et se refroidir jusqu'à 50°, est égale à la quantité de chaleur gagnée par 100ᵍʳ de glace à — 5°, pour s'élever au point de fusion, se liquéfier et s'échauffer jusqu'à 50°.

On obtient l'équation :

$$(537 + 50)\,x = \left(\frac{5}{2} + 79,25 + 50\right) 100;$$

d'où l'on tire le poids demandé :

$$x = \frac{13175}{587} = 22^{gr},44.$$

535. — *On évapore de l'eau dans le vide en présence de l'acide sulfurique qui absorbe au fur et à mesure toute la vapeur formée. Quel poids de glace pourrait-on obtenir en opérant sur* $P = 100^{gr}$ *d'eau à* 0°, *en supposant que la chaleur de vaporisation soit entièrement empruntée au liquide?*

Chaleur de fusion de la glace : 80; *chaleur de vaporisation de l'eau à* 0° : $606,5$.

Soit x la masse de glace. La masse de la vapeur sera $P - x$.

En écrivant que la chaleur perdue est égale à la chaleur gagnée, on obtient :

$$80x = (P - x)\,606,5 ;$$

d'où
$$686,5x = 606,5P ;$$

d'où
$$x = \frac{6065}{6865}\,P = P \times 0,883 4.$$

Numériquement :
$$x = 88^{gr},31.$$

536. — *On mélange dans un récipient imperméable à la chaleur Mgr de glace fondante et P^{gr} de vapeur d'eau à 100°. Entre quelles limites le rapport de M à P doit-il être compris pour que le mélange soit entièrement liquide?*

Pour que le mélange soit liquide, il faut et il suffit que sa température t soit comprise entre 0 et 100°.

Dans cette hypothèse, l'équation du mélange :

$$M (80 + t) = P (537 + 100 - t),$$

donne
$$\frac{M}{P} = \frac{637 - t}{80 + t} \cdot$$

Or, t croissant de 0 à 100°, ce rapport décroît de :

$$\frac{637}{80} \qquad \text{à} \qquad \frac{537}{180} \cdot$$

Il faut donc que l'on ait :

$$2,983 < \frac{M}{P} < 7,962.$$

537. — *Dans un vase en cuivre, ouvert, pesant 1^{kg},500, contenant un bloc de glace de 10^{kg} à la température de —10°, on injecte 5^{kg} de vapeur d'eau à 100°. On demande la température finale du mélange. Discutez le résultat obtenu; interprétez-le. On connaît :*

> *La chaleur spécifique du cuivre : 0^c,08.*
> *—   —   de la glace : 0^c,5.*
> *—   —   de l'eau : 1^c,0.*
> *—   latente de fusion de la glace : 79^c.*
> *—   —   de vaporisation de l'eau : 537^c.*

On demande en outre de déterminer quel serait le poids de vapeur à employer pour que la température finale du mélange soit 100°.

Si l'on représente par P le poids de la vapeur injectée, et par t la température finale du mélange, *supposé entièrement liquide*, l'équation des échanges de chaleur peut s'écrire :

$$0,12(10 + t) + 10(81 + t) = P (637 - t),$$

ou
$$(10,12 + P)\,t = 637P - 841,2. \qquad (1)$$

Dans l'hypothèse $P = 5$, on en tire :

$$x = \frac{2343,8}{15,12} = \frac{58595}{378} = 155^\circ.$$

Mais cette valeur n'est pas acceptable, puisque l'équation (1) suppose essentiellement $t < 100^\circ$.

Il faut en conclure qu'une partie de la vapeur introduite dans le calorimètre ne change pas d'état et qu'elle s'échappe dans l'atmosphère après avoir traversé le liquide, dont la température s'est élevée d'abord jusqu'à 100°. Pour déterminer le poids de vapeur qui suffit à amener ce dernier résultat, faisons $t = 100$ dans l'équation (1). Il vient :

$$537P = 1853,2 ;$$

d'où

$$P = 3^{kg},45.$$

Ainsi, dans le première expérience, 3450^{gr} de vapeur se condensent et élèvent à 100° la température du calorimètre ; le reste, 1550^{gr}, s'échappe dans l'atmosphère.

538. — *On fait arriver $2^{kg},5$ de vapeur d'eau saturante à 120° dans une cuve à eau contenant 50^{kg} d'un mélange de glace et d'eau. On constate que la température s'y élève finalement à 54°. Quel poids de glace y avait-il à l'origine ?*

La vapeur d'eau considérée étant saturante, sa liquéfaction se produira à 120°. Or on sait que la chaleur de vaporisation de l'eau à t° est donnée par la formule de Regnault : $606,5 - 0,695t.$

La quantité de chaleur fournie par $2^{kg},5$ de vapeur d'eau, qui se condense à 120°, puis se refroidit de 120° à 54°, est donc :

$$2,5\,[606,5 - 0,695 \times 120 + (120 - 54)]\ \text{calories},$$

ou $1472,75$ calories.

Soit x le poids de la glace qui fait partie des 50^{kg} d'eau contenus dans la cuve. Pour fondre cette glace et porter le mélange de 0° à 54°, il faut :

$$80x + 54 \times 50,$$

ou $80x + 2700$ calories ;

quantité supérieure à celle que fournit la vapeur injectée dans la cuve.

La quantité de chaleur perdue, dans un échange quelconque de chaleur, étant égale à la quantité de chaleur gagnée, il est manifeste que le problème proposé est impossible.

Si l'on admet que les données *numériques* du problème répondent à une expérience réelle, il faut en conclure qu'avant l'introduction de la vapeur, l'eau de la cuve était entièrement liquide et à une température supérieure à 0°. Proposons-nous de calculer cette température x.

Les 50^{kg} d'eau portés de x° à 54° absorbent :

$$50(54 - x)\ \text{calories}.$$

L'équation des mélanges :

$$2700 - 50x = 1472,75,$$

donne $x = \dfrac{1227,25}{50} = 24^\circ,54.$

539. — *On distille un mélange d'eau et d'alcool qui bout à 90°. Le serpentin passe dans un réfrigérant où l'eau arrive à 10° et d'où elle sort à la température de l'alcool condensé, qui est de 40°. La chaleur spécifique de l'alcool étant 0,55, sa chaleur de vaporisation 202, et celle de l'eau 537, combien devra-t-on faire passer d'eau dans le réfrigérant pour recueillir 50ᵏᵍ d'alcool marquant 80° à l'alcoomètre centésimal?*

Le mélange recueilli contient :

$$50 \times 0,8 = 40^{kg} \text{ d'alcool pur}$$

et $\qquad\qquad\qquad\qquad 10^{kg}$ d'eau.

Pour se condenser et se refroidir ensuite de 90° à 40°, l'alcool cède

$$\{ 202 + 0,55 (90 - 40) \} \, 40 = 9180 \text{ calories}$$

et l'eau $\qquad\qquad (537 + 90 - 40) \, 10 = 5870 \text{ calories.}$

Soit x le poids d'eau à faire passer dans le réfrigérant.
En s'échauffant de 10° à 40°, cette eau absorbe

$$(40 - 10) \, x = 30 x \text{ calories}$$

L'équation des échanges de chaleur est donc :

$$30 x = 9180 + 5870.$$

On en tire $\qquad\qquad x = \dfrac{15050}{30} = 501^{kg},666.$

Telle est la quantité demandée.

540. — *Quelle quantité de chaleur doit-on fournir à 1ᵏᵍ d'eau prise à 0° sous la pression atmosphérique, pour la transformer en vapeur saturante à t = 200°, et la surchauffer à t' = 300° sous pression constante? La chaleur spécifique de la vapeur d'eau sous pression constante est $c = 0,48$.*

La chaleur totale de vaporisation à $t°$ est :

$$606,5 + 0,305 t.$$

La quantité demandée est donc :

$$x = 606,5 + 0,305 t + 0,48 (t' - t).$$

Numériquement : $\qquad x = 606,5 + 61 + 48 = 715,5.$

§ II. — Pressions saturantes. Gaz saturés de vapeurs.

541. — *Une masse d'air sec occupe un volume V à t° sous la pression Hᶜᵐ. Quel volume prendra-t-elle sous une pression H' si elle est saturée d'humidité à t° (pression saturante F°)?*

Appliquons la formule des gaz à l'air sec.

On a :
$$\frac{VH}{1 + \alpha t} = \frac{V'(H' - F')}{1 + \alpha t'} \; ;$$

d'où
$$V' = V \frac{H}{H' - F'} \cdot \frac{1 + \alpha t'}{1 + \alpha t} \cdot$$

542. — *Un récipient en verre a 1^l de capacité à 0° et contient, à cette température, de l'air sec sous la pression de 76^{cm} de mercure. On porte ce récipient à la température de 100°, et dans ces conditions on y introduit, sans laisser échapper l'air, la quantité d'eau juste suffisante pour le saturer de vapeur. On demande quelle sera la pression finale.*

Coefficient de dilatation cubique du verre : 0,000026.

Coefficient de dilatation des gaz : 0,00367.

La pression finale sera la somme des pressions individuelles de la vapeur et de l'air sec.

La tension maxima de la vapeur d'eau à 100° est 76^{cm}.

La pression de l'air sec, H, est donnée par la loi de Mariotte :

$$76 = \frac{(1 + 100K)\,H}{1 + 100\alpha} \; ,$$

K et α désignant les coefficients de dilatation de l'enveloppe et de l'air.

On trouve :
$$H = \frac{76 \times 1{,}367}{1{,}0026} = 103{,}62.$$

La pression du mélange est donc :
$$H + 76 = 179^{cm}{,}6.$$

543. — *Un ballon de $V = 12^l$ contient $v = 2^l$ d'eau que l'on porte à l'ébullition sous la pression atmosphérique $H = 76^{cm}$. On le laisse un peu refroidir, et on le ferme à la température $t = 95^o$, alors que la pression saturante de la vapeur d'eau s'est abaissée à $F = 63^{cm}{,}38$. Quel est le volume normal de l'air contenu dans ce ballon ?*

Soit x ce volume.

La pression du mélange contenu dans le ballon est la somme des pressions individuelles de la vapeur et de l'air.

Les conditions de l'air sont donc :
$$V - v. \qquad H - F. \qquad t^o.$$

En lui appliquant la formule des gaz parfaits, on obtient l'équation :

$$x \times 76 = \frac{(V - v)(H - F)}{1 + \alpha t} \cdot$$

Numériquement :
$$x = \frac{10 \times 12{,}62}{76\left(1 + \dfrac{95}{273}\right)} = \frac{126{,}2 \times 273}{76 \times 368} \, ,$$

$$x = 1^l{,}234.$$

544. — *Un ballon de volume* $V = 10^l$, *ouvert à la pression atmosphérique* $H = 76^{cm}$, *contient de l'air saturé de vapeur d'eau à la température* $t = 90°$ (*pression saturante :* $h = 52^{cm},54$); *on le ferme et on le laisse refroidir à* $t' = 20°$ (*pression saturante :* $h' = 1^{cm},74$). *Quel est à ce moment la pression intérieure?*

Soit x cette pression.

L'air passe des conditions individuelles :

$$V, \qquad H - h, \qquad t,$$

aux conditions finales :

$$V, \qquad x - h', \qquad t'.$$

En lui appliquant la formule des gaz parfaits, on obtient l'équation :

$$\frac{x - h'}{1 + \alpha t'} = \frac{H - h}{1 + \alpha t} ;$$

d'où

$$x = h' + (H - h)\left\{1 + \alpha\,(t' - t)\right\}.$$

Numériquement :

$$x = 1,74 + 23,46\left(1 - \frac{70}{273}\right),$$

$$x = 1,74 + 17,44,$$

$$x = 19^{cm},18.$$

545. — *Dans un ballon de verre de* $V = 12^l$, *on enferme de l'air humide pris à la pression atmosphérique* $H = 76$ *et à la température* $t = 20°$. *On refroidit cet air à* $t' = 10°$ *et l'on réduit son volume à* $V' = 2^l$. *Il est alors saturé de vapeur d'eau, et l'on constate que sa pression est de* $H' = 132^{cm}$, *la pression saturante de la vapeur d'eau à* $t' = 10°$ *étant* $h = 0^{cm},9$. *Quelle était primitivement la pression de la vapeur d'eau dans le ballon?*

Soit x cette pression.

Appliquons la formule des gaz parfaits à l'air seul qui passe des conditions initiales :

$$V, \qquad H - x, \qquad t,$$

aux conditions finales : $\quad V', \qquad H' - h, \qquad t'.$

On obtient l'équation : $\dfrac{V\,(H - x)}{1 + \alpha t} = \dfrac{V'\,(H' - h)}{1 + \alpha t'} ;$

d'où

$$x = H - \frac{V'\,(H' - h)}{V}\left\{1 + \alpha\,(t - t')\right\}.$$

Numériquement :

$$x = 76 - 74,48,$$

$$x = 1^{cm},52.$$

546. — *Un petit tube en fer, dont la section intérieure est de* $s = 4^{cq}$, *est à moitié rempli d'éther à* $0°$ *sous la pression atmosphérique* $H = 76^{cm}$. *On le ferme solidement avec un bouchon de liège, et on le plonge verticalement dans l'eau bouillante. A quelle poussée le bouchon devrait-il pouvoir résister pour n'être pas projeté au dehors?*

Densité du mercure : $D = 13,6$. *Coefficient de dilatation des gaz :* $\alpha = 1 : 273$; *pression saturante de la vapeur d'éther à* $t = 100°$: $F = 495^{cm}$.

Soit X la pression intérieure en hauteur de mercure.
La poussée totale, en grammes, sera :

$$P = sXD.$$

La pression X comprend la pression F de l'éther et la pression x de l'air :

$$X = F + x.$$

Cette dernière est donnée par la formule des gaz parfaits :

$$x.76 = \frac{76x}{1 + \alpha t};$$

d'où

$$x = 76(1 + \alpha t) = \frac{76 \times 373}{273} = 103^{cm},8;$$

donc

$$X = 495 + 103,8 = 598^{cm},8,$$

et enfin

$$P = 4 \times 598,8 \times 13,6 = 32570^{gr},$$

ou

$$P = 32^{kg},570.$$

547. — *Une longue éprouvette cylindrique, dressée verticalement sur la cuve à eau, contient de l'air saturé de vapeur d'eau qui occupe une longueur de* 20^{cm}; *le niveau de l'eau dans l'éprouvette est à* 1^m *au-dessus de la cuve. On enfonce l'éprouvette dans la cuve, jusqu'à ce que le niveau de l'eau soit le même à l'intérieur et à l'extérieur. Quelle sera alors la longueur* x *occupée par l'air? On admettra que la densité de l'eau est égale à* 1, *celle du mercure à* 13,6.

Force élastique maxima de la vapeur d'eau : 30^{mm}.

Pression atmosphérique : 76^{cm}.

Prenons pour unité le centimètre. Soit s la section droite intérieure de l'éprouvette. La pression de 100^{cm} d'eau équivaut à celle de $\frac{1000}{136}$ de mercure.

Les conditions individuelles de l'air confiné sont d'abord

$$20s \quad \text{et} \quad 76 - 3 - \frac{1000}{136}$$

puis

$$xs \quad \text{et} \quad 76 - 3.$$

L'équation de Mariotte :

$$73x = 20\left(73 - \frac{1000}{136}\right),$$

donne

$$x = 20 - \frac{20000}{73 \times 136} = 17^{cm},986.$$

548. — *Dans une éprouvette graduée retournée sur la cuve à eau, on introduit un volume V d'un gaz sec mesuré à* $t°$ *sous la* pression H. *La tension maximum de la vapeur d'eau étant f à la température θ de la cuve, on demande quel sera le volume occupé à la pression atmosphérique 76^{cm} par ce gaz saturé d'humidité.*

Appliquons la loi de Mariotte au gaz sec.
Les conditions successives sont :

$$V, \qquad H, \qquad t,$$
$$x, \qquad H-f, \qquad θ.$$

On a donc :
$$\frac{VH}{1+\alpha t} = \frac{x(H-f)}{1+\alpha θ} \,;$$

d'où
$$x = V \frac{H}{H-f} \cdot \frac{1+\alpha θ}{1+\alpha t} \,.$$

549. — *Une chaudière de volume invariable contient de l'air en présence d'un excès d'eau. A la température t, la pression est H, la force élastique de la vapeur d'eau à t° étant f. Quelle sera la pression à t'° alors que la force élastique maxima de la vapeur d'eau est f'?*

Soient H' cette pression et V le volume occupé par la masse gazeuse.
Appliquons la formule des gaz à l'air seul.
A t° sa pression est H—f; à t'° elle devient H'—f'.

Donc
$$\frac{V(H-f)}{1+\alpha t} = \frac{V(H'-f')}{1+\alpha t'} \,;$$

d'où
$$H' = (H-f)\frac{1+\alpha t'}{1+\alpha t} + f'.$$

550. — *Un tube cylindrique horizontal fermé à l'une de ses extrémités contient de l'air avec de l'humidité en excès. Cet air est isolé de l'atmosphère par un index de mercure. A la température t = 10°, il occupe une longueur l = 47^{cm}. Quelle longueur x occupera-t-il à la température t' = 40°?*

Force élastique maxima de la vapeur d'eau à t° : h = $0^{cm},90$; à t'° : h' = $5^{cm},50$.

Pression atmosphérique : H = 76^{cm}; coefficient de dilatation des gaz : $\alpha = \dfrac{1}{273}$.

Appliquons à l'air sec la formule des gaz parfaits.
Les conditions successives de cette masse d'air son

$$sl, \qquad H-h, \qquad t,$$
$$sx, \qquad H-h', \qquad t'.$$

On a donc :
$$\frac{sl(H-h)}{1+\alpha t} = \frac{sx(H-h')}{1+\alpha t'} \,;$$

d'où
$$x = l\frac{H-h}{H-h'} \cdot \frac{1+\alpha t'}{1+\alpha t} \,.$$

Numériquement : $\qquad x = 55^{cm},37.$

551. — *On comprime une masse d'air humide à moitié saturée d'humidité, à une température constante, où la pression saturante est $F = 4^{cm}$. La pression initiale étant 76^{cm}, on demande quelle sera la pression :*

1° Quand la masse d'air sera saturée;

2° Quand elle aura abandonné la moitié de la vapeur d'eau qu'elle contenait à l'origine.

1° Pour que la vapeur devienne saturante, il faut que sa pression soit doublée, c'est-à-dire que son volume soit réduit de moitié.

La pression de l'air qui était : $H - \dfrac{F}{2}$,

est aussi doublée et devient : $\quad 2H - F$.

La pression totale est alors : $2H - F + F = 2H$.

2° La vapeur restant maintenant saturante et égale à F, pour en faire liquéfier la moitié, il faut réduire son volume de moitié.

La pression de l'air sec, doublée une seconde fois, devient :
$$4H - 2F,$$

et la pression totale est : $\quad 4H - 2F + F = 4H - F$.

552. — *En comprimant du gaz carbonique mélangé d'air, on constate que la liquéfaction ne commence que pour une pression F, tandis qu'à la température de l'expérience, l'anhydride carbonique pur se liquéfie sous la pression f ($f < F$). Quelle est la composition volumétrique du mélange comprimé?*

Les volumes des deux gaz sont proportionnels à leurs pressions individuelles, qui varient dans un même rapport jusqu'au moment où commence la condensation.

A cet instant, si la pression de l'air est KF, celle du gaz carbonique est $(F - KF)$.

On a donc : $\qquad F(1 - K) = f$:

d'où $\qquad\qquad K = \dfrac{F - f}{F}$.

Telle est la proportion de l'air contenu dans le mélange.

553. — *De l'air emprisonné dans un tube de Mariotte, à la pression atmosphérique 76^{cm}, est saturé d'une vapeur à la pression de 20^{cm}. On réduit son volume de moitié, en ajoutant du mercure dans la branche ouverte. Que devient la distance des deux niveaux du mercure?*

Appliquons la loi de Mariotte à l'air sec.

Les conditions initiales sont :
$$V, \qquad 76 - 20;$$

et les conditions finales : $\qquad \dfrac{V}{2}, \quad 76 + x - 20.$

On a donc :
$$56 = \frac{56 + x}{2} ;$$

d'où
$$x = 56^{cm}.$$

554. — *Un tube de Torricelli retourné sur une cuvette profonde contient de l'air saturé d'une vapeur à la pression h. La pression atmosphérique est H, et le mercure est soulevé d'une hauteur l. On abaisse le tube de manière que le volume de l'air se réduise de moitié. Que devient la hauteur du mercure soulevé?*

Appliquons la loi de Mariotte à l'air sec dont les conditions initiales et finales sont :
$$V, \qquad H - l - h,$$
$$\frac{V}{2}, \qquad H - x - h.$$

On a donc :
$$H - l - h = \frac{H - x - h}{2} ;$$

d'où
$$x = 2l + h - H.$$

555. — *Un tube barométrique de section constante contient de l'air qui occupe une longueur l quand la pression atmosphérique est H. La hauteur de la colonne mercurielle est alors h. Calculer la dépression que subira cette colonne si l'on introduit dans la chambre barométrique un liquide en quantité suffisante pour que sa vapeur y prenne la tension maximum F.*

Appliquons la formule des gaz parfaits à l'air seul dont les conditions
$$sl, \qquad\qquad H - h,$$

deviennent
$$s(l + x), \qquad\qquad H - h + x - F.$$

On a :
$$(l + x)(H - h - F + x) = l(H - h);$$

d'où
$$x^2 + (H - h - F + l)x - Fl = 0.$$

Les racines de cette équation sont réelles et de signes contraires. La positive seule répond à la question.

556. — *La petite branche du tube de Mariotte, supposée cylindrique, contient une colonne d'air de longueur l saturée d'une vapeur dont la force élastique maxima est h. Le mercure est au même niveau dans les deux branches. Quelle est la longueur de la colonne de mercure qu'il faut verser dans la grande branche, pour réduire la colonne d'air à une longueur l'?*

Application : $l = 30^{cm}$, $h = 20^{cm}$, $l' = 15^{cm}$.

Pression atmosphérique : $H = 76^{cm}$.

Soient x la longueur demandée et s la section intérieure de la petite branche. La pression de la masse gazeuse augmente de :
$$x - 2(l - l').$$

Appliquons la loi de Mariotte à l'air sec. Cet air qui occupait un volume sl sous la pression $H-h$, a pris un volume sl' sous la pression $\{H-h+x-2(l-l')\}$. On a donc, en divisant tout par s :

$$l(H-h)=l'\{H-h+x-2(l-l')\};$$

d'où

$$x=\frac{(l-l')(H-h+2l')}{l'},$$

Numériquement :

$$x=\frac{(30-15)(76-20+30)}{15}=86^{m}.$$

557. — *Une éprouvette remplie de mercure repose sur la cuve à mercure à la température de 0°; on y introduit 1cc d'un certain gaz recueilli sur la cuve à eau à la température de 15° et à la pression de 75cm de mercure. L'éprouvette est cylindrique, à base plane de 1cm de diamètre intérieur; la pression est normale; la tension maximum de la vapeur d'eau à 0° et à 15° est 4mm,6 et*

12mm,7 de mercure; le coefficient de dilatation du gaz est $\dfrac{1}{273}$.

On demande le volume occupé par le gaz dans l'éprouvette : 1° si la hauteur intérieure h de l'éprouvette au-dessus du niveau dans la cuvette est 1cm; 2° si elle est 76cm.

On négligera la variation de niveau du mercure dans la cuvette.

La section droite du tube est :

$$s=\frac{\pi}{4}=0,7854.$$

Si la masse gazeuse introduite dans le tube y occupe une longueur x, son volume sera sx.

Appliquons la formule des gaz parfaits à l'air sec.

Cet air occupe d'abord un volume de 1cc à 15° sous la pression individuelle :

$$75-1,27=73^{cm},73,$$

Il occupe ensuite un volume sx à 0°.

1° Dans l'hypothèse $h=1$, sa pression propre est :

$$76-(1-x+0,46) \quad \text{ou} \quad 74,54+x.$$

L'équation du problème est donc :

$$sx(74,54+x)=\frac{1\times 73,73}{1+\dfrac{15}{273}},$$

ou

$$x^2+74,54x-\frac{73,73\times 273}{288\times 0,7854}=0,$$

et enfin

$$x^2+74,54x-88,986=0.$$

La racine positive :

$$x=1^{cm},175,$$

fait connaître le volume demandé :

$$V=sx=0^{cc},922.$$

2° Dans l'hypothèse $h = 76$, la pression individuelle de l'air sec devient :

$$x - 0,16.$$

On a donc l'équation : $s.r(x - 0,16) = \dfrac{73,73 \times 273}{288 \times 0,7854}$,

ou

$$x^2 - 0,16x - 88,986 = 0.$$

Sa racine positive :

$$x = 9^m,666,$$

donne le volume cherché :

$$V = s x = 7^c.591.$$

558. — *Un ballon A placé dans une enceinte dont on peut faire varier la température est rempli d'air et contient, en outre, une petite couche d'eau.*

Il communique latéralement avec un manomètre à mercure à air libre. A zéro les niveaux du mercure M et N dans les branches du manomètre sont dans un même plan horizontal. On porte alors le ballon à la température de 20° et on l'y maintient assez longtemps pour que le manomètre devienne stationnaire. On verse alors du mercure dans la branche ouverte et on ramène le niveau en M dans la branche fermée. La distance verticale des niveaux P et M dans le manomètre est $66^{mm},05$. On demande quelle est la pression atmosphérique au lieu de l'observation. On négligera la dilatation du ballon.

Force élastique de la vapeur d'eau à 0° : $4^{mm},5$, et à 20° : $17^{mm},4$;

coefficient de dilatation de l'air : $\dfrac{1}{273}$.

Soient H la pression atmosphérique demandée, F et F' les tensions de la vapeur d'eau à 0° et à 20°, $H + h$ la pression finale dans le ballon.

Au début de l'expérience, la pression individuelle de l'air sec est, d'après la loi du mélange des gaz et des vapeurs :

$$H - F.$$

A la fin elle est devenue : $\qquad H + h - F'.$

Le volume de la masse gazeuse étant demeuré constant, les pressions sont proportionnelles aux binômes de dilatation correspondant à 0° et à 20°; ce qui

donne :

$$\frac{H - F}{H + h - F'} = \frac{1}{1 + 20x} ;$$

d'où l'on tire :

$$\frac{H - 4^{mm},5}{H + 66^{mm},05 - 17,4} = \frac{1}{1 + \dfrac{20}{273}} ;$$

d'où

$$H = 730^{mm}.$$

559. — *Dans une cuve renfermant un liquide de densité 1,50, on plonge de $0^m,80$ un tube de 1^m de longueur effilé à son extrémité inférieure; on ferme alors l'extrémité supérieure du tube et*

*on le retire; la pression atmosphérique est de 75ᶜᵐ et la tempéra-
ture 20°.*

*On demande à quelle hauteur le liquide se maintiendra dans
le tube:*

1° En supposant le liquide sans tension de vapeur.

*2° En supposant au liquide une force élastique maximum
de 3ᶜᵐ.*

Lorsque le tube est plongé dans le liquide, l'air qu'il contient a pour volume $20 \times s$ (s étant la section du tube) à la pression de 75ᶜᵐ.

Après que l'écoulement a cessé, il reste dans le tube une colonne x de liquide, et la masse d'air occupe alors le volume:

$$(100 - x) s,$$

sous la pression:
$$75 - \frac{x \times 1,5}{13,6}.$$

La loi de Mariotte donne:

$$20 \times s \times 75 = (100 - x) s \left(75 - \frac{x \times 1,5}{13,6} \right);$$

d'où
$$0,11 x^2 - 85 x + 6000 = 0.$$

Les deux racines de cette équation sont positives, mais la plus petite est seule acceptable; c'est:
$$x = 77^{\text{cm}},1.$$

Dans le cas d'un liquide ayant une tension de vapeur de 3ᶜᵐ, et si l'on admet que la saturation de l'air se produise dès le début de l'expérience, on obtient l'équation suivante:

$$20 \times (75 - 3) = (100 - x) \left(75 - 3 - \frac{x \times 1,5}{13,6} \right);$$

d'où
$$x = 77^{\text{cm}},2.$$

560. — *Un tube barométrique de hauteur h, de section s, repose
sur une cuve à mercure de section S.*

*Il contient de l'air saturé de vapeur d'eau à la température t°
et sous la pression H'.*

*On introduit dans ce tube un fragment de substance dessé-
chante dont on néglige le volume.*

*On demande à quelle hauteur se trouvera le niveau du mer-
cure à l'intérieur du tube.*

Application : $h = 80^c$, $s = 2^{cq}$, $S = 20^{cq}$,
$$t = 15°, \quad H' = 70^{cm}.$$

*La pression barométrique égale 750ᵐᵐ, et la force élastique
maxima de la vapeur d'eau à 15° est 12ᵐᵐ,7.*

Le volume occupé par l'air saturé a pour expression:
$$[h - (H - H')] s,$$

à la pression H' et à la température t (H représentant la pression barométrique)

Soit x la distance des niveaux après l'absorption de la vapeur d'eau par la substance desséchante.

Cette absorption a diminué la pression et le volume intérieurs; une certaine quantité de mercure, qui a pour volume :

$$[x - (H - H')]\,s,$$

a pénétré dans le tube.

Le niveau extérieur s'est abaissé de :

$$[x - (H - H')]\cdot\frac{s}{S - s},$$

et la partie qui se trouve au-dessus de la cuve est devenue :

$$h + [x - (H - H')]\,\frac{s}{S - s}.$$

Le volume occupé par l'air sec est alors :

$$\left[h + [x - (H - H')]\,\frac{s}{S - s} - x\right]s,$$

sous la pression de $H - x$ et à la température t.

En appliquant la loi de Mariotte et en remarquant que la pression individuelle de l'air dans la première partie de l'expérience était $H' - F$, on obtient l'équation suivante :

$$s\,[h - (H - H')]\,(H' - F) =$$

$$s\left[h + [x - (H - H')]\,\frac{s}{S - s} - x\right](H - x).$$

En remplaçant les lettres par leurs valeurs, on trouve pour x deux valeurs positives dont une seule peut convenir; c'est :

$$x = 7^{cm},28.$$

§ III. — Mélanges de gaz saturés de vapeurs.

561. — *On mélange 75^{mc} de gaz saturé d'humidité à $25°$ et à 76^{cm} avec 62^{mc} de gaz saturé d'humidité à $30°$ et à 70^{cm}. Quel sera le volume du mélange mesuré à $50°$ sur l'eau et à la pression de 750^{mm}?*

Tension maxima de la vapeur d'eau :

$$à\ 25°,\ 23^{mm};\qquad à\ 30°,\ 31^{mm};\qquad à\ 50°,\ 92^{mm}.$$

Soit V le volume demandé.

Si l'on appelle : $H - F,\qquad h - f,\qquad h' - f',$

les pressions propres du mélange et de chacun des gaz dont les volumes sont V, v et v', la loi du mélange des gaz donne :

$$\frac{V\,(H - F)}{1 + \alpha T} = \frac{v\,(h - f)}{1 + \alpha t} + \frac{v'\,(h' - f')}{1 + \alpha t'},$$

ou $$V\frac{(750 - 92)}{1 + 50\alpha} = \frac{75\,(760 - 23)}{1 + 25\alpha} + \frac{62\,(760 - 31)}{1 + 30\alpha};$$

d'où $$V = 156^{m3},6.$$

562. — *De l'air saturé de vapeur d'eau à la température de 10°, pour laquelle la tension maximum de la vapeur d'eau est de $9^{mm},1$, est refoulé par une pompe de compression de 1^l de capacité dans une enceinte primitivement privée d'air de 2^l de capacité. Sachant que la température finale dans cette enceinte est de 15°, pour laquelle la tension maximum de la vapeur d'eau est de $12^{mm},7$, on demande quelle sera la pression finale dans cette enceinte au bout de 10 coups de pistons.*

Pression atmosphérique : 76^{cm} de mercure.

Coefficient de dilatation de l'air : $\alpha = 0,00365$.

L'air qu'on introduit dans l'enceinte occupait un volume de 10^l sous la pression propre de :

$$76 - 0,91 = 75,09,$$

et à la température de 10°.

Cette masse gazeuse acquiert dans l'enceinte maintenue à 15° une pression donnée par la formule des gaz parfaits :

$$\frac{2x}{1 + 15\alpha} = \frac{10 \times 75,09}{1 + 10\alpha} ;$$

d'où

$$x = 382^{cm},06.$$

A cette pression il faut ajouter celle de la vapeur d'eau qui est de $12^{mm},7$. La pression totale est alors de :

$$382,06 + 1,27 = 383^{cm},33.$$

563. — *Sous la cloche d'une machine pneumatique on place une assiette pleine d'eau. Quand l'air est saturé, on donne successivement deux coups de piston assez lentement pour que l'espace reste constamment saturé. On demande de calculer la pression finale.*

Volume du corps de pompe : $V = 2^l$.

Volume de la cloche : $R = 10^l$.

Tension maxima de la vapeur d'eau : $F = 25^{mm}$.

Pression initiale : $H = 76^{cm}$.

La pression de l'air supposé sec contenu dans la cloche est, d'après la loi du mélange des gaz et des vapeurs :

$$76 - 2,5 = 73^{cm},5.$$

C'est cette pression seule qui obéira à la loi de décroissance des forces élastiques dans la machine pneumatique, la vapeur d'eau étant toujours saturante.

Cette loi donne :

$$H_2 = H_0 \left(\frac{V}{V + v} \right)^2.$$

Et ici :

$$H_2 = 73,5 \times \left(\frac{5}{6} \right)^2 = 51^{cm},04.$$

La pression finale s'obtient en ajoutant à la pression de l'air celle de la vapeur d'eau.

On a donc comme pression demandée :

$$51,04 + 2,5 = 53^{cm},54.$$

§ IV. — Masses et densités des vapeurs.

504. — *Quel est à 20° le poids de 50ᶜᶜ d'azote saturés d'humidité sous la pression de 76ᶜᵐ,7 ?*

Tension maxima de la vapeur d'eau à 20° : 17ᵐᵐ.

Densité de l'azote : 0,97 ; de la vapeur d'eau : 0,622.

Le poids de l'azote est :

$$\frac{0,05 \times 1.293 \times 0,97 \, (76,7 - 1,7)}{76 \left(1 + \frac{20}{273}\right)}.$$

et le poids de l'humidité :

$$\frac{0,05 \times 1,293 \times 0,622 \times 1,7}{76 \left(1 + \frac{20}{273}\right)}.$$

Le poids total est donc :

$$\frac{0,05 \times 1,293 \times 273}{76 \times 293} \, (0,97 \times 75 + 0,622 \times 1,7)$$

c'est-à-dire : $0^{gr},0584$ ou $58^{mgr},4.$

505. — *Quelle différence de poids présente un mètre cube d'air à la pression normale, suivant qu'il est sec à 0° ou saturé de vapeur d'eau à t = 35° ?*

$$a = 1,293 ; \quad \alpha = 0,00367.$$

Densité de la vapeur d'eau : d = 0,625.

Tension maxima de la vapeur à 35° : f = 4ᶜᵐ,18.

Le mètre cube d'air pèse, aux conditions normales :

$$p = 1293^{gr},$$

saturé à t° : $$p' = \frac{1293 \, (76 - f)}{76 \, (1 + \alpha t)} + \frac{1293 f d}{76 \, (1 + \alpha t)}.$$

Donc : $$p - p' = \frac{1293}{76 \, (1 + \alpha t)} \left\{ 76 \alpha t + f (1 - d) \right\}.$$

Numériquement : $$p - p' = \frac{1293 \times 11,3297}{76 \times 1,12845},$$
$$= 170^{gr},8.$$

566. — *L'atmosphère étant saturée d'humidité à la température* t = 20° *(pression saturante* F = 25ᵐᵐ*),*

1° Quel est le poids d'eau contenu dans 1ᵐᶜ *d'air?*

2° Quel est le volume d'air qui renferme 1ᵏ *d'eau?*

1° La formule du poids d'un gaz donne :

$$p = \frac{VFad}{76(1+\alpha t)} \cdot$$

2° De la même formule on tire :

$$V = \frac{76p(1+\alpha t)}{Fad} \cdot$$

Numériquement, on a : $ad = 0{,}80$:

1° $p = 24^{gr},11$;

2° $V = 11^{mc},150.$

567. — *On refroidit à* 0°, *sous une pression constante de* H = 75ᶜᵐ, *un volume* V = 15ˡ *d'air saturé de vapeur à* t = 50° *(tension :* F = 9ᶜᵐ2,). *La tension saturante de la vapeur d'eau à* 0° *étant* F' = 0ᶜᵐ,4, *et sa densité,* d = 0,625, *on demande :*

1° Le nouveau volume de l'air;

2° Le poids de la vapeur condensée.

1° Le nouveau volume V' est donné par l'équation des gaz parfaits :

$$\frac{V(H-F)}{1+\alpha t} = V'(H-F');$$

d'où l'on tire :

$$V' = \frac{V(H-F)}{(H-F')(1+\alpha t)} \cdot$$

2° Le poids de la vapeur condensée, p, est la différence des poids de vapeur contenus dans la masse gazeuse au commencement et à la fin de l'expérience :

$$p = \frac{VFad}{76(1+\alpha t)} - \frac{V'F'ad}{76},$$

$$= \frac{ad}{76}\left(\frac{VF}{1+\alpha t} - V'F'\right).$$

Numériquement : $V' = 11^{l},18,$

   $p = 1^{gr},193.$

568. — *A quelle pression faut-il soumettre une masse d'air saturée d'humidité à* 100°, *pour que la densité absolue de l'air sec y soit égale à celle de la vapeur d'eau?*

Densité relative de la vapeur d'eau : $\dfrac{5}{8}$.

Soit H cette pression.

La pression individuelle de l'air est (H — 76).

En égalant entre eux les poids d'air et de vapeur contenus dans un volume V,

on a :
$$\frac{V(H - 76)a}{1 + al} = \frac{V.76ad}{1 + al} ;$$

d'où
$$H - 76 = 76d ;$$

d'où
$$H = 76(1 + d) = 76 \times \frac{13}{8} = 123^{cm},5.$$

569. — *Calculer la pression d'une masse d'air saturée d'humidité à t° (pression saturante : F), sachant que la vapeur d'eau constitue le $\frac{1}{n^e}$ de sa masse totale.*

Densité de la vapeur d'eau : $d = \frac{5}{8}$.

Application : $t = 100°$, $F = 76^{cm}$, $n = 9$.

Soient H cette pression et V le volume de la masse considérée.

Le poids de la vapeur est : $p = \dfrac{VFad}{76(1 + al)}$;

celui de l'air seul : $p' = \dfrac{V(H - F)a}{76(1 + al)}$.

En divisant ces formules membre à membre, on obtient l'équation :
$$\frac{Fd}{H - F} = \frac{1}{n - 1} ;$$

d'où
$$H = F\{(n - 1)d + 1\} .$$

Numériquement :
$$H = 76 \times 6 = 456^{cm}.$$

570. — *Dans une cloche en verre graduée à 0°, pleine de mercure et reposant sur la cuve à mercure, on introduit 0^{gr},75 d'éther liquide. La température de la cloche étant portée à 80°, tout le liquide se vaporise et le volume occupé par la vapeur est de 366^{cc},48 ; le mercure s'élève dans la cloche à une hauteur de 152^{mm},10. La pression extérieure ramenée à 0° est 750^{mm}. Quelle est, à cette température, la densité de la vapeur d'éther, par rapport à l'air ? On prendra 0,0000276 pour le coefficient de dilatation cubique du verre, 0,00013 pour celui du mercure et 0,00367 pour celui des gaz.*

La formule du poids d'un gaz :
$$p = \frac{VHad}{76(1 + al)} , $$

donne immédiatement :
$$d = \frac{76p(1 + al)}{VHa} .$$

Or on a :
$$p = 0,75,$$
$$1 + \alpha t = 1,2036,$$
$$V = 366,18 \times 1,02208,$$
$$H = 75 - \frac{15,216}{1,0101} = \frac{65640}{10101},$$
$$a = 0,001\,239.$$

En substituant ces valeurs dans la formule précédente, on obtient :
$$d = \frac{76 \times 75 \times 10101 \times 10^4}{36618 \times 102208 \times 65564},$$

c'est-à-dire :
$$d = 2,589.$$

Telle est la densité demandée.

571. — *Déterminer la masse de* $V = 100^l$ *de vapeur d'eau, sachant qu'elle est numériquement égale à sa pression et à sa température. On donne* $a = 1,293$ *et* $d = 0,623$.

Si, dans la formule de la masse d'un gaz, on pose :
$$p^{gr} = H^{cm} = t^o = x,$$

on obtient l'équation :
$$x = \frac{V \cdot a \cdot d}{76(1 + \alpha x)} ;$$

d'où l'on tire :
$$x = \frac{V a d - 76}{76 \alpha}.$$

Numériquement :
$$x = 179^r,28.$$

572. — *Un ballon de* $V = 12^l$ *maintenu à la température* $T = 50^o$ *contient du gaz carbonique sec à la pression* $H = 74^{cm}$. *On y introduit* $v = 10^l$ *d'air saturé d'humidité à* $t = 15^o$ *sous la pression* $h = 76^{cm}$. *Calculer la pression et la densité du mélange obtenu.*

Densité du gaz carbonique : $d = 1,529.$

Pression saturante de la vapeur d'eau à 15° *:* $f = 1^{cm},27.$

1° Soit X la pression. N'étant pas saturée, la masse gazeuse totale suit la loi de Dalton.

On a :
$$\frac{VX}{1 + \alpha T} = \frac{VH}{1 + \alpha T} + \frac{vh}{1 + \alpha t} ;$$

d'où
$$X = H + \frac{vh(1 + \alpha T)}{V(1 + \alpha t)}.$$

2° Soit y la densité absolue, ou le poids du litre de mélange. En écrivant que le poids total est égal à la somme de ses parties, on obtient l'équation :
$$Vy = \frac{VHad}{76(1 + \alpha T)} + \frac{v(h - f)a}{76(1 + \alpha t)} + \frac{vfad'}{76(1 + \alpha t)}.$$

Numériquement :
$$X = 145^{cm},03,$$
$$y = 2,64.$$

573. — *Quel poids d'eau faut-il introduire dans un vase de* 100^l *de capacité, vide d'air, pour que cette eau se réduise complètement en vapeur saturée à la température de* $100°$?

Que deviendra la pression dans l'intérieur du vase si l'on élève la température à $200°$?

Densité de la vapeur d'eau par rapport à l'air : $d = 0,622$.

Poids du litre d'air : $a = 1^{gr},293$.

Coefficient de dilatation des gaz et des vapeurs : $\alpha = \dfrac{1}{273}$.

La force élastique maxima de la vapeur d'eau à $100°$ étant 76^{cm}, si l'on pose :

$$V = 100^l, \qquad H = 76^{cm}, \qquad t = 100°,$$

la formule du poids d'un gaz :

$$p = Vad \, \frac{H}{76} \cdot \frac{1}{1 + \alpha t},$$

donne le poids demandé :

$$x = 129,3 \times 0,622 \times \frac{273}{373} = 58^{gr},86.$$

Si l'on élève la température, la vapeur cesse d'être saturante et obéit à la formule de Gay-Lussac :

$$\frac{VH}{1 + \alpha t} = \frac{VH_1}{1 + \alpha t_1} \, ;$$

d'où l'on tire :

$$H_1 = H \, \frac{1 + \alpha t_1}{1 + \alpha t} = 76 \, \frac{473}{373} = 96^{cm},37.$$

574. — *Un baromètre à cuvette a un large tube cylindrique de* 2^{cm} *de diamètre et dont la hauteur totale au-dessus du niveau dans la cuvette est de* 90^{cm}. *La pression atmosphérique étant* $H = 75^{cm}$ *et la température* $T = 30°$, *quel poids d'eau faut-il introduire dans le tube avec une pipette pour que la chambre barométrique soit exactement saturée de vapeur d'eau sans qu'il y ait excès d'eau liquide sur le mercure? Où se fixera le niveau du mercure dans le tube? (On suppose la cuvette assez large pour que son niveau ne varie pas par une variation du niveau dans le tube.) Tension maxima de la vapeur d'eau à* $30°$: $f = 31^{mm},5$. *Masse du litre d'air :* $1^{gr},293$ *à* $0°$ *et* 760^{mm}. *Coefficient de dilatation des gaz :* $\alpha = 0,003\,66$.

Densité de la vapeur d'eau par rapport à l'air : $0,622$.

La chambre barométrique s'allonge de $3^{cm},15$.
Sa longueur devient :

$$90 - 75 + 3,15 \quad \text{ou} \quad 18^{cm},15,$$

et son volume :

$$V = 3,1416 \times 18,15.$$

La masse de la vapeur d'eau qui remplit ce volume sous la pression :

$$H = 3^{cm},15,$$

est donnée par la formule :

$$p = \frac{VHad}{76(1 + at)}.$$

Numériquement, on a :

$$p = \frac{3.1416 \times 18.15 \times 3,15 \times 0,001\,293 \times 0,622}{76 \times 1,0098}.$$

En effectuant les calculs on trouve :

$$p = 0^{gr},0017.$$

Telle est la masse demandée.

575. — *Dans une éprouvette renversée sur la cuve à eau on introduit 100ᶜᶜ d'un gaz sec pris à la température de 10° et à la pression atmosphérique de 76ᶜᵐ de mercure. On demande : 1° le volume qu'il occupera dans l'éprouvette sous la pression atmosphérique qui est encore de 76ᶜᵐ, mais à la température de 20°; 2° le poids de l'eau qui se vaporise.*

Coefficient de dilatation des gaz : 0,0037.

Tension maxima de la vapeur d'eau à 20° : 18ᶜᵐ.

On négligera la dilatation de l'enveloppe.

La pression individuelle de l'air dans la seconde expérience est :

$$76 - 18 = 58^{cm}.$$

La formule de Gay-Lussac, appliquée à l'air seul, et celle du poids d'un gaz, appliquée à la vapeur, donnent les équations :

$$\frac{x \times 58}{1,074} = \frac{100 \times 76}{1,037},$$

et

$$y = \frac{xad \times 18}{76 \times 1,074}.$$

De la première on tire :

$$x = 100\,\frac{76}{58}\,\frac{1074}{1037} = 135^{cc},7.$$

La seconde devient $\left(\text{on connaît } a = 0,001\,293,\ \text{et } d = \frac{5}{8}\right)$:

$$y = 100\,\frac{76}{58}\,\frac{1,074}{1,037} \times 0,001\,293 \times \frac{5}{8}\,\frac{18}{76}\,\frac{1}{1,074};$$

d'où

$$y = \frac{0,1293 \times 5 \times 18}{8 \times 58 \times 1,037} = 0^{gr},021.$$

576. — *On a refroidi de T° à t°, V litres d'air saturé d'humidité, en maintenant constante la pression qui est de Hᶜᵐ de mercure. On demande le volume du mélange à t° et le poids de la vapeur d'eau condensée.*

1° Le volume x de la masse d'air humide considérée est donné par la formule de Gay-Lussac appliquée à l'air seul.

Si l'on désigne par F et f la force élastique maxima de la vapeur d'eau à T°
et à t°, les conditions de l'air sec passent de :

$$V, \qquad H - F, \qquad T,$$

à

$$x, \qquad H - f, \qquad t.$$

On a donc :

$$\frac{V(H - F)}{1 + \alpha T} = \frac{x(H - f)}{1 + \alpha t} \; ;$$

d'où

$$x = V \frac{(H - F)(1 + \alpha t)}{(H - f)(1 + \alpha T)} . \qquad (1)$$

2° Le poids x de la vapeur condensée est la différence entre les poids de va
peur qui saturent la masse au commencement et à la fin de l'expérience; c'est-
à-dire, en représentant le poids normal du centimètre cube d'air par a et la densité de la vapeur d'eau, relativement à l'air, par d :

$$y = \frac{VadF}{76(1 + \alpha T)} - \frac{xadf}{76(1 + \alpha t)} ,$$

ou, en tenant compte de (1) :

$$y = \frac{VadH(F - f)}{76(1 + \alpha T)(H - f)} .$$

577. — *V litres d'air saturés de vapeur d'eau sous la pression
de h^{cm} de mercure et à la température de t° sont refroidis à 0°
sous la même pression.*

On demande :

*1° Quel est le nouveau volume de l'air; 2° quel est le poids de la
vapeur d'eau condensée.*

*F et F′ sont les tensions maxima de la vapeur d'eau à t° et à 0°,
d la densité de la vapeur d'eau par rapport à l'air.*

Application :

$$V = 15, \qquad h = 75, \qquad t = 50,$$

$$F = 9^{cm},2, \qquad F' = 0^{cm},4, \qquad d = \frac{5}{8} .$$

1° Soit V′ le volume du mélange gazeux à 0°. La masse d'air sec n'ayant pas
changé, ses conditions initiales et finales :

$$V, \qquad h - F, \qquad t°,$$
$$V', \qquad h - F', \qquad 0°,$$

satisfont à l'équation des gaz parfaits :

$$\frac{V(h - F)}{1 + \alpha t} = V'(h - F'); \qquad (1)$$

d'où l'on tire :

$$V' = \frac{V(h - F)}{(1 + \alpha t)(h - F')} . \qquad (2)$$

2° Le poids de la vapeur condensée p est l'excès du poids de la vapeur d'eau qui sature le volume V à t^o, sur le poids de la vapeur d'eau qui sature le volume V' à 0°, c'est-à-dire d'après la formule du poids d'un gaz :

$$p = \frac{VFad}{76(1 + \alpha t)} - \frac{VF'ad}{76} \cdot$$

Si l'on tient compte de (1) et que l'on mette en évidence les facteurs communs, il vient, tout calcul fait :

$$p = \frac{V'adh\,(F - F')}{76\,(h - F)} \cdot \tag{3}$$

3° En appliquant les formules (2) et (3) aux données numériques du problème, on obtient : $\qquad V' = 11^l,182, \qquad$ et $\qquad p = 1^{gr},192.$

CHAPITRE VII

HYGROMÉTRIE

FORMULAIRE

État hygrométrique. — Soient f la pression actuelle de la vapeur d'eau dans l'air, et F la pression saturante à la même température, p la masse de la vapeur d'eau contenue dans un volume d'air, et P la masse qui saturerait le même volume à la même température.

L'ÉTAT HYGROMÉTRIQUE OU FRACTION DE SATURATION de l'atmosphère est la valeur commune des rapports :

$$e = \frac{f}{F} = \frac{p}{P}.$$

Masse M d'un volume V d'air humide. — Soient H la pression de cet air, t sa température, e son état hygrométrique, d la densité de la vapeur d'eau.

Ce mélange contient m^{gr} d'air et m'^{gr} de vapeur d'eau.

On a :

$$m = \frac{V(H - Fe)a}{76(1+\alpha t)},$$

$$m' = \frac{VFead}{76(1+\alpha t)};$$

d'où

$$M = m + m' = \frac{Va\{H - (1-d)Fe\}}{76(1+\alpha t)}.$$

§ I. — Vapeurs non saturées.

578. — *Quel est l'état hygrométrique d'une masse d'air sous la pression H, à une température où la pression saturante de la vapeur d'eau est F, sachant qu'elle serait saturée sous la pression H', à une température où la pression saturante est F'?*

Soit e l'état hygrométrique demandé.

La masse d'air humide demeurant invariable, les pressions individuelles de l'air et de la vapeur d'eau y sont dans un rapport constant.

On a donc :

$$\frac{eF}{H} = \frac{F'}{H'};$$

d'où

$$e = \frac{HF'}{FH'}.$$

579. — *Quel est l'état hygrométrique de l'air, sachant qu'il deviendrait égal à $\frac{2}{5}$ si la force élastique actuelle de la vapeur d'eau augmentait de 2^{mm}, et à $\frac{1}{3}$ si la pression saturante à la température de l'atmosphère diminuait de 1^{mm}?*

Soient f et F les deux termes de la fraction de saturation.

On a :
$$\frac{f+2}{F} = \frac{2}{5}, \quad \text{ou} \quad 2F - 5f = 10,$$

et
$$\frac{f}{F-1} = \frac{1}{3}, \quad \text{ou} \quad F - 3f = 1.$$

Retranchons ces équations membre à membre après avoir multiplié la seconde par 10.

Il vient :
$$8F - 25f = 0;$$

d'où
$$\frac{f}{F} = \frac{8}{25} = 0,32.$$

580. — *On a de l'air humide à la pression H. Son état hygrométrique est e. Sa température étant maintenue à une valeur constante t, pour laquelle la pression saturante de la vapeur d'eau est F, on demande à quelle pression il faudra soumettre cet air pour déterminer la liquéfaction de la moitié de la vapeur d'eau qu'il contient.*

Il faut d'abord amener la vapeur d'eau à être saturante, puis, à partir de cet instant, il faut réduire le volume de moitié.

Soit V le volume primitif, dans lequel la tension de la vapeur est eF, et V' le volume pour lequel la tension de la vapeur acquerra sa valeur maximum F.

La loi de Mariotte donne :
$$VeF = V'F; \quad \text{d'où} \quad V' = Ve.$$

Le volume final sera donc :
$$\frac{Ve}{2}.$$

Appliquons maintenant la loi de Mariotte à l'air seul, qui passe des conditions :
$$V, \quad H - eF,$$

aux conditions :
$$\frac{Ve}{2}, \quad x - F.$$

On a :
$$V(H - eF) = \frac{Ve}{2}(x - F);$$

d'où
$$x = \frac{2H - eF}{e}.$$

581. — *Deux litres d'air à demi saturés d'humidité à 30° et primitivement à la pression de 760^{mm}, sont soumis, sans chan-*

gement de température, à une pression de $3^m,04$ de mercure. Que
devient leur volume?

Tension maxima de la vapeur d'eau à 30° : $30^{mm},5$.

Au commencement de l'expérience, la pression individuelle de la vapeur d'eau
est la moitié de $30^{mm},5$.

Si la masse gazeuse restait la même jusqu'à ce que la pression totale soit quadruplée, les pressions individuelles variant dans le même rapport que leur
somme, chacune d'elles serait aussi quadruplée. Mais il n'en saurait être ainsi,
puisqu'à 30° la force élastique maxima de la vapeur d'eau n'est que de $30^{mm},5$.
Donc, sous la pression croissante, la vapeur atteindra sa tension maximum,
qu'elle conservera ensuite, tout nouvel accroissement de pression provoquant la
condensation d'une partie de la vapeur.

Pour obtenir le volume du mélange final, appliquons la loi de Mariotte à l'air
seul. Ses conditions individuelles :

$$V = 2, \qquad H = 760 - 15,25.$$

deviennent :
$$V = x, \qquad H = 3040 - 30,50.$$

On a donc l'équation : $\quad x \times 3009,5 = 2 \times 744,75$:

d'où l'on tire : $\quad x = 0^l,4949.$

Tel est le volume demandé. S'il ne diffère pas sensiblement du quart du volume primitif, c'est que la condensation des vapeurs ne porte que sur une très
minime partie de la masse totale.

582. — *Une masse gazeuse est maintenue à la pression atmosphérique $H = 76^{cm}$. A la température $t = 20°$ et à l'état hygrométrique $e = \dfrac{1}{2}$, son volume est $V = 1565^l$. Quel serait son volume si elle était saturée d'humidité à la température $t' = 40°$?*

*Forces élastiques maxima de la vapeur d'eau à $t°$: $f = 17^{mm},4$;
à $t'° : f' = 55^{mm}$.*

Coefficient de dilatation de l'air : $\alpha = \dfrac{1}{273}$.

Les conditions individuelles de l'air sec sont d'abord :

$$V, \qquad H - ef, \qquad t:$$

puis
$$x, \qquad H - f', \qquad t'.$$

L'équation des gaz parfaits donne :

$$\frac{x(H - f')}{1 + \alpha t'} = \frac{V(H - ef)}{1 + \alpha t} \; ;$$

d'où
$$x = V . \frac{H - ef}{H - f'} \cdot \frac{1 + \alpha t'}{1 + \alpha t} .$$

Numériquement : $\quad x = 1565 . \dfrac{75,13}{70,50} \cdot \dfrac{313}{293} = 1778^l.$

583. — *La pression saturante de la vapeur d'eau à t^o étant F, quel est l'état hygrométrique d'une masse d'air humide qui, sous un volume V à t^o et à la pression II, contient p^{gr} d'eau?*

Si l'état hygrométrique est e, la pression individuelle de la vapeur d'eau est eF, et son poids :

$$p = \frac{VeF.ad}{76(1 + \alpha t)}.$$

De cette relation, on tire : $\quad e = \frac{76p(1 + \alpha t)}{VFad}.$

Pour que cette réponse soit acceptable, il faut que l'on ait :

$$\frac{76p(1 + \alpha t)}{VFad} \leq 1,$$

ou

$$p \leq \frac{VFad}{76(1 + \alpha t)} :$$

expression de la masse de la vapeur saturante.

584. — *En faisant passer un mètre cube d'air atmosphérique dans des tubes contenant de la pierre ponce imbibée d'acide sulfurique, on a trouvé que cet air contenait 12^{gr} de vapeur d'eau, la température extérieure de l'air étant 23° (pression saturante 21^{mm}). Quel est son état hygrométrique?*

Densité normale de l'air : $\ a = 0,0013.$

Densité de la vapeur d'eau : $\ d = 0,625.$

L'état hygrométrique est le rapport du poids $p = 12^{gr}$ de l'eau contenue dans l'air, au poids P de la vapeur saturante dont la pression est $f = 21^{mm}$.

Ce dernier poids est donné par la formule :

$$P = \frac{Vadf}{76(1 + \alpha t)}.$$

Donc

$$e = \frac{p}{P} = \frac{76p(1 + \alpha t)}{Vadf}.$$

Numériquement :

$$e = \frac{76 \times 12 \times 296}{1300 \times 0,625 \times 2,1 \times 273} = 0,57.$$

585. — *On chauffe une marmite de Papin de volume $V = 10^l$, contenant $p = 5^{gr}$ d'eau. La soupape ayant une surface de $s = 4^{cq}$, de quel poids faut-il la surcharger pour qu'elle se soulève quand la température sera $t = 182^o$?*

Coefficient de dilatation des gaz : $\alpha = \dfrac{1}{273}.$

Masse du litre d'air : $a = 1,3.$

Densité du mercure : $D = 13,6.$

Densité de la vapeur d'eau : $d = \dfrac{5}{8}.$

Soient h, h' les pressions individuelles de l'air et de la vapeur, évaluées en hauteur de mercure.

La charge demandée sera : $P = (h + h') sD$.

Or la formule des gaz parfaits donne :

$$V.76 = \frac{Vh}{1 + \alpha t} \; ; \quad \text{d'où} \quad h = 76(1 + \alpha t),$$

et la formule de la masse d'un gaz :

$$p = \frac{Vh'ad}{76(1 + \alpha t)} \; ; \quad \text{d'où} \quad h' = \frac{76p(1 + \alpha t)}{Vad} .$$

En tenant compte de ces valeurs, la formule précédente devient :

$$P = 76sD (1 + \alpha t) \left(1 + \frac{p}{Vad} \right).$$

Numériquement : $P = 11150^{gr}$,   ou $11^{kg},15$.

586. — *Un ballon de verre contient de l'air humide non saturé, à la pression atmosphérique et à la température t. A quelle température faut-il le porter, en le laissant en communication avec l'atmosphère, pour en expulser la fraction f de l'humidité qu'il contient?*

Application : $t = 15^o$, $f = \frac{1}{4}$, $\frac{1}{3}$, $\frac{1}{2}$.

Soit x cette température.

La masse gazeuse de volume V, chauffée entièrement de t^o à x^o, prendrait un volume V' donné par la relation :

$$\frac{VH}{1 + \alpha t} = \frac{V'H}{1 + \alpha x} \; ;$$

d'où

$$\frac{V'}{V} = \frac{1 + \alpha x}{1 + \alpha t} .$$

La fraction de cette masse qui reste dans le ballon est donc :

$$\frac{V' - V}{V} = \frac{\alpha (x - t)}{1 + \alpha t} = f.$$

Cette équation donne :

$$x - t = \frac{f(1 + \alpha t)}{\alpha} = f(273 + t).$$

Numériquement, pour $f = \frac{1}{4}$, $\frac{1}{3}$, $\frac{1}{2}$, on trouve :

$$x = 87^o,\quad 111^o,\quad 159^o.$$

587. — *Un mélange d'air et de vapeur d'éther dont la température est de 30° et la pression totale 800^{mm} serait saturé si l'on abaissait la température à 0°. On demande de trouver : 1° la composition centésimale en volume de ce mélange gazeux;*

2° le poids d'un mètre cube dudit mélange dans les conditions données de température et de pression.

Tension maxima de la vapeur d'éther à 0° : 185^{mm}.

Densité de la vapeur d'éther par rapport à l'air : 2,58.

Coefficient de dilatation des gaz et des vapeurs : $\dfrac{1}{273}$.

Poids du litre d'air à 0° et à 760ᵐᵐ : 1,293.

1° Les volumes des deux gaz sont entre eux comme leurs pressions individuelles, c'est-à-dire, en supposant que le mélange occupe un volume invariable :

$$185\left(1+\frac{30}{273}\right)=185\times\frac{101}{91}=205,33,$$

et
$$800-205,33=594,67.$$

Ainsi, sur 800 volumes, il y en a :

205,33 d'éther,   et   594,67 d'air.

Donc, sur 100 volumes de mélange, il y en a :

25,67 d'éther,   et   74,33 d'air.

2° Le poids d'un mètre cube du mélange est égal à la somme des poids d'air et de vapeur contenus dans ce volume, c'est-à-dire à :

$$p=\frac{1000\times 1,293}{76\left(1+\dfrac{30}{273}\right)}\,(594,67+205,33\times 2,58);$$

ou, en effectuant les calculs :

$$p=\frac{1293\times 91\times 562,21}{38\times 101}\,,$$

et enfin :
$$p=1723^{\text{gr}},5.$$

588. — *Le tube d'un baromètre a une section s. La hauteur baromètrique est 76 et la chambre occupe une longueur l. On introduit à l'intérieur pᵍʳ d'un liquide dont la vapeur a une densité d et une pression saturante F à la température de l'expérience t. Calculer la dépression que subira le mercure.*

Soit x cette dépression.
Le volume de la vapeur devient $s(l+x)$, et sa pression x.

Sa masse est donc :
$$p=\frac{s(l+x)\,xd}{76(1+\alpha t)}\,.$$

On a donc :
$$x^2+lx-\frac{76p(1+\alpha t)}{sad}=0.$$

Cette équation a ses racines réelles et de signes contraires. Pour que la racine positive convienne, il faut et il suffit que l'on ait :
$$x'<x''\leqq F,$$

c'est-à-dire :
$$F^2+lF-\frac{76p(1+\alpha t)}{sad}\geqq 0,$$

ou
$$p\leqq\frac{sad(F+l)\,F}{76(1+\alpha t)}\,.$$

Tel est le poids de liquide qui donnerait une vapeur saturante.

589. — *Un ballon de verre renferme un poids p d'air à 0° et à la pression normale de 760ᵐᵐ. On y introduit un poids $\bar\omega$ d'eau, on le renferme et on le porte à la température de 100°.*

Trouver les formules par lesquelles on peut calculer :

1° l'état hygrométrique e à l'intérieur du ballon ;

2° la pression qui règne dans ce ballon.

On examinera les cas qui peuvent se produire suivant la valeur de ω.

On adoptera les notations suivantes :

α coefficient de dilatation des gaz et des vapeurs sèches ;

d densité de la vapeur d'eau par rapport à l'air ;

K coefficient de dilatation cubique du verre.

1° L'état hygrométrique dans le ballon à 100°, est égal au rapport de la masse de vapeur d'eau contenue dans ce ballon, à la masse P de vapeur d'eau qui saturerait le même volume à 100°.

On a :
$$p = V_0 \alpha ; \quad \text{d'où} \quad V_0 = \frac{p}{\alpha},$$

et
$$V = V_0 (1 + 100K) = \frac{p}{\alpha} (1 + 100K).$$

La tension maximum de la vapeur d'eau à 100° étant 76ᶜᵐ, on a, d'après la formule de la masse d'un gaz :
$$P = \frac{V.76 \alpha d}{76 (1 + 100x)} ;$$

ou, en remplaçant V par sa valeur :
$$P = \frac{pd (1 + 100K)}{1 + 100x} .$$

Trois cas peuvent se présenter suivant que la masse d'eau $\bar\omega$, introduite dans le ballon, est inférieure, égale ou supérieure à la masse saturante P.

Si l'on a $\bar\omega > P$, le volume du ballon se sature, et l'excès d'eau $(\bar\omega - P)$ reste à l'état liquide.

Si $\bar\omega = P$, le volume est encore saturé de vapeur, mais la masse d'eau $\bar\omega$ est entièrement vaporisée.

Enfin, si l'on a $\omega < P$, la vapeur reste sèche, et l'état hygrométrique est donné par la formule :
$$e = \frac{\bar\omega}{P} = \frac{\bar\omega (1 + 100x)}{pd (1 + 100K)} \cdot \tag{1}$$

2° La pression II qui règne dans le ballon à 100°, est la somme des pressions individuelles f et f' de l'air et de la vapeur d'eau.

La pression f de l'air à 100° est donnée par la formule des gaz parfaits :
$$V_0 76 = \frac{V_0 (1 + 100K) f}{1 + 100x} ;$$

d'où
$$f = \frac{76 (1 + 100x)}{1 + 100K} \cdot \tag{2}$$

Si l'on a $\bar\omega \geqq P$, la vapeur d'eau est saturante, et prend sa tension maxima : 76ᶜᵐ.

La pression totale est alors :
$$II = f + 76.$$

Si l'on a $\bar{\omega} < P$, la vapeur d'eau acquiert une pression f' donnée par la formule qui exprime la masse de cette vapeur :

$$\bar{\omega} = \frac{V f' a d}{76\,(1 + 100_x)} ;$$

d'où, en remplaçant V par sa valeur :

$$f' = \frac{76\,\bar{\omega}\,(1 + 100_x)}{p d\,(1 + 100K)} \cdot \qquad\qquad (3)$$

Dans ce cas, la pression totale est la somme des pressions (2) et (3); c'est-à-dire :

$$H = \frac{76\,(1 + 100_x)}{1 + 100K}\left(1 + \frac{\bar{\omega}}{p d}\right).$$

Remarque. — L'état hygrométrique (1) s'obtient d'une autre manière, au moyen de la formule (3). C'est le rapport de la tension actuelle f de la vapeur d'eau à la tension maximum : $F = 76$.

On a donc :

$$e = \frac{f'}{F} = \frac{\bar{\omega}\,(1 + 100_x)}{p d\,(1 + 100K)} ;$$

résultat déjà obtenu.

§ II. — Mélanges de gaz et de vapeurs non saturées.

590. — *Dans un ballon de 10^l de capacité, on mélange 5^l d'air dont l'état hygrométrique est $\frac{1}{4}$ et 5^l d'acide carbonique dont l'état hygrométrique est $\frac{1}{3}$. On demande l'état hygrométrique du mélange.*

La température est $10°$ et la tension maximum correspondante de la vapeur d'eau est $9^{mm},16$.

Deux gaz de même volume v sont mélangés dans un volume double, sans changer de pression, ni de température. Connaissant l'état hygrométrique de chacun d'eux : $e = \frac{1}{4}$, $e' = \frac{1}{3}$, on demande l'état hygrométrique x du mélange.

Il est évident que la masse de vapeur d'eau reste invariable; on peut donc lui appliquer la loi de Dalton.

En désignant par F la force élastique maxima de la vapeur d'eau à la température de l'expérience, on obtient l'équation :

$$2 v F x = v F e + v F e';$$

d'où l'on tire :

$$x = \frac{e + e'}{2} ;$$

moyenne arithmétique des états hygrométriques donnés.

Numériquement : $\quad x = \frac{1}{2}\left(\frac{1}{4} + \frac{1}{3}\right) = \frac{7}{24} = 0{,}291.$

On voit qu'il est inutile de connaître v, F et la température de l'expérience.

591. — *Dans un ballon de* $V = 10^l$, *on introduit* $v = 7^l$ *d'air sec à la pression de* $H = 76^{cm}$ *et* $v' = 5^l$ *d'air humide à la même pression et dont l'état hygrométrique est* $e = \frac{1}{2}$. *La température étant constante, on demande l'état hygrométrique du mélange.*

Soient x cet état hygrométrique et F la pression saturante de la vapeur d'eau à la température t de l'expérience.

En égalant entre elles deux expressions du poids de la vapeur d'eau introduite dans le ballon, on obtient l'équation :

$$\frac{v a d e F}{76\,(1 + \alpha t)} = \frac{V a d e' F}{76\,(1 + \alpha t)} ;$$

d'où

$$e' = e \times \frac{v}{V} .$$

Numériquement :

$$e' = \frac{1}{2} \times \frac{5}{10} = \frac{1}{4} .$$

Ce résultat est évident *à priori,* car, à une température invariable, pour saturer un volume double il faut deux fois plus de vapeur.

592. — *On met en communication deux ballons de volumes* V, V' *contenant de l'air humide l'un à l'état hygrométrique* e, *l'autre à l'état hygrométrique* e'. *Quel sera l'état hygrométrique du mélange ?*

Soient x l'inconnue et f la pression saturante de la vapeur d'eau à la température de l'expérience.

La masse de la vapeur d'eau étant invariable, on peut lui appliquer la loi de Dalton ; ce qui donne :

$$V e f + V' e' f = (V + V')\,x f ;$$

d'où

$$x = \frac{V e + V' e'}{V + V'} .$$

593. — *On mélange deux masses d'air humide. La première occupait un volume* v *à la température* t; *la seconde, un volume* v' *à la température* t', *et le mélange occupe un volume* V *à la température* T. *Connaissant les pressions saturantes* f, f', F *aux températures* t, t', T, *et l'état hygrométrique* e, e' *de chacune de ces masses gazeuses, calculer l'état hygrométrique* E *du mélange ; ou bien, si ce mélange est saturé, calculer le poids de la vapeur condensée.*

Soient p, p', P les poids de vapeur contenus dans les trois masses gazeuses considérées.

On a :

$$p = \frac{v f e a d}{76\,(1 + \alpha t)} , \qquad p' = \frac{v' f' e' a d}{76\,(1 + \alpha t')} ,$$

et

$$P = \frac{V F E a d}{76\,(1 + \alpha T)} .$$

1° S'il ne se produit aucune condensation, on a :
$$P = p + p';$$
d'où
$$\frac{VFE}{1 + \alpha T} = \frac{vfe}{1 + \alpha t} + \frac{v'f'e'}{1 + \alpha t'},$$
équation d'où l'on tire l'inconnue E.

On doit avoir $E \leqq 1$, sans quoi le mélange est saturé.

2° Si le mélange est saturé, on a $E = 1$, et le poids de la vapeur condensée
est :
$$p + p' - P,$$
c'est-à-dire :
$$\frac{ad}{76} \left(\frac{vfe}{1 + \alpha t} + \frac{v'f'e'}{1 + \alpha t'} - \frac{VF}{1 + \alpha T} \right).$$

594. — *Dans une chaudière hermétiquement fermée contenant
un volume* V *d'air sec aux conditions normales, on injecte un
volume* v *d'eau pure à* 4° : *puis on élève la température à* t°. *Que
devient la pression de la masse gazeuse confinée ?*

Coefficient de dilatation des gaz : α; *poids normal du litre
d'air :* a; *densité de la vapeur d'eau :* d; *force élastique maxima
de la vapeur d'eau à* t° : F. *On négligera la dilatation du récipient et celle de l'eau, ainsi que la solubilité de l'air dans l'eau.*

La pression totale x est la somme des forces élastiques individuelles F, y, de
la vapeur saturante et de l'air comprimé :
$$x = F + y.$$
Désignons par z le poids de l'eau qui s'est réduite en vapeur. L'air passant
des conditions V, 0°, 76, aux conditions $(V - v + z)$, t, y, l'équation des gaz
donne :
$$\frac{(V - v + z) y}{(1 + \alpha t)} = 76 V.$$
Égalons le poids de l'eau évaporée à celui de la vapeur saturante :
$$z = \frac{(V - v + z) a d F}{76 (1 + \alpha t)}.$$
En éliminant y et z entre ces trois équations, on obtient la pression demandée :
$$x = F + \frac{76 (1 + \alpha t) - a d F}{1 - \dfrac{v}{V}}.$$

Nota. — Nous avons supposé la quantité d'eau injectée, v, suffisante pour
saturer le volume du récipient à la température finale de l'expérience ; c'est-à-
dire au moins égale à $\dfrac{V a d F}{76 (1 + \alpha t)}$.

Dans l'hypothèse contraire, il faut recourir à d'autres équations. Désignons
par f la tension finale de la vapeur ; nous aurons le système :
$$x = f + y,$$
$$\frac{y}{1 + \alpha t} = 76, \qquad v = \frac{V a d f}{76 (1 + \alpha t)};$$
d'où
$$x = 76 (1 + \alpha t) \left(1 + \frac{v}{V a d} \right);$$
formule qui ne rentre pas dans la précédente, à cause du changement d'état physique.

505. — *Dans un récipient de* $V = 10^l$ *contenant* $p = 1^{gr}$ *d'air et* $p' = 1^{gr}$ *de vapeur d'eau à la température* $t = 100°$, *on introduit un bloc de glace de* $v = 1^{dc}$ *à* $0°$. *Calculer la variation de pression qui se produit à l'intérieur.*

Coefficient de dilatation des gaz : α.

Masse du litre d'air : a.

Densité de la vapeur d'eau : $d = \dfrac{5}{8}$.

Pression saturante de la vapeur d'eau à $0°$: $f = 0^{cm},46$.

Soient H, h les pressions individuelles de l'air à $t°$ et à $0°$; F, f les pressions correspondantes de la vapeur d'eau.

La variation demandée est :

$$X = H + F - h - f.$$

Chacun des trois premiers termes s'obtient en appliquant la formule de la masse d'un gaz.

On a : $p = \dfrac{VHa}{76(1 + \alpha t)} = \dfrac{(V - 1)ha}{76(1 + \alpha t)}$, et $p' = \dfrac{VFad}{76(1 + \alpha t)}$;

d'où l'on tire respectivement :

$$H = \dfrac{76p(1 + \alpha t)}{Va}, \quad h = \dfrac{76p(1 + \alpha t)}{(V - 1)a}, \quad F = \dfrac{76p'(1 + \alpha t)}{Vad} .$$

En tenant compte de ces valeurs, la formule précédente devient :

$$X = \dfrac{76}{a} \Big\} \dfrac{1 + \alpha t}{V} \left(p + \dfrac{p'}{d} \right) - \dfrac{1}{V - 1} \Big\{ - f.$$

Numériquement :

$$X = \dfrac{76}{1,293} \left(\dfrac{373}{2730} \times \dfrac{13}{5} - \dfrac{1}{9} \right) - 0,46,$$

$$X = \dfrac{76 \times 0,24113}{1,293} - 0,46,$$

$$X = 13^{cm},889.$$

506. — *Dans un tube de Torricelli de section intérieure* $s = 1^{cq}$, *et de hauteur* $l = 93^{cm},6$ *au-dessus du mercure de la cuvette, on introduit un volume* $v = 13^{cc},6$ *d'eau saturée d'acide carbonique à la pression atmosphérique* $H = 76^{cm}$. *Cette eau émet des vapeurs de poids négligeable, dont la tension est* $f = 1^{cm}$; *et une partie du gaz carbonique s'en échappe.*

Le coefficient de solubilité de ce gaz étant $c = 1,8$, *calculer la hauteur où descendra le niveau du mercure dans le tube.*

Soit x cette hauteur.

D'après les données, la colonne d'eau occupe une longueur de $13^{cm},6$, et, par conséquent, exerce la même pression que 1^{cm} de mercure.

Le gaz carbonique libéré prend donc le volume :

$$93,6 - 13,6 - x, \qquad \text{ou} \qquad 80 - x,$$

sous la pression : $\qquad 76 - 1 - 1 - x, \qquad$ ou $\qquad 74 - x,$

Or, d'après la loi de Henry, ce gaz occuperait un volume :

$$v = 13,6 \times 1,8 = 24,48,$$

sous la pression (diminution de pression du gaz carbonique sur le liquide) :

$$76 - (74 - x), \qquad \text{ou} \qquad x + 2,$$

On a donc l'équation :

$$(80 - x)(74 - x) = (x + 2)\,24,48,$$

ou $\qquad\qquad x^2 - 178,48\,x + 5871,04 = 0,$

dont la plus petite racine : $\qquad x = 43^{cm},50$

répond à la question.

ÉQUIVALENCE DU TRAVAIL
ET DE LA CHALEUR

FORMULAIRE

Transformations réciproques du travail et de la chaleur. — On sait que la chaleur et le travail sont des grandeurs de même nature que l'énergie.

L'expérience prouve qu'elles peuvent se transformer l'une en l'autre. L'énergie qui disparaît sous une forme réapparaît sous une autre forme, sans qu'il y ait ni perte ni gain.

ÉQUIVALENT MÉCANIQUE D'UNE QUANTITÉ DE CHALEUR :

$$1 \text{ grande calorie} = 425^{\text{kgm}},$$
$$= 425 \times 9,81 = 4170 \text{ joules}.$$
$$1 \text{ petite calorie} = 0^{\text{kgm}},425.$$
$$= 4,17 \text{ joules}.$$

ÉQUIVALENT CALORIFIQUE D'UN TRAVAIL :

$$1^{\text{kgm}} = \frac{1}{0,425} = 2,35 \text{ petites calories};$$

$$1 \text{ joule} = \frac{1}{4,17} = 0,24 \text{ petite calorie} = 1 \text{ thermie}.$$

Ainsi, les transformations réciproques du travail et de la chaleur s'effectuent à raison de 1 thermie pour 1 joule ou de 1 joule pour 1 thermie.

597. — *En battant l'eau au moyen d'une roue à palettes, dans un calorimètre fermé, on a constaté qu'un travail de $\mathcal{C} = 3000^{\text{kgm}}$, effectué dans une masse d'eau de $M = 5^{\text{kg}}$, produit un échauffement de $\theta = 1°,41$. Quel serait, d'après cette expérience, l'équivalent mécanique de la calorie?*

Soit J cet équivalent.

On a :
$$\mathcal{C} = M\theta J;$$

d'où
$$J = \frac{\mathcal{C}}{M\theta} .$$

Numériquement :
$$J = \frac{3000}{5 \times 1,41} = \frac{60000}{141} = 425,5.$$

598. — *En déterminant le travail produit par une machine à vapeur et la quantité de chaleur perdue par la vapeur dans le cylindre, on a trouvé que $Q = 5432$ calories fournissent un travail de $\mathcal{T} = 2308600^{kgm}$. D'après cela, quel serait l'équivalent calorifique du kilogrammètre?*

Soit A cet équivalent.

On a :
$$A\mathcal{T} = Q;$$

d'où
$$A = \frac{Q}{\mathcal{T}} = \frac{2716}{1154300} = 0{,}002353.$$

599. — *Un travail de $\mathcal{T} = 2000^{kgm}$, effectué dans $M = 15^{kg}$ de mercure, produit un échauffement $\theta = 9°42$. La chaleur spécifique du mercure étant $c = 0{,}03332$, calculer l'équivalent calorifique du joule.*

Soit A cet équivalent.

Un kilogrammètre valant : $9{,}81 = \dfrac{g}{100}$ joules,

on a :
$$\frac{\mathcal{T}g}{100} A = Mc\theta;$$

d'où
$$A = \frac{100Mc\theta}{\mathcal{T}g}.$$

Numériquement :
$$A = \frac{15 \times 3{,}332 \times 9{,}42}{2000 \times 981},$$
$$= 0{,}00024.$$

600. — *L'équivalent mécanique de la calorie étant $J = 425^{kgm}$, et la chaleur spécifique du mercure $m = 0{,}0333$, de quelle hauteur faut-il faire tomber du mercure pour que son énergie potentielle entièrement transformée en chaleur par le choc, élève sa température de $\theta = 0°,2$?*

Soient h cette hauteur et P la masse de mercure soumise à l'expérience.

On a :
$$\frac{Ph}{J} = P\theta m;$$

d'où
$$h = J\theta m.$$

Numériquement :
$$h = 425 \times 0{,}0333 \times 0{,}2,$$
$$= 2^{m},83.$$

601. — *Une sphère métallique de poids P, de chaleur spécifique C, tombe sur le sol d'une hauteur h; admettant que la sphère ne rebondit pas et retient toute la chaleur dégagée, on calculera :*

1° le nombre de calories dégagées;

2° le nombre de degrés dont s'élève la température.

Application : $P = 5^{kg}$, $c = 0,11$, $h = : 100^m$.

Équivalent mécanique de la calorie $= 426^{kgm}$.

L'énergie acquise pendant la chute égale Ph^{kgm}.
Cette énergie transformée en chaleur fournit :

$$\frac{Ph}{426}\ \text{cal.}\ (kg - d).$$

Cette chaleur ayant été tout entière employée à élever la température du corps, on a, x étant l'accroissement de température :

$$\frac{Ph}{426} = Pcx ;$$

ou

$$\frac{100}{426} = 0,11 \times x,$$

d'où

$$x = 2^o,131.$$

602. — *Avec quelle vitesse minimum une balle de plomb supposée à* $t = 15^o$ *devrait-elle frapper une plaque d'acier pour être fondue par le choc, en supposant que sa force vive soit entièrement transformée en chaleur employée à l'échauffer.*

Chaleur spécifique du plomb : $c = 0,0314$; *température de fusion :* $T = 335^o$; *chaleur de fusion :* $F = 5,37$, $J = 435$.

Soient v cette vitesse et P la masse du plomb.

On a :
$$\frac{Pv^2}{2J} = P\{c(T-t) + F\} ;$$

d'où
$$v = \sqrt{2J\{c(T-t) + F\}} ,$$
$$v = \sqrt{870 \times 15,480} ,$$
$$v = 114^m,7.$$

603. — *Une balle de plomb pesant* 10^{gr} *arrive normalement sur un plan rigide avec une vitesse de* 600^m *par seconde et tombe sans vitesse au pied de la cible. La température initiale de la balle étant supposée* 0°, *quelle est sa température après le choc ?*

Chaleur spécifique du plomb solide : 0,03.

—   —   — *liquide :* 0,04.

Chaleur de fusion du plomb : 6,6.

Point de fusion du plomb : 325°.

Équivalent mécanique de la calorie : 425°.

Intensité de la pesanteur : 9,81.

La force vive abandonnée par le projectile au moment du choc est :

$$\frac{1}{2} \times \frac{0,010}{9,81} \times (600)^2\ \text{kgm.}$$

Cette énergie transformée en chaleur fournit :

$$\frac{1}{2} \times \frac{0,010}{9,81} \times (600)^2 \times \frac{1}{425} \text{ calories.}$$

Cette chaleur est employée, partie à échauffer le plomb jusqu'à 325°, partie à le fondre et à chauffer le liquide jusqu'à la température cherchée.

Soit x cette température.

On a :

$$\frac{1}{2} \times \frac{0,010}{9,81} \times (600)^2 \times \frac{1}{425} =$$

$$0,010 \times 0,03 \times 325 + 0,010 \times 6,6 + 0,010 \times 0,04 \, (x - 325);$$

d'où
$$x = 995° \text{ environ.}$$

Il y a eu fusion complète de la balle, et la température s'est élevée de 670° environ au-dessus du point de fusion.

604. — *Dans une chute d'eau de 100^m de hauteur, trouver l'élévation de température après la chute. On néglige les vitesses de l'eau avant et après la chute ainsi que l'évaporation. L'équivalent mécanique de la calorie est 425.*

Si cette chute débite 1^{mc} à la seconde, combien de chevaux-vapeur pourra-t-elle fournir ?

1° 1^{kg} d'eau tombant d'une hauteur de 100^m produit un travail de 100^{kgm} ou, d'après le principe de l'équivalence :

$$100 \times \frac{1}{425} \text{ de calorie.}$$

Cette chaleur étant employée à élever la température du liquide, on peut écrire (x représentant cette élévation de température) :

$$x = \frac{100}{425} ;$$

d'où
$$x = 0°,238.$$

2° Le travail fourni par seconde dans le cas d'un débit de 1^{m3} est :

$$100000^{kgm},$$

et la puissance :
$$\frac{100000}{75} = 1333 \text{ chev.-vapeur.}$$

605. — *Le fond d'un cylindre à parois inextensibles de 50^{cm2} de section est occupé par une couche d'eau à 0° de 1^{mm} de hauteur sur laquelle presse un piston pesant 19^{kg}. On porte le cylindre à la température de 109° à laquelle l'eau se transforme complètement en vapeur saturante sous la pression qu'elle supporte. On demande :*

1° de calculer cette pression ;

2° de calculer le volume occupé par la vapeur et la hauteur dont le piston s'est soulevé, sachant que le poids du litre d'air *à 100° et sous la pression de 76ᶜᵐ est 0ᵍʳ02, et que la densité de la vapeur d'eau est $\frac{5}{8}$.*

3° de calculer le rapport de la quantité de chaleur correspondant au travail extérieur accompli par l'eau et la vapeur au cours de l'expérience, sachant que la quantité de chaleur qui transforme un gramme d'eau en vapeur saturante à t°, est exprimée par la formule :

$$q = 606,5 + 0,305t.$$

On donne l'équivalent mécanique de la petite calorie : 0,425ᵏᵍᵐ.

1° La pression de la vapeur contenue dans le cylindre est égale à la pression atmosphérique augmentée de la pression exercée par le piston.

La hauteur h de la colonne mercurielle équivalente au poids du piston est :

$$\frac{19000^{\text{gr}}}{50 \times 13,6} = 279^{\text{mm}},4.$$

Si la pression extérieure est supposée égale à 760ᵐᵐ, la pression demandée est donc :
$$H = 760 + 279,4 = 1039^{\text{mm}},4.$$

2° Le poids de l'eau contenue dans le cylindre est très sensiblement 5ᵍʳ (nous supposons ici la densité de l'eau à 0° égale à 1; la densité vraie est 0,999873; la correction est du reste inutile, les autres données n'étant pas fournies avec la même approximation).

Cette eau réduite en vapeur à 100° et sous la pression calculée plus haut occupe un volume V donné par l'équation suivante :

$$5^{\text{gr}} = V \times 0,92 \times \frac{5}{8} \times \frac{1039,4}{760} ;$$

d'où
$$V = 6^{\text{dc}},358^{\text{cc}},180.$$

La hauteur du cylindre occupé par la vapeur est :

$$l = \frac{6^{\text{dc}},358^{\text{cc}},180}{50} = 127^{\text{cm}},16.$$

Le piston s'est alors soulevé de :
$$127,16 - 0,1 = 127^{\text{cm}},06.$$

3° La quantité de chaleur fournie aux 5ᵍʳ d'eau pour les transformer en vapeur saturante est : $q = (606,5 + 0,305 \times 100)\,5$ petites calories;

d'où
$$q = 3198,725.$$

Le travail extérieur fourni par l'eau et la vapeur a pour expression en kilogrammètres : $50 \times 103,9 \times 0,0136 \times 1,2706.$

Comme le kilogrammètre vaut $\frac{1}{0,425}$ de petite calorie, la quantité de chaleur correspondante est :

$$q' = 50 \times 103,9 \times 0,0136 \times 1,2706 \times \frac{1}{0,425} = 211^{\text{c}},22.$$

Le rapport demandé est :

$$\frac{q'}{q} = \frac{211,222}{3198,725} = 0,066.$$

DEUXIÈME PARTIE : CHIMIE

AVERTISSEMENT

Remarques générales concernant la résolution des problèmes de chimie. — Les problèmes de chimie sont des applications numériques des réactions étudiées dans les Cours et représentées par des équations chimiques.

Il importe de remarquer que les termes de ces équations peuvent s'interpréter de deux manières différentes, car la formule d'un corps composé représente deux choses :

1° Son POIDS MOLÉCULAIRE, que l'on obtient facilement en additionnant les poids atomiques des éléments constituants. On l'exprime ordinairement en grammes et on l'appelle *molécule-gramme*.

2° Son VOLUME MOLÉCULAIRE, c'est-à-dire un volume de sa vapeur égal à celui qu'occupent deux grammes d'hydrogène dans les conditions normales. D'après cette définition, on voit que *tous les corps ont le même volume moléculaire*.

Pour les corps simples, le volume moléculaire correspond au poids moléculaire. Il s'ensuit que le volume correspondant au poids atomique, ou *volume atomique*, est la moitié ou le quart du volume moléculaire, suivant que le poids atomique du corps vaut la moitié ou le quart de son poids moléculaire.

CALCUL DU VOLUME MOLÉCULAIRE. — Puisque, par définition, le volume moléculaire est le même pour tous les corps, il suffit de calculer celui de l'hydrogène.

La molécule-gramme d'hydrogène est $H^2 = 2^{gr}$. Si l'on prend sa densité par rapport à l'air égale à 0,0695 et le poids du litre d'air normal égal à 1gr,293, on a par définition : $V = \dfrac{2}{1,293 \times 0,0005} = 22^l,24$

sensiblement, dans les conditions normales, c'est-à-dire à 0° et à la pression de 76cm.

Donc, *pour tous les corps à l'état gazeux le volume moléculaire est* VINGT-DEUX LITRES VINGT-QUATRE CENTIÈMES.

Si les conditions de température et de pression variaient, il serait facile d'en tenir compte en appliquant à ce volume les formules des gaz découlant des lois de Mariotte et de Gay-Lussac.

CONSÉQUENCE. — Lorsque, dans un problème de chimie, n'interviennent que les poids des corps, toutes les formules entrant dans la réaction sont considérées comme représentant des *molécules-grammes*.

S'il intervient des volumes, on considère chaque formule comme représentant, suivant le cas, une *molécule-gramme* ou un *volume moléculaire*. Il est alors inutile de connaitre les densités gazeuses.

Observations. — 1° Les problèmes qui suivent n'ont pas été classés suivant l'ordre des matières traitées dans le cours de chimie. Pour faciliter le choix des questions, on s'est borné à les partager en trois séries, et à les ranger à peu près, dans chaque série, par ordre de difficulté ou de complication croissante.

2° A moins d'indications contraires, tous les volumes gazeux seront supposés aux conditions normales, c'est-à-dire à la température de 0°, et sous la pression de 76cm de mercure.

PREMIÈRE SÉRIE

1. — *Quel volume d'hydrogène faut-il brûler dans un litre d'air pour qu'il ne reste plus que de l'azote?*

Un litre d'air contient 210cc d'oxygène.

Avec 1cc d'oxygène on peut brûler 2cc d'hydrogène,

  — 210cc   —   — x —

On a donc la proposition : $\dfrac{x}{2} = 210$, d'où $x = 420$.

Réponse : 420cc d'hydrogène.

PLUS EXACTEMENT : l'air, sur 100cc, renferme 20cc,8 d'oxygène et 79cc,2 d'azote.

Un litre d'air contient donc : $\dfrac{20,80 \times 1000}{100} = 208$cc d'oxygène.

Or 1cc d'oxygène se combine à 2cc d'hydrogène pour former de l'eau; donc 208cc d'oxygène exigent $208 \times 2 = 416$cc d'hydrogène.

Réponse : 416cc d'hydrogène.

2. — *On introduit dans un eudiomètre un demi-litre d'air et un demi-litre d'hydrogène. Quelle sera la composition du mélange gazeux après le passage de l'étincelle?*

Un demi-litre d'air contient $\dfrac{500}{5}$ ou 100cc d'oxygène. Ces 100cc d'oxygène se combinent avec 200cc d'hydrogène pour former 200cc de vapeur d'eau.

Comme on ramène le mélange gazeux à 0° et à la pression de 76cm, la vapeur d'eau se condense.

Après le passage de l'étincelle le mélange gazeux comprendra :

   1°) 400cc d'azote et autres gaz de l'air, résidus du demi-litre d'air;

   2°) 300cc d'hydrogène, provenant du demi-litre d'hydrogène introduit dans l'eudiomètre.

PLUS EXACTEMENT : 100cc d'air contiennent 20cc,8 d'oxygène; 500cc contiendront 104cc de ce gaz qui se combineront à 208cc d'hydrogène pour donner de la vapeur d'eau qui, à 0°, se condensera.

Après le passage de l'étincelle, le mélange gazeux sera formé :
1° de 396cc d'azote atmosphérique;
2° de 292cc d'hydrogène.

3. — *L'air respiré par les poumons ne renferme plus que 14°/₀*
d'oxygène. On introduit un litre de cet air sous une cloche et l'on
y fait brûler du phosphore. Quel sera le volume du gaz restant?
(On suppose que l'anhydride phosphorique produit disparaît dans
l'eau de la cuve sur laquelle repose la cloche.)

Un litre du gaz introduit sous la cloche renferme 11°/₀ d'oxygène, c'est-à-

dire : $$\frac{1000 \times 11}{100} = 110^{cc} \text{ d'oxygène.}$$

Ces 110cc d'oxygène seront absorbés par la combustion du phosphore.
Il restera donc : $1000 - 110 = 890^{cc}$ de produits gazeux.

4. — *Quel poids d'oxygène obtient-on par la calcination :*
1° de 100gr de chlorate de potassium?
2° de 100gr de bioxyde de manganèse?
Poids atomique de K = 39, *de* Cl = 35,5, *de* O = 16, *de* Mn = 55.

1° La préparation de l'oxygène par le chlorate de potassium est exprimée par
l'équation : $ClO^3K = 3O + KCl.$
Poids moléculaire de : $ClO^3K = 35,5 + 48 + 39 = 122,5.$
Avec 122gr,5 de chlorate, on obtient 48gr d'oxygène,
   — 100gr —   — x —

d'où $$x = \frac{48 \times 100}{122,5} = 39^{gr},183.$$

2° La préparation de l'oxygène par le bioxyde de manganèse est exprimée par
l'équation : $3MnO^2 = O^2 + Mn^3O^4.$
Poids moléculaire de : $3MnO^2 = 3(55 + 32) = 261.$
Avec 261gr de MnO² on obtient 32gr d'oxygène,
   — 100gr —   — y —

$$y = \frac{32 \times 100}{261} = 12^{gr},26.$$

Réponses : { 1°   39gr,183,
            { 2°   12gr,260.

5. — *Quels poids de zinc et d'acide chlorhydrique faut-il em-*
ployer pour obtenir 1mc d'hydrogène dans les conditions normales
de température et de pression? Poids atomique du Zn = 65, *du*
Cl = 35,5.

Le poids du mètre cube d'hydrogène $= 0,089 \times 1000 = 89^{gr}.$

La préparation de l'hydrogène au moyen du zinc et l'acide chlorhydrique est
exprimée par l'équation :
        $Zn + 2HCl = ZnCl^2 + 2H.$

Poids moléculaire de $2HCl = 36,5 \times 2 = 73$.

Pour avoir 2^{gr} de H, il faut 65^{gr} de Zn et 73^{gr} de HCl,

   —   89   —   — x — y —

$$x = \frac{65 \times 89}{2} = 2892^{gr},50;$$

$$y = \frac{73 \times 89}{2} = 3218^{gr},5.$$

Réponses. Il faut :
$\begin{cases} 2892^{gr},5 \text{ de zinc,} \\ 3218^{gr},5 \text{ d'acide chlorhydrique.} \end{cases}$

Autre solution. — La réaction étant exprimée par

$$Zn + 2HCl = ZnCl^2 + H^2,$$

et le poids moléculaire de $2HCl$ étant $2(1 + 35,5) = 73$, on sait que H^2 représente le volume moléculaire de l'hydrogène, que l'on trouve égal à $22^l,21$ (voir page 311); on peut donc raisonner comme il suit :

Pour avoir $22^l,21$ d'hydrogène, il faut 65^{gr} de zinc,
Pour en récolter 1000^l —   — x —

D'où la proportion :
$$\frac{x}{65} = \frac{1000}{22,21},$$

et
$$x = \frac{65 \times 1000}{22,21} = 2922^{gr},66 \text{ de Zn.}$$

De même, pour avoir $22^l,21$ d'hydrogène, il faut 73^{gr} d'HCl,
      pour en avoir 1000^l — y —

D'où la proportion :
$$\frac{y}{73} = \frac{1000}{22,21},$$

et
$$y = \frac{1000 \times 73}{22,21} = 3282^{gr},37.$$

Réponses. Il faut :
$\begin{cases} 2^{kg},92266 \text{ de zinc,} \\ 3^{kg},28237 \text{ d'acide chlorhydrique.} \end{cases}$

6. — *Quel volume d'hydrogène obtient-on dans l'action de l'acide sulfurique sur 195^{gr} de zinc? Poids atomique de $Zn = 65$, de $S = 32$, de $O = 16$. On supposera le gaz à 0° et à la pression de 76^{cm}.*

La préparation de l'hydrogène par l'action de l'acide sulfurique sur le zinc est exprimée par l'équation :

$$Zn + SO^4H^2 = SO^4Zn + H^2.$$

Avec 65^{gr} de Zn, on obtient 2^{gr} de H,
   — 195^{gr} —   — x —

$$x = \frac{2 \times 195}{65} = 6^{gr}.$$

Volume occupé par les 6^{gr} de H, à 0° et à la pression de 76^{cm} :

$$\frac{6}{0,089} = 67^l,41.$$

Réponse : $67^l,41$.

AUTRE SOLUTION. — La préparation de l'hydrogène par l'acide sulfurique et le zinc est exprimée par la réaction :

$$Zn + SO_4H_2 = SO_4Zn + H_2.$$

Or H_2 représente le volume moléculaire de l'hydrogène, c'est-à-dire $22^l,24$.

Donc, avec 65^{gr} de zinc, on obtient $22^l,24$ d'H,

     avec 195^{gr} —   — x —

d'où

$$x = \frac{22,24 \times 195}{65} = 22,24 \times 3 = 66^l,72.$$

Réponse : $66^l,72$.

7. — *Quel est le volume d'hydrogène nécessaire pour réduire 100^{gr} d'oxyde de cuivre? Poids atomique de Cu = 64, de O = 16.*

La réduction de l'oxyde de cuivre par l'hydrogène est exprimée par l'équation :
$$CuO + H_2 = H_2O + Cu.$$

Poids moléculaire de $CuO = 64 + 16 = 80$.

Pour réduire 80^{gr} de CuO, il faut 2^{gr} de H,

     — 100^{gr} —   — x

d'où

$$x = \frac{2 \times 100}{80} = 2^{gr},50.$$

Volume occupé par les $2^{gr},5$ d'hydrogène à $0°$ et à la pression de 76^m :

$$\frac{2,5}{0,089} = 28,08.$$

Réponse : $28^l,08$.

AUTRE SOLUTION. — La réaction de l'hydrogène sur l'oxyde de cuivre chauffé est : $CuO + H_2 = H_2O + Cu.$

Le poids moléculaire de l'oxyde de cuivre est :
$$64 + 16 = 80,$$

et, H_2 représentant, dans la réaction, le volume moléculaire de l'hydrogène, on voit que :

     pour réduire 80^{gr} de CuO, il faut $22^l,24$ d'hydrogène;

     pour réduire 100^{gr} de CuO, il faudra un volume x d'hydrogène;

d'où :

$$x = \frac{22,24 \times 100}{80} = 27^l,80.$$

Réponse : $27^l,80$.

8. — *Quel est le poids d'oxyde de cuivre que l'on peut réduire avec l'hydrogène provenant de la décomposition de 6^l d'eau par le fer au rouge?*

Équivalents : Fe = 28; Cu = 32; O = 8; H = 1.

On sait que pour le fer, le cuivre et l'oxygène, le poids atomique est le double de l'équivalent, et que pour l'hydrogène, le poids atomique est le même que l'équivalent; donc les données doivent être modifiées comme il suit : poids atomique du Fe = 56, du Cu = 64, de l'O = 16 et de l'H = 1.

La décomposition de l'eau par le fer est exprimée par la réaction :
$$3Fe + 4H_2O = Fe_3O_4 + 4H_2. \tag{1}$$

Or $4H^2O = 4(2 + 16) = 72,$

et $4H^2 = 4 \times 2 = 8.$

D'autre part, 6^l d'eau pure à $4°$ pèsent 6000^{gr}.

D'après l'équation (1), on voit que :

$$72^{gr} \text{ d'eau donnent } 8^{gr} \text{ d'hydrogène,}$$
$$6000^{gr} \quad\longrightarrow\quad x \quad\longrightarrow$$

On a donc la proportion : $\dfrac{x}{8} = \dfrac{6000}{72},$

d'où $x = \dfrac{6000 \times 8}{72} = 666^{gr},66.$

2° La réduction de l'oxyde de cuivre par l'hydrogène est exprimée par la réaction : $CuO + H^2 = Cu + H^2O.$ (2)

Or $CuO = 64 + 16 = 80,$

et $H^2 = 2.$

D'après l'équation (2), on voit que :

$$2^{gr} \text{ d'hydrogène réduisent } 80^{gr} \text{ d'oxyde de cuivre,}$$
$$666^{gr},66 \quad\longrightarrow\quad\longrightarrow\quad x \quad\longrightarrow$$

d'où la proportion : $\dfrac{x}{80} = \dfrac{666,66}{2},$

et $x = \dfrac{80 \times 666,66}{2} = 26666^{gr},64.$

Réponse : $26666^{gr},64$ d'oxyde de cuivre.

9. — *On introduit dans un eudiomètre un demi-litre d'hydrogène et un litre et demi d'oxygène, puis on enflamme le mélange. Quel sera le gaz en excès et quel volume occupera-t-il ?*

Par suite de l'inflammation, un volume d'oxygène se combine avec 2 volumes d'hydrogène pour former 2 volumes de vapeur d'eau.

Les 500^{cc} d'hydrogène se sont combinés avec la moitié de leur volume, ou 250^{cc} d'oxygène, pour former de l'eau.

Comme la température est $0°$ et la pression 76^{cm}, cette eau se liquéfie.

Il ne reste donc plus que $1500 - 250$, ou 1250^{cc} d'oxygène gazeux dans l'eudiomètre.

Réponse : 1250^{cc} d'oxygène.

10. — *Dans une analyse d'eau par le fer, on recueille 3^l d'hydrogène ; quel est le poids de l'eau décomposée et quelle est l'augmentation du poids du fer ? $Fe = 56$, $O = 16$.*

La décomposition de l'eau par le fer au rouge est exprimée par la réaction :
$$3Fe + 4H^2O = Fe^3O^4 + 4H^2,$$ (1)

Or $4H^2O = 4(2 + 16) = 72,$

et $4H^2$ représentent 4 volumes moléculaires d'hydrogène,

c'est-à-dire : $4 \times 22^l,24 = 88^l,96$ d'hydrogène.

D'après l'équation (1) :

pour avoir $88^l,96$ d'hydrogène, il faut décomposer 72^{gr} d'eau,

— 3^l —   — x —

d'où la proportion :

$$\frac{x}{72} = \frac{3}{88,96},$$

et

$$x = \frac{3 \times 72}{88,96} = 2^{gr},428.$$

L'équation (1) montre que tout l'oxygène provenant de la décomposition de l'eau se fixe sur le fer; donc le poids du fer a augmenté du poids de l'oxygène que contiennent les $2^{gr},428$ d'eau décomposée.

Or 18^{gr} d'eau contiennent 16^{gr} d'oxygène,

$2^{gr},428$ — y —

d'où la proportion :

$$\frac{y}{16} = \frac{2,428}{18},$$

et

$$y = \frac{16 \times 2,428}{18} = 2^{gr},158.$$

Réponses : $\begin{cases} 1° \text{ Le poids de l'eau décomposée est } 2^{gr},428, \\ 2° \text{ L'augmentation de poids du fer est } 2^{gr},158. \end{cases}$

11. — *Combien faut-il décomposer de grammes d'eau par la pile, pour obtenir un mélange détonant de 2^l? Densité de l'oxygène : 1,105, de l'hydrogène : 0,069.*

On sait que le mélange tonnant est formé de 1 volume d'O, pour 2 volumes d'H; donc les 2^l de ce mélange contiennent :

$$2 \times \frac{2}{3} = 1^l,33 \text{ d'hydrogène,}$$

$$\frac{2}{3} = 0^l,66 \text{ d'oxygène.}$$

Le poids de 1^l, 33 d'hydrogène $= 1,293 \times 0,069 \times 1,33 = 0^{gr},118$.
Le poids de $0^l,66$ d'oxygène $= 1,293 \times 1,105 \times 0,66 = 0^{gr},943$.
Le poids total de l'eau décomposée $= 0,118 + 0,943 = 1^{gr},061$.

Réponse : $1^{gr},061$.

AUTRE MÉTHODE. — La formation de l'eau est exprimée par la réaction :

$$H^2 + O = H^2O.$$

Or H^2 représente un volume moléculaire d'hydrogène, c'est-à-dire $22^l,24$; O représente un demi-volume moléculaire d'oxygène, c'est-à-dire $11^l,12$, et H^2O représente 18^{gr} d'eau.

Donc un mélange tonnant de $33^l,36$ est donné par 18^{gr} d'eau,

—   — 2^l — x —

d'où la proportion :

$$\frac{x}{18} = \frac{2}{33,36},$$

et

$$x = \frac{2 \times 18}{33,36} = 1^{gr},079.$$

Remarque. — Les densités de l'oxygène et de l'hydrogène sont inutiles dans l'énoncé.

12. — *On fait détoner, dans un eudiomètre, 8ᵛ d'un mélange d'oxygène et d'hydrogène. Après l'explosion, il reste un volume d'oxygène. Quel était le rapport des volumes d'oxygène et d'hydrogène du mélange introduit dans l'eudiomètre?*

D'après l'énoncé, 7 volumes de gaz ont disparu au moment de l'explosion.

Or on sait qu'un volume de mélange tonnant est formé de deux tiers d'hydrogène et de un tiers d'oxygène.

Le volume d'hydrogène disparu $= \dfrac{7 \times 2}{3} = \dfrac{14}{3}$.

Le volume d'oxygène disparu $= \dfrac{7}{3}$.

Le volume de l'oxygène était donc $= \dfrac{7}{3} + \dfrac{3}{3} = \dfrac{10}{3}$.

Les volumes d'oxygène et d'hydrogène du mélange étaient dans le rapport :

$$\frac{10}{14} = \frac{5}{7} .$$

$$\text{Réponse}: \frac{\text{vol. d'oxygène}}{\text{vol. d'hydrogène}} = \frac{5}{7} .$$

13. — *On mélange 25ˡ d'oxygène à 10° et 75ᶜᵐ de pression avec 50ˡ d'hydrogène à 20° et à 77ᶜᵐ. On fait passer une étincelle dans le mélange. Y a-t-il un résidu gazeux, par quel gaz est-il constitué et quel est son volume à 0° et 76ᶜᵐ en le supposant sec?* $O = 16$; *poids spécifique normal de l'air* $= 0,0013$; *densité de l'hydrogène* $= 0,07$; *coefficient de dilatation des gaz* $= 0,0037$.

A 0° et à la pression de 76ᶜᵐ, le volume des 25ˡ d'oxygène devient :

$$25 \times \frac{1}{1 + 10 \times 0,0037} \times \frac{75}{76} = 23^{\text{l}},79,$$

et le volume des 50ˡ d'hydrogène devient :

$$50 \times \frac{1}{1 + 0,0037 \times 20} \times \frac{77}{76} = 47^{\text{l}},17.$$

Or, nous savons que, sous l'influence de l'étincelle, l'hydrogène se combine à la moitié de son volume d'oxygène.

Donc les 47ˡ,17 d'hydrogène se combinent à $\dfrac{47,17}{2}$ ou 23ˡ,58 d'oxygène.

Comme il y a 23ˡ,79 d'oxygène dans le mélange, il reste :

$$23,79 - 23,58 = 0^{\text{l}},21 \text{ d'oxygène.}$$

14. — *Quel volume d'anhydride sulfureux produit la combustion d'un gramme de soufre?* $S = 32$, $O = 16$; *densité du gaz sulfureux* $= 2,23$.

La formation du gaz sulfureux est exprimée par l'équation :

$$S + O^2 = SO^2.$$

Le poids moléculaire de $SO^2 = 32 + 32 = 64$.

Avec 32^{gr} de soufre on obtient 64^{gr} de SO^2;
   —   1^{gr} —   — x —

d'où la proportion

$$\frac{x}{64} = \frac{1}{32},$$

et

$$x = \frac{64}{32} = 2^{gr}.$$

Le volume occupé par les 2^{gr} de SO^2 est :

$$\frac{2}{2,23 \times 1,693} = 0^{l},530.$$

Réponse : $0^{l},530$.

AUTRE MÉTHODE. — La combustion du soufre est exprimée par la réaction :

$$S + O^2 = SO^2.$$

Or SO^2 représente un volume moléculaire, c'est-à-dire 22^{l},24 d'anhydride sulfureux, et S représente 32^{gr} de soufre.

Donc, 32^{gr} de soufre donnent 22^{l},24 de SO^2,
    —   1^{gr} —   — x —

d'où la proportion :

$$\frac{x}{22,24} = \frac{1}{32},$$

et

$$x = \frac{22,24}{32} = 0^{l},695.$$

Réponse : $0^{l},695$.

15. — *Quel poids de cuivre et d'acide sulfurique faut-il employer pour obtenir* 10^{gr} *d'anhydride sulfureux ?* Cu = 64, S = 32.

La préparation du gaz sulfureux au moyen de l'acide sulfurique et du cuivre est représentée par l'équation :

$$2SO^4H^2 + Cu = SO^4Cu + 2H^2O + SO^2.$$

Poids moléculaire de $SO^4H^2 = 98$,
    —   — $SO^2 = 64$.

Pour obtenir 64^{gr} de SO^2, il faut 196^{gr} de SO^4H^2 et 64 de Cu,
  —   10^{gr} —   — x — y —

On a donc les proportions :

$$\frac{x}{196} = \frac{10}{64}, \quad \text{d'où } x = \frac{196 \times 10}{64} = 30^{gr},625;$$

et

$$\frac{y}{64} = \frac{10}{64}, \quad \text{d'où } y = \frac{64 \times 10}{64} = 10^{gr}.$$

Réponse. Il faut : $\begin{cases} 30^{gr},625 \text{ de } SO^4H^2, \\ 10^{gr} \text{ de Cu.} \end{cases}$

16. — *Quel poids de carbone faut-il pour réduire* 250^{gr} *d'oxyde de cuivre et quel sera le volume d'anhydride carbonique produit ?* Cu = 64, C = 12, O = 16 ; *densité de l'anhydride carbonique* = 1,529.

L'équation qui exprime la réduction de l'oxyde de cuivre est la suivante :

$$2CuO + C = 2Cu + CO^2.$$

Le poids moléculaire de $CuO = 80$.
Le volume moléculaire de CO^2 est $22^l,24$.

Pour réduire 100^{gr} de CuO, il faut 12^{gr} de C, et il se produit $22^l,24$ de CO^2,
— 250^{gr} — — x — — y —

On a donc les proportions :

$$\frac{x}{12} = \frac{250}{100}, \quad \text{d'où} \quad x = \frac{12 \times 250}{100} = 18^{gr},75;$$

et

$$\frac{y}{22,24} = \frac{250}{100}, \quad \text{d'où} \quad y = \frac{250 \times 22,24}{100} = 31^l,75.$$

Réponses : $\begin{cases} 1^o \text{ Il faut } 18^{gr},75 \text{ de carbone,} \\ 2^o \text{ Il se produit } 31^l,75 \text{ d'anhydride carbonique.} \end{cases}$

Remarque. — On n'a pas besoin de connaître la densité de l'acide carbonique.

17. — *On transforme en anhydride carbonique 600^{gr} de char-bon pur, en employant la quantité d'oxygène strictement néces-saire. Quel poids de chlorate de potassium faut-il décomposer pour fournir cet oxygène?* $O = 16$, $K = 39$, $Cl = 35,5$, $C = 12$.

L'équation qui exprime cette transformation du charbon est :

$$C + O^2 = CO^2.$$

Le poids moléculaire de $CO^2 = 44$.

Pour transformer 12^{gr} de carbone, il faut 32^{gr} de O,
— 600^{gr} — — x —

On a donc la proportion :

$$\frac{x}{32} = \frac{600}{12}$$

d'où

$$x = \frac{32 \times 600}{12} = 1600^{gr}.$$

La préparation de l'oxygène au moyen de ClO^3K est exprimée par l'équation :

$$ClO^3K = 3O + KCl.$$

Poids moléculaire de $ClO^3K = 122,5$.

On voit que pour avoir 48^{gr} de O, il faut $122,5$ de ClO^3K,
— 1600^{gr} — — y —

On a donc la proportion : $\quad \dfrac{y}{122,5} = \dfrac{1600}{48};$

d'où

$$y = \frac{122,5 \times 1600}{48} = 4083,33.$$

Réponse : Il faut décomposer $4^{kg},083$ de ClO^3K.

18. — *Combien de carbone faut-il brûler dans un litre d'oxy-gène pour le transformer en oxyde de carbone?* $C = 12$, $O = 16$; *densité de l'oxygène* $= 1,105$.

Le poids du litre d'oxygène $= 1,293 \times 1,105 = 1^{gr},429$.

La formation de l'oxyde de carbone est figurée par l'équation :

$$C + O = CO.$$

Pour 16^{gr} d'oxygène, il faut brûler 12^{gr} de carbone,

   — 1^{gr},429   —   — x —

d'où la proportion :
$$\frac{x}{12} = \frac{1,429}{16},$$

et
$$x = \frac{12 \times 1,429}{16} = 1^{gr},072.$$

Réponse : Il faut brûler 1^{gr},072 de carbone.

AUTRE MÉTHODE. — L'équation de combustion du carbone dans l'oxygène pour obtenir de l'oxyde de carbone est :
$$2C + O^2 = 2CO.$$

Or le volume moléculaire $O^2 = 22^l,24$.

Donc, pour transformer 22^l,24 d'oxygène, il faut 24^{gr} de carbone,

        —   1^l —   — x —

d'où la proportion :
$$\frac{x}{24} = \frac{1}{22,24},$$

et
$$x = \frac{24}{22,24} = 1^{gr},079.$$

Réponse : Il faudra brûler 1^{gr},079 de charbon.

Remarque. — Il est inutile de connaître la densité de l'oxygène.

19. — *On a transformé* 180^{kg} *de charbon en oxyde de carbone. On demande quel serait le volume normal de l'oxygène nécessaire pour opérer la combustion complète de cet oxyde de carbone.* $C = 12$, $O = 16$; *densité de l'oxygène* $= 1,105$.

1° La transformation du carbone en oxyde de carbone, est exprimée par l'équation :
$$C + O = CO.$$

Le poids moléculaire de $CO = C + O = 12 + 16 = 28$.

Ainsi, 12^{kg} de charbon donnent 28^{kg} d'oxyde de carbone,

    —   180^{kg} — x —

On a donc la proportion :
$$\frac{x}{28} = \frac{180}{12};$$

d'où
$$x = \frac{28 \times 180}{12} = 420^{kg} \text{ de } CO.$$

2° La combustion de CO est représentée par l'équation :
$$CO + O = CO^2.$$

Ainsi, la combustion de 28^{kg} de CO exige 16^{kg} d'oxygène,

        —   420^{kg} —   — y —

d'où la proportion :
$$\frac{y}{16} = \frac{420}{28},$$

et
$$y = \frac{16 \times 420}{28} = 240^{kg}.$$

$3°$ Le volume d'oxygène nécessaire sera : $\dfrac{240000}{1,105 \times 1,293}$,

ou $\qquad\qquad\qquad \dfrac{240000}{1,429} = 1\,679^{\text{hl}},49.$

Réponse : $1\,679^{\text{hl}},49.$

AUTRE MÉTHODE. — La production de l'oxyde de carbone est exprimée par la réaction : $\qquad\qquad C + O = CO.$ $\qquad\qquad$ (1)

La production de l'anhydride carbonique, en partant de l'oxyde de carbone, est exprimée par la réaction : $\qquad CO + O = CO^2.$ $\qquad\qquad$ (2)

Les équations (1) et (2) montrent que 12^{gr} de charbon donnent un volume moléculaire d'oxyde de carbone qui exige un demi-volume moléculaire d'oxygène pour se transformer en gaz carbonique. Le demi-volume moléculaire étant $11^l,12$, on peut donc dire :

12^{gr} de carbone, préalablement transformés en CO, exigent $11^l,12$ pour se transformer en CO^2 ;

180000^{gr} de carbone exigeront donc x litres d'oxygène pour se transformer en CO^2, après avoir été préalablement transformée en CO.

Ce qui fournit la proportion : $\dfrac{x}{11,12} = \dfrac{180000}{12}$;

d'où $\qquad\qquad x = \dfrac{180000 \times 11,12}{12} = 1668^{\text{hl}}.$

Réponse : $1668^{\text{hl}}.$

20. — *Calculer le poids de chlorate de potassium nécessaire pour préparer 5^l d'oxygène à la température de $12°$ et à la pression de 76^{cm}. Densité de l'oxygène $= 1,1056$. $Cl = 35,5$; $K = 39$; $O = 16$. Coefficient de dilatation des gaz : $0,00366$.*

La formule du poids des gaz, que l'on établit en physique, donne :

Poids de l'oxygène à $0°$:

$$5 \times \frac{1}{1 + 0,00366 \times 12} \times 1,293 \times 1,1056 = 6^{\text{gr}},816.$$

La préparation de l'oxygène au moyen de ClO^3K, en supposant que l'on calcine au rouge, est exprimée par l'équation :

$$ClO^3K = 3O + KCl.$$

Le poids moléculaire de ClO^3K est $(35,5 + 48 + 39) = 122,5.$

Pour préparer 48 d'oxygène, il faut $122,5$ de ClO^3K,

$\qquad$ — $\qquad 6,816 \qquad$ — $\qquad$ — $\quad x \quad$ —

On a donc la proportion : $\qquad \dfrac{x}{122,5} = \dfrac{6,816}{48}$;

d'où $\qquad\qquad x = \dfrac{122,5 \times 6,816}{48} = 17^{\text{gr}},17.$

Réponse : Il faut $17^{\text{gr}},17$ de chlorate de potassium.

AUTRE MÉTHODE. — La préparation de l'oxygène par le chlorate de potassium, en supposant la réaction complète, est représentée par l'équation :

$$2ClO^3K = 2KCl + 3O^2.$$ $\qquad\qquad$ (1)

Le poids moléculaire de ClO^3K est $35,5 + 48 + 39 = 122,50$, et celui de $2ClO^3K$ est 245.

D'autre part, $3O^2$ représentent 3 volumes moléculaires d'oxygène, c'est-à-dire $3 \times 22^l,24 = 66^l,72$ d'oxygène pris à $0°$ et à la pression 760^{mm}. Le volume V de cet oxygène à $12°$ et à la pression 760^{mm} sera, d'après une formule connue de physique : $$V = V_0(1 + \alpha t) = 66,72(1 + 0,00366 \times 12) = 69^l,65.$$

D'après l'équation (1) :

$69^l,65$ d'oxygène, exigent 245^{gr} de ClO^3K, pour se produire,

5^l —   exigeront x —   —

d'où la proportion :
$$\frac{x}{245} = \frac{5}{69,65},$$

et
$$x = \frac{5 \times 245}{69,65} = 17^{gr},58.$$

Réponse : Il faut $17^{gr},58$ de chlorate de potassium.

21. — *Quel volume d'anhydride carbonique peut donner la décomposition d'un morceau de marbre qui pèse 10^{gr}? $Ca = 40$, $C = 12$, $O = 16$; densité de l'anhydride carbonique $= 1,529$.*

La décomposition du marbre est représentée par l'équation :
$$CO^3Ca = CaO + CO^2.$$
Le poids moléculaire de $CO^3Ca = 100$,
    —   de CO^2 $= 44$.

100^{gr} de CO^3Ca donnent 44^{gr} de CO^2,
 10^{gr} de CO^3Ca — $4^{gr},4$ —

Le volume de $4^{gr},4$ de $CO^2 = \dfrac{4,4}{1,293 \times 1,529} = 2,225.$

Réponse : $2^l,225$ de CO^2.

AUTRE MÉTHODE. — La décomposition du marbre est représentée par la réaction :
$$CO^3Ca = CaO + CO^2. \tag{1}$$
Le poids moléculaire de $CO^3Ca = 12 + 48 + 40 = 100$.

Or, d'après l'équation (1), il se dégage un volume moléculaire de CO^2, c'est-à-dire $22^l,24$; donc :

100^{gr} de CO^3Ca dégagent $22^l,24$ de CO^2,
 10^{gr} —   — x —

d'où $x = 2^l,224.$

Réponse : $2^l,224$ de CO^2.

22. — *Calculer le poids du carbonate de calcium qu'il serait nécessaire de décomposer par un acide pour obtenir 100^l d'anhydride carbonique sec à $15°$ et sous la pression de 75^{cm}. $Ca = 40$, $O = 16$. Densité du gaz carbonique par rapport à l'air : $1,529$.*

D'après une formule de physique connue, le poids de l'anhydride carbonique à $0°$ et sous la pression de 76^{cm} est :
$$100 \times \frac{1}{1 + 0,0037 \times 15} \times \frac{75}{76} \times 1,293 \times 1,529 = 181^{gr},852.$$

La décomposition du carbonate par un acide, tel que HCl, peut être représentée par la réaction :

$$CO^3Ca + 2HCl = CaCl^2 + H^2O + CO^2.$$

Or le poids moléculaire de $CO^3Ca = 100$, et celui de $CO^2 = 44$.

Donc pour avoir 44^{gr} de CO^2, il faut décomposer 100^{gr} de CO^3Ca,
— $184,852^{gr}$ —   — x —

On a donc la proportion : $\dfrac{x}{100} = \dfrac{184,852}{44}$;

d'où $x = \dfrac{100 \times 184,852}{44} = 420^{gr},118.$

Réponse : $420^{gr},118$ de carbonate de calcium.

AUTRE MÉTHODE. — La décomposition du carbonate de calcium par un acide tel que l'acide sulfurique, peut être exprimée par la réaction :

$$CO^3Ca + SO^4H^2 = SO^4Ca + H^2O + CO^2.$$

Le poids moléculaire de $CO^2Ca = 12 + 48 + 40 = 100.$

Il laisse dégager un volume moléculaire, c'est-à-dire $22^l,21$ d'anhydride carbonique à $0°$.

D'après une formule de physique connue, le volume V de ces $22^l,21$ devient, à $15°$ et à la pression de 75^{cm} :

$$V = \dfrac{22,21 \times 76 (1 + 0,00366 \times 15)}{75} = 23^l,773.$$

Donc, pour récolter $23^l,773$ de CO^2, il faut 100^{gr} de CO^3Ca,
— 100^l —   — x —

d'où la proportion : $\dfrac{x}{100} = \dfrac{100}{23,773}$,

et $x = \dfrac{100 \times 100}{23,773} = 420^{gr},645.$

Réponse : $420^{gr},645$ de carbonate de chaux.

23. — *En décomposant une certaine quantité de carbonate de sodium par 100^{gr} de chaux, on a obtenu 54^{gr} de soude. Trouver la quantité de carbonate décomposée.* $C = 12$, $Na = 23$, $Ca = 40$, $O = 16$.

La préparation de la soude caustique est exprimée par l'équation :

$$CO^3Na^2 + Ca(OH)^2 = 2NaOH + CO^3Ca.$$

Or le poids moléculaire de $CO^3Na^2 = 12 + 48 + 46 = 106.$

Celui de $2(NaOH) = 2(23 + 17)   = 80.$

Pour avoir 80^{gr} de soude, il faut décomposer 106^{gr} de carbonate,
— 54^{gr} —   — x —

On a donc la proportion : $\dfrac{x}{106} = \dfrac{54}{80}$;

d'où $x = \dfrac{106 \times 54}{80} = 71^{gr},55.$

Réponse : $71^{gr},55$ de carbonate de sodium.

24. — *Combien faut-il brûler de soufre pour obtenir 100^{kg} d'acide sulfurique, la transformation étant supposée complète? Quel serait à 20° et sous la pression de 75^{cm}, le volume d'air normal nécessaire pour fournir l'oxygène employé dans cette réaction? S = 32, O = 16; densité de l'hydrogène : 0,07; coefficient de dilatation des gaz : 0,0037; poids spécifique normal de l'air : 0,0013.*

Le poids moléculaire de l'acide sulfurique est : $SO^4H^2 = 32 + 64 + 2 = 98$.

Ainsi 98^{kg} de SO^4H^2 contiennent   32^{kg} de S,
—   100^{kg}   —   en contiendront x —

d'où la proportion :
$$\frac{x}{32} = \frac{100}{98},$$

et
$$x = \frac{32 \times 100}{98} = 32^{kg},650.$$

2° La transformation du soufre en acide sulfurique en présence de l'air et de l'eau peut être exprimée de la façon suivante :
$$S + O^3 + H^2O = SO^4H^2. \tag{1}$$

Or O^3 représente un volume moléculaire et demi, c'est-à-dire :
$$22^l,24 + 11^l,12 = 33^l,36,$$

à 0° et à la pression de 76^{cm}.

A 20° et sous la pression de 75^{cm}, ce volume devient, en appliquant une formule connue :
$$V = \frac{33,36 \times 76 (1 + 0,0037 \times 20)}{75} = 36^l,30635.$$

Ainsi, d'après l'équation (1), 98^{gr} de SO^4H^2 exigent 36^l,30635 d'oxygène,
100^{gr}   — x —

d'où la proportion :
$$\frac{x}{36,30635} = \frac{100}{98},$$

et
$$x = \frac{36,30635 \times 100}{98} = 37^l,0473.$$

Donc 100^{kg} d'acide sulfurique exigeront :
$$37^l,0473 \times 1000 = 37047^l,30.$$

L'air contient en volume 21 % d'oxygène,

21^l   d'oxygène exigent 100^l d'air,
37047^l,30   — y —

d'où la proportion :
$$\frac{y}{100} = \frac{37047,30}{21},$$

et
$$y = \frac{37047,30 \times 100}{21} = 176^{mc},415 \text{ d'air.}$$

Réponses : $\begin{cases} 1° & 32^{kg},650 \text{ de soufre.} \\ 2° & 176^{mc},415 \text{ d'air.} \end{cases}$

Remarque. — Il est inutile de connaître la densité de l'hydrogène et le poids spécifique de l'air.

25. — *Quel poids de sulfure de fer faut-il traiter par l'acide chlorhydrique pour obtenir 10^{gr} d'acide sulfhydrique? S = 32, Fe = 56, Cl = 35,5.*

La préparation de l'acide sulfhydrique par le sulfure de fer est représentée par l'équation :
$$FeS + 2HCl = FeCl^2 + H^2S.$$

Le poids moléculaire de $H^2S = 2 + 32 = 34$,
$$—\quad\quad— \quad\quad FeS = 56 + 32 = 88.$$

Ainsi, pour avoir 34^{gr} de H^2S, il faut traiter 88^{gr} de FeS.
$$—\quad\quad 10^{gr} \quad — \quad\quad — \quad\quad x \quad —$$

On a donc la proportion :
$$\frac{x}{88} = \frac{10}{34},$$

d'où
$$x = \frac{88 \times 10}{34} = 25^{gr},88.$$

$$\text{Réponse : } 25^{gr},88.$$

26. — *Dans quel rapport de poids doit-on mélanger l'oxyde azotique et la vapeur de sulfure de carbone pour obtenir un mélange détonant qui brûle sans résidu de l'un ou de l'autre gaz? Az = 14, S = 32, C = 12, O = 16.*

La combustion du sulfure de carbone produit du gaz carbonique et du gaz sulfureux; on peut la représenter par l'équation :
$$CS^2 + 3O^2 = CO^2 + 2SO^2.$$

Dans le cas du problème, l'oxygène est fourni par l'oxyde azotique. La réaction peut donc se formuler comme il suit :
$$6AzO + CS^2 = CO^2 + 2SO^2 + 6Az.$$

Le poids de $6AzO = 6(14 + 16) = 180$,
$$—\quad\quad CS^2 = (12 + 2 \times 32) = 76.$$

Donc le rapport des poids de AzO et CS^2 qui doivent être mélangés est :
$$\frac{180}{76} = \frac{45}{19}.$$

$$\text{Réponse : } \frac{45}{19}.$$

27. — *On fait passer du soufre en vapeur dans un tube en porcelaine contenant du charbon chauffé au rouge. On admet que tout le soufre a été transformé en sulfure de carbone. Quelle quantité de soufre a été employée si l'on a recueilli 200^{gr} de sulfure de carbone? C = 12, S = 32.*

La transformation du soufre en sulfure de carbone est représentée par l'équation :
$$C + S^2 = CS^2.$$

Le poids moléculaire de $CS^2 = (12 + 64) = 76.$

Ainsi, pour avoir 76^{gr} de CS^2, il faut employer 64^{gr} de S.
— 200^{gr} —   — x —

On a donc la proportion :
$$\frac{x}{64} = \frac{200}{76},$$

d'où
$$x = \frac{64 \times 200}{76} = 168^{gr},42.$$

Réponse : $168^{gr},42$ de soufre.

28. — *Quel poids d'acide sulfurique et de sel marin faut-il employer pour obtenir 1^{mc} d'acide chlorhydrique gazeux? Quel sera le poids du résidu? S $=32$, O $=16$, Na $= 23$, Cl $= 35,5$; densité de l'acide chlorhydrique gazeux : $1,25$.*

Le poids du mètre cube de HCl gazeux $= 1,293 \times 1,25 = 1^{kg},616$.

La préparation de HCl est représentée par l'équation :
$$2NaCl + SO^4H^2 = SO^4Na^2 + 2HCl.$$

Le poids moléculaire de $SO^4H^2 = 32 + 16 \times 4 + 2 = 98$,
— $2NaCl = (35,5 + 23)\,2$ $= 117$,
— $2HCl = (35,5 + 1)\,2$ $= 73$.

Ainsi, pour avoir 73^{kg} de HCl, il faut 98^{kg} de SO^4H^2 et 117^{kg} de NaCl,
— $1^{kg},616$ — x — y —

On a donc :
$$\frac{x}{98} = \frac{1,616}{73}, \quad \text{d'où } x = \frac{98 \times 1,616}{73} = 2^{kg},169;$$

et
$$\frac{y}{117} = \frac{1,616}{73}, \quad \text{d'où } y = \frac{117 \times 1,616}{73} = 2^{kg},59.$$

Le poids moléculaire de SO^4Na^2 est : $32 + 64 + 46 = 142$.

Ainsi, avec 98^{kg} de SO^4H^2, il y a 142^{kg} de résidu,
— $2^{kg},169$ — z —

d'où la proportion :
$$\frac{z}{142} = \frac{2,169}{98},$$

et
$$z = \frac{142 \times 2,169}{98} = 3^{kg},142.$$

$$\text{Réponses : } \begin{cases} 1^{\circ}\ 2^{kg},169 \text{ de } SO^4H^2, \\ 2^{\circ}\ 2^{kg},59 \text{ de NaCl}, \\ 3^{\circ}\ 3^{kg},142 \text{ de résidu.} \end{cases}$$

AUTRE MÉTHODE. — La préparation de l'acide chlorhydrique, la réaction étant supposée se passer au rouge, est représentée par l'équation :
$$2NaCl + SO^4H^2 = SO^4Na^2 + 2HCl. \tag{1}$$

Le poids moléculaire du chlorure de sodium est : $23 + 35,5 = 58,5$.
Celui de l'acide sulfurique est : $32 + 64 + 2 = 98$.
Celui du sulfate neutre de sodium est : $32 + 64 + 46 = 142$.

L'équation (1) montre que deux volumes moléculaires d'acide chlorhydrique, c'est-à-dire $44^l,48$, exigent pour se produire $2 \times 58,5 = 117^{gr}$ de NaCl, 98^{gr} de SO^4H^2 et donnent un résidu de 142^{gr} de SO^4Na^2.

Donc $44^l,48$ d'HCl exigent 98^{gr} de SO^4H^2 pour se produire,
— 1000^l —   exigeront x —   —

d'où la proportion :
$$\frac{x}{98} = \frac{1000}{41,48},$$

et
$$x = \frac{98 \times 1000}{41,48} = 2^{kg},203 \text{ de } SO^4H^2.$$

44¹,48 d'HCl exigent aussi 117^{gr} de NaCl pour se produire,
1000¹ — exigeront y —   —

d'où la proportion :
$$\frac{y}{117} = \frac{1000}{41,48},$$

et
$$y = \frac{117 \times 1000}{41,48} = 2^{kg},630 \text{ de } NaCl.$$

Enfin 44¹,48 d'HCl en se formant, donnent 142^{gr} de résidu,
— 1000¹ —   —   donneront z —

d'où la proportion :
$$\frac{z}{142} = \frac{1000}{41,48},$$

et
$$z = \frac{142 \times 1000}{41,48} = 3^{kg},192.$$

$$\text{Réponses :} \begin{cases} 1^\circ \ 2^{kg},203 \text{ d'acide sulfurique,} \\ 2^\circ \ 2^{kg},630 \text{ de chlorure de sodium,} \\ 3^\circ \ 3^{kg},192 \text{ de sulfate de sodium en résidu.} \end{cases}$$

29. — *Un ballon renferme 10¹ d'air sec à 16°, sous la pression de 3^{atm}. Calculer les poids d'oxygène et d'azote qu'il renferme, sachant que la densité de l'oxygène est 1,1056, celle de l'azote : 0,972; le coefficient de dilatation des gaz est $\frac{1}{273}$, et le poids du litre d'air : 1^{gr},30.*

Cherchons d'abord le volume V_0 occupé par l'air à 0° et à la pression de une atmosphère. Une formule connue, étudiée en physique, donne :

$$V_0 = \frac{VH}{H_0(1 + at)} = \frac{10 \times 3}{1 + \frac{16}{273}} = \frac{10 \times 3 \times 273}{273 + 16},$$

en prenant l'atmosphère comme unité de pression.

Ce volume est exprimé en litres, et, comme le poids du litre d'air dans les conditions normales est 1^{gr},30, le poids total P de l'air ramené à 0° et à 76^{cm} sera :

$$P = \frac{10 \times 3 \times 273 \times 1,3}{273 + 16} = 36^{gr},81.$$

On sait que 100^{gr} d'air renferment 23^{gr} d'oxygène et 77^{gr} d'azote.

Donc, si 100^{gr} d'air renferment 23^{gr} d'oxygène,
— 36^{gr},81 — renfermeront x —

d'où la proportion :
$$\frac{x}{23} = \frac{36,81}{100},$$

et
$$x = \frac{23 \times 36,81}{100} = 8^{gr},47 \text{ d'O.}$$

Le poids de l'azote sera donc : 36,81 − 8,47 = 28^{gr},37.

$$\text{Réponses :} \begin{cases} 1^\circ \ 8^{gr},47 \text{ d'oxygène,} \\ 2^\circ \ 28^{gr},37 \text{ d'azote.} \end{cases}$$

Remarque. — Il est inutile de connaître les densités de l'oxygène et de l'azote.

30. — *Combien de chaux faut-il ajouter à 100ʳ de chlorure d'ammonium pour obtenir tout le gaz ammoniac que ce sel renferme? Cl = 35,5, Az = 14, Ca = 40.*

La préparation du gaz ammoniac est représentée par l'équation :

$$2AzH^4Cl + Ca(OH)^2 = CaCl^2 = 2AzH^3 + 2H^2O.$$

Or $$2(AzH^4Cl) = 107,$$

et $$Ca(OH)^2 = 74.$$

Ainsi, avec 107ᵍʳ de chlorure d'ammonium, il faut 74ᵍʳ de chaux,
    —   100ᵍʳ   —   — x —

d'où la proportion : $$\frac{x}{74} = \frac{100}{107},$$

et $$x = \frac{74 \times 100}{107} = 69^{gr},158.$$

Réponse : 69ᵍʳ,158 de chaux.

31. — *On veut obtenir 100ˡ d'azote à 0°, sous la pression de 76ᶜᵐ, en faisant agir le chlore sur l'ammoniaque. Combien faudra-t-il employer de bioxyde de manganèse pour obtenir le chlore nécessaire? Mn = 55, Cl = 35,5, Az = 14; densité de l'hydrogène : 0,0695; poids spécifique normal de l'air : 0,001 293.*

1° La préparation de l'azote par l'action du chlore sur l'ammoniaque est représentée par l'équation :

$$4AzH^3 + 3Cl = 3AzH^4Cl + Az. \qquad (1)$$

Puisque le poids atomique de l'azote est 14, sa densité sera 14 fois celle de l'hydrogène, c'est-à-dire : $0,0695 \times 14 = 0,973$.

Le poids des 100ˡ d'azote sera : $0,973 \times 1,293 \times 100 = 125^{gr},808$.

D'après l'équation (1), 14ᵍʳ d'azote exigent 106ᵍʳ,50 de chlore,
    —   125ᵍʳ,808   —   exigeront x —

d'où la proportion : $$\frac{x}{106,5} = \frac{125,808}{14},$$

et $$x = \frac{106,5 \times 125,808}{14} \text{ ou } 957^{gr},039 \text{ de chlore.}$$

2° La préparation du chlore est exprimée par l'équation :

$$MnO^2 + 4HCl = MnCl^2 + 2H^2O + Cl^2.$$

Donc, pour avoir $2 \times 35,5$, ou 71ᵍʳ de Cl, il faut $(55 + 32)$, ou 87ᵍʳ de MnO²,
    —   —   957,039   —   — y —

d'où la proportion : $$\frac{y}{87} = \frac{957,039}{71},$$

et $$y = \frac{87 \times 957,039}{71} = 1^{kg},172.$$

Réponse : 1ᵏᵍ,172 de bioxyde de manganèse.

Autre méthode. — La préparation de l'azote par l'action du chlore sur l'ammoniaque est représentée par l'équation :

$$4AzH^3 + 3Cl = 3AzH^4Cl + Az;$$

ou, en doublant, pour avoir un volume moléculaire d'azote :

$$8AzH^3 + 6Cl = 6AzH^4Cl + Az^2. \tag{1}$$

Or
$$6Cl = 6 \times 35,5 = 213,$$
et
$$Az^2 = 221,24.$$

D'autre part, la préparation du chlore par MnO^2 et HCl, est exprimée par l'équation :
$$MnO^2 + 4HCl = MnCl^2 + H^2O + 2Cl;$$
ou, en multipliant par 3 pour avoir $6Cl = 213$:
$$3MnO^2 + 12HCl = 3MnCl^2 + 3H^2O + 6Cl. \tag{2}$$

Or
$$3MnO^2 = 3(55 + 32) = 261.$$

D'après les équations (1) et (2), on voit que pour obtenir 221,24 d'azote, il faut 213gr de chlore qui seront fournis par 261gr de bioxyde de manganèse; le chlore ne servant que d'intermédiaire, on peut raisonner comme il suit :

221,24 d'azote correspondent à 261gr de bioxyde de manganèse,
100ʲ   —   correspondront à x —

d'où la proportion :
$$\frac{x}{261} = \frac{100}{22,24},$$
et
$$x = \frac{261 \times 100}{22,24} = 1^{kg},173 \text{ de } MnO^2.$$

Réponse : $1^{kg},173$ de bioxyde de manganèse.

Remarque. — Il est inutile de connaître les densités et les poids spécifiques.

32. — *Les os renferment 51°/₀ de phosphate tricalcique; combien faudra-t-il traiter de kilogrammes d'os par l'acide sulfurique pour obtenir 1ᵏᵍ de phosphate monocalcique?* $P = 31$, $S = 32$, $O = 16$, $Ca = 40$.

La transformation du phosphate tricalcique en phosphate monocalcique est représentée par l'équation (1) :
$$(PO^4)^2Ca^3 + 2SO^4H^2 = (PO^4)^2H^4Ca + 2SO^4Ca. \tag{1}$$

Le poids moléculaire de $(PO^4)^2Ca^3 = 310$,
        — $(PO^4)^2H^4Ca = 231$.

L'équation (1) montre que :
pour obtenir 231ᵏᵍ de phosphate monocalcique, il faut 310ᵏᵍ de phosphate tricalcique,
pour en obtenir 1ᵏᵍ   —   — x —

d'où la proportion :
$$\frac{x}{310} = \frac{1}{231},$$
et
$$x = \frac{310}{231} = 1342^{gr},78.$$

Puisque les os renferment 51°/₀ de phosphate tricalcique :

51gr de ce phosphate exigent 100gr d'os.
1342gr,18   —   exigeront y —

d'où la proportion :
$$\frac{y}{100} = \frac{1321,78}{51},$$
et
$$y = \frac{1321,78 \times 100}{51} = 2^{kg},597.$$

Réponse : $2^{kg},597$ d'os.

DEUXIÈME SÉRIE

33. — *On demande le poids de phosphore qu'il faudra faire brûler dans 100ˡ d'air sec et dépourvu d'anhydride carbonique, pour qu'il ne reste que l'azote atmosphérique. Le poids du litre d'air est 1ᵍʳ,293, et le poids atomique du phosphore est 31.*

Puisque 1ˡ d'air pèse 1ᵍʳ,293, 100ˡ pèseront 129ᵍʳ,30.

On sait que sur 100ᵍʳ, l'air contient 23ᵍʳ d'oxygène,

— 129ᵍʳ,30, il en contiendra x;

d'où
$$\frac{x}{23} = \frac{129,3}{100},$$

et
$$x = \frac{129,3 \times 23}{100} = 29^{gr},739.$$

D'autre part, la combustion vive du phosphore dans l'air sec est représentée par l'équation : $\qquad 2P + 5O = P^2O^5.$

Or $\qquad\qquad\qquad 2P = 2 \times 31 = 62,$

et $\qquad\qquad\qquad 5O = 5 \times 16 = 80.$

D'après la réaction ci-dessus,

80ᵍʳ d'oxygène sont absorbés par 62ᵍʳ de phosphore,

29ᵍʳ,739 — seront — y —

d'où
$$\frac{y}{62} = \frac{29,739}{80},$$

et
$$y = \frac{29,739 \times 62}{80} = 23^{gr},017.$$

Réponse : 23ᵍʳ,017 de phosphore.

34. — *Un tube de porcelaine renfermant de la tournure de cuivre pèse 1ᵏᵍ,500; on le chauffe au rouge et on le fait traverser par un courant lent d'air sec et dépouillé de gaz carbonique; on arrête l'opération quand il pèse 1ᵏᵍ,524. On demande le volume d'air qui a traversé ce tube. Cu = 63.*

Le cuivre au rouge absorbe l'oxygène de l'air suivant l'équation :
$$Cu + O = CuO,$$

qui indique que 16^{gr} d'oxygène occupant $11^l,12$ sont absorbés par 63^{gr} de cuivre pour former un poids moléculaire d'oxyde cuivrique.

Donc 16^{gr} d'oxygène occupent un volume de $11^l,12$;

$1^{kg},524 — 1^{kg},50 = 24^{gr}$ d'oxygène occupaient un volume x;

d'où
$$\frac{x}{11,12} = \frac{24}{16},$$

et
$$x = \frac{24 \times 11,12}{16} = 16^l,68.$$

Or 100^l d'air contiennent 21^l d'oxygène.
$\quad\quad y \quad\quad — \quad\quad$ contiendront $16^l68 \quad\quad —$

d'où
$$\frac{y}{100} = \frac{16,68}{21},$$

et
$$y = \frac{16,68 \times 100}{21} = 79^l,428.$$

Réponse : $79^l,428$ d'air.

35. — *On attaque 7^{gr} de fer par l'acide chlorhydrique; on demande le poids de zinc qu'il faudrait attaquer par l'acide sulfurique pour récolter le même poids d'hydrogène dans les deux cas : $Fe = 56$; $Zn = 65$.*

La réaction de préparation de l'hydrogène par le fer est :

$$Fe + 2HCl = FeCl^2 + H^2.$$

Par le zinc et l'acide sulfurique, la réaction est :

$$Zn + SO^4H^2 = SO^4Zn + H^2.$$

Ces deux réactions montrent que la quantité d'H, mise en liberté, est la même lorsqu'on traite 56^{gr} de fer et 65^{gr} de zinc.

Donc 56^{gr} de Fe correspondent à 65^{gr} de Zn,
$\quad —\quad 7^{gr} \quad — \quad\quad\quad — \quad\quad x \quad —$

On a la proportion :
$$\frac{x}{65} = \frac{7}{56},$$

d'où
$$x = \frac{7 \times 65}{56} = 8^{gr},125.$$

Réponse : $8^{gr},125$ de zinc.

36. — *On fait passer un courant de vapeur d'eau sur du fer chauffé au rouge dans un tube de porcelaine; le gaz résultant de la réaction est récolté, et l'on constate qu'il occupe 5^l dans les conditions normales. Quels sont les poids de l'eau décomposée et de l'oxyde de fer formé? $Fe = 56$.*

L'équation de décomposition de l'eau par le fer est :

$$3Fe + 4H^2O = Fe^3O^4 + 4H^2.$$

Il se dégage donc 4 volumes moléculaires d'hydrogène, c'est-à-dire $88^l,96$, qui proviennent de la décomposition de $4H^2O = 4 \times 18 = 72^{gr}$. D'autre part, le poids moléculaire de $Fe^3O^4 = 3 \times 56 + 4 \times 16 = 232$.

L'équation montre que :

$88^l,96$ d'hydrogène proviennent de 72^{gr} d'eau,
  5^l —   proviendront de x —

On a donc
$$\frac{x}{72} = \frac{5}{88,96},$$

d'où
$$x = \frac{5 \times 72}{88,96} = 4^{gr},04.$$

De même, quand $88^l,96$ d'hydrogène se dégagent, 232^{gr} d'oxyde salin de fer se forment; quand 5^l d'hydrogène se dégageront, y^{gr} d'oxyde salin se formeront;

On a
$$\frac{y}{232} = \frac{5}{88,96},$$

d'où
$$y = \frac{5 \times 232}{88,96} = 13^{gr},03.$$

Réponses : $\begin{cases} 1^o \; 4^{gr},04 \text{ d'eau,} \\ 2^o \; 13^{gr},03 \text{ d'oxyde salin de fer.} \end{cases}$

37. — *On récolte $1^l,39$ d'azote en faisant passer du gaz ammoniac sur de l'oxyde de cuivre chauffé au rouge dans un tube de porcelaine. On demande de combien a varié le poids de ce tube.* $Cu = 63$.

L'oxyde de cuivre décompose l'ammoniaque au rouge, et l'on a :
$$2AzH^3 + 3CuO = 3Cu + 3H^2O + Az^2.$$

De sorte que l'oxyde du cuivre se trouve réduit à l'état de cuivre métallique, et la vapeur d'eau formée est entraînée par le courant gazeux. L'équation montre que, lorsqu'il se dégage $22^l,24$ d'azote, 3×16^{gr} d'oxygène de l'oxyde de cuivre passent à l'état d'eau et sont entraînés.

Donc $22^l,24$ d'Az seront mis en liberté par 48^{gr} d'oxygène enlevés à CuO,
  — $1^l,39$ —   —   — x —

On a
$$\frac{x}{48} = \frac{1,39}{22,24},$$

d'où
$$x = \frac{48 \times 1,39}{22,24} = 3^{gr}.$$

Réponse : Le poids du tube a diminué de 3^{gr}.

38. — *On chauffe des eaux vannes sur de la chaux et l'on fait arriver, dans l'acide chlorhydrique, l'ammoniaque qui se dégage. La réaction terminée, on évapore à siccité le produit ainsi obtenu, et l'on trouve que le résidu pèse $26^{kg},750$. On demande le volume de gaz ammoniac que contenaient les eaux vannes.*

Les eaux vannes contiennent du carbonate d'ammoniaque qui, chauffé avec de la chaux, laisse dégager du gaz ammoniac donnant, avec l'acide chlorhydrique, du chlorure d'ammonium formant le résidu après évaporation.

On a donc : $CO^2(AzH^4)^2 + CaO^2H^2 = CO^3Ca + 2H^2O + 2AzH^3$,

et $2AzH^3 + 2HCl = 2AzH^4Cl$.

Or $2AzH^4Cl = 2(14 + 4 + 35,5) = 107$,

et $2AzH^3$ représentent $11^l,48$.

107^{gr} d'AzH^4Cl sont fournis par $11^l,48$ d'AzH^3,

26750^{gr} —   — x —

On a $$\frac{x}{11,48} = \frac{26750}{107},$$

d'où $$x = \frac{11,48 \times 26750}{107} = 11120.$$

Réponse : $111^{l},20$ de gaz ammoniac.

39. — *On calcine du bioxyde de baryum au rouge vif dans une cornue et l'on récolte le gaz qui se dégage; on fait ensuite brûler du phosphore dans ce gaz préalablement desséché et l'on constate qu'il s'est formé $5^{gr},68$ d'anhydride phosphorique. On demande le poids du bioxyde de baryum qui a été décomposé.* $Ba = 137; P = 31.$

L'équation de combustion du phosphore est :
$$2P + 5O = P^2O^5. \tag{1}$$
L'équation de décomposition du bioxyde de baryum est :
$$BaO^2 = BaO + O, \tag{2}$$
ou, en la multipliant par 5 pour avoir la même quantité d'oxygène dans les deux équations : $$5BaO^2 = 5BaO + 5O. \tag{3}$$
Or $5BaO^2 = 5(137 + 32) = 815$,

$P^2O^5 = 62 + 80 = 142$,

et $5O = 5 \times 16 = 80$.

En considérant les équations (1) et (3), on peut dire :

142^{gr} d'anhydride phosphorique contiennent 80^{gr} d'O provenant de 815^{gr} de bioxyde de baryum;

$5^{gr},68$ d'anhydride phosphorique contiennent la quantité d'oxygène provenant de x^{gr} de bioxyde de baryum;

On a $$\frac{x}{815} = \frac{5,68}{142},$$

d'où $$x = \frac{815 \times 5,68}{142} = 33^{gr},80.$$

Réponse : $33^{gr},80$ de bioxyde de baryum.

40. — *On chauffe du bioxyde de manganèse avec de l'acide chlorhydrique et l'on récolte $33^l,36$ de chlore. On demande quel volume d'oxygène on récolterait si l'on calcinait au rouge un poids de bioxyde de manganèse égal à celui qui a été attaqué par l'acide chlorhydrique.* $Mn = 55.$

La réaction de préparation du chlore est :
$$MnO^2 + 4HCl = MnCl^2 + 2H^2O + Cl^2. \tag{1}$$

Lorsque l'on calcine le bioxyde de manganèse, on a :

$$3MnO^2 = Mn^2O^4 + O^2. \tag{2}$$

Pour avoir le même nombre de molécules-grammes de bioxyde de manganèse dans les deux réactions, multiplions la première par 3; elle devient :

$$3MnO^2 + 12HCl = 3MnCl^2 + 6H^2O + 3Cl^2. \tag{3}$$

Or l'équation (3) montre qu'au poids $3MnO^2$ correspondent $3Cl^2$, c'est-à-dire 3 volumes moléculaires de chlore ou $3 \times 22^l,24 = 66^l,72$.

L'équation (2) montre qu'au même poids, $3MnO^2$, correspondent O^2, c'est-à-dire un volume moléculaire d'oxygène ou $22^l,24$.

Donc, lorsqu'il se dégage $66^l,72$ de Cl, il se dégagerait $22^l,24$ d'O,
— dégagera $33^l,36$ — — dégagera x —

d'où la proportion :

$$\frac{x}{22,24} = \frac{33,36}{66,72} ,$$

et

$$x = \frac{33,36 \times 22,24}{66,72} = 11^l,12.$$

Réponse : $11^l,12$ d'oxygène.

Remarque. — Il est inutile de connaître le poids atomique du Mn.

41. — *Quel poids de sulfate ferreux faut-il chauffer avec de l'acide azotique et de l'acide sulfurique pour obtenir 5^l de bioxyde d'azote? Fe = 56.*

La réaction des deux acides sur le sulfate ferreux est :

$$6SO^4Fe + 2AzO^3H + 3SO^4H^2 = 3(SO^4)^3Fe^2 + 4H^2O + 2AzO.$$

Or $\qquad\qquad 6SO^4Fe = 6(32 + 64 + 56) = 912,$

et $\qquad\qquad 2AzO$ représentent $44^l,48$.

Donc $44^l,48$ de AzO exigent 912^{gr} de SO^4Fe,
— 5^l — exigeront x^{gr} —

d'où

$$\frac{x}{912} = \frac{5}{44,48} ,$$

et

$$x = \frac{912 \times 5}{44,48} = 102^{gr},51.$$

Réponse : $102^{gr},51$ de sulfate ferreux.

42. — *On attaque, à froid, du cuivre par l'acide azotique étendu d'eau et l'on récolte $2^l,78$ de gaz. On demande le poids d'azotate de sodium qu'il a fallu traiter par l'acide sulfurique à haute température pour obtenir l'acide azotique qui est entré en réaction. Na = 23.*

L'action de l'acide azotique sur le cuivre est :

$$3Cu + 8AzO^3H = 3(AzO^3)^2Cu + 2AzO + 4H^2O. \tag{1}$$

Et l'action de l'acide sulfurique sur l'azotate de sodium est :

$$2AzO^3Na + SO^4H^2 = SO^4Na^2 + 2AzO^3H. \tag{2}$$

Pour avoir la même quantité d'acide azotique dans les deux équations, multiplions la seconde par 4; on a :

$$8AzO^3Na + 4SO^4H^2 = 4SO^4Na^2 + 8AzO^3H. \qquad (3)$$

Or
$$8AzO^3Na = 8(14 + 48 + 23) = 680,$$

et
$$2AzO \text{ représentent } 2 \times 22^l,24 = 44^l,48 \text{ de ce gaz.}$$

En considérant (1) et (3), on voit que :

$44^l,48$ d'AzO sont produits par l'AzO^{3}H fourni par 680^{gr} d'AzO^{3}Na,

$2^l,78$ — seront — — x —

d'où
$$\frac{x}{680} = \frac{2,78}{44,48},$$

et
$$x = \frac{680 \times 2,78}{44,48} = 42^{gr},50.$$

Réponse : $42^{gr},50$ d'azotate de sodium.

43. — *Quel poids de cuivre faut-il attaquer à froid par l'acide azotique étendu pour récolter $5^l,56$ de bioxyde d'azote? Quel poids de chlorate de potassium faudrait-il calciner au rouge pour obtenir l'oxygène capable de transformer ce bioxyde en peroxyde d'azote? Cu = 63, K = 39.*

La réaction de l'acide azotique étendu et froid sur le cuivre est :

$$8AzO^3H + 3Cu = 3(AzO^3)^2Cu + 4H^2O + 2AzO.$$

Or $3Cu = 3 \times 63 = 189$, et l'équation montre qu'il se dégage 2 volumes moléculaires de AzO, c'est-à-dire $2 \times 22,24 = 44^l,48$.

Donc $44^l,48$ de AzO sont produits par 189^{gr} de cuivre,

— $5^l,56$ — seront — x —

d'où
$$\frac{x}{189} = \frac{5,56}{44,48},$$

et
$$x = \frac{189 \times 5,56}{44,48} = 23^{gr},625.$$

La calcination du chlorate de potassium donne :

$$ClO^3K = KCl + O^3, \qquad (1)$$

et la transformation de AzO en AzO^2 est $AzO + O = AzO^2$,

ou
$$3AzO + O^3 = 3AzO^2. \qquad (2)$$

Les équations (1) et (2) montrent que $66^l,72$ de AzO exigent, pour se transformer, l'oxygène dégagé par $122^{gr},50$ de ClO^{3}K; $5^l,56$ de AzO pour se transformer, exigeront l'oxygène dégagé par y^{gr} de ClO^{3}K;

d'où
$$\frac{y}{122,5} = \frac{5,56}{66,72},$$

et
$$y = \frac{122,5 \times 5,56}{66,72} = 10^{gr},208.$$

Réponses : { 1° $23^{gr},625$ de cuivre,
2° $10^{gr},208$ de chlorate de potassium.

44. — *Dans une cornue communiquant avec un récipient refroidi, puis avec la cuve à mercure, on calcine de l'azotate de plomb; le gaz récolté occupe un volume de 4ᴸ. On demande le poids de l'azotate de plomb décomposé. Pb = 207.*

Sous l'action de la chaleur, l'azotate de plomb donne :

$$(AzO^3)^2 Pb = PbO + AzO^2 + O.$$

Or le peroxyde d'azote, AzO^2, se condense dans le récipient refroidi, et l'on récolte l'oxygène sur la cuve à mercure :

$$(AzO^3)^2 Pb = (14 + 48) 2 + 207 = 331.$$

D'après l'équation, le volume d'oxygène dégagé est $11^ᴸ,12$; donc :

$11^ᴸ,12$ d'oxygène sont fournis par 331^{gr} d'$(AzO^3)^2 Pb$,

    $4^ᴸ$ —   seront   — x —

d'où

$$\frac{x}{331} = \frac{4}{11,12},$$

et

$$x = \frac{4 \times 331}{11,12} = 119^{gr},07.$$

Réponse : $119^{gr},07$ d'azotate de plomb.

45. — *Quel poids de phosphate d'ammoniaque du commerce faut-il calciner pour obtenir 16^{gr} d'acide métaphosphorique?*

Lorsque l'on calcine le phosphate diammonique, on a :

$$PO^4 (AzH^4)^2 H = 2AzH^3 + H^2O + PO^3H.$$

Or

$$PO^4 (AzH^4)^2 H = 31 + 64 + 1 + 2(14 + 4) = 132,$$

et

$$PO^3H = 31 + 48 + 1 = 80.$$

Pour obtenir 80^{gr} de PO^3H, il faut calciner 132^{gr} de $PO^4(AzH^4)^2H$,

    — 16^{gr} —   faudra   — x^{gr} —

d'où

$$\frac{x}{132} = \frac{16}{80} = \frac{1}{5},$$

et

$$x = \frac{132}{5} = 26,40.$$

Réponse $26^{gr},40$ de phosphate diammonique.

46. — *Quel poids d'azotate d'argent faut-il traiter par le chlore, dans des conditions convenables, pour obtenir $13^{gr},50$ d'anhydride azotique, et quel est le volume du chlore employé? Ag = 108; Cl = 35,5.*

La réaction de préparation de l'anhydride azotique est :

$$2AzO^3Ag + Cl^2 = 2AgCl + Az^2O^5 + O.$$

Or $2AzO^3Ag = 2(14 + 48 + 108) = 2 \times 170 = 340$; $Az^2O^5 = 28 + 80 = 108$.

Donc 108^{gr} d'Az^2O^5 exigent pour se produire 340^{gr} d'AzO^3Ag,

    — $13^{gr},50$ —   exigeront   — x —

d'où

$$\frac{x}{340} = \frac{13,5}{108},$$

et

$$x = \frac{340 \times 13,5}{108} = 42^{gr},50.$$

D'autre part, l'équation montre que 108^{gr} d'Az^{2}O^5 exigent un volume moléculaire ou 22^l,24 de Cl pour se produire, 13^{gr},50 d'Az^{2}O^5 en exigeront un volume y;

d'où

$$\frac{y}{22,24} = \frac{13,50}{108},$$

et

$$y = \frac{22,24 \times 13,50}{108} = 2^l,78.$$

Réponses : $\begin{cases} 1^o\ 42^{gr},50\ d'AzO^3Ag, \\ 2^o\ 2^l,78\ de\ chlore. \end{cases}$

47. — *On demande le poids de pyrite de fer qu'il a fallu calciner dans une cornue pour récolter 1^{kg} de soufre. Fe = 56.*

La réaction qui se produit lorsqu'on calcine la pyrite est :

$$3FeS^2 = Fe^3S^4 + S^2.$$

Or

$$3FeS^2 = 3(56 + 64) = 360,$$

et

$$S^2 = 64.$$

Pour recueillir   64^{gr} de soufre, il faut calciner 360^{gr} de pyrite,

—   1000^{gr} —   — x —

d'où

$$\frac{x}{360} = \frac{1000}{64},$$

et

$$x = \frac{360 \times 1000}{64} = 5^{kg},625,$$

Réponse : Il faut calciner 5^{kg},625 de pyrite.

48. — *Combien de litres d'anhydride sulfureux pourra-t-on récolter en faisant bouillir 40^{gr} de soufre avec un excès d'acide sulfurique? S = 32.*

L'action du soufre sur l'acide sulfurique à chaud est :

$$2SO^4H^2 + S = 3SO^2 + 2H^2O.$$

Lorsque l'on emploie 32^{gr} de soufre, il se dégage donc 3 volumes moléculaires d'anhydride sulfureux, c'est-à-dire 66^l,72.

Avec 32^{gr} de soufre, on obtient 66^l,72 de SO^2,

—   40^{gr} —   obtiendra x —

d'où

$$\frac{x}{66,72} = \frac{40}{32},$$

et

$$x = \frac{66,72 \times 40}{32} = 83^l,40.$$

Réponse : 83^l,40 d'anhydride sulfureux.

49. — *On demande le poids de pyrite de fer qu'il faut griller complètement pour obtenir 100^{kg} d'acide sulfurique concentré. Fe = 56; S = 32.*

La réaction du grillage de la pyrite est :

$$2FeS^2 + 11O = Fe^2O^3 + 4SO^2. \tag{1}$$

Et la transformation de l'anhydride sulfureux en acide sulfurique peut être exprimée par la réaction :   SO^2 + H^{2}O + O = SO^{4}H^2. $\tag{2}$

Puisque l'équation (1) contient $4SO^2$, multiplions l'équation (2) par 4 :
$$4SO^2 + 4H^2O + 2O^2 = 4SO^4H^2. \qquad (3)$$

Or $\qquad 2FeS^2 = 2(56 + 64) = 240; \quad 4SO^4H^2 = 4(32 + 64 + 2) = 392.$

En considérant (1) et (3), on voit que :

392^{gr} d'SO^4H^2 exigent le SO^2 fourni par 240^{gr} de FeS^2,
100000^{gr} — exigeront — x —

d'où
$$\frac{x}{240} = \frac{100000}{392},$$

et
$$x = \frac{100000 \times 240}{392} = 61224^{gr}.$$

Réponse : $61^{k}g,224$ de pyrite de fer.

50. — *Une solution d'hydrogène sulfuré, abandonnée à l'air, se trouve totalement décomposée au bout d'un certain temps; il s'est formé un dépôt de soufre que l'on recueille par filtration et que l'on pèse : soit 8^{gr} son poids. Quel poids de sulfure ferreux avait-il fallu attaquer par l'acide chlorhydrique pour obtenir l'hydrogène sulfuré ayant donné ce dépôt de soufre? Fe=56.*

L'hydrogène sulfuré décomposé par l'oxygène en présence de l'eau, donne
$$H^2S + O = H^2O + S. \qquad (1)$$

La préparation de l'hydrogène sulfuré par le sulfure de fer est :
$$FeS + 2HCl = FeCl^2 + H^2S. \qquad (2)$$

Il est à remarquer que la même quantité d'hydrogène sulfuré est dans les deux réactions et que : $\qquad FeS = 56 + 32 = 88.$

En considérant les équations (1) et (2), on peut dire :

32^{gr} de S sont déposés par l'H^2S produit par 88^{gr} de FeS,
8^{gr} — seront — — x —

d'où
$$\frac{x}{88} = \frac{8}{32},$$

et
$$x = \frac{88 \times 8}{32} = 22.$$

Réponse : 22^{gr} de sulfure de fer.

51. — *Quel volume d'hydrogène sulfuré peut-on décomposer par le chlore provenant de l'action de l'acide chlorhydrique sur $21^{gr},75$ de bioxyde de manganèse, et quel poids de soufre obtient-on? Mn = 55.*

L'action du chlore sur l'hydrogène sulfuré a lieu à froid et en présence de l'eau puisqu'il se dépose du soufre; elle est :
$$H^2S + Cl^2 = 2HCl + S.$$

La réaction de préparation du chlore est :
$$MnO^2 + 4HCl = MnCl^2 + 2H^2O + Cl^2.$$

Or $\qquad\qquad MnO^2 = 55 + 32 = 87,$

et il est à remarquer que la même quantité de chlore entre dans les deux réactions; donc :

87^{gr} de MnO^2 fournissent le Cl nécessaire pour décomposer $22^l,21$ d'H^2S,

$21^{gr},75$ —   fourniront   —   — x —

d'où
$$\frac{x}{22,21} = \frac{21,75}{87},$$

et
$$x = \frac{21,75 \times 22,21}{87} = 5^l,56.$$

Le chlore produit par 87^{gr} de MnO^2 met en liberté 32^{gr} de S,

— $21^{gr},75$ —   mettra   — y —

d'où
$$\frac{y}{32} = \frac{21,75}{87},$$

et
$$y = \frac{32 \times 21,75}{87} = 8^{gr}.$$

Réponses :
$\begin{cases} 1° \ 5^l,56 \text{ d'hydrogène sulfuré,} \\ 2° \ 8^{gr} \text{ de soufre.} \end{cases}$

52. — *Quelle quantité d'acide azotique faut-il verser dans un flacon plein d'hydrogène sulfuré pour que ce gaz soit totalement décomposé, sachant que, si l'on récolte le soufre mis en liberté, on trouve qu'il pèse $6^{gr},40$? On demande en outre le volume d'hydrogène sulfuré qui a été décomposé.*

L'action de l'acide azotique sur l'hydrogène sulfuré est :
$$H^2S + 2AzO^3H = 2H^2O + 2AzO^2 + S.$$

Or
$$2AzO^3H = 2(14 + 48 + 1) = 126,$$

et $22^l,21$ d'H^2S sont décomposés par ce poids d'AzO^3H.

Pour précipiter 32^{gr} de soufre, il faut 126^{gr} d'AzO^3H,

— $6^{gr},40$ —   il faudra x —

d'où
$$\frac{x}{126} = \frac{6,40}{32},$$

et
$$x = \frac{126 \times 6,40}{32} = 25^{gr},20.$$

D'autre part, 32^{gr} de soufre proviennent de $22^l,21$ d'H^2S,

$6^{gr},40$ — y —

d'où
$$\frac{y}{22,21} = \frac{6,40}{32},$$

et
$$y = \frac{22,21 \times 6,40}{32} = 4^l,448.$$

Réponses :
$\begin{cases} 1° \ 25^{gr},20 \text{ d'acide azotique,} \\ 2° \ 4^l,448 \text{ d'hydrogène sulfuré.} \end{cases}$

53. — *Quel poids d'acide oxalique faut-il chauffer avec de l'acide sulfurique pour obtenir 7^{gr} d'oxyde de carbone? Quel est le volume total des gaz dégagés dans la réaction?*

L'action de l'acide sulfurique sur l'acide oxalique est :
$$C^2O^4H^2 + SO^4H^2 = SO^4H^2 + H^2O + CO + CO^2.$$

Or $C^2O^4H^2 = 24 + 64 + 2 = 90,$

et $CO = 12 + 16 = 28.$

Pour produire 28^{gr} de CO, il faut employer 90^{gr} de $C^2O^4H^2$,
— 7^{gr} —   il faudra   — x —

d'où $\dfrac{x}{90} = \dfrac{7}{28} = \dfrac{1}{4},$

et $x = \dfrac{90}{4} = 22^{gr},50.$

L'équation montre qu'il se dégage un volume moléculaire de chacun des gaz
CO et CO^2 lorsqu'on décompose 90^{gr} de $C^2O^4H^2$, ce qui donne un volume gazeux
de $44^l,48$.

Lorsqu'il se produit 28^{gr} de CO, il se dégage $44^l,48$ de gaz,
—   produira 7^{gr} —   dégagera y —

d'où $\dfrac{y}{44,48} = \dfrac{7}{28} = \dfrac{1}{4},$

et $y = \dfrac{44,48}{4} = 11^l,12.$

Réponses : $\begin{cases} 1° \ 22^{gr},50 \text{ d'acide oxalique,} \\ 2° \ 11^l,12 \text{ de gaz.} \end{cases}$

54. — *Quel volume d'oxyde de carbone faudrait-il faire passer
sur de l'oxyde ferrique chauffé au rouge dans un tube de porcelaine, pour obtenir $22^{gr},40$ de fer ? Fe $= 56$.*

La réduction de l'oxyde ferrique par l'oxyde de carbone est :

$$Fe^2O^3 + 3CO = 3CO^2 + 2Fe.$$

Or $3CO$ représentent $3 \times 22^l,24 = 66^l,72$ de CO,

et $2Fe = 2 \times 56 = 112.$

112^{gr} de fer sont mis en liberté par $66^l,72$ de CO,
$22^{gr},40$ —   seront   — x —

d'où $\dfrac{x}{66,72} = \dfrac{22,40}{112},$

et $x = \dfrac{66,72 \times 22,40}{112} = 13^l,344.$

Réponse : $13^l,344$ d'oxyde de carbone.

55. — *On traite du carbonate de calcium par de l'acide chlorhydrique étendu et l'on récolte $1^l,39$ de gaz ; si, dans la réaction,
on remplaçait l'acide chlorhydrique par l'acide sulfurique, quel
poids de ce dernier acide faudrait-il employer pour récolter le
même volume de gaz, et quel serait le poids du carbonate de calcium décomposé ? Ca $= 40$.*

L'action de l'acide chlorhydrique sur le carbonate de chaux est :

$$CO^3Ca + 2HCl = CaCl^2 + H^2O + CO^2.$$

Celle de l'acide sulfurique sur le même carbonate est :

$$CO^2Ca + SO^4H^2 = SO^4Ca + H^2O + CO^2.$$

Il est à remarquer que, dans les deux cas, il se dégage un volume moléculaire de gaz carbonique lorsqu'on emploie :

$$CO^2Ca = 12 + 48 + 40 = 100^{gr} \text{ de carbonate.}$$

Or $$SO^4H^2 = 32 + 64 + 2 = 98.$$

En considérant seulement la seconde équation, on peut dire :

$22^l,24$ de CO^2 sont donnés par l'action de 98^{gr} de SO^4H^2,

$1^l,39$ — seront — x —

d'où

$$\frac{x}{98} = \frac{1,39}{22,24},$$

et

$$x = \frac{98 \times 1,39}{22,24} = 6^{gr},125.$$

De même, $22^l,24$ de CO^2 exigent 100^{gr} de CO^2Ca,

$1^l,39$ — exigera y —

d'où

$$\frac{y}{100} = \frac{1,39}{22,24},$$

et

$$y = \frac{100 \times 1,39}{22,24} = 6^{gr},25.$$

Réponses : $\begin{cases} 1^o\ 6^{gr},125 \text{ d'acide sulfurique,} \\ 2^o\ 6^{gr},25 \text{ de carbonate de calcium.} \end{cases}$

56. — *Quel poids de chlorure de potassium faut-il employer pour transformer* 100^{kg} *d'azotate de sodium en azotate de potassium, et quel poids d'azotate de potassium obtient-on?* K $= 39$; Na $= 23$.

La réaction de transformation est :

$$AzO^3Na + KCl = AzO^3K + NaCl.$$

Or $$AzO^3Na = 85; \quad KCl = 74,5,$$

et $$AzO^3K = 101.$$

Pour transformer 85^{kg} d'AzO^3Na, il faut $74^{kg},500$ de KCl,

— 100^{kg} — faudra x —

d'où

$$\frac{x}{74,5} = \frac{100}{85},$$

et

$$x = \frac{74,5 \times 100}{85} = 87^{kg},647.$$

D'autre part, 85^{kg} d'AzO^3Na donnent 101^{kg} d'AzO^3K,

100^{kg} — donneront y —

d'où

$$\frac{y}{101} = \frac{100}{85},$$

et

$$y = \frac{100 \times 101}{85} = 118^{kg},823,$$

Réponses : $\begin{cases} 1^o\ 87^{kg},647 \text{ de chlorure de potassium,} \\ 2^o\ 118^{kg},823 \text{ d'azotate de potassium.} \end{cases}$

57. — *Quel volume d'anhydride carbonique faudra-t-il faire agir sur du carbonate neutre de sodium en présence de l'eau pour obtenir 21ᵏˢ de bicarbonate de sodium ? Na = 23.*

L'action du gaz carbonique sur le carbonate de sodium est :

$$CO^3Na^2 + CO^2 + H^2O = 2CO^3NaH.$$

Or $\qquad 2CO^3NaH = 2(12 + 48 + 23 + 1) = 168,$

et $\qquad CO^2$ représente $22^l,24$ de ce gaz.

Donc 168ᵏᵍ de CO^3NaH exigent 22^l24^l de CO^2,

$\qquad\quad$ 21ᵏᵍ $\qquad\quad$ — $\qquad\quad$ exigeront x $\qquad\quad$ —

d'où $\qquad\qquad \dfrac{x}{22240} = \dfrac{21}{168},$

et $\qquad\qquad x = \dfrac{22240 \times 21}{168} = 2780^l.$

Réponse : 2780^l d'anhydride carbonique.

TROISIÈME SÉRIE

58. — *Quel est le volume d'air sec et dépouillé de gaz carbonique qu'il faudrait faire passer sur du cuivre chauffé au rouge pour obtenir le même volume d'azote que celui que donnerait la décomposition de 8ᵍʳ d'azotite d'ammonium?*

La décomposition de l'azotite d'ammonium est indiquée par l'équation :

$$AzO^3AzH^4 = 2H^2O + Az^2.$$

Le poids moléculaire de $AzO^3AzH^4 = 2 \times 14 + 2 \times 16 + 4 = 64$.

D'après l'équation, 64ᵍʳ d'AzO^3AzH^4 dégagent 22ˡ,21 d'Az,

8ᵍʳ — dégageront x —

d'où

$$\frac{x}{22,21} = \frac{8}{64},$$

et

$$x = \frac{8 \times 22,21}{64} = 2^l,78.$$

On sait, d'autre part, que 100 volumes d'air renferment 79 volumes d'azote ; d'où 79ˡ d'azote correspondent à 100ˡ d'air,

2ˡ,78 — correspondront à x —

On a donc :

$$\frac{x}{100} = \frac{2,78}{79},$$

d'où

$$x = \frac{2,78 \times 100}{79} = 3^l,518.$$

Réponse : 3ˡ,518 d'air.

59. — *On demande le poids d'azotite d'ammonium qu'il faudrait décomposer par la chaleur pour obtenir un volume d'azote égal à celui que donneraient 10ᵍʳ,70 de chlorure d'ammonium chauffés avec une quantité suffisante d'azotite de potassium en solution. Quel serait ce volume d'azote?*

L'action de la chaleur sur l'azotite d'ammonium est :

$$AzO^3AzH^4 = 2H^2O + Az^2.$$

(1)

15*

La solution de chlorure d'ammonium et d'azotite de potassium donne à l'ébullition :
$$AzH^4Cl + AzO^2K = KCl + 2H^2O + Az^2. \qquad (2)$$

Or
$$AzO^2AzH^4 = 14 + 32 + 14 + 4 = 64,$$
et
$$AzH^4Cl = 14 + 4 + 35.5 = 53,50.$$

Les équations (1) et (2) montrent que la même quantité d'azote est mise en liberté lorsqu'on emploie : 64^{gr} d'AzO^2AzH^4,
et $53^{gr},50$ d'AzH^4Cl.

Donc $53^{gr},50$ d'AzH^4Cl donnent la même quantité d'Az que 64^{gr} d'AzO^2AzH^4,

— $10^{gr},70$ — donneront — — x —

d'où
$$\frac{x}{64} = \frac{10.70}{53.50},$$
et
$$x = \frac{64 \times 10.70}{53.50} = 12^{gr},80.$$

D'après l'équation (2), $53^{gr},50$ d'AzH^4Cl donnent $22^l,24$ d'Az,

$10^{gr},70$ — donneront y —

d'où
$$\frac{y}{22,24} = \frac{10.70}{53.50},$$
et
$$y = \frac{22,24 \times 10.70}{53.50} = 4,448.$$

$$\text{Réponses :} \begin{cases} 1^\circ\ 12^{gr},80 \text{ d'azotite d'ammonium,} \\ 2^\circ\ 4,448 \text{ d'azote.} \end{cases}$$

60. — *On attaque par l'acide chlorhydrique un mélange de zinc et de fer et l'on récolte $6^l,672$ de gaz. La réaction terminée, on évapore le résidu à siccité, et l'on trouve qu'il pèse $39^{gr},90$. On demande la composition du mélange des métaux. $Fe = 56$; $Zn = 65$.*

L'action de l'acide chlorhydrique sur le fer et sur le zinc est :
$$Zn + 2HCl = ZnCl^2 + H^2,$$
$$Fe + 2HCl = FeCl^2 + H^2.$$
Or
$$ZnCl^2 = 65 + 71 = 136,$$
et
$$FeCl^2 = 56 + 71 = 127;$$
d'autre part, on voit que les deux réactions dégagent un volume moléculaire d'hydrogène.

Soient x le poids du zinc et y celui du fer.

Le dégagement gazeux donne :
$$\frac{22,24x}{65} + \frac{22,24y}{56} = 6,672.$$

Le poids du résidu donne :
$$\frac{136x}{65} + \frac{127y}{56} = 39,90.$$

En résolvant ce système d'équations, on trouve :
$$x = 13^{gr},$$
et
$$y = 5^{gr},60.$$

$$\text{Réponses :} \begin{cases} 13^{gr} \text{ de zinc,} \\ 5^{gr},60 \text{ de fer.} \end{cases}$$

61. — *Quel poids de chlorure de sodium faudrait-il décomposer par l'acide sulfurique pour obtenir l'acide chlorhydrique capable de neutraliser exactement l'ammoniac produit en faisant agir 280gr de chaux vive sur du sulfate d'ammonium?* $Na = 23$; $Ca = 40$.

La chaux, en présence du sulfate d'ammonium, donne :

$$SO^4(AzH^4)^2 + CaO = SO^4Ca + H^2O + 2AzH^3. \tag{1}$$

L'acide chlorhydrique se produit suivant la réaction :

$$2NaCl + SO^4H^2 = SO^4Na^2 + 2HCl. \tag{2}$$

La neutralisation de l'ammoniac par l'acide chlorhydrique donne :

$$2AzH^3 + 2HCl = 2AzH^4Cl. \tag{3}$$

Or $\qquad\qquad\qquad CaO = 56$; $2NaCl = 117$.

Il est à remarquer que dans les équations (1), (2), (3), les mêmes quantités d'HCl ou d'AzH³ sont en jeu; on peut donc raisonner ainsi :

56gr de CaO donnent l'ammoniac neutralisé par l'acide chlorhydrique que produisent 117gr de NaCl; 280gr de CaO donneront AzH³ neutralisé par l'HCl produit par $x$gr de NaCl;

d'où
$$\frac{x}{117} = \frac{280}{56},$$

et
$$x = \frac{280 \times 117}{56} = 585\text{gr}.$$

Réponse : 585gr de NaCl.

62. — *On fait arriver dans un même récipient en verre le gaz obtenu par l'action de 7gr,30 d'acide chlorhydrique sur du bioxyde de manganèse, puis le gaz produit par l'action d'un même poids d'acide chlorhydrique sur le fer. On abandonne le récipient à la lumière diffuse, puis on y introduit un peu de potasse. On demande le volume du gaz sec restant, mesuré à 0° et à 760mm.*

L'action de l'acide chlorhydrique sur le bioxyde de manganèse est représentée par l'équation : $MnO^2 + 4HCl = MnCl^2 + 2H^2O + Cl^2.$ (1)

Celle du même acide sur le fer est représentée par :

$$Fe + 2HCl = FeCl^2 + H^2. \tag{2}$$

Le poids moléculaire de $HCl = 35,5 + 1 = 36,5$;

d'où $\qquad\qquad\qquad HCl = 146,$

et $\qquad\qquad\qquad 2HCl = 73.$

Les équations ci-dessus montrent qu'un volume moléculaire de gaz est dégagé dans chaque réaction.

D'après (1) : 146gr d'HCl dégagent 22l,21 de Cl.

$\qquad\qquad$ 7gr,30 — dégageront x —

d'où la proportion :
$$\frac{x}{22,21} = \frac{7,30}{146},$$

et
$$x = \frac{7,3 \times 22,21}{146} = 1l,112 \text{ de Cl.}$$

D'après l'équation (2) : 73^{gr} d'HCl dégagent 2^{l},24 d'H,
   —   7^{gr},3 — dégageront y —

d'où
$$\frac{y}{22,24} = \frac{7,3}{73},$$

et
$$y = \frac{22,24 \times 7,3}{73} = 2^{l},224 \text{ d'H}.$$

Or on sait qu'à la lumière diffuse le Cl et l'H se combinent à volumes égaux pour former HCl, qui est absorbé par la potasse.

Il restera donc : $2,224 - 1,112 = 1^{l},112$ d'H.

Réponse : Il reste 1^{l},112 d'hydrogène.

63. — *On chauffe du chlorure de sodium avec de l'acide sulfurique dans des conditions telles, qu'il se forme du sulfate neutre de sodium; le gaz qui se dégage, reçu dans un peu d'eau, est ensuite capable de dissoudre 13^{gr} de zinc. On demande le poids de chlorure de potassium qu'il faudrait traiter d'une façon analogue pour obtenir le même résultat, et le volume du gaz dégagé dans l'attaque du zinc. Zn = 65; Na = 23; K = 39.*

L'acide sulfurique agissant sur le chlorure de sodium donne :
$$SO^4H^2 + 2NaCl = SO^4Na^2 + 2HCl. \tag{1}$$

Agissant sur le chlorure de potassium, ce même acide donne :
$$SO^4H^2 + 2KCl = SO^4K^2 + 2HCl. \tag{2}$$

Il se dégage, dans les deux cas, de l'acide chlorhydrique que l'on dissout dans l'eau et qui attaque le zinc suivant l'équation :
$$Zn + 2HCl = ZnCl^2 + H^2. \tag{3}$$

Il est à remarquer que les trois équations indiquent la même quantité d'acide chlorhydrique.

Le poids moléculaire de   KCl = 39 + 35,5 = 74,5,
et   2KCl = 149.

En considérant les équations (2) et (3), on voit :

que 65^{gr} de Zn exigent 2HCl produits par 149^{gr} de KCl pour se dissoudre,
   13^{gr} — exigeront HCl   — x —   —

d'où la proportion :
$$\frac{x}{149} = \frac{13}{65},$$

et
$$x = \frac{13 \times 149}{65} = 29^{gr},80.$$

L'équation (3) montre que 65^{gr} de Zn dégagent 2^{l},24 d'H,
   13^{gr} — dégageront y —

d'où la proportion :
$$\frac{y}{22,24} = \frac{13}{65},$$

et
$$y = \frac{13 \times 22,24}{65} = 4^{l},448.$$

Réponses : } 1° 29^{gr},80 de KCl,
            } 2° 4^{l},448 d'hydrogène.

64. — *Une solution d'acide bromhydrique contient 12ᵈᵐᶜ de gaz par litra. On traite 2ˡ de cette solution par un courant de chlore. On demande les poids de chlorure de sodium et de bioxyde de manganèse qu'il faut chauffer avec de l'acide sulfurique pour obtenir le chlore capable de mettre tout le brome en liberté. Mn = 55; Na = 23.*

L'action du chlore sur l'acide bromhydrique est :

$$2HBr + Cl^2 = 2HCl + Br^2. \tag{1}$$

La préparation du chlore par le chlorure de sodium et le bioxyde de manganèse est représentée par l'équation :

$$2NaCl + MnO^2 + 2SO^4H^2 = SO^4Mn + SO^4Na^2 + 2H^2O + Cl^2. \tag{2}$$

Il est à remarquer qu'un volume moléculaire de Cl est dégagé dans la réaction (2) et employé dans la réaction (1) pour décomposer deux volumes moléculaires, c'est-à-dire 44ˡ,48 de gaz bromhydrique.

Le poids moléculaire de $2NaCl = 2(23 + 35,5) = 117$.

Celui de $MnO^2 = 55 + 32 = 87$.

Donc, pour décomposer 44ˡ,48 d'HBr, il faut 22ˡ,24 de Cl fournis par 117ᵍʳ de NaCl; pour en décomposer 24ˡ, il faudra le Cl fourni par x de NaCl;

d'où

$$\frac{x}{117} = \frac{24}{44,48},$$

et

$$x = \frac{24 \times 117}{44,48} = 63^{gr},21.$$

D'une façon analogue, on trouve :

$$y = MnO^2 = \frac{24 \times 87}{44,48} = 46^{gr},94.$$

$$\text{Réponses : } \begin{cases} 1^\circ \ 63^{gr},21 \text{ de NaCl,} \\ 2^\circ \ 46^{gr},94 \text{ de MnO}^2. \end{cases}$$

65. — *Quel poids de bioxyde de manganèse faut-il employer pour retirer tout l'iode de 12ᵍʳ d'iodure de sodium, en chauffant avec de l'acide sulfurique? Si l'on chauffait cet iodure de sodium avec de l'acide sulfurique seul, quel gaz obtiendrait-on et quel serait son poids? Na = 23; I = 127; Mn = 55.*

L'action de l'acide sulfurique sur l'iodure de sodium en présence du bioxyde de manganèse est représentée par l'équation :

$$MnO^2 + 2NaI + 2SO^4H^2 = SO^4Mn + SO^4Na^2 + H^2O + I^2.$$

Le poids moléculaire de $MnO^2 = 55 + 2 \times 16 = 87$.

Celui de $2NaI = 2(23 + 127) = 300$.

L'équation montre que l'iode de 300ᵍʳ de NaI est mis en liberté lorsqu'on emploie 87ᵍʳ de MnO²; l'iode de 12ᵍʳ de NaI sera mis en liberté par un poids x de MnO²;

d'où la proportion :

$$\frac{x}{87} = \frac{12}{300},$$

et

$$x = \frac{12 \times 87}{300} = 3^{gr},48.$$

350 — PROBLÈMES DE PHYSIQUE ET DE CHIMIE

L'action de l'acide sulfurique sur l'iodure de sodium est :
$$2NaI + SO^4H^2 = SO^4Na^2 + 2HI.$$

On obtient donc de l'acide iodhydrique dont le poids moléculaire est 128 ; donc $2HI = 256$.

Or 300^{gr} de NaI donnent 256^{gr} de HI,
— 12^{gr} — donneront y —

d'où la proportion :
$$\frac{y}{256} = \frac{12}{300},$$

et
$$y = \frac{256 \times 12}{300} = 10^{gr},24.$$

Réponses : $\begin{cases} 3^{gr},48 \text{ de bioxyde de manganèse,} \\ 10^{gr},24 \text{ d'acide iodhydrique.} \end{cases}$

66. — *On attaque du fluorure de calcium par l'acide sulfurique, et l'on fait arriver dans un récipient contenant de l'eau les vapeurs qui se dégagent ; la solution ainsi obtenue est traitée par un excès de carbonate de sodium et l'on récolte le gaz qui se dégage : il occupe un volume de $5^l,56$ dans les conditions normales. On demande la quantité de fluorure de calcium qui est entrée en réaction. Ca = 40 ; F = 19.*

La réaction de l'acide sulfurique sur le fluorure de calcium est indiquée par l'équation :
$$CaF^2 + SO^4H^2 = SO^4Ca + 2HF. \tag{1}$$

L'action de l'acide fluorhydrique sur le carbonate de sodium est :
$$2HF + CO^3Na^2 = 2NaF + H^2O + CO^2. \tag{2}$$

Le poids moléculaire de $CaF^2 = 40 + 2 \times 19 = 78$.
Celui de $HF = 20$; d'où $2HF = 40$.

En considérant les équations (1) et (2), on voit :

que pour obtenir $22^l,24$ de CO^2, il faut 40 d'HF qui exigent 78 de CaF^2 ; donc, pour obtenir $5^l,56$ de CO^2, il faut l'HF fourni par x de CaF^2 ;

d'où la proportion :
$$\frac{x}{78} = \frac{5,56}{22,24},$$

et
$$x = \frac{78 \times 5,56}{22,24} = 19^{gr},50.$$

Réponse : $19^{gr},50$ de fluorure de calcium.

67. — *Dans une solution froide et étendue de potasse caustique contenant 14^{gr} de ce corps, on fait arriver, jusqu'à saturation de la potasse, le chlore obtenu en faisant agir l'acide chlorhydrique sur le bioxyde de manganèse. On demande le poids d'acide chlorhydrique qui a fourni ce chlore. K = 39.*

L'équation de préparation du chlore est :
$$MnO^2 + 4HCl = MnCl^2 + 2H^2O + Cl^2. \tag{1}$$

L'action du chlore sur une solution de potasse froide et étendue est :
$$2KOH + Cl^2 = KCl + ClOK + H^2O. \tag{2}$$

Il est à remarquer que la même quantité de chlore intervient dans les deux équations.

Or   • $2KOH = 2(39 + 16 + 1) = 112$,

et $4HCl = 4(1 + 35,5) = 146$.

On peut donc raisonner comme suit :

112^{gr} de KOH sont saturés par le Cl provenant de 146^{gr} de HCl,

14^{gr} —   seront   —   — x —

d'où $$\frac{x}{146} = \frac{14}{112},$$

et $$x = \frac{14 \times 146}{112} = 18^{gr},25.$$

Réponse : $18^{gr},25$ d'acide chlorhydrique.

68. — *On fait brûler un morceau de phosphore dans un mélange de protoxyde et de bioxyde d'azote, ayant un volume de $16^l,68$; après la combustion, on constate que le gaz restant occupe un volume de $11^l,12$. On demande la composition du mélange primitif.*

La combustion du phosphore dans le protoxyde d'azote donne :
$$5Az^2O + 2P = P^2O^5 + 5Az^2. \tag{1}$$

La combustion du phosphore dans le bioxyde d'azote donne :
$$5AzO + 2P = P^2O^5 + 5Az. \tag{2}$$

Soient x et y les volumes de Az^2O et de AzO.

Les données fournissent l'équation :
$$x + y = 16,68. \tag{a}$$

L'équation (1) montre qu'un volume x d'Az^2O donne un volume x d'Az qui est le gaz restant.

L'équation (2) montre qu'un volume y d'AzO donne un volume $\frac{y}{2}$ d'Az qui est aussi le gaz résultant de la combustion ; donc :
$$x + \frac{y}{2} = 11,12. \tag{b}$$

En résolvant le système (a), (b), on trouve :
$$x = 5,56,$$

et $$y = 11,12.$$

Réponses : $\begin{cases} 1^o\ 5^l,56 \text{ de protoxyde d'azote}, \\ 2^o\ 11^l,12 \text{ de bioxyde d'azote.} \end{cases}$

69. — *On a fait brûler complétement $1^{gr},55$ de phosphore dans du protoxyde d'azote. Quel poids d'azotate d'ammonium a-t-il fallu décomposer pour obtenir le gaz nécessaire à cette combustion? Quel était le volume de ce gaz? $P = 31$.*

L'équation de combustion du phosphore dans le protoxyde d'azote est :
$$5Az^2O + 2P = P^2O^5 + 5Az^2. \tag{1}$$

L'équation de production du protoxyde d'azote est :

$$AzO^3AzH^4 = Az^2O + 2H^2O.\qquad(2)$$

Pour avoir la même quantité d'Az^2O dans les deux équations, multiplions la seconde par 5; elle devient :

$$5AzO^3AzH^4 = 5Az^2O + 10H^2O.\qquad(3)$$

Or $$AzO^3AzH^4 = 80,$$
et $$5AzO^3AzH^4 = 400.$$

En considérant les équations (1) et (3), on voit que 62^{gr} de phosphore exigent pour brûler le Az^2O fourni par 400^{gr} d'AzO^3AzH^4; 1^{gr},55 de phosphore brûleront dans l'Az^2O fourni par un poids x d'AzO^3AzH^4;

d'où $$\frac{x}{400} = \frac{1,55}{62} ,$$

et $$x = \frac{1,55 \times 400}{62} = 10^{gr}.$$

Les mêmes équations montrent que 62^{gr} de phosphore exigent $5 \times 22^l,24 = 111^l,20$ d'Az^2O pour brûler; 1^{gr},55 exigeront un volume y d'Az^2O;

d'où $$\frac{y}{111,20} = \frac{1,55}{62} ,$$

et $$y = \frac{111,20 \times 1,55}{62} = 2^l,78.$$

Réponses : $\left\{\begin{array}{l} 1^o\ 10^{gr}\ \text{d'azotate d'ammonium,} \\ 2^o\ 2^l,78\ \text{de protoxyde d'azote.} \end{array}\right.$

70. — *On chauffe avec de l'acide sulfurique un mélange d'azotate de potassium et d'azotate de sodium pesant* 457^{gr}; *on récolte* 315^{gr} *d'acide azotique fumant. On demande les poids d'azotate de potassium et d'azotate de sodium soumis à l'expérience.* $Na = 23$; $K = 39$.

L'action de l'acide sulfurique sur les deux azotates est :

$$AzO^3K + SO^4H^2 = SO^4KH + AzO^3H,\qquad(1)$$
et $$AzO^3Na + SO^4H^2 = SO^4NaH + AzO^3H.\qquad(2)$$

Or $$AzO^3K = 14 + 48 + 39 = 101;\ AzO^3Na = 14 + 48 + 23 = 85,$$
et $$AzO^3H = 14 + 48 + 1 = 63.$$

Soient x le poids de AzO^3K, et y celui d'AzO^3Na.

On a : $$x + y = 457.\qquad(a)$$

D'après l'équation (1), 101^{gr} d'AzO^3K donnent 63^{gr} d'AzO^3H,

$$x^{gr}\ \text{en donneront}\ \frac{63x}{101} .$$

De même, la quantité d'AzO^3H donnée par y^{gr} d'AzO^3Na sera, d'après l'équation (2), $\frac{63y}{85}$;

d'où l'équation : $$\frac{63x}{101} + \frac{63y}{85} = 315.\qquad(b)$$

En résolvant les équations (a) et (b), on trouve :

$$x = 202^{gr},$$

et
$$y = 255^{gr}.$$

Réponses : $\begin{cases} 202^{gr} \text{ d'AzO}^3\text{K}, \\ 225^{gr} \text{ d'AzO}^3\text{Na}. \end{cases}$

71. — *On chauffe $55^{gr}75$ d'amalgame de cuivre avec un excès d'acide sulfurique et l'on récolte dans une solution de potasse le gaz qui se dégage. Après l'opération, on constate que le poids de cette solution a augmenté de $28^{gr},80$. On demande la composition de l'amalgame. $Cu = 63$; $Hg = 200$.*

Les actions de l'acide sulfurique sur le cuivre et sur le mercure sont :

$$Cu + 2SO^4H^2 = SO^4Cu + 2H^2O + SO^2; \qquad (1)$$
$$Hg + 2SO^4H^2 = SO^4Hg + 2H^2O + SO^2. \qquad (2)$$

Or $SO^2 = 64$ et l'augmentation de poids de la solution de potasse est due à l'anhydride sulfureux dégagé, car l'eau a été retenue par SO^4H^2 en excès.

Soient x le poids du cuivre et y celui du mercure.

On a d'abord : $\qquad x + y = 55,75.$ $\qquad (a)$

En considérant l'anhydride sulfureux dégagé, les équations (1) et (2) donnent :

$$\frac{64x}{63} + \frac{64y}{200} = 28,80. \qquad (b)$$

En résolvant le système d'équations (a) et (b), on trouve :

$$x = 15,75,$$

et
$$y = 40.$$

Réponses : $\begin{cases} 1^o\ 15^{gr},75 \text{ de cuivre,} \\ 2^o\ 40^{gr} \text{ de mercure.} \end{cases}$

72. — *On fait arriver un courant de chlore dans une solution d'anhydride sulfureux. Quelle quantité de bioxyde de manganèse faudrait-il attaquer par l'acide chlorhydrique pour préparer le chlore qui pourra transformer cet anhydride sulfureux en 14^{gr} d'acide sulfurique? $Mn = 55$.*

La transformation de l'anhydride sulfureux en acide sulfurique est exprimée par l'équation : $\qquad SO^2 + Cl^2 + 2H^2O = SO^4H^2 + 2HCl.$

La préparation du chlore par l'acide chlorhydrique et le bioxyde de manganèse est : $\qquad MnO^2 + 4HCl = MnCl^2 + 2H^2O + Cl^2.$

Or $\qquad MnO^2 = 55 + 2 \times 16 = 87$; $SO^4H^2 = 32 + 64 + 2 = 98.$

Il est à remarquer que la même quantité de chlore est en jeu dans les deux réactions.

Donc 87^{gr} de MnO^2 produisent le Cl nécessaire pour obtenir 98^{gr} d'SO^4H^2,

— x^{gr} — produiront — — 14^{gr} —

d'où

$$\frac{x}{87} = \frac{14}{98},$$

et

$$x = \frac{14 \times 87}{98} = 12^{gr},42.$$

Réponse : $12^{gr},42$ de bioxyde de manganèse.

73. — *On fait bouillir de l'acide sulfurique avec du charbon de bois, et les gaz qui se dégagent arrivent dans une solution de potasse. On constate que le poids de cette solution a augmenté de $21^{gr},50$. On demande le poids de l'acide sulfurique décomposé et le volume qu'auraient occupé les gaz si on les avait récoltés sur la cuve à mercure.*

L'action du charbon sur l'acide sulfurique bouillant est :

$$2SO^4H^2 + C = 2SO^2 + CO^2 + 2H^2O. \qquad (1)$$

Or $2SO^4H^2 = 2(32 + 64 + 2) = 196$; $2SO^2 = 2(32 + 32) = 128$; $CO^2 = 44$.

La potasse absorbe CO^2 et SO^2, de sorte que, si l'on décomposait 196^{gr} de SO^4H^2, le poids de la solution de potasse augmenterait de $128 + 44 = 172^{gr}$.

Pour 172^{gr} de gaz dégagé,   on a 196^{gr} de SO^4H^2 décomposé,
  — $21,50$ —   on aura x —

d'où

$$\frac{x}{196} = \frac{21,5}{172},$$

et

$$x = \frac{196 \times 21,5}{172} = 24^{gr},50.$$

L'équation (1) montre que, lorsqu'il se décompose 196^{gr} de SO^4H^2, il se dégage $44^l,18$ de SO^2 et $22^l,24$ de CO^2; en tout, $66^l,72$ de gaz.

196^{gr} de SO^4H^2 dégagent $66^l,72$ de gaz,
  $24^{gr},50$ —   dégageront y —

d'où

$$\frac{y}{66,72} = \frac{24,50}{196},$$

et

$$y = \frac{66,72 \times 24,50}{196} = 8^l,31.$$

Réponses : { 1° $24^{gr},50$ d'acide sulfurique,
{ 2° $8^l,31$ de mélange gazeux.

74. — *Un mélange d'anhydride carbonique et d'oxyde de carbone occupe un volume de 10^l. On le fait passer sur du charbon chauffé au rouge et l'on constate que son volume a augmenté de 7^l. On demande la composition de ce mélange.*

L'oxyde de carbone n'est pas décomposé lorsqu'il passe sur du charbon chauffé au rouge, tandis que l'anhydride carbonique donne :

$$CO^2 + C = 2CO;$$

c'est-à-dire qu'un volume d'anhydride carbonique donne un volume double d'oxyde de carbone.

Soient x le volume d'anhydride carbonique et y celui d'oxyde de carbone; on a les deux équations :
$$x + y = 10,$$
et
$$2x + y = 17;$$
d'où l'on tire :
$$x = 7,$$
et
$$y = 3.$$

Réponses : $\begin{cases} 7^l \text{ d'anhydride carbonique,} \\ 3^l \text{ d'oxyde de carbone.} \end{cases}$

75. — *On chauffe, dans un ballon, de l'acide oxalique avec de l'acide sulfurique et l'on fait passer dans une solution de potasse les gaz qui se dégagent. On constate, après l'opération, que le poids de la solution de potasse a augmenté de 48^{gr}. On demande le poids d'acide oxalique décomposé et le volume du gaz qui a pu être recueilli sur la cuve à mercure.*

L'action de l'acide sulfurique sur l'acide oxalique est :
$$C^2O^4H^2 + SO^4H^2 = SO^4H^2 + H^2O + CO + CO^2.$$

Cette équation montre qu'il se dégage un mélange, à volumes égaux, de CO et de CO^2; ce dernier gaz est absorbé par la potasse suivant la réaction :
$$2KOH + CO^2 = CO^3K^2 + H^2O.$$

Donc l'augmentation de poids de la potasse est le poids de CO^2 dégagé;
or
$$C^2O^4H^2 = 24 + 64 + 2 = 90,$$
et
$$CO^2 = 12 + 32 = 44.$$

44^{gr} de CO^2 exigent la décomposition de 90^{gr} de $C^2O^4H^2$.

48^{gr} — exigeront — x —

d'où
$$\frac{x}{90} = \frac{48}{44},$$
et
$$x = \frac{90 \times 48}{44} = 8^{gr},18.$$

Lorsqu'il se dégage 44^{gr} de CO^2, il se dégage aussi $22^l,24$ de CO.

— dégagera 48^{gr} — dégagera — y —

d'où
$$\frac{y}{22,24} = \frac{48}{44} = \frac{1}{44},$$
et
$$y = \frac{22,24}{11} = 24,02.$$

Réponses : $\begin{cases} 1^\circ\ 8^{gr},18 \text{ d'acide oxalique,} \\ 2^\circ\ 24,02 \text{ d'oxyde de carbone.} \end{cases}$

76. — *Dans un mélange d'oxyde de carbone et d'oxygène occupant un volume de 20^l, on fait passer l'étincelle électrique; on laisse séjourner les gaz sur une solution de potasse et l'on constate qu'il reste 2^l d'oxygène. On demande la composition du mélange primitif.*

L'étincelle détermine la réaction :
$$CO + O = CO^2. \qquad (a)$$

Soient x et y les volumes de CO et de O.

On a d'abord : $$x + y = 20. \tag{1}$$

L'équation (a) montre que $22^l,24$ de CO se combinent à $11^l,12$ d'O ; donc x^l de CO se combinent à $\dfrac{x^l}{2}$ d'O.

La quantité d'oxygène restante, c'est-à-dire 2^l, est égale à $y - \dfrac{x}{2}$;

d'où l'équation : $$y - \frac{x}{2} = 2. \tag{2}$$

En résolvant le système (1) et (2), on trouve :
$$x = 12,$$
et
$$y = 8.$$

Réponses : $\left\{ \begin{array}{l} 1^o~12^l~\text{d'oxyde de carbone,} \\ 2^o~8^l~\text{d'oxygène.} \end{array} \right.$

77. — *On fait passer un courant de vapeur d'eau sur du charbon de bois chauffé au rouge dans un tube de porcelaine. Le gaz qui se dégage occupe un volume de $19^l,46$. On le fait ensuite passer dans une solution de potasse et l'on constate que son volume a diminué de $2^l,78$. On demande la composition du mélange gazeux total.*

La vapeur d'eau passant sur du charbon au rouge peut donner les deux réactions : $$H^2O + C = CO + H^2, \tag{1}$$
et $$2H^2O + C = CO^2 + 2H^2. \tag{2}$$

D'où l'on voit que, lorsqu'il se produit $22^l,24$ de CO, il se produit aussi $22^l,24$ d'H ; et lorsqu'il se produit $22^l,24$ de CO², il se produit $44^l,48$ d'H.

D'après les données, le gaz absorbé par KOH est CO² ; donc il s'est formé $2^l,78$ de CO² et, d'après l'équation (2) :

$22^l,24$ de CO² en se formant mettent en liberté $44^l,48$ d'H,
$2^l,78$ — mettront — x —

d'où $$\frac{x}{44,48} = \frac{2,78}{22,24},$$

et $$x = \frac{2,78 \times 44,48}{22,24} = 5,56.$$

Or $$5^l,56 + 2^l,78 = 8^l,34,$$

et les gaz donnés par la réaction (1) ont pour volume total :
$$19,46 - 8,34 = 11^l,12.$$

L'équation (1) montre que ces gaz se dégagent à volumes égaux ; il y a donc :
$$5^l,56~\text{de CO},$$
et
$$5^l,56~\text{d'H.}$$

Réponses : $\left\{ \begin{array}{l} 1^o~2^l,78~\text{d'anhydride carbonique,} \\ 2^o~5^l,56~\text{d'oxyde de carbone,} \\ 3^o~11^l,12~\text{d'hydrogène.} \end{array} \right.$

78. — *Un mélange d'oxyde de carbone et d'hydrogène occupe, dans un eudiomètre, un volume de 722cc,80. On introduit un excès d'oxygène et on fait passer l'étincelle électrique; la température étant assez basse pour qu'on puisse considérer la vapeur d'eau comme condensée, on constate qu'il reste dans l'eudiomètre 278cc d'anhydride carbonique. On demande la composition du mélange.*

Les réactions provoquées par le passage de l'étincelle sont :

$$CO + O = CO^2, \qquad (1)$$

et
$$H^2 + O = H^2O. \qquad (2)$$

D'après l'équation (1), 22l,24 de CO produisent 22l,24 de CO². Donc 278cc de CO² proviennent de 278cc de CO.

Comme le volume total est 722cc,80, le volume de l'hydrogène est :

$$722,80 - 278 = 444cc,80.$$

Réponses : { 1o 278cc d'oxyde de carbone,
2o 444cc,80 d'hydrogène.

79. — *On dissout du phosphate tricalcique dans l'acide chlorhydrique, puis on ajoute un excès de chaux et on filtre; ce qui est resté sur le filtre est mis en suspension dans l'eau, puis traité par l'acide sulfurique; on filtre de nouveau, on évapore la liqueur filtrée et on calcine au rouge le résidu; on constate qu'il pèse 39kg,60. On demande le poids du phosphate tricalcique soumis à l'expérience. Ca = 40; P = 31.*

Pour savoir la nature du résidu, il est bon de rappeler la série des réactions indiquées qui ont été étudiées à la préparation du phosphore.

1o HCl agissant sur $(PO^4)^2 Ca^3$ donne :

$$(PO^4)^2 Ca^3 + 4HCl = (PO^4)^2 CaH^4 + 2CaCl^2. \qquad (1)$$

2o On ajoute de la chaux pour transformer le phosphate monocalcique soluble en phosphate bicalcique insoluble, ce qui permet de le séparer de $CaCl^2$.

Et on a : $\quad (PO^4)^2 CaH^4 + CaO^2H^2 = (PO^4)^2 Ca^2H^2 + 2H^2O.$ $\qquad (2)$

3o En traitant par SO^4H^2, il se précipite SO^4Ca :

$$(PO^4)^2 Ca^2H^2 + 2SO^4H^2 = 2SO^4Ca + 2PO^4H^3. \qquad (3)$$

4o Si l'on calcine PO^4H^3, il se transforme en PO^3H :

$$2PO^4H^3 = 2PO^3H + 2H^2O. \qquad (4)$$

Or $\qquad (PO^4)^2 Ca^3 = 2(31 + 64) + 3 \times 40 = 310,$

et $\qquad 2PO^3H = 2(31 + 48 + 1) = 160.$

En considérant les équations (1) et (4), on voit que :

pour obtenir 160gr de résidu, il faut employer 310gr de $(PO^4)^2 Ca^3$,

d'où
$$\frac{x}{310} = \frac{39600}{160},$$

et
$$x = \frac{39600 \times 310}{160} = 76^{kg},725.$$

Réponse : $76^{kg},725$ de phosphate tricalcique.

80. — *Quel poids de chlorure de sodium faudra-t-il attaquer par l'acide sulfurique pour obtenir le sulfate acide de sodium, SO^4NaH, qui, convenablement calciné, donnera 16^{gr} d'anhydride sulfurique ?*

L'action de l'acide sulfurique sur le chlorure de sodium est :
$$SO^4H^2 + NaCl = SO^4NaH + HCl. \tag{1}$$

Une calcination modérée donne :
$$2SO^4NaH = H^2O + S^2O^7Na^2, \tag{2}$$
ou disulfate de sodium.

Ce disulfate calciné au rouge donne :
$$S^2O^7Na^2 = SO^4Na^2 + SO^3. \tag{3}$$

Multiplions l'équation (1) par 2 pour avoir la même quantité de SO^4NaH que dans l'équation (2) ; on a :
$$2SO^4H^2 + 2NaCl = 2SO^4NaH + 2HCl. \tag{4}$$

Or
$$2NaCl = 2\,(23 + 35,5) = 117 ; \quad SO^3 = 32 + 48 = 80.$$

En considérant les équations (3) et (4), on peut dire :

Pour obtenir 80^{gr} de SO^3, il faut 117^{gr} de NaCl,

— 16^{gr} —   — x —

d'où
$$\frac{x}{117} = \frac{16}{80},$$

et
$$x = \frac{117 \times 16}{80} = 23^{gr},40.$$

Réponse : $23^{gr},40$ de chlorure de sodium.

81. — *Un mélange d'oxyde cuivrique et d'oxyde de zinc pèse $24^{gr},10$; on chauffe ce mélange au rouge avec du charbon jusqu'à réduction complète et l'on constate qu'il ne pèse plus que $19^{gr},30$. On demande les poids des métaux formant le mélange. Cu = 63 ; Zn = 65.*

La réduction, par le charbon, des deux oxydes est représentée par les équations :
$$CuO + C = Cu + CO,$$
et
$$ZnO + C = Zn + CO.$$

Or
$$CuO = 63 + 16 = 79,$$
et
$$ZnO = 65 + 16 = 81.$$

Soient x le poids du cuivre et y celui du zinc.

L'énoncé fournit l'équation : $x + y = 19,30.$ (1)

De plus, 63 de Cu sont fournis par 79 de CuO,

$$x \quad - \quad - \quad \frac{79x}{63} \quad -$$

De même, 65 de Zn sont fournis par 81 de ZnO,

$$y \quad - \quad - \quad \frac{81y}{65} \quad -$$

d'où

$$\frac{79x}{63} + \frac{81y}{65} = 24,10. \tag{2}$$

En résolvant le système d'équations (1) et (2), on trouve :

$$x = 6,30,$$

et

$$y = 13.$$

$$\text{Réponses : } \begin{cases} 6^{gr},30 \text{ de cuivre,} \\ 13^{gr} \text{ de zinc.} \end{cases}$$

82. — *On attaque 1ᵏᵍ de carbonate de calcium par l'acide chlorhydrique étendu ; on fait passer, sur du charbon chauffé au rouge, le gaz qui se dégage, puis on le récolte sous une cloche. On demande le volume qu'il occupe. Ca = 40.*

L'action de l'acide chlorhydrique sur le carbonate de calcium est :

$$CO^3Ca + 2HCl = CaCl^2 + H^2O + CO^2. \tag{1}$$

Il se dégage du gaz carbonique qui, passant sur du charbon rouge, donne :

$$CO^2 + C = 2CO; \tag{2}$$

et le gaz récolté sous la cloche est de l'oxyde de carbone.

Or $$CO^3Ca = 12 + 48 + 40 = 100,$$

et 100^{gr} de CO^3Ca donnent un volume moléculaire, ou $22^l,24$ de gaz carbonique.

L'équation (2) montre qu'en passant sur le charbon, les $22^l,24$ de gaz carbonique se transforment en $44^l,48$ d'oxyde de carbone.

Donc 100^{gr} de CO^3Ca fournissent $44^l,48$ de CO,

— 1000^{gr} — fourniront x —

d'où

$$\frac{x}{44,48} = \frac{1000}{100} = 10,$$

et

$$x = 444^l,80.$$

Réponse : $444^l,80$ d'oxyde de carbone.

83. — *On attaque à froid un carbonate double de magnésium et de calcium par l'acide sulfurique étendu et en excès ; on récolte le gaz qui se dégage et l'on constate qu'il occupe un volume de 8ˡ,31. Après l'opération, on filtre le résidu, on le lave, on le dessèche, et l'on trouve qu'il pèse 34ᵍʳ. On demande la composition de 100ᵍʳ de ce carbonate double. Ca = 40 ; Mg = 24.*

L'action de l'acide sulfurique sur les carbonates est :

$$CO^3Ca + SO^4H^2 = SO^4Ca + CO^2 + H^2O,$$

$$CO^3Mg + SO^4H^2 = SO^4Mg + CO^2 + H^2O.$$

Or. $CO^3Ca = 12 + 48 + 40 = 100$; $CO^3Mg = 12 + 48 + 24 = 84$;
$$SO^4Ca = 32 + 64 + 40 = 136.$$

Les deux réactions montrent qu'un poids moléculaire de chaque carbonate dégage un volume moléculaire de gaz carbonique.

En appelant x et y les quantités de CO^3Ca et CO^3Mg qui entrent en réaction,

on a facilement :
$$\frac{22,24x}{100} + \frac{22,24y}{84} = 8,34. \tag{1}$$

Lorsqu'on filtre, il reste SO^4Ca qui est insoluble, tandis que SO^4Mg est soluble; or 100^{gr} de CO^3Ca donnent 136^{gr} de SO^4Ca,

x — donneront $\dfrac{136x}{100}$ —

d'où
$$\frac{136x}{100} = 34. \tag{2}$$

On résout le système d'équations (1) et (2), et l'on trouve :
$$x = 25^{gr},$$
et
$$y = 10^{gr},50.$$

Dans $35^{gr},50$ de carbonate double il y a 25^{gr} de CO^3Ca,
 — 100^{gr} — — z —

On a donc la proportion :
$$\frac{z}{25} = \frac{100}{35,5}, \quad \text{d'où} \quad z = \frac{2500}{35,5} = 70,42.$$

Réponse : 100^{gr} de carbonate double contiennent :
$$70^{gr},42 \text{ de } CO^3Ca,$$
et
$$29^{gr},58 \text{ de } CO^3Mg.$$

31519. — Tours, impr. Mame.

www.ingramcontent.com/pod-product-compliance
Ingram Content Group UK Ltd.
Pitfield, Milton Keynes, MK11 3LW, UK
UKHW020722120726
13693UKWH00001B/115